全国水利行业精品规划教材　高职高专水利水电类
中国水利教育协会策划组织

工程测量技术

（第3版·修订版）

主　编　黄文彬　王玉振　刘　勇
副主编　杨　勇　李金生　王　彦
　　　　张文博　沙朋朋
主　审　朱　林

黄河水利出版社
·郑州·

内容提要

本书是全国水利行业精品规划教材，是根据中国水利教育协会职业技术教育分会高等职业教育教学研究会组织制定的工程测量技术课程标准编写的。本书在阐述工程测量基本概念、基本理论和基本方法的基础上系统地介绍了工程测量技术的实际应用和操作技能。全书共分14个学习项目，以讲述现代测绘技术为主结合传统测量方法介绍的方式，既介绍了水准测量等常规的测量方法，也介绍了GNSS等先进测绘手段；既介绍了经纬仪等传统的测绘仪器，也介绍了全站仪、GNSS接收机等现代先进测绘装备，还介绍了渠道测量等水利工程中常见的工程测量技术，主要内容包括：测量仪器的使用及有关测量误差的基本知识、大比例尺地形测量及地形图的阅读和应用、水利工程测量及大坝外部变形观测、3S技术与应用等。本书配套有《工程测量技术实训(第3版)》(另册)，方便学生练习和外业实训。

本书可作为高等职业技术学院、高等专科学校等水利水电工程建筑、水利工程、水利工程施工、水利水电工程造价与管理、道路与桥梁工程、城市规划、工程测量等专业的教材，也可供水利类专业教师和水利水电工程行业从事施工、设计、监理、造价咨询等工程技术人员阅读参考。

图书在版编目(CIP)数据

工程测量技术/黄文彬，王玉振，刘勇主编. —3版.
郑州：黄河水利出版社，2020.6 (2025.9 修订版重印)
全国水利行业精品规划教材
ISBN 978-7-5509-2622-6

Ⅰ.①工… Ⅱ.①黄… ②王… ③刘… Ⅲ.①工程测量-高等职业教育-教材 Ⅳ.①TB22

中国版本图书馆CIP数据核字(2020)第054635号

组稿编辑：王路平　电话：0371-66022212　E-mail：hhslwlp@163.com

出版社：黄河水利出版社　网址：www.yrcp.com
地址：河南省郑州市顺河路黄委会综合楼14层　邮政编码：450003
发行单位：黄河水利出版社
发行部电话：0371-66026940、66020550、66028024、66022620(传真)
E-mail：hhslcbs@126.com
承印单位：河南承创印务有限公司
开本：787 mm×1 092 mm　1/16
印张：25
字数：580千字　印数：19 001—22 000
版次：2009年8月第1版　2020年6月第3版　印次：2025年9月第6次印刷
2012年6月第2版　2025年9月修订版

定价：68.00元(全二册)

第 3 版前言

本书是贯彻落实《国家职业教育改革实施方案》（国发〔2019〕4 号）、《国务院关于加快发展现代职业教育的决定》（国发〔2014〕19 号）和《水利部 教育部关于进一步推进水利职业教育改革发展的意见》（水人事〔2013〕121 号）等文件精神，在中国水利教育协会指导下，由中国水利教育协会职业技术教育分会高等职业教育教学研究会组织编写的第四轮水利水电类专业规划教材。第四轮教材以学生能力培养为主线，体现出实用性、实践性、创新性的教材特色，是一套理论联系实际、教学面向生产的高职教育精品规划教材。

为了不断提高教材质量，编者于 2025 年 9 月，根据近年来国家及行业最新颁布的规范、标准、规定等，以及在教学实践中发现的问题和错误，对全书进行了修订完善。本次修订补充了课程思政内容，将党的二十大精神融入教学实践中。

本书第 1 版、第 2 版分别于 2009 年 8 月、2012 年 6 月出版。该书出版以来，因其通俗易懂、全面系统、应用性知识突出、实用性强等特点，受到全国高职高专院校水利类专业师生及广大水利从业人员的喜爱。随着近年来测绘科学技术的飞速发展，在测绘工作中使用数字水准仪、全站仪、激光扫描仪（测量机器人）、GNSS 接收机、无人机等现代化的测量设备已成为常态，地理信息的自动采集、计算机绘制数字地图已成为常规的测绘方法，“工程测量技术”作为工程测量水利工程、土木工程、道路与桥梁工程、城市规划等专业的基础课，对测绘科技的新进展应有及时的反应。为进一步满足教学需要，并使教材内容符合新的行业要求，编者在第 2 版的基础上对原教材内容进行了全面修订、补充和完善。此次修订的内容着重点在于测绘新技术及其应用补充和已过时技术的弱化，增加了 GNSS 导航定位技术、计算机数字化成图等内容，并力求使教材能反映测绘科技的最新成果在工程测量中的应用，在原理阐述、概念说明、公式推导方法介绍等方面注意逻辑性与实用性结合。在内容编排上，既不失原有的连续性，又拓展了现在的新颖性，考虑了学习的系统性，前后呼应、深入浅出，有利于读者掌握工程测量技术课程的基本理论、基础知识、基本技能、基本方法。此外，在体例上也做了修改，以项目引导、任务引领编排教学内容，在每个学习项目后附有习题，以有助于学生职业能力的培养。

本书共 14 个学习项目，可分为四个方面。第一方面为测量的基本理论知识和基本测量工作，涉及项目一至项目五，主要介绍了测量的基本概念、测量的基本工作、水准测量、角度测量、直线定向及测量误差的基本知识。第二方面为区域控制测量、地形测量及地形图应用和施工测量及 GNSS 测量，涉及项目六至项目九，主要介绍了地形图的基本知识、大比例尺地形图的测绘、数字化测图、GNSS 测量技术、地形图的应用和施工放样等。第三方面为专业工程测量，涉及项目十至项目十三，主要介绍了水利水电工程施工测量的基本知识、渠道测量、水工建筑物施工测量、隧洞施工测量、道路与桥梁测量等。第四方面为新技术介绍，涉及项目十四，主要介绍了 3S 技术及应用。本书除注意测绘学科的系统性外，还力求叙述简明、图文并茂、通俗易懂。

本书编写人员及编写分工如下:浙江水利水电学院黄文彬编写项目一、项目七、项目八;宁夏葡萄酒与防沙治沙职业技术学院沙朋朋编写项目二;河南水利与环境职业学院王玉振编写项目三、项目五;安徽水利水电职业技术学院杨勇编写项目四、项目十一;辽宁生态工程职业学院李金生编写项目六、项目十二;浙江同济科技职业学院刘勇编写项目九、项目十三;内蒙古机电职业技术学院王彦编写项目十;长沙环境保护职业技术学院张文博编写项目十四。本书由黄文彬、王玉振、刘勇担任主编,黄文彬负责全书统一规划和统稿;由杨勇、李金生、王彦、张文博、沙朋朋担任副主编;由安徽水利水电职业技术学院朱林担任主审。《工程测量技术实训(第3版)》(另册)由王玉振等编写。

由于编者水平有限,书中难免有不足之处,热忱希望广大读者对书中缺点和错误给予批评指正。

编 者

2025年9月

目 录

项目一 绪 论

测量技术是由于实际生产的需要并在人类创造性的劳动中发展起来的。早在几千年前,中国、埃及等世界文明古国的人民就创造出简单的测量工具,并把测量技术应用于土地丈量与划分。追溯到上古时代,古埃及人已经开始用简单的测量方法丈量尼罗河附近的土地;我国古代在黄河两岸治理水患时,已使用了“准、绳、规、矩”四种测量工具和方法。在工程建设方面,我国古代就建造起雄伟壮丽的万里长城、造福后代的河南郑国渠和四川都江堰水利工程等,这些工程都离不开测量工作。

随着科学技术的发展和进步,测量技术也得到了迅速的发展。望远镜的发明和光学测量仪器体系的逐步形成带动了传统的测量理论与方法的发展,电子技术、计算机技术、空间技术、通信技术等的发展使测量仪器向电子化、自动化方向发展,传统的测量方法在信息技术高度发达的今天被赋予了更多的现代高新技术,成为了集计算机技术、3S 技术(GNSS—全球导航卫星系统、RS—遥感系统、GIS—地理信息系统)等多种技术于一体的现代测绘技术。习近平总书记在党的二十大报告上为我国建设与发展指明了方向,“我们坚持绿水青山就是金山银山的理念,坚持山水林田湖草沙一体化保护和系统治理,全方位、全地域、全过程加强生态环境保护,生态文明制度体系更加健全,污染防治攻坚向纵深推进,绿色、循环、低碳发展迈出坚实步伐,生态环境保护发生历史性、转折性、全局性变化,我们的祖国天更蓝、山更绿、水更清。”测绘技术在实现这个目标中起着重要的作用。

任务一 测绘学的概念及其作用

一、测绘学的概念

测绘学是地球科学的一个分支学科,传统的测绘学是以地球为研究对象,对地球进行测定和描绘的学科。按照这样的概念,测绘学的主要任务是研究地球的形状和大小,利用测量仪器测定地球表面自然形态的地理要素和人工设施的几何形状及其空间位置,然后根据这些测得的数据通过地图制图的方法绘制成地图。按照经典定义,大地测量学是测绘地球表面的科学。这门学科的首要任务是建立大地控制网。除了经济上的广泛应用,在军事上,这张特殊的网将为导弹的发射和精确打击提供发射点和打击点的精确坐标,没有它,导弹就成了“瞎子”。全球导航定位系统在现代战争中的出色表现离不开以地球质心为原点的高精度卫星定位大地控制网。

社会的发展和人类需求的不断提升使得测绘学的研究对象不仅是地球,已扩展到地球外层空间的各种自然和人造实体。因此,测绘学的现代概念就是研究地球和其他实体(包括地球整体、表面以及外层空间各种自然和人造的物体)中与人类生活的地理空间分布有关的信息的采集、量测、分析、显示、管理和应用的科学与技术,是“践行绿水青山就是金山银山的理念,站在人与自然和谐共生的高度谋划发展”的重要工具。测绘学研究的主要内容是:确定地球和其他实体的形状及空间定位、地球重力场;利用各种测量仪器、传感器及其组合系统获取地球及其他实体与地理空间分布有关的信息;制成各种地形图、专题图和建立地理信息系统,为研究地球的自然和社会现象,为“推进美丽中国建设,坚持山水林田湖草沙一体化保护和系统治理,统筹产业结构调整、污染治理、生态保护、应对气候变化,协同推进降碳、减污、扩绿、增长,推进生态优先、节约集约、绿色低碳发展”提供基础信息。

二、测绘学的学科分类

随着测绘科学的发展,测绘学所涉及的范围越来越广泛。按照研究的对象和范围的不同,主要分为以下学科。

(一)大地测量学

大地测量学是研究地球的形状、大小和重力场,测定地面点几何位置和地球整体与局部运动的理论和技术的学科。其基本任务是:

(1)建立国家大地控制网,为地形测图和大型工程测量提供基本控制,为空间科学技术和军事用途提供资料。

(2)测定地球的形状、大小和研究地球重力场的理论、技术和方法,为研究地球形状、大小和其他科学问题提供资料。

(二)地形测量学

如果要研究的只是地球自然表面上的一个小区域,由于地球半径很大,就可以把这块球面当作平面看待而不考虑其曲率。研究这类小区域地表面各类物体形状和大小的测绘科学是地形测量学的范畴。所以,地形测量学就是研究对地球表面局部地区(在测量区域内,不考虑地球曲率的影响,地球表面被当作水平面处理)进行测绘工作的基本理论、技术和方法的学科。

(三)摄影测量学

摄影测量学是利用摄影和遥感的手段获取地面目标物的影像信息数据,从中提取几何和物理的信息来研究地表形状和大小,并用图形、图像和数字形式表达测绘成果的学科。因获得影像信息方法的不同,摄影测量学又可分为地面摄影测量、航空摄影测量、航天摄影测量等。它研究的主要内容有:获取目标物的影像,对影像进行处理,将所测得的成果用图形、图像或数字表示。

(四)工程测量学

工程测量学是研究工程建设中在勘测、规划、设计、施工、运行管理各个阶段的测量工作的理论、技术和方法的学科。工程测量学的任务是研究工程建设中所进行的各种测量工作,主要有以下三个方面:

(1)规划勘测设计阶段的工程控制测量和地形测量。在规划设计阶段,一方面需要提供各种比例尺的地形图,另一方面要为工程地质勘探、水文地质勘探以及水文测验等进行测量工作。对于重要的工程(例如某些大型特种工程)或在地质条件不良的地区(例如膨胀土地区)进行建设,还要对地层的稳定性进行观测。

(2)现场施工建设阶段的施工测量和设备安装测量。在建筑施工阶段,首先要将所设计的工程建筑物,按照施工的要求在现场标定出来(所谓定线放样),作为实地修建的依据。为此,要根据工地的地形、工程的性质以及施工的组织与计划等,建立不同形式的施工控制网,作为定线放样的基础。然后按照施工的需要,采用各种不同的放样方法,将图纸上所设计的内容标定到实地。此外,还要进行竣工测量和设备的安装测量。

(3)竣工运营管理阶段的工程验收测量和变形监测。在建筑物运营期间,为了监视工程的安全和稳定情况,了解设计是否合理,验证设计理论是否正确,需要定期对建筑物的位移、沉陷、倾斜以及摆动等进行观测,即变形观测。对于大型的工业设备,还要进行经常性的检测和调校,以保证其按设计安全运行。

(五)海洋测绘学

海洋测绘学是以海洋水体和海底为对象所进行的测量和海图编制理论与方法的学科。它主要包括海道测量、海洋大地测量、海底地形测量、海洋专题测量以及航海图、海底地形图等图的编制。

以上各学科既自成体系又互相关联。另外,在测量技术的实际应用中,针对工程中的重点需求和特征,我们有时还会以工程类别来分类测量工作,如交通工程测量就是把应用到交通工程建设中的相关测量工作归并在一起而命名的,水利工程测量就是专门针对水利工程建设的测量工作的集合。

三、测绘学的作用

测绘工作常被人们称为建设的尖兵,这是由于不论是国民经济建设还是国防建设,其勘测、设计、施工、竣工及保养维修等阶段都需要测绘工作,而且都要求测绘工作走在这类任务的前面。测绘科学在保卫祖国的战斗中也起着很重要的作用,如地形图就是战略部署的重要资料之一。

社会的进步和可持续发展,使得测绘科学在国民经济建设和国防建设中的作用日益增大。在工程建设方面,工程的勘测、规划、设计、施工、竣工及运营后的监测、维护都需要测量工作。在军事上,首先由测绘工作提供地形信息,在战略的部署、战役的指挥中,除必须的军用地图(包括数字地图)外,还需要进行目标的观测定位,以便进行打击。至于远程导弹、空间武器、人造地球卫星以及航天器的发射等,都要随时观测、校正飞行轨道,保证它精确入轨飞行。与载人航天工程同样振奋国人信心的我国自主发展、独立运行的北斗卫星导航定位系统也是与测绘技术紧密相关。

在科学试验方面,如地震预测预报、灾情监测、空间技术研究、海底资源探测、大坝变形监测、加速器和核电站运营的监测等,以及其他科学研究方面,无不需要测绘工作的配合和提供空间信息。

此外,对建立各种地理信息系统(GIS)、数字城市、数字中国等,都需要现代测绘科学提供基础数据信息。

从以上测绘学在国民经济建设和国防建设中的应用可以看到,测绘学的服务范围和对象正在不断扩大,不再是原来单纯从控制到测图,为国家制作基本地形图,而是扩大到国民经济和国防建设中与地理空间数据有关的各个领域。测绘学为研究地球的自然和社会现象,解决人口、资源、环境和灾害等社会可持续发展中的重大问题,以及为国民经济和国防建设提供技术支撑和数据保障。

四、学习本课程的目的和要求

本课程是工程类专业的技术基础课。测量工程贯穿于工程建设的始终,从事工程建设的技术人员必须秉承"不忘初心,牢记使命"的信念,熟练掌握了测量的知识和技能,才能担负起工程勘测、规划设计、施工及管理等任务。学习本课程,具体要求掌握现代测量学的基本知识、基本理论;具有使用常规测量仪器的操作技能,了解先进测绘仪器的原理、使用方法;掌握小区域大比例尺地形图测绘的原理、方法;对数字测图的过程和 GNSS 测量技术有所了解;在工程规划、工程设计和工程施工中能正确地使用地形图和测量信息;掌握处理测量数据的理论和评定精度的方法;在施工过程中,能正确使用测量仪器进行工程建设所需的施工放样工作。

工程测量是一门实践性很强的课程,在教学过程中,除课堂讲授外,还有实验课和教学实习。在掌握课堂讲授内容的同时,要认真参加实验课,以便巩固和验证所学理论,掌握各种实践技能。教学实习是一个系统的实践环节,要自始至终完成各项内容的实习,才能对测量的理论、知识和实践过程有一个完整的、系统的认识,实践技能才能得到巩固和提高。

任务二　地球的形状和大小

地球的自然表面,即岩石圈的表面是测量学研究的主要对象。地球表面是一个形状极其复杂而又不规则的曲面。地面上有高山、峡谷、丘陵、平原、江河、湖泊、海洋等(如图 1-1 所示)。如果仅从某一局部地区来推断,很难确定出地球的形状和大小。如我国西藏与尼泊尔交界处的珠穆朗玛峰高度,中国 1975 年测量和公布的是 8 844. 43 m,经过重新测量,中国于 2020 年 12 月 8 日宣布珠穆朗玛峰最新高程是 8 848. 86 m;而在太平洋西部的马里亚纳海沟最深处的斐查兹海渊,深度超过 11 km。不过,从整体来看,地面的起伏与地球平均半径(约 6 371 000 m)相比是微不足道的。

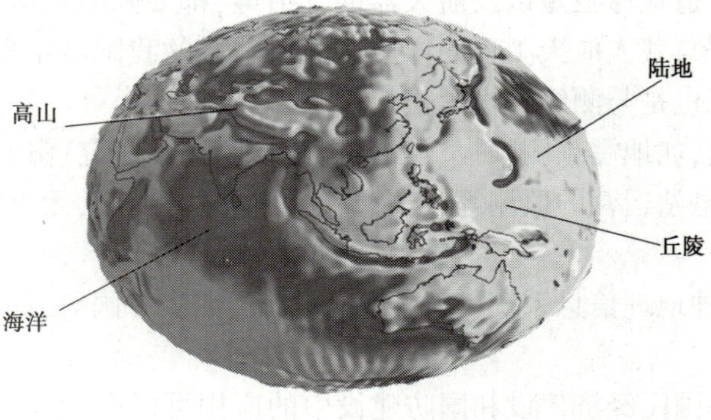

图 1-1　地球表面

通过长期的测绘工作和科学调查,人们了解到,地球表面上的海洋面积约占 71%,陆地面积约占 29%。因此,我们可以设想把地球总的形状看成是一个被海水包围的形体,也就是设想一个静止的海水面(没有波浪、无潮汐的海水面)向大陆内部延伸、最后包围起来的闭合形体。我们知道,当液体处于静止状态时,其表面必处处与重力方向(铅垂线)正交,否则液体就要流动。液体静止的表面称为水准面。由此可知,水准面是一个客观存在的、处处与铅垂线正交的面。地球附近的空间和内部处处都有重力作用存在,所以通过不同高度的点都有一个水准面。由于海水有潮汐,海水面有涨有落,因此由海水面产生的水准面就有无数个。通常是用平均海水面来近似代替静止时的海水面。为了获取平均海水面,则是在海边设立验潮站,进行长期观测,求出平均高度的海水面。我们就把与平均海水面相重合并向陆地内部延伸而形成的封闭曲面称为大地水准面,大地水准面所包围的形体称为大地体。研究地球的形状和大小就是研究大地水准面的形状和大地体的大小。

水准面是一个曲面,它处处都与铅垂线方向相垂直。铅垂线方向又称为重力方向。重力是地球引力和离心力的合力,地球表面离心力与引力之比约为 1∶300,所以重力方向主要取决于引力方向。地球内部物质分布不均匀,使得地面各点铅垂线方向发生不规则变化,因而大地水准面实际上是一个略有起伏的不规则曲面,如图 1-2 所示。由于大地水准面的形状和大地体的大小均接近地球自然表面的形状和大小,并且它的位置是比较稳定的,如图 1-3 所示,因此在实际工作中,我们选取大地水准面和铅垂线作为测量工作的基准面和基准线。

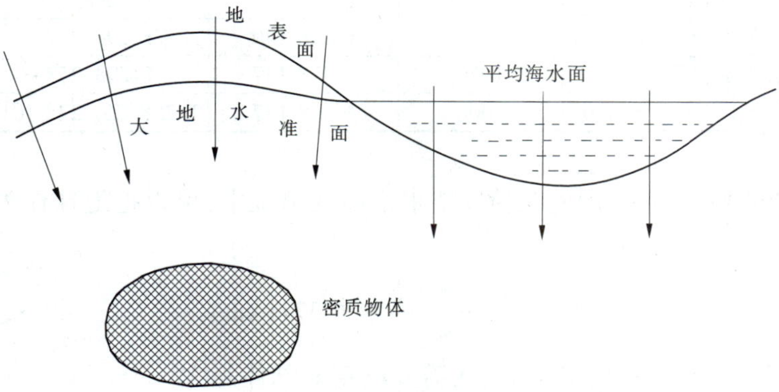

图 1-2　大地水准面示意图

要在不规则的曲面上进行各种测量计算和成图是相当困难的,甚至是不可能的。人们经过长期的精密测量,发现大地体十分接近于一个两极稍扁的旋转椭球体,如图 1-4 所示,而旋转椭球是可以用数学式严格表示的,所以测绘工作便取大小与大地体很接近的旋转椭球作为地球的参考形状和大小。

旋转椭球体的基本元素是长半径 a、短半径 b 和扁率 α,则地球的形状可描述为

$$\frac{X^2}{a^2}+\frac{Y^2}{a^2}+\frac{Z^2}{b^2}=1 \tag{1-1}$$

通常,我们以旋转椭球的长半径 a 和扁率 α 来描述地球的大小,其中扁率 α 为

$$\alpha=\frac{a-b}{a} \tag{1-2}$$

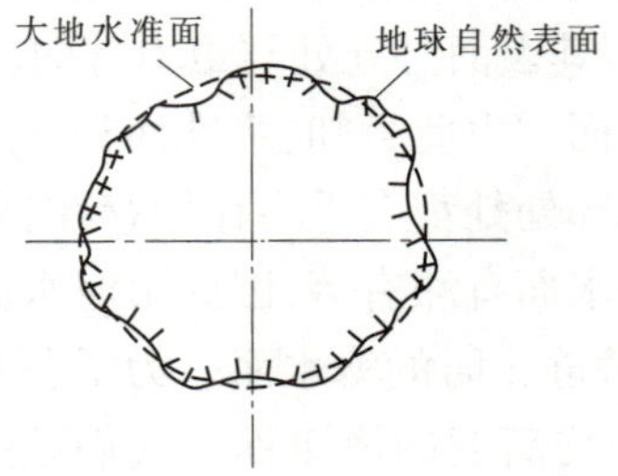

图 1-3　大地水准面与地球自然表面

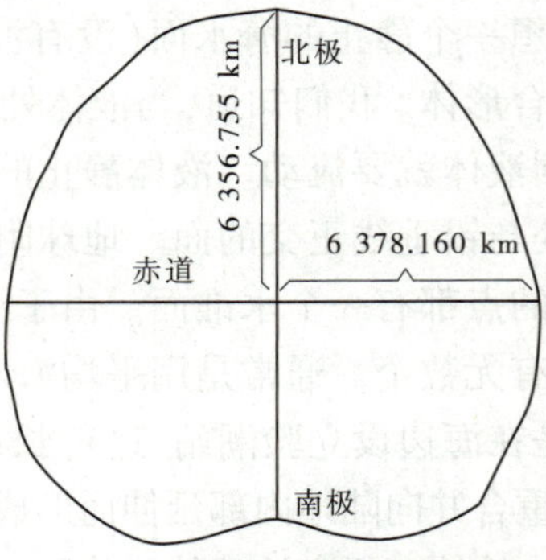

图 1-4　旋转椭球面

世界各国推导和采用的椭球元素很多,现摘录几种典型的椭球元素以做参考,见表 1-1。

表 1-1　几种典型的椭球元素

地球椭球名称	发表年份	长半径 a(m)	扁率 α	国家
德兰勃	1800	6 375 653	1:334.0	法国
白塞耳	1841	6 377 397	1:299.2	德国
海福特	1909	6 378 388	1:297.0	美国
克拉索夫斯基	1940	6 378 245	1:298.3	苏联
国际第三推荐值(IUGG75)	1975	6 378 140	1:298.257	国际
国际第四推荐值	1979	6 378 137	1:298.257	国际
2000 国家大地坐标系(CGCS2000)	2008	6 378 137	1:298.257 222 101	中国

由于地球的扁率很小,因此在精度要求不高的情况下,可以把地球作为圆球看待,其半径为

$$R = \frac{a + a + b}{3} \approx 6\ 371(\text{km}) \tag{1-3}$$

选好一定形状和大小的椭球后,还需要确定椭球体与大地体的相互位置关系。如图 1-5 所示,在地面上适当地方选择一点 P,P 点沿铅垂线方向交于参考椭球面 P'处,设想在此处让椭球与大地体相切于 P'点。这时,椭球面上的 P'点的法线与大地水准面的铅垂线相重合,使椭球的短轴与地轴保持平行,且椭球面与这个国家范围内的大地水准面的差距尽量小。于是椭球面与大地水准面的相对位置便确定下来,这个工作称为椭球定位,P 点称为大地原点。我们把形状和大小与大地体相近并且两者之间的相对位置确定的旋转椭球称为参考椭球,其表面称为参考椭球面。参考椭球面是测量计算的基准面。如果一个国家(或地区)的参考椭球选定得适当,参考椭球面与本国(本地区)的大地水准面的差距就会很小,有利于测量成果的处理。

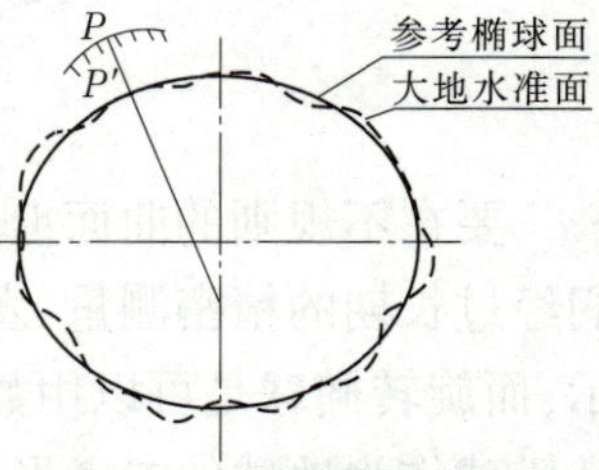

图 1-5　椭球体的定位

我国在1949年前采用海福特椭球,1949年后一直采用克拉索夫斯基椭球,大地原点在苏联的普尔科沃。20世纪80年代,我国采用了国际第三推荐值(IUGG75),其参数见表1-1,大地原点选在陕西省泾阳县永乐镇。从2008年7月1日起,我国逐步开始了使用CGCS2000坐标系,该坐标系是通过我国GNSS连续运行基准站、空间大地控制网以及天文大地网与空间大地网联合平差建立的地心大地坐标系统。2000国家大地坐标系以ITRF 97参考框架为基准, 参考框架历元为2000.0。

由上面的分析可知:在外业测量中,大地水准面是测量的基准面,铅垂线是测量的基准线;在内业计算中,参考椭球面是计算的基准面,法线是基准线。

任务三 地面点位置的表示方法

由于地球自然表面高低起伏变化较大,要确定地面点的空间位置,就必须有一个统一的坐标系统。在测量工作中,通常用地面点在基准面(如参考椭球面)上的投影位置和该点沿投影方向到大地水准面的距离三个量来表示。投影位置通常用地理坐标或平面直角坐标来表示,到大地水准面的距离用高程表示。

一、坐标

(一)大地坐标系

以大地经度和大地纬度表示地面点在参考椭球面上的投影位置的坐标系就是大地坐标系,又称地理坐标系。地球上任一点与地球旋转轴所组成的平面称为子午面。通过英国格林尼治(Greenwich)天文台的子午面定义为首子午面。

大地坐标系是以首子午面和赤道面构成坐标系的起算面,如图1-6所示。过参考椭球面上任一点 P 的子午面与首子午面的夹角 L 为该点的大地经度,简称经度。经度由首子午面向东量算称为东经,向西量算称为西经,其值各为0°~180°,在同一子午线上的各点经度相同。过参考椭球面上任一点 P 的法线与赤道面的夹角 B,称为该点的大地纬度,简称纬度。纬度由赤道面向北量算称为北纬,向南量算称为南纬,其值各为0°~90°。在同一平行圈上各点的纬度相同。大地经度 L 和大地纬度 B 统称为大地坐标。

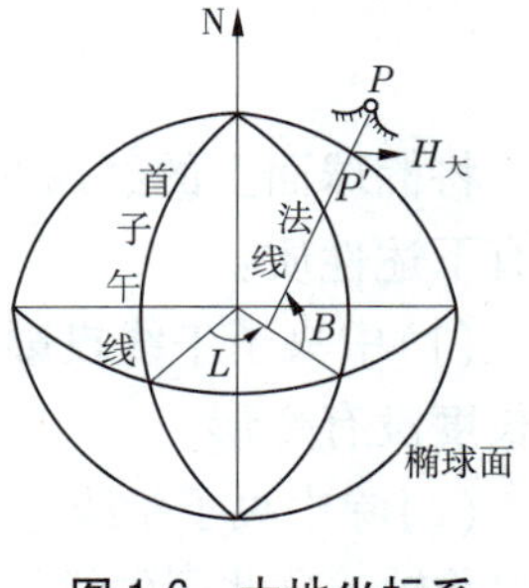

图1-6 大地坐标系

由于参考椭球面与大地水准面之间的相关位置已固定下来,地面上任何一点的位置都可以沿法线方向投影到参考椭球面上,并用其大地经度、大地纬度表示出来。由此可见,大地坐标是以法线为依据,以参考椭球面为基准面。

用经度、纬度表示 P 点位置的坐标系是在球面上建立的,故又称为球面坐标。

(二)高斯平面直角坐标系

地球表面是一个曲面,当测区范围较小时,可以把地球表面当作平面看待,所测得的一系列地面点所构成的图形,可以直接用相似的方法缩绘在平面上。但测区范围较大时,将地球表面上的图形投影到平面上必然会产生变形,因此这时就不能把地球表面当作平面了,必须要采用适当的投影方法解决这个问题。投影的方法有平面投影、圆锥投影、圆柱投影等,测量工作中通常采用高斯投影。

1. 高斯投影的概念

高斯投影是等角横切椭圆柱投影。它是正形投影(保角映射)的一种,就是在极小的区域内椭球面上的图形,投影后保持形状相似。这种投影保持图上任意两个方向的夹角与实地相应的角度相等(投影后角度不变形),在小范围内保持图上形状与实地相似。这种方法是由德国数学家高斯首先创立并经克吕格改进完善的,所以又称高斯-克吕格投影,通常简称高斯投影。

为简要说明高斯投影的概念,设想用一个椭圆柱横套在参考椭球体的外面(见图1-7),并使椭圆柱与参考椭球体的某一子午线相切,相切的子午线 $NKOS$ 称为轴子午线或中央子午线;椭圆柱的中心轴 ZZ' 与赤道面相重合,并通过椭球中心 C。将中央子午线两侧一定经度范围内(如6°或3°)的点、线投影到椭圆柱面上。然后沿过南北极的母线 AA'、BB' 将椭圆柱面剪开,并将其展成一平面(称为高斯平面),就可得到椭球面投影到平面上的图形了。

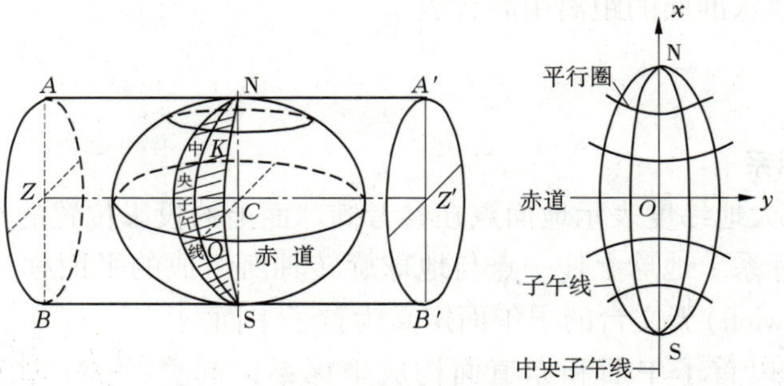

图1-7 高斯投影

将椭球面上的经纬线投影到高斯平面上后,这些曲线的形状或长度发生了变化,它们具有下述性质:

(1)中央子午线投影后为一条直线,定义为 x 轴,并且是投影的对称轴。中央子午线的长度没有变形。

(2)除中央子午线外,其余子午线投影后均为凹向中央子午线的曲线,并以中央子午线为对称轴。这些子午线投影后有长度变形,且离中央子午线越远,投影后长度变形越大。

(3)赤道投影后为一条直线,定义为 y 轴,其长度有变形。

(4)除赤道外的其余纬圈,投影后均为凸向赤道的曲线,并以赤道为对称轴。

(5)除中央子午线外,椭球面上所有的曲线弧投影后长度都有变形。在任一点处,设椭球面上的曲线微分弧长为 $\mathrm{d}S$,投影到平面上后其微分弧长变为 $\mathrm{d}s$,则其长度比:

$$m = \frac{\mathrm{d}s}{\mathrm{d}S} > 1 \tag{1-4}$$

(6)经线与纬圈投影后仍保持正交。

由此可见,凡是参考椭球面上其大地位置对称于中央子午线或赤道的点,其在高斯投影面上的平面位置也将对称于相应的坐标轴。

2. 投影带的划分

高斯投影虽然不存在角度变形,但长度变形还是存在的。除中央子午线外,投影在平面上的长度都要发生变形,并且离中央子午线越远,长度变形越大。当离开中央子午线 300 km 时,其投影后长度变形约为 1/900;变形太大对于测图和用图都是不方便的。因此,必须设法加以限制。通常是采用分带投影(限制投影范围)的办法来限制长度变形。

具体做法是把投影的区域限制在中央子午线两边一条狭小的范围内,这个范围的宽度一般为经差 6°、3°或 1.5°等几种,分别简称 6°带、3°带和 1.5°带。按照这种做法,国际上统一把椭球分成若干 6°或 3°带,并依次进行编号,如图 1-8(a)所示。

1)6°带

如图 1-8(b)所示,6°带的带号是由起始子午线算起,自西向东每隔经差 6°划分一带,可将地球分成 60 个带,可按 1~60 依次编号。第 N 带中央子午线的经度 L_{N0} 与带号 N 的关系为

$$L_{N0} = 6° \times N - 3° \qquad (N = 1,2,\cdots,60) \tag{1-5}$$

或写成

$$N = (L_{N0} + 3°)/6° \tag{1-6}$$

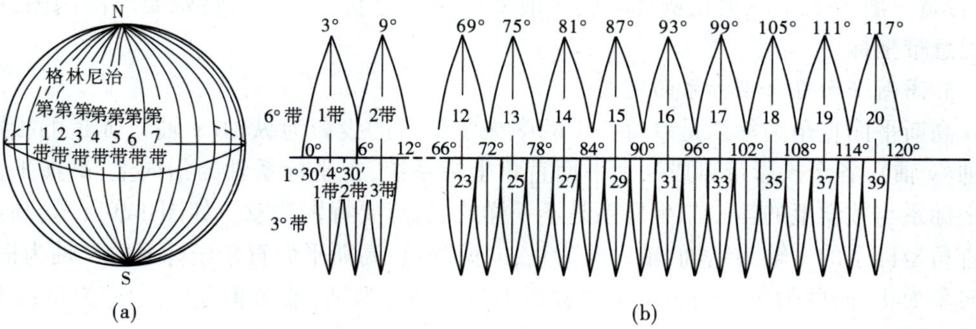

图 1-8 投影带的划分

如已知某点的经度为 L,则该点所在 6°带的带号为

$$N = [L/6] + 1[\text{前项有余数时}] \tag{1-7}$$

或

$$N = [L/6] + 0[\text{前项无余数时}]$$

这里的[· / ·]表示“取整数运算”,不能整除时舍弃余数。式(1-7)表示取 $L/6$ 的“整数”,当不能整除时,无论余数多少,一律进位。

【例 1-1】 已知某点的经度为 115°30′,该点位于 6°带第几带?该带中央子午线的经度是多少度?

解:因为 $115.5°\div 6° = 19\cdots 1.5°$

所以 $N = [115.5°/6°] + 1 = 19 + 1 = 20$

$L_0 = 20\times 6° - 3° = 117°$

该点位于第 20 带,其中央子午线的经度为 117°。

2)3°带

如图1-8(b)所示,3°带是在6°带的基础上划分的。6°的中央子午线和分带子午线都是3°的中央子午线。3°带的带号是由东经1.5°起算,自西向东每隔经差3°划分,其带号按1~120依次编号。3°带第 n 带的中央子午线的经度 L_{n0} 与带号 n 的关系为

$$L_{n0} = 3n \quad (n = 1, 2, \cdots, 120) \tag{1-8}$$

或写成

$$n = L_{n0}/3 \tag{1-9}$$

如已知某点的经度为 L,则该点所在的3°带的带号为

$$n = [(L - 1.5)/3] + 1[\text{前项有余数时}] \tag{1-10}$$

或

$$n = [(L - 1.5)/3] + 0[\text{前项无余数时}]$$

因为3°带是以1.5°起自西向东划分的,所以式(1-10)中要将 L 减去1.5°。

我国领土范围各带中央子午线的经度从75°到135°,6°带横跨11带(13带~23带);3°带横跨21带(25带~45带)。因此,就我国而言,其6°带和3°带的带号是没有重复的,就带号本身,就能看出是3°带还是6°带。

3)任意带

在工程测量中,为了使长度变形更小,有时采用任意带,即中央子午线选择在测区中央,带宽一般为1.5°。大比例尺测图一般采用3°带坐标。对于有特殊要求的测图,可采用任意带坐标。

3. 高斯平面直角坐标系的定义

高斯平面直角坐标系是以每一带的中央子午线的投影为纵轴(x轴),赤道的投影为横轴(y轴),各个投影带自成一个平面直角坐标系统,在坐标系轴的指向上,高斯平面直角坐标系与数学上的笛卡尔坐标系是不一样的,这点要特别注意。如图1-9所示,高斯平面直角坐标系的 x 轴为纵轴,轴向北为正,向南为负;高斯平面直角坐标系的 y 轴为横轴,轴向东为正,向西为负。而笛卡尔坐标系则是 y 轴为纵轴,轴向北为正,向南为负;x 轴为横轴,轴向东为正,向西为负。

由此而确定点位的坐标称为自然坐标。我国位于北半球,x 的自然坐标均为正,而 y 的自然坐标则有正有负。为了避免 y 坐标出现负值,规定在自然坐标 y 上加500 km(相当于将纵轴西移500 km)。因每带都有一些自然坐标相同的点,为了说明各点的确切位置,则在加500 km后的 y 坐标前加上相应的带号。将自然坐标 y 加500 km,并在前面冠以带号的坐标称为通用坐标。

例如,在图1-9中,假定 P_1、P_2 两点均位于第21带,其自然坐标分别为 y'_{P1} = +180 736.3 m、y'_{P2} = −105 374.8 m,则其通用坐标为 y_{P1} = 21 680 736.3 m、y_{P2} = 21 394 625.2 m。我国的 x 坐标均为正,因而 x 的自然坐标值和通用坐标值相同。

(三)平面直角坐标系

当测区范围较小(半径不大于10 km的区域内)时,可把该区域的球面视为平面,将地面点直接沿铅垂线方向投影到水平面上并在该平面上建立直角坐标系。如图1-10所示,测量上将南北方向的坐标轴定为 x 轴(纵轴),自原点向北为正,向南为负;东西方向的坐标轴定为 y 轴(横轴),自原点向东为正,向西为负;象限按顺时针方向编

号，并规定所有直线的方向都是以纵坐标轴北端为准按顺时针方向量度的。这样，数学中的全部平面三角公式均可直接使用，同时又便于测量中的方向确定和坐标计算。

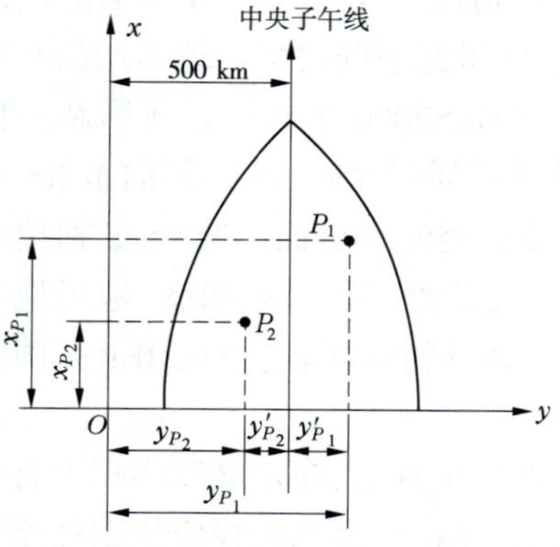

图 1-9 高斯平面直角坐标系

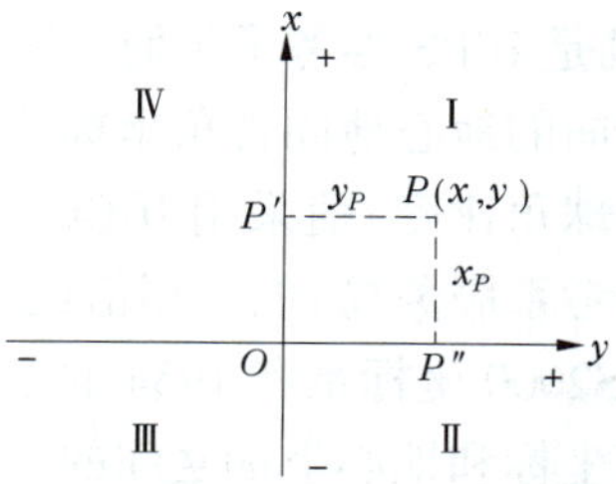

图 1-10 平面直角坐标系

为实用方便，测量上用的平面直角坐标系的原点有时是假设的。假设原点的位置应使测区内各点的 x、y 值为正。

（四）地心空间直角坐标系

在卫星大地测量中，常用地心空间直角坐标来表示空间一点的位置。通常地心空间直角坐标系的原点设在地球椭球的中心 O，z 轴与地球旋转轴重合，x 轴通过起始子午面与赤道的交点，y 轴与 z、x 轴形成右手系，如图 1-11 所示。地心空间直角坐标系可以统一各国的大地控制网，可以使各国的地理信息“无缝”衔接。地心空间直角坐标在全球定位系统（GPS）、航空、航天、军事及国民经济各部门都有着广泛的应用。

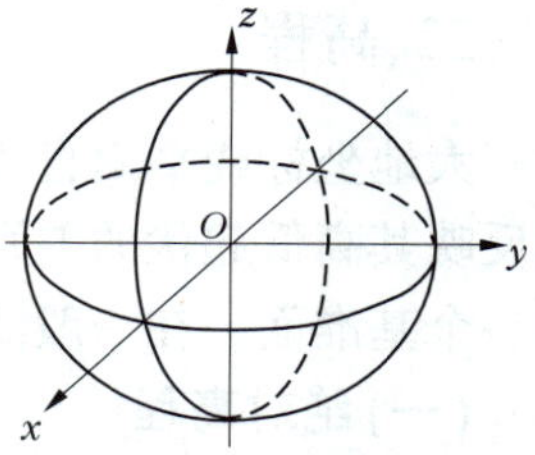

图 1-11 地心空间直角坐标系

（五）我国的大地坐标系

1. 1954 年北京坐标系

20 世纪 50 年代，由于国家建设的需要，我国地面点的大地坐标是通过联测从苏联经我国东北传算过来的，其坐标系统定名为 1954 年北京坐标系。实际上，这个坐标系统是苏联 1942 年普尔科沃大地坐标系的延伸，它采用的是克拉索夫斯基椭球元素值，大地原点在苏联普尔科沃天文台。由于该坐标系大地原点距我国甚远（我国使用的参考原点在北京），在我国范围内该参考椭球面与大地水准面存在着明显的差距，在东部地区，差距更甚。因此，1978 年全国天文大地网平差会议决定建立我国独立的大地坐标系。

2. 1980 西安坐标系（1980 国家大地坐标系）

自 1980 年起，我国采用 1975 年国际第三推荐值作为参考椭球，并将大地原点定在西安附近（陕西省泾阳县永乐镇），由此建立了我国新的国家大地坐标系——1980 西安坐标系。该坐标系统采用的地球椭球元素为 $a=6\ 378\ 140$ m，$\alpha=1/298.257$，原来的 1954 年北京坐标系的成果都将改算为 1980 西安坐标系的成果。但是考虑到改算的艰巨性，1954 年北京坐标系的成果特别是大量的地图资料，在一定时期内，还将继续使用。

3. 2000 国家大地坐标系

随着情况的变化和时间的推移,上述两个以经典测量技术为基础的局部大地坐标系,已经不能适应科学技术特别是空间技术的发展,不能适应中国经济建设和国防建设的需要。以地球质量中心为原点的地心大地坐标系,是21世纪空间时代全球通用的基本大地坐标系。以空间技术为基础的地心大地坐标系——CGCS2000坐标系是我国新一代大地坐标系的适宜选择。CGCS2000坐标系是原点为地球的质量中心,Z轴指向IERS参考极方向,X轴是IERS参考子午面与通过原点且同Z轴正交的赤道面的交线,Y轴按右手法则确定方向的地心地固直角坐标系。参考椭球的定义参数(长半轴、扁率、地球地心引力常数和地球角速度)值采用IUGG(国际大地测量与地球物理联合会)或IERS(国际地球旋转与参考系服务局)的采用值或推荐值。

CGCS2000坐标系和1954北京坐标系或1980西安坐标系,在定义和实现上有根本区别。局部坐标和地心坐标之间的变换是不可避免的。变换模型的选择应依据精度要求而定。对于高精度(优于0.5 m)要求,可采用最小曲率法或其他方法的格网模型;对于中等精度(0.5~5 m)要求,可采用七参数模型;对于低精度(5~10 m)要求,可采用四参数或者三参数模型。使用控制点成果时,一定要注意坐标系的统一性。

二、高程

大地坐标或平面直角坐标只能反映地面点在参考椭球面上或投影面上的位置,并不能反映其高低起伏的差别,为此还需建立一个统一的高程系统。建立高程系统,首先要选择一个基准面。在一般测量工作中都以大地水准面作为基准面。

(一)绝对高程

地面上某点到大地水准面的铅垂距离称为该点的绝对高程或海拔,简称高程。如图1-12所示,地面点A、B的绝对高程分别为H_A、H_B。

一般地,一个国家只采用一个平均海水面作为统一的高程基准面(起算面),由此高程基准面建立的高程系统称为国家高程系,否则称为地方高程系。我国是以青岛验潮站的验潮结果求得平均海水面,作为全国统一的高程基准面。

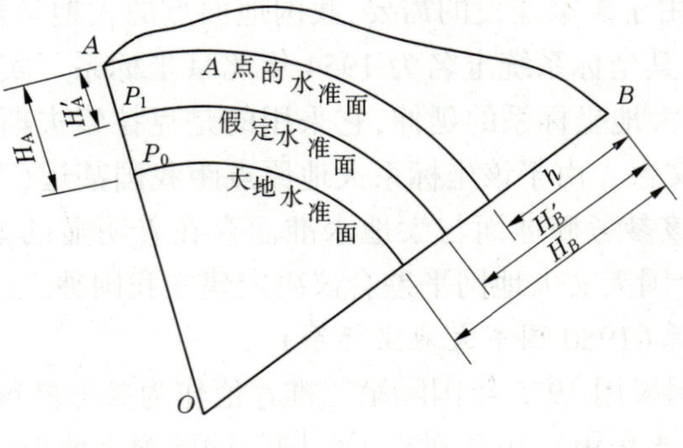

图1-12 高程系统示意图

（二）相对高程

地面上某点到任一假定水准面的垂直距离称为该点的相对高程或假定高程。如图 1-12 所示，地面点 A、B 的假定高程分别为 H'_A、H'_B。

当测区附近无国家高程控制点时，可采用假定高程系统，即假设任意一个水准面作为高程起算面。将来如有需要，只需与国家高程控制点联测，再换算成绝对高程就可以了。

（三）高差

地面上两点高程之差称为高差，用 h 表示。如图 1-12 所示，A、B 两点的高差为

$$h_{AB} = H_B - H_A = H'_B - H'_A \tag{1-11}$$

由此可见，地面两点之间的高差与采用的高程系统无关。

高差值有正、负。如果测量方向由 A 到 B，A 点高，B 点低，则高差 $h_{AB}=H_B-H_A$ 为负值；若测量方向由 B 到 A，即由低点测到高点，则高差 $h_{AB}=H_A-H_B$ 为正值。

（四）我国的高程系统

1. 1956 年黄海高程系

我国过去是以青岛验潮站 1950～1956 年连续验潮的结果求得的平均海水面作为全国统一的高程基准面，由此基准面起算所建立的高程系统，称为 1956 年黄海高程系。为了明显而稳固地表示高程基准面的位置，在山东省青岛市观象山上的一个山洞里，建立了国家水准原点。用精密水准测量方法测出该水准原点高程为 72.289 m。全国各地的高程都以它为基准进行推算。

2. 1985 国家高程基准

1985 年，国家测绘局根据青岛验潮站 1952～1979 年间连续观测的潮汐资料，推算出青岛水准原点的高程为 72.260 m，于 1987 年 5 月正式通告启用，并以此定名为"1985 国家高程基准"，同时"1956 年黄海高程系"相应废止。各部门各类水准点成果将逐步归算至"1985 国家高程基准"上来。所以，在使用高程成果时，要特别注意使用的高程基准，防止错误。

三、空间坐标与地理坐标间的转换

现代工程测量已突破了传统的测量方法，GPS 技术在测量上的广泛应用使得工程测量越来越方便，但由于 GNSS 测量成果通常采用的是空间坐标形式，而在工程测量中的成果又常常要求采用地理坐标形式，因此在用 GNSS 进行工程测量时会涉及空间坐标与地理坐标之间的相互转换问题。

假定地面某点 P 的空间坐标为 (X,Y,Z)，地理坐标为 B、L，高程为 H，如图 1-13 所示，那么地理坐标和高程到空间坐标的转换见式(1-12)，而空间坐标到地理坐标和高程的转换见式(1-13)及式(1-14)。

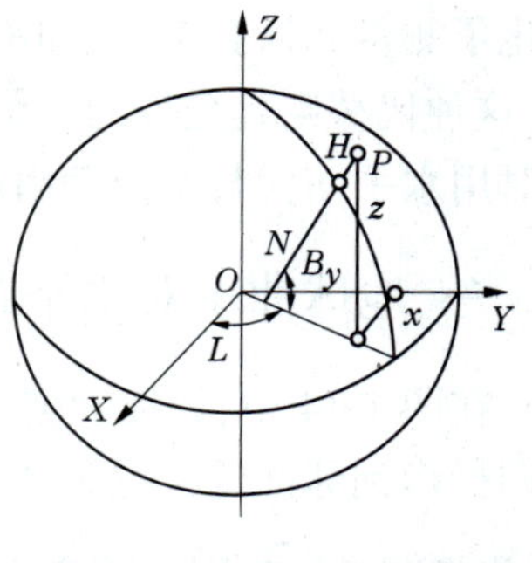

图 1-13 空间坐标与地理坐标

$$
\left.\begin{aligned}
X &= (N+H)\cos B\cos L \\
Y &= (N+H)\cos B\sin L \\
Z &= [N(1-e^2)+H]\sin B
\end{aligned}\right\} \tag{1-12}
$$

式中　e——第一偏心率,$e=\sqrt{\dfrac{a^2+b^2}{a^2}}$,$a$、$b$ 分别为所用椭球的长、短半径;

N——$N=\dfrac{a}{\sqrt{1-e^2\sin^2 B}}$。

对于不同的椭球体,N、e 取值不同。

$$
\left.\begin{aligned}
L &= \arctan\left(\frac{Y}{X}\right) \\
B &= \arctan\left[\frac{Z}{\left|\sqrt{X^2+Y^2}\right|}\left(1-\frac{e^2 N}{N+H}\right)^{-1}\right] \\
H &= \frac{\left|\sqrt{X^2+Y^2}\right|}{\cos B}-N
\end{aligned}\right\} \tag{1-13}
$$

式中　B、H 需通过迭代求得其值,迭代开始时,设:

$$
\left.\begin{aligned}
N_0 &= a \\
H &= \left|\sqrt{X^2+Y^2+Z^2}-\sqrt{ab}\right| \\
B &= \arctan\left[\frac{Z}{\left|\sqrt{X^2+Y^2}\right|}\left(1-\frac{e^2 N_0}{N_0+H_0}\right)^{-1}\right]
\end{aligned}\right\} \tag{1-14}
$$

任务四　用水平面代替水准面的限度

如前所述,地球的形体可视为旋转椭球体,如果精度要求不高,可将地球视为圆球。如果使用球面代替大地水准面,将地面点投影到球面上,然后投影展绘到平面图纸上,这一过程是很复杂的。在实际测量工作中,当测区面积不大时,往往以水平面直接代替水准面,即在一定范围内把地球表面上的点直接投影到水平面上来决定其位置。这样做虽然简化了测量和计算工作,却给测量结果带来了误差,如果这些误差在所容许的限差范围之内,这种代替则是允许的。但是,究竟在多大范围内才能允许用水平面代替水准面呢?下面对用水平面代替水准面引起的距离、角度、面积和高程等方面误差的大小进行分析。

一、地球曲率对水平距离的影响

在图 1-14 中,设以 O 点为球心,R 为半径的球面为水准面。在地面上有 A'、B'两点,它们投影到球面的位置为 A、B,如果将切于 A 点的水平面代替水准面,即以相应的切线段 AC 代替圆弧 $\overset{\frown}{AB}$,则在距离方面将产生误差 Δd。由图 1-14 可以看出

$$
\Delta d = AC-\overset{\frown}{AB} = t-d = R\tan\alpha - R\alpha \tag{1-15}
$$

式中　R——地球半径,取 6 371 km;

α——弧长 d 所对的圆心角。

将 $\tan\alpha$ 用级数展开,并取级数前两项,得

$$\Delta d = R\alpha + \frac{1}{3}R\alpha^3 - R\alpha = \frac{1}{3}R\alpha^3 \quad (1\text{-}16)$$

因 $\alpha=\frac{d}{R}$,故

$$\Delta d = \frac{d^3}{3R^2} \quad (1\text{-}17)$$

或用相对误差表示为

$$\frac{\Delta d}{d} = \frac{1}{3}(\frac{d}{R})^2 \quad (1\text{-}18)$$

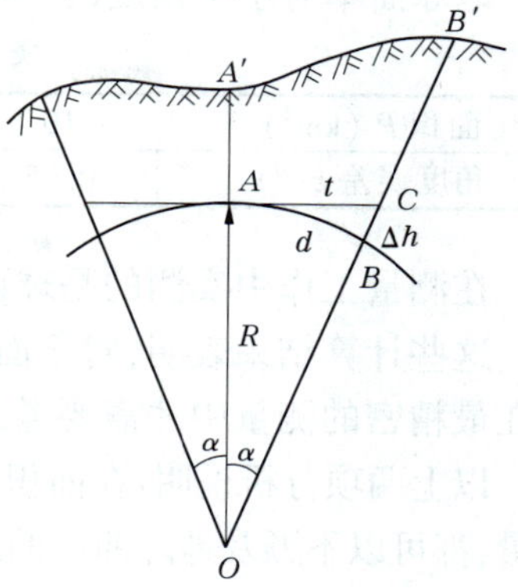

图 1-14　用水平面代替水准面的限度

因 R 可以看成常数,故 Δd 仅随 d 而变化。以不同的距离 d 代入式(1-17)和式(1-18),产生的误差和相对误差列于表 1-2 中。

表 1-2　地球曲率对水平距离和高程的影响

距离 d(km)	距离误差 Δd(mm)	距离相对误差 $\Delta d/d$	高程误差 Δh(mm)
0.1	0.000 008	1/1 250 000 万	0.8
1	0.008	1/12 500 万	78.5
10	8.2	1/120 万	7 850.0
25	128.3	1/19.5 万	49 050.0

从表 1-2 中可以看出,当地面距离为 10 km 时,用水平面代替水准面所产生的距离误差仅为 0.82 cm,其相对误差为 1/120 万。而实际测量距离时,使用精密电磁波测距仪的测距精度为 1/100 万(相对误差),地形测量中普通钢尺的量距精度约为 1/2 000(相对误差)。所以,只有在大范围内进行精密量距时,才考虑地球曲率的影响,而在半径为 10 km 的圆面积内测量距离时,可不必考虑地球曲率对水平距离的影响,也就是说可以把水准面当作水平面看待,认为地面上两点 A'、B' 在水准面上的距离($\overset{\frown}{AB}$ 弧的长度)与它们在水平面上投影点之间的直线距离 AC 近似相等,其误差可忽略不计。

二、地球曲率对水平角度的影响

由球面三角学知道,同一空间多边形在球面上投影 $A'B'C'$ 的各内角之和,较其在平面上投影 ABC 的各内角之和大一个球面角超 ε 的数值,如图 1-15 所示。其公式为

$$\varepsilon = \rho\frac{P}{R^2} \quad (1\text{-}19)$$

式中　ρ——以秒计的弧度;

P——球面多边形面积;

R——地球半径。

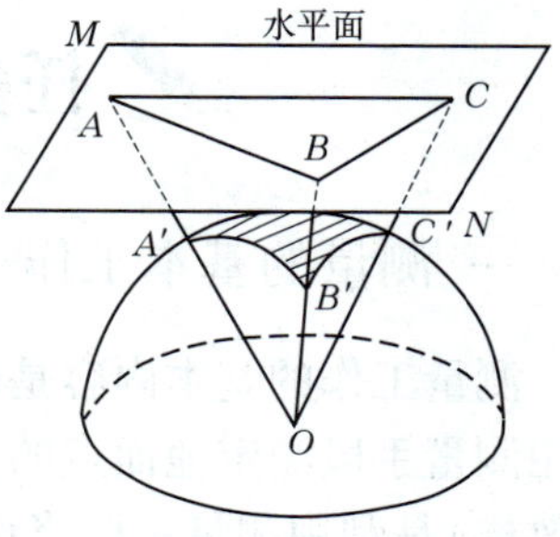

图 1-15　水平面代替水准面引起的角度误差

地球曲率对水平角度的影响见表 1-3。

表 1-3　地球曲率对水平角度的影响

面积 P (km^2)	10	100	400	1 000	2 500	10 000
角度误差 ε(″)	0.05	0.51	2.03	5.08	12.70	50.82

在测量工作中实测的是球面面积,绘制成图时则绘成平面图形的面积。

这些计算结果表明,对于面积在 100 km^2 以内的多边形,地球曲率对水平角的影响只有在最精密的测量中才需要考虑,一般的测量工作是不必考虑的。

以上两项分析说明:在面积为 100 km^2 的范围内,不论是进行水平距离或是水平角度的测量,都可以不顾及地球曲率的影响;在精度要求较低的情况下,这个范围还可以相应扩大。

三、地球曲率对高程的影响

在图 1-14 中,B'点的高程为 $B'B$,如用过 A 点的水平面代替水准面,则 B'点的高程为 $B'C$,这时在高程方面产生的误差为 Δh。从图 1-14 中可以看出,$\angle CAB=\dfrac{\alpha}{2}$,因该角很小,以弧度表示,则

$$\Delta h = d\,\frac{\alpha}{2} \tag{1-20}$$

因 $\alpha=\dfrac{d}{R}$,故

$$\Delta h = \frac{d^2}{2R} \tag{1-21}$$

以不同的距离 d 代入式(1-21),算得相应的 Δh 值列在表 1-2 中。从表中可以看出,当距离为 100 m 时,在高程方面的误差就接近 1 mm,这对高程测量来说影响是很大的。地球曲率对高程测量有着显著的影响,所以尽管距离很短,也不能忽视地球曲率对高程测量误差的影响。因此,即使在很短的距离进行高程测量,也必须认真对待。在测量时,实测的水准面上的高程差异是不能忽略的,必须采用加改正数的办法或采取一定措施减少其影响。通常把用水平面代替水准面所产生的高程误差称为地球弯曲差,简称球差。

任务五　测量工作的基本原则

一、测量的基本工作

测量工作的基本内容是确定地面点的位置。它有测绘和测设两方面的含义,测绘是利用测量手段测定地面点的空间位置,并以图形、数据等形式表示出来的过程;测设(亦称放样)是利用测量手段将设计的点位标定到地面上的过程。实际测量工作中,一般不能直接测出地面点的坐标和高程,通常是根据已知坐标和高程的点与待定点之间的几何关系,然后推算出待定点的坐标和高程。

如图 1-16 所示,设地面上有三个点 A、B、C,投影到水平面上的位置分别为 a、b、c。如

果 A、B 点位置已知，要确定 C 点的位置，则需要测定水平角 β、距离 D_{BC} 和高差 h_{BC}，即可得到 C 点的平面位置和高程。所以，水平距离、水平角和高程称为确定地面点位置的三个基本元素，称为测量三要素，距离测量、角度测量和高程测量是测量的基本工作。

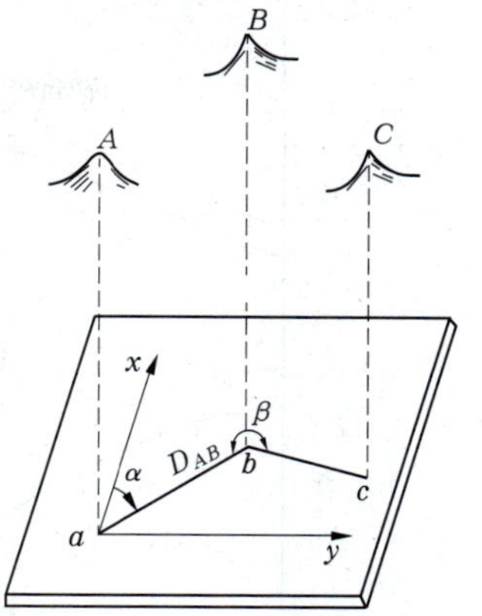

图 1-16 地面点的相对位置

二、基本原则

地球表面的形状错综复杂、物体的种类多种多样。地面上的人造或天然的固定物体称为地物，如道路、河流、房屋。地面的高低起伏形态称为地貌。地物和地貌统称为地形。把地形反映到地图上，是通过测定地面上地物和地貌的一些特征点(也称碎部点)的平面位置及高程来实现的。把测定的地物、地貌的特征点人工展绘在图纸上，称为白纸测图。在野外测量时，将测量的特征点坐标自动存储在测量仪器(如全站仪)中，并传输给计算机，再利用专门的绘图软件绘制地形图，就是数字化测图。

进行测量工作时，如果从一个特征点开始逐点进行施测，最后虽可以得到欲测各点的位置，但由于测量工作中存在不可避免的误差，会导致前一点的测量误差传递到下一点，使误差累积起来，最后可能达到不可容许的程度。因此，测量工作必须按照一定的原则进行。

在实际测量工作中遵循“从整体到局部，由高级到低级，先控制后碎部”的原则。首先在测区范围内选定若干具有控制意义的点组成控制网，这些点称为控制点，如图 1-17(a)中的 A、B、…、F 点，通过精密的测量仪器，把它们的平面位置和高程精确地测定出来，然后根据这些控制点测定出附近碎部点的位置，如图 1-17(b)所示。前者测定控制点位置的工作称为控制测量，后者测绘碎部点的工作称为碎部测量。由于控制点的位置比较准确，在每个控制点上测绘地形碎部点的误差只影响局部，不致影响整个测区，误差就不

(a)

图 1-17 地形图测绘

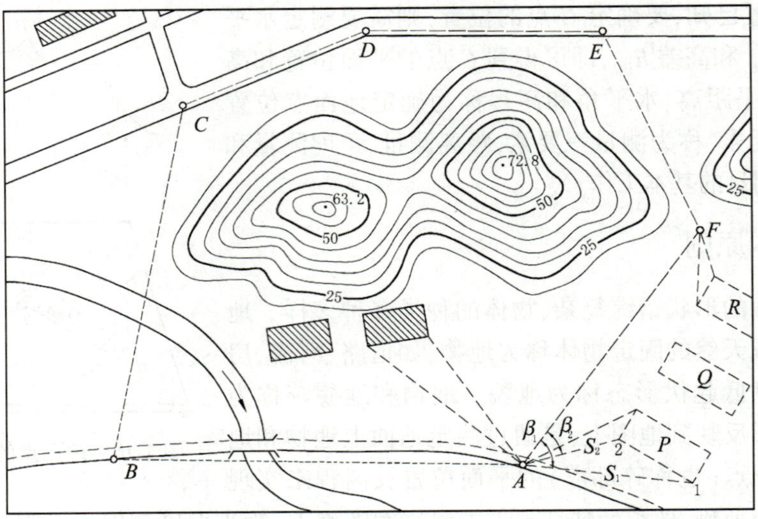

(b)

续图 1-17

会从一个碎部点传递到另一个碎部点,在一定的观测条件下,各个碎部点均能保证它具有应有的精度。

综上所述,测量工作中,在布局上要"从整体到局部",在精度控制上要"由高级到低级",在工作步骤上要"先控制后碎部"。

三、测量数据的小数位保留方法

测量过程实际上也是地理数据的采集、处理、表示和保存的过程,在数据的保存中常常会遇到数据的取舍问题,对这个问题的处理,测量上有其特殊的方法,这点需要注意。

测量的数据小数位保留方法按"四舍六入,五看奇偶,奇进偶不进"的原则执行。如3.14、3.16保留1位小数的处理结果为3.1、3.2,此为"四舍六入"。3.141 5、3.142 5保留3位小数的处理结果为3.142、3.142,此时遵循"五看奇偶,奇进偶不进"。

习 题

1-1 什么是大地水准面?它在测量工作中的作用是什么?

1-2 什么是参考椭球面?它有何作用?

1-3 测量中常用坐标系有几种?测量中的平面直角坐标系与数学中的坐标系有什么不同?

1-4 什么是高斯投影?高斯平面坐标系是怎么建立的?

1-5 北京某点的大地经度为116°20′,试计算它所在6°带和3°带的带号及中央子午线的经度。

1-6 什么是绝对高程?什么是相对高程?两点间的高差值如何计算?

1-7 测量的基本原则是什么?测量的三项基本工作是什么?

项目二 水准测量

地球表面是高低起伏很不规则的,要确定地面点的空间位置,除确定其平面位置外,还要确定其高程。为测定地面点高程而进行的测量工作称为高程测量。根据所使用的仪器和施测方法的不同,高程测量分为水准测量、三角高程测量、GNSS 测高和物理测高等。工程测量上常用的是水准测量和三角高程测量。

水准测量的精度较高,是精确测定地面点高程的主要方法,在国家高程控制测量、工程勘测和施工测量中被广泛应用。但工作量较大且受地形条件限制。三角高程测量的精度低于水准测量,仅作为高程测量的辅助方法,但其作业简单,布设灵活,也是一种测定地面点高程的常用方法。GNSS 测高是现代高新技术的集成,方法简单,精度可靠,但投资较大,对精密高程测量的应用还有一定的局限性。物理高程测量的精度最低,但仪器简单,施测方便,一般仅用于勘查工作。

水准测量主要有国家等级水准测量、等外(图根)水准测量、工程水准测量等几种形式,国家等级水准测量用于建立全国性的高程控制网,分为一、二、三、四等。一等水准测量精度最高,是国家高程控制网的骨干,也是研究地壳垂直移动及有关科学研究的主要依据。二等水准测量精度低于一等水准测量,是国家高程控制、国家等级水准测量的全面基础。三、四等水准测量精度依次降低,直接为地形测图和各种工程建设提供高程控制点。等外水准测量精度低于四等水准测量,主要用来测定测图基本控制点的高程和测定图根点的高程。工程水准测量是为满足各种工程建设需要而进行的水准测量,其精度依工程要求不同而异,有的高于四等水准测量,有的低于等外水准测量。

任务一 水准测量原理

一、基本原理

水准测量是利用水准仪所提供的"水平视线",测定两点间的高差,从而由某一已知点高程推算出未知点高程。

如图 2-1 所示,已知 A 点高程为 H_A,现在想测出 B 点高程 H_B,则可以在 A、B 两点之间安置一台能够提供水平视线的水准仪,并且分别在 A、B 两点上竖立标尺(水准标尺),然后由水准仪提供的水平视线分别读出 A 点尺上的读数 a 和 B 点尺上的读数 b,则 A、B 两点间的高差为

$$h_{AB} = a - b = H_B - H_A \tag{2-1}$$

测量前进的方向是从已知点 A 向未知点 B 方向前进的,所以前进方向是与其高差 h_{AB} 的下标 AB 的方向一致的。通常我们把 h_{AB} 称为 A 点到 B 点的高差。因此,图 2-1 中 a 为后视读数,A 为后视点,b 为前视读数,B 为前视点。高差总是等于后视读数减去前视读

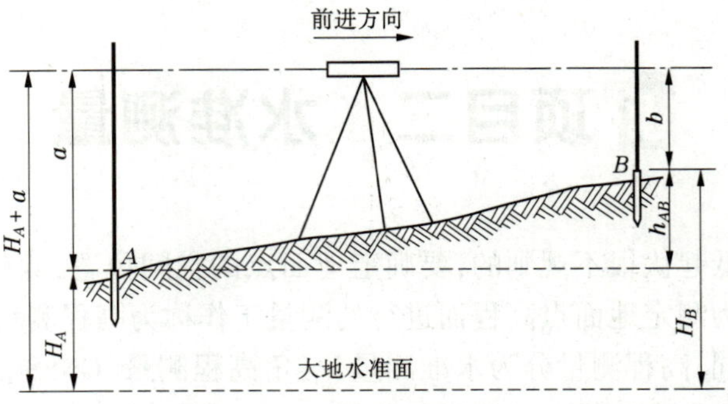

a—后视读数;A—后视点;b—前视读数;B—前视点

图 2-1 水准测量基本原理

数,所以有:

如果 $a>b$,即后视读数大于前视读数,则表明 B 点高于 A 点,由 A 向 B 前进为上坡,此时 $h_{AB}>0$;

如果 $a<b$,即后视读数小于前视读数,则表明 B 点低于 A 点,由 A 向 B 前进为下坡,此时 $h_{AB}<0$。

因此,高差是有正负之分的。一般来说,高程计算的方法有高差法和视线高法两种。

(一)高差法

直接由高差计算未知点高程的方法称为高差法。

测得两点间高差 h_{AB} 后,由已知的 A 点高程 H_A,可求得 B 点的高程为

$$H_B = H_A + h_{AB} \tag{2-2}$$

(二)视线高法

利用视线高程推算未知点高程的方法称为视线高法。当安置一次仪器要求出多个点高程时,视线高法比高差法方便。

由图 2-1 可以知道,A 点的高程加后视读数就可以得到仪器的水平视线的高程,用 H_i 表示,即

$$H_i = H_A + a \tag{2-3}$$

由此得到 B 点的高程为

$$H_B = H_i - b = H_A + a - b$$

二、连续水准测量

测量过程中,安置仪器的地方称为测站。当地面上两点的距离较远,或两点的高差较大,放置一次仪器不能测定两点的高差时,就需增设若干个临时传递高程的立尺点,这些点称为转点,简记为 TP。

如图 2-2 所示,在实际水准测量中,A、B 两点间高差较大或相距较远,安置一次水准仪不能测定两点之间的高差。此时有必要沿 A、B 的水准路线增设若干个必要的临时立尺点——转点,用作传递高程。根据水准测量的原理依次连续地在两个立尺点中间安置水准仪来测定相邻各点间高差,再求和即可得到 A、B 两点间的高差值:

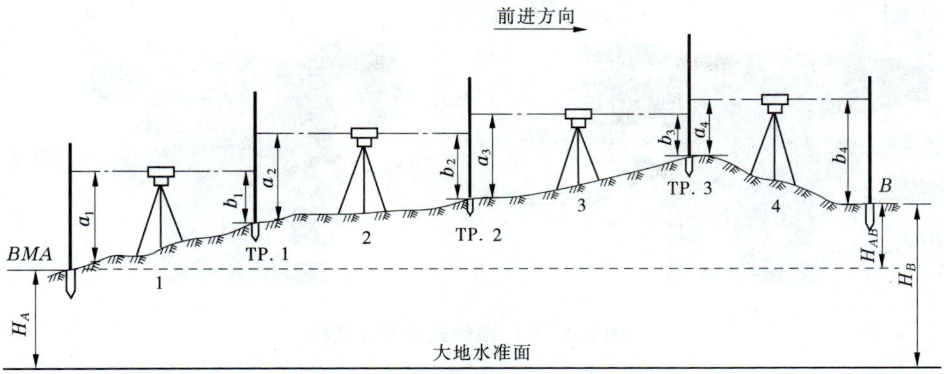

图 2-2　连续水准测量

$$h_1 = a_1 - b_1$$
$$h_2 = a_2 - b_2$$
$$\vdots$$
$$h_n = a_n - b_n$$

则
$$h_{AB} = h_1 + h_2 + \cdots + h_n = \sum h = \sum a - \sum b \tag{2-4}$$

所以，A、B 两点间的高差 h_{AB} 等于所有后视读数之和减去所有前视读数之和。

任务二　水准测量的仪器和工具

水准测量所使用的仪器为水准仪，配套使用的工具有水准尺和尺垫。我国的水准仪按其精度分，有 DS_{05}、DS_1、DS_3 及 DS_{10} 等几个等级。D、S 分别是“大地测量”“水准仪”的汉语拼音第一个字母，下标 05、1、3 和 10 表示水准仪精度，即每千米水准测量高差中数偶然中误差。下标数字越小，对应仪器精度越高。进口的水准仪型号比较多，没有此规律。

在国产水准仪中，DS_{05} 和 DS_1 属于精密水准仪，DS_{05} 主要用于国家一、二等水准测量和精密工程测量，DS_1 主要用于国家二等水准测量和精密工程测量。DS_3 及 DS_{10} 属于普通水准仪，其中 DS_3 水准仪应用较为广泛，如国家三等水准测量、四等水准测量、建筑工程测量和地形测量等。本书重点介绍 DS_3 水准仪。

按水准仪的构造分类，可分为微倾式水准仪、自动安平水准仪（如苏一光 DSZ2 自动安平水准仪）和数字水准仪（如天宝 DiNi12 数字水准仪）等。

一、DS_3 微倾式水准仪

（一）仪器的构造

如图 2-3 所示，DS_3 微倾式水准仪主要由望远镜、水准器及基座三部分组成。仪器通过基座与三脚架连接，支撑在三脚架上，基座装有三个脚螺旋，用以粗略整平仪器。望远镜旁装有一个管水准器，转动望远镜上的微倾螺旋，可使望远镜做微小的上仰下俯，管水准器也随之上仰下俯，当管水准器的气泡居中时，则望远镜视线水平。仪器在水平方向的转动，是由水平制动螺旋和水平微动螺旋控制的。

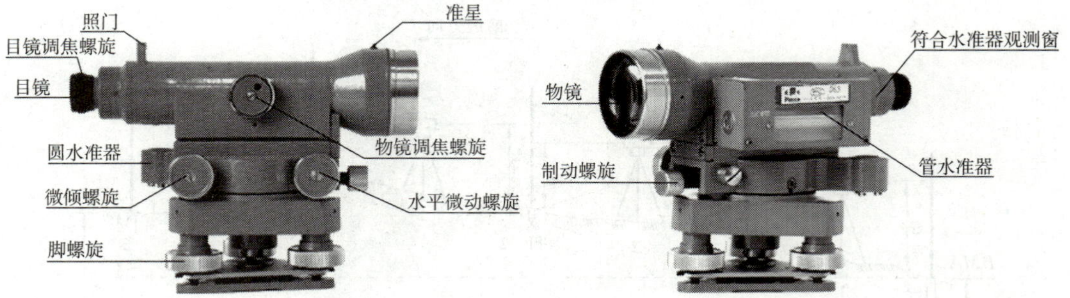

图 2-3　DS_3 微倾式水准仪结构

1. 望远镜

望远镜主要由物镜、目镜、对光透镜和十字丝分划板组成。望远镜的作用一方面是提供一条瞄准目标的视线;另一方面是将远处的目标放大,提高瞄准和读数的精度。望远镜结构如图 2-4 所示。

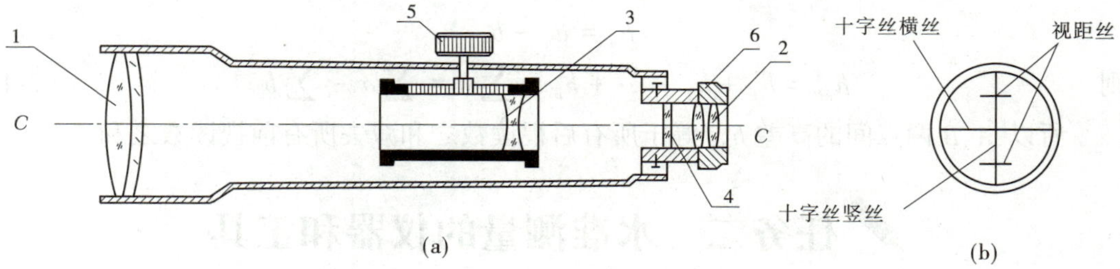

1—物镜;2—目镜;3—物镜调焦透镜;4—十字丝分划板;5—物镜调焦螺旋;6—目镜调焦螺旋

图 2-4　望远镜结构

如图 2-5 所示,根据几何光学原理可知,目标经过物镜及对光透镜的作用,在十字丝附近成一倒立实像。物镜和目镜多采用复合透镜组,目标 AB 经过物镜成像后形成一个倒立而缩小的实像 ab,移动对光透镜,可使不同距离的目标均能清晰地成像在十字丝平面上。再通过目镜的作用,便可看清同时放大了的十字丝和目标影象 $a'b'$。由于目标离望远镜的远近不同,转动对光螺旋使对光透镜在镜筒内前后移动,即可使其实像恰好落在十字丝平面上,再经过目镜的作用,将倒立的实像和十字丝同时放大,这时倒立的实像成为倒立而放大的虚像。

经过望远镜放大的虚像与用眼睛直接看到目标大小的比值,即为望远镜的放大率 V。国产 DS_3 水准仪望远镜的放大率一般约为 30 倍。

为了使不同视力的人都能看到落在十字丝分划板上的清晰影像,目镜上配有对光螺旋,旋转目镜对光螺旋,调节目镜与十字丝分划板的距离,以使不同视力的人看清十字丝。也就是旋转目镜看清十字丝,旋转对光螺旋,看清落在十字丝分划板上的清晰影像。

十字丝是用以瞄准目标和读数的,其形式一般如图 2-4(b)所示。一般在玻璃平板上刻有相互垂直的纵横细线,分别称为横丝(又叫中丝)和纵丝(又叫竖丝)。与横丝平行而距离相等的上下两根短细线称为视距丝,用于测量距离。当十字丝分划线成像不清晰时,可以调节目镜调焦螺旋使其变清晰。

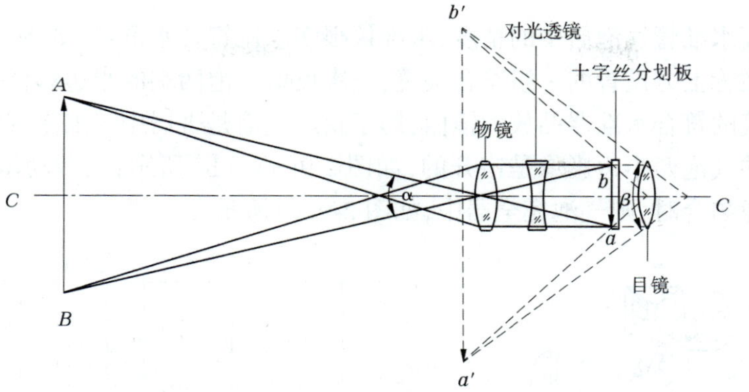

图 2-5 望远镜成像原理

十字丝的交点和物镜光心的连线通常称为视准轴,视准轴也是用以瞄准和读数的视线。水准测量就是在视准轴水平时,用十字丝的中丝在水准尺上截取读数的。

2. 水准器

水准器分为管水准器(水准管)和圆水准器两种。水准器是用以整平仪器,使仪器竖轴竖直的器具。

1)管水准器

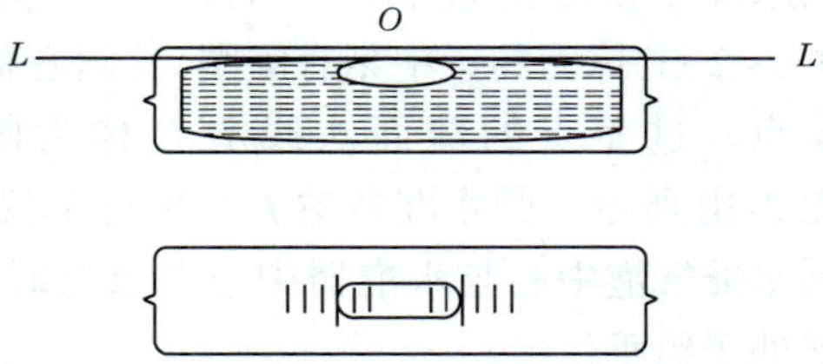

图 2-6 管水准器

管水准器(亦称水准管)用于精确整平仪器,是用一个内表面磨成圆弧的玻璃管制成的,如图 2-6 所示。它是一玻璃管,其纵剖面方向的内壁研磨成一定半径的圆弧形,水准管上一般刻有间隔为 2 mm 的分划线,分划线的中点 O 称为水准管零点,通过零点与圆弧相切的纵向切线 LL 称为水准管轴。水准管轴平行于视准轴。当气泡两端与零点对称时,即气泡中点与水准管零点重合时称为气泡居中,这时水准管轴 LL 一定处于水平位置。

水准管上 2 mm 间隔的圆弧所对的圆心角 τ 称为水准管的分划值,即

$$\tau = \frac{2\ \text{mm}}{R}\rho \tag{2-5}$$

式中 τ——水准管分化值,(″);

R——水准管圆弧半径,mm;

ρ——弧度的秒值,$\rho = 206\ 265''$。

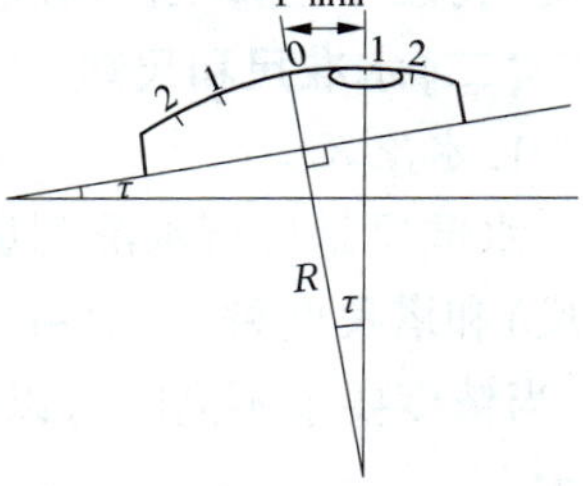

图 2-7 管水准器分划值

水准管分化值(见图 2-7)与圆弧成反比,半径越大,分化值越小,整平的精度越高,气泡移动也越灵活。所以,一般把水准气泡移动到最高点的能力称为水准器的灵敏度。因此,水准管分划愈小,水准管灵敏度愈高,用其整平仪器的精度也愈高。水准器的灵敏度还与水准管内壁面研磨质量、气泡长度、液体性质和温度等因素有关。DS_3 水准仪的水准管分划值为 20″,记

作 20″/2 mm。

为了提高水准管气泡居中的精度,水准仪很多采用符合水准器,如图 2-8 所示。符合水准器是水准管上方设置的一组符合棱镜,三次反射气泡两端的半边影像,之后使其影像反映在望远镜的符合水准器的放大镜内,用于指示气泡是否居中。如果气泡不居中,在放大镜内看到的气泡两半边影像是错开的,如图 2-9(a)、(b)所示;当转动微倾螺旋使气泡两半边的影像吻合时,则气泡完全居中,如图 2-9(c)所示。

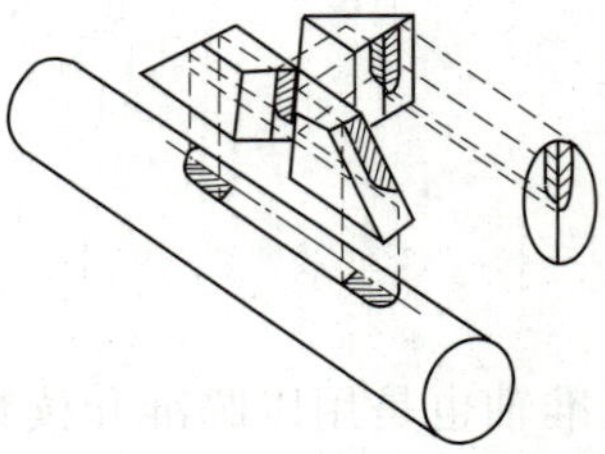

图 2-8　符合水准器

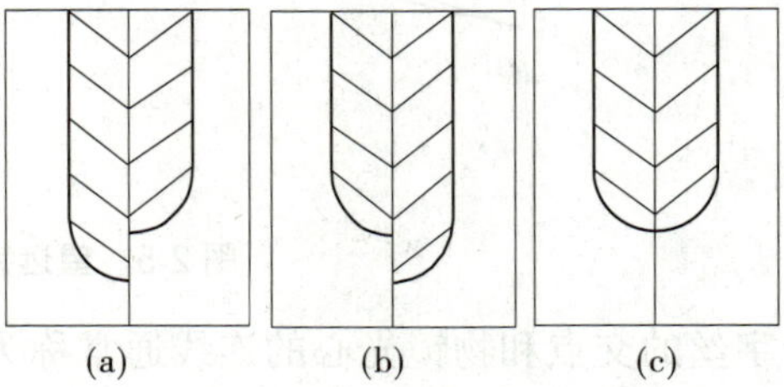

图 2-9　用微倾螺旋调平符合水准器

2)圆水准器

圆水准器装在水准仪基座上,用于仪器的粗略整平。圆水准器顶面的玻璃内表面研磨成球面,其半径 $R=0.2\sim2$ m,球面的正中刻有圆圈,其圆心称为圆水准器的零点。过零点的球面法线 $L'L'$ 称为圆水准器轴,如图 2-10 所示。圆水准器轴 $L'L'$平行于仪器竖轴 VV。当圆水准气泡中心与水准器中心点重合时,则圆水准器轴就处于铅垂位置。

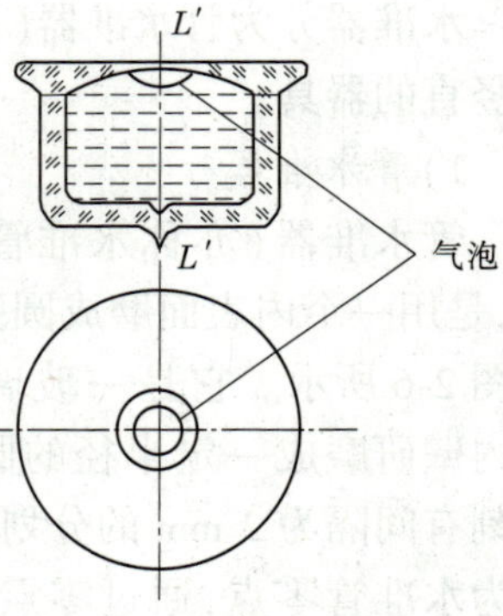

图 2-10　圆水准器

当气泡居中时,水准轴垂直,此时圆气泡底面即为水平面。气泡中心偏离零点 2 mm 时竖轴所倾斜的角值,称为圆水准器的分划值,一般为 8′~10′。由于圆气泡的半径小,精度较低,因此圆水准器只能用于粗略整平仪器。

3)基座

基座的作用是支撑仪器的上部,并通过连接螺旋与三脚架相连接。它主要由轴座、脚螺旋、底板和三脚压板构成。转动脚螺旋,可使圆水准气泡居中。

(二)水准尺和尺垫

1. 水准尺

水准尺是进行水准测量时与水准仪配合使用的标尺。常用的水准尺有直尺(也称双面尺)和塔尺两种,一般由干燥良好的木材、铝合金或玻璃钢制成。水准测量一般使用直尺,当精度要求不高时可以采用塔尺。双面水准尺如图 2-11(a)所示,塔尺如图 2-11(b)所示。

1)双面水准尺

尺长一般为 3 m,两根尺为一对。尺的双面均有刻划,一面为黑白相间,称为黑面尺(也称主尺);另一面为红白相间,称为红面尺(也称辅尺)。两面的刻划均为 1 cm,每 10

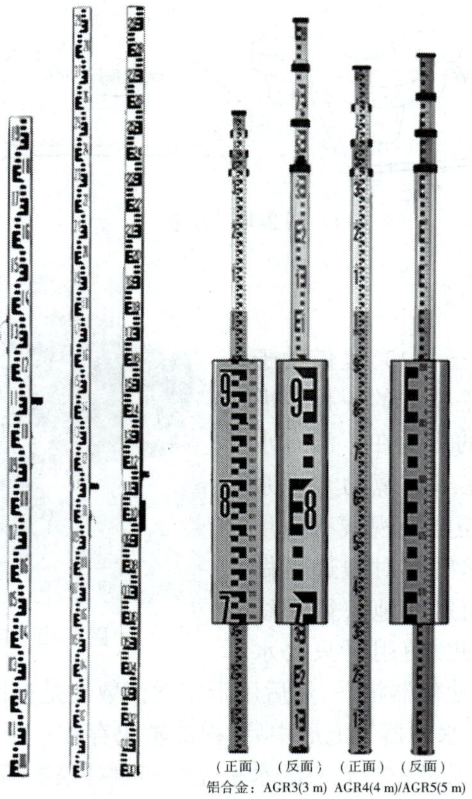

(a) 双面水准尺　　(b) 塔尺

图 2-11　水准尺

cm 处(即在分米处)(E 字形刻划的尖端)注有阿拉伯数字。两根尺的黑面尺尺底均从零开始,而红面尺尺底一根从 4.687 m 开始,另一根从 4.787 m 开始。在视线高度不变的情况下,同一根水准尺的红面和黑面读数之差应等于常数 4.687 m 或 4.787 m,这个常数称为尺常数,用 K 来表示,可以以此检核读数是否正确。双面尺应该成对使用,以检核读数有无错误,一般用于三等、四等水准测量中。

2)塔尺

塔尺是一种逐节缩小的组合尺,其长度为 2~5 m,由两节或三节连接在一起,尺的底部为零点,尺面上黑白格相间,每格宽度为 1 cm,有的为 0.5 cm,在米和分米处有数字注记。

塔尺各段接头处的磨损容易影响尺长的精度,故多用于普通水准测量。一般塔尺适用于铁路、公路、城市、矿山、水利、农田基本建设、国防等工程地形测量。

2. 尺垫

尺垫又称尺台,由生铁铸成,如图 2-12 所示。一般为三角形板座,其下方有三个脚,可以踏入土中。尺垫上方有一突起的半球体,水准尺立于半球顶面。尺垫用于转点处,测量时为了防止标尺下沉,常常将尺垫放在地上踏稳,然后把水准尺竖立在尺垫的半圆球顶上。除三角形尺垫外,也有圆形尺垫。

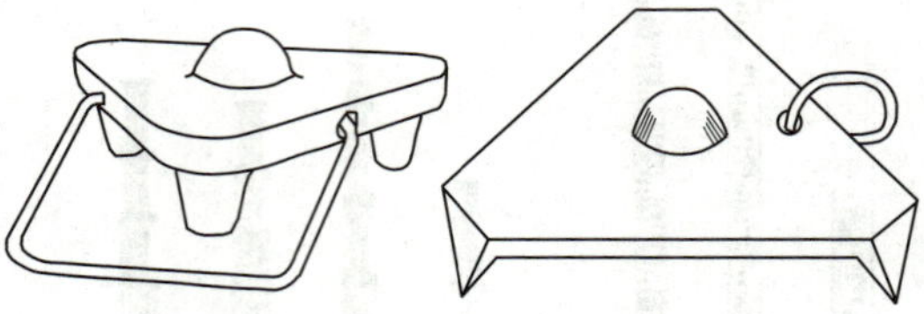

图 2-12　尺垫

二、自动安平水准仪

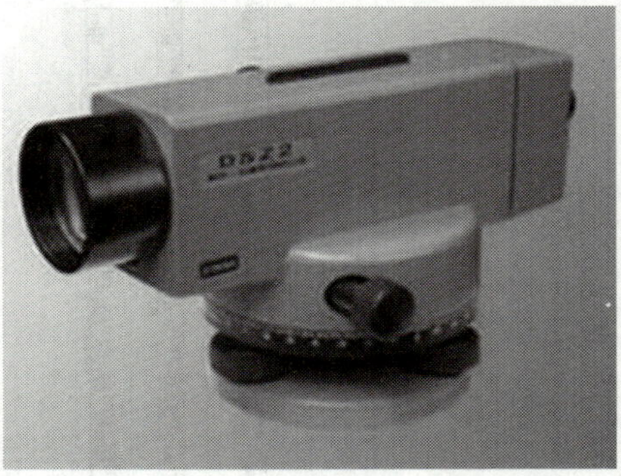

图 2-13　自动安平水准仪

自动安平水准仪(见图 2-13)是借助于自动安平补偿器获得水平视线的一种水准仪。它与微倾式水准仪的区别在于没有水准管和微倾螺旋,而是在望远镜的光学系统中装置了补偿器。当望远镜视线有微量倾斜时,补偿器在重力作用下对望远镜做相对移动,从而能自动而迅速地获得视线水平时的标尺读数。因此,使用时只要水准仪的圆水准气泡居中,使仪器粗平,然后用十字丝读数便是视准轴水平的读数。

如图 2-14 所示,当圆水准器气泡居中后,视准轴仍存在一个微小倾角 α,在望远镜的光路上安置一补偿器,使通过物镜光心的水平光线经过补偿器后偏转一个 β 角,仍能通过十字丝交点,这样十字丝交点上读出的水准尺读数,即为视线水平时应该读出的水准尺读数。由于无须精平,这样不仅可以缩短水准测量的观测时间,而且对于施工场地地面的微小震动、松软土地的仪器下沉以及大风吹刮等原因引起的视线微小倾斜,能迅速自动安平仪器,提高水准测量的观测精度。

自动安平水准仪的优点在于无须精平、操作简单,因此可以大大加快水准测量的速度;另外,减小了外界条件对测量成果的影像,提高了水准测量的精度。

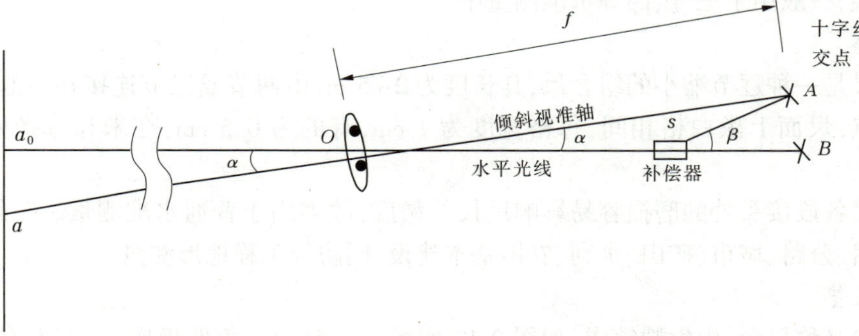

图 2-14　自动安平原理

使用自动安平水准仪时,首先将圆水准器气泡居中,然后瞄准水准尺,等待 2~4 s 后,即可进行读数。有的自动安平水准仪配有一个补偿器检查按钮,每次读数前按一下该按钮,确认补偿器能正常作用再读数。

三、精密水准仪

精密水准仪与一般水准仪比较,其特点是能够精密地整平视线和精确地读取读数。为此,在结构上应满足:

(1)水准器具有较高的灵敏度。如 DS_1 水准仪的管水准器 τ 值为 10″/2 mm。

(2)望远镜具有良好的光学性能。如 DS_1 水准仪望远镜的放大倍数为 38 倍,望远镜的有效孔径为 47 mm,视场亮度较高。十字丝的中丝刻成楔形,能较精确地瞄准水准尺的分划。

(3)具有光学测微器装置。可直接读取水准尺一个分格(1 cm 或 0.5 cm)的 1/100 单位(0.1 mm 或 0.05 mm),提高读数精度。

(4)视准轴与水准轴之间的联系相对稳定。精密水准仪均采用钢构件,并且密封起来,受温度变化影响小。

精密水准仪必须配有精密水准尺。这种尺一般是在木质尺身的槽内,安有一根因瓦合金带。带上标有刻划,数字注在木尺上。精密水准尺须与精密水准仪配套使用。

图 2-15 精密水准仪

精密水准尺上的分划注记形式一般有两种。一种是尺身上刻有左右两排分划,右边为基本分划,左边为辅助分划。基本分划的注记从零开始,辅助分划的注记从某一常数 K 开始,K 称为基辅差。另一种是尺身上两排均为基本分划,其最小分划为 10 mm,但彼此错开 5 mm。尺身一侧注记米数,另一侧注记分米数。尺身标有大、小三角形,小三角形表示半分米处,大三角形表示分米的起始线。这种水准尺上的注记数字比实际长度增大了一倍,即 5 cm 注记为 1 dm。因此,使用这种水准尺进行测量时,要将观测高差除以 2 才是实际高差。

四、数字水准仪

数字水准仪又称为电子水准仪[见图 2-16(a)],它是在自动安平水准仪的基础上发展起来的,于 1990 年首先由威特厂研制成功。数字水准仪是目前最先进的水准仪,配合专门的条形编码水准尺[见图 2-16(b)]、利用激光束代替人工读数。条形编码水准尺通常由玻璃纤维或铟钢制成。

数字水准仪是利用激光的单色性和相干性,在望远镜物镜前装配一块具有一定遮光图案的玻璃片或金属片,即波带板,使之产生衍射干涉。经过望远镜调焦,在波带板的调焦范围内获得一明亮而精细的十字形或圆形的激光光斑,从而更精确地照准目标。如在前、后水准标尺上配备能自动跟踪的光电接收靶,即可进行水准测量。读数时,仪器将激光器发出的激光束导入望远镜筒内,使其沿视准轴方向射出水平激光束。通过仪器中内

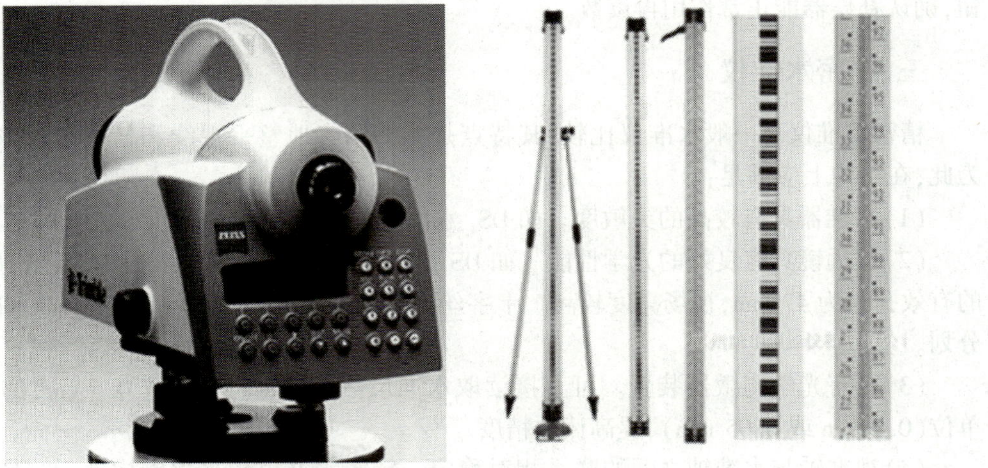

(a) (b)

图 2-16 数字水准仪

置的数字成像系统,自动获取水准尺的条码读数,在数字水准仪中装置有行阵传感器,它可识别水准标尺上的条形编码。数字水准仪摄入条形编码后,经处理器转变为相应的数字,再通过信号转换和数据化,在显示屏上直接显示中丝读数和视距,不再需要人工读数。这种仪器可大大降低测绘作业劳动强度,避免人为的主观读数误差,提高测量精度和效率。目前的数字水准仪采用了原理上相差较大的相关法(如徕卡 NA3002/3003)、几何法(如蔡司 DiNi10/20)、相位法(如拓普康 DL101C/102C)三种自动电子读数方法,照准标尺和调焦仍需目视进行。

数字水准仪采用的条码标尺各厂家标尺编码的条码图案不相同,不能互换使用。2013 年前照准标尺和调焦仍需目视进行。人工完成照准和调焦之后,标尺条码一方面被成像在望远镜分化板上,供目视观测;另一方面通过望远镜的分光镜,标尺条码又被成像在光电传感器(又称探测器)上,即线阵 CCD 器件上,供电子读数。因此,如果使用传统水准标尺,数字水准仪又可以像普通自动安平水准仪一样使用。不过这时的测量精度低于电子测量的精度。特别是精密电子水准仪,由于没有光学测微器,当成普通自动安平水准仪使用时,其精度更低。数字水准仪的主要优点是:

(1)操作简捷,自动观测和记录,并立即用数字显示测量结果。

(2)整个观测过程在几秒钟内即可完成,从而大大减少观测错误和误差。

(3)仪器还附有数据处理器及与之配套的软件,从而可将观测结果输入计算机进入后处理,实现测量工作自动化和流水线作业,大大提高功效。

五、水准仪的使用

微倾式水准仪的基本操作程序为:安置仪器、粗略整平、瞄准水准尺、精确整平和读数与记簿。

(一)安置仪器

(1)首先,选择便于安置水准仪的测站点,在测站上松开三脚架架腿的固定螺旋,考虑测量员身高与实地情况，支开三脚架并拉伸，使之为合适高度，再拧紧固定螺旋，并且使三脚架架头大致水平。

（2）从仪器箱中取出水准仪，用连接螺旋将水准仪固定在三脚架架头上，然后将三脚架的三个底脚踩实，并旋转脚螺旋使圆水准器的气泡居中；或者先踩实三脚架中的两个脚，然后稍微抬起第三个脚，并前后、左右摆动，使圆水准器的气泡接近居中，接下来踩实第三个脚，然后旋转脚螺旋使圆水准器的气泡居中。

（二）粗略整平

通过调节脚螺旋使圆水准器气泡居中，具体操作步骤如下：

（1）如图 2-17 所示，气泡不在圆水准器的中心而偏到 a 位置，这表示脚螺旋①一侧偏高，此时可用两手按箭头所指的相对方向转动脚螺旋①和②，使气泡沿着①、②连线方向移动，直到气泡由 a 移至 b 位置。

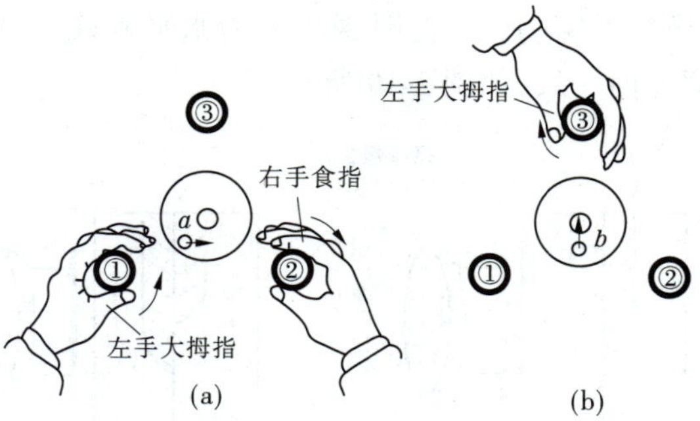

图 2-17　圆水准器整平

（2）用左手按箭头所指方向转动脚螺旋③，使气泡由 b 移至中心。这时仪器的竖轴大致竖直，即仪器大致水平，视准轴粗略水平。

整平规律：气泡移动的方向始终与左手大拇指旋转脚螺旋时的移动方向一致，与右手大拇指旋转脚螺旋时的移动方向相反。

（三）瞄准水准尺

（1）目镜调焦。仪器粗略整平后，松开制动螺旋，将望远镜转向明亮的背景，转动目镜对光螺旋，使十字丝成像清晰。

（2）粗略瞄准。通过望远镜筒上方的照门和准星粗略瞄准水准尺，旋紧制动螺旋。

（3）物镜调焦。转动物镜对光螺旋，使水准尺的成像清晰。

（4）精确瞄准。在望远镜内看到水准尺后，再转动微动螺旋，使十字丝的竖丝瞄准水准尺边缘或中央，如图 2-18 所示。

（5）消除视差。眼睛在目镜端上下移动，有时可看见十字丝的中丝与水准尺影像之间相对移动，这种现象叫视差。产生视差的原因是水准尺的尺像与十字丝平面不重合。视差的存在将影响读数的正确性，应予消除。

消除视差的方法：仔细地转动物镜对光螺旋，直至尺像与十字丝平面重合，影像清晰，反复几次，直到十字丝和水准尺成像均清晰，眼睛上下晃动时读数不变。

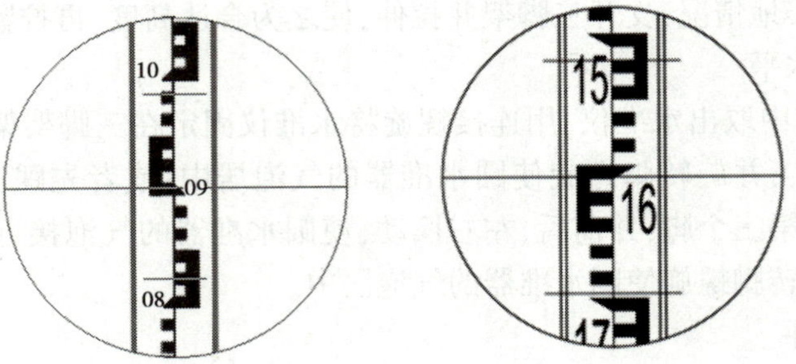

(a) 正尺　　(b) 倒尺

图 2-18　精确瞄准与读数

(四)精确整平

精确整平简称精平。眼睛观察水准气泡观察窗内的气泡影像,用右手缓慢地转动微倾螺旋,使气泡两端的影像严密吻合。此时视线即为水平视线。微倾螺旋的转动方向与左侧半气泡影像的移动方向一致,如图 2-19 所示。

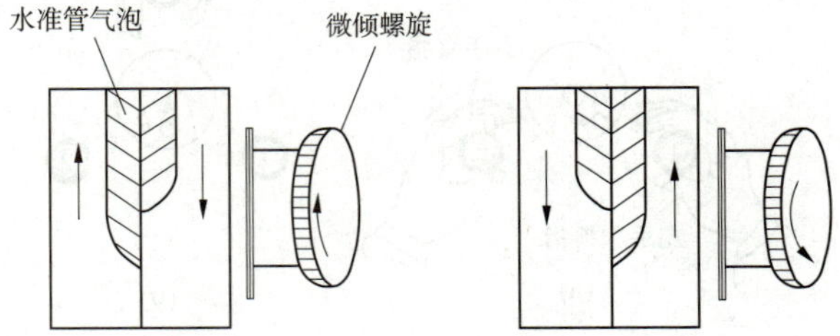

(a)　　(b)

图 2-19　精确整平

(五)读数

符合水准器气泡居中后,应立即用十字丝中丝在水准尺上读数。读数时应从小数向大数读,读四位。米、分米看尺面上的注记,厘米数看尺面上的格数,毫米估读。

对于望远镜成正像的仪器,应从下往上读;对于望远镜成倒像的仪器,应从上往下读。如图 2-18 所示,从望远镜中看到的水准尺影像是正(倒)像,在尺上应从下(上)向上(下)读取。读数是 0.905(1.610)m,习惯上可以不读小数点,直接读出 0905(1610)四位数字,默认单位为毫米。读数后再检查符合水准器气泡是否居中,若不居中,应再次精平,重新读数。

若使用自动安平水准仪,仪器无微倾螺旋,故不需进行精平工作。

精密水准仪的操作方法与一般水准仪基本相同,只是读数方法有些差异。在水准仪精平后,十字丝中丝往往不恰好对准水准尺上某一整分划线,这时就要转动测微轮使视线上下平行移动,十字丝的楔形丝正好夹住一个整分划线,被夹住的分划线读数为 m、dm、cm。此时视线上下平移的距离则由测微器读数窗中读出 mm。实际读数为全部读数的一半。

数字水准仪通常都有一个操作面板,操作面板由一个含有多个按键的键盘和一个 LCD 显示器组成,如图 2-16(a)所示,按键供测量员实施测量操作选择,显示器显示测量结果和系统的状态。观测时，在人工完成安置与粗平、瞄准目标（条形编码水准尺）后，按下测量键后 3~4 s 即显示出测量结果。其测量结果可储存在数字水准仪内或通过电缆连接存入机内记录器中。

任务三 水准测量的方法

水准测量是获取地面点精确高程最主要的的测量方法，其应用可以说无处不在，从我们身边的一个普通点位的高程测量到珠穆朗玛峰的高程测量都和高程测量技术有关，无论用哪种方法，“认真细致、准确无误”的工作作风在测量工作中都是永恒的。在测量工作中，不仅要有过硬的测量技术，还要有能吃苦、敢打硬仗的精神。我国的珠峰测量史就是一个真实的写照。

测量珠穆朗玛峰高程，描绘珠穆朗玛峰地形地貌，是人类认识地球、了解自然的过程，也是人类检验科技水平、探索科技发展的过程。在我国多次开展的珠穆朗玛峰高程测量的壮丽进程中，一以贯之地凝聚着我国测绘工作者勇攀高峰的智慧和心血，坚持不懈地传承着测绘队伍挑战极限、理性探索的优良品格，百折不挠地形成了难能可贵的珠峰测量精神。我们要发扬光大珠穆朗玛峰高程测量勇攀高峰的探索精神、不断创新的科学精神、艰苦卓绝的奋斗精神，让“艰苦奋斗，无私奉献”的测绘精神深深地烙在我们的心里。

一、水准点

通过水准测量方法获得其高程的高程控制点，称为水准点，简记为 BM。水准点有永久性和临时性两种。我国的国家水准网中的水准点高程是由一、二、三、四等水准测量测定的。一等水准路线全长约 93 000 km，包括 100 个闭合环 ，闭合环周长 1 000~1 500 km。在一等闭合环内由二等水准路线将其划分为周长 500~750 km 的小环。用三等水准路线将二等水准环分为若干个更小的环，再用四等水准路线进一步加密。我国的水准原点设在青岛市观象山上，该水准原点相对 1956 年黄海平均海水面的高程为 72.289 m，已由国家测发〔1987〕198 号文件通告废止。现行通用 1985 年高程基准，水准原点高程为 72.260 m。国家各等水准点的高程都依据该点的高程推算。由黄海平均海面起算的高程称绝对高程或海拔高程，在一般应用中简称海拔或标高。

（一）永久性水准点

国家等级永久性水准点如图 2-20 所示。有些永久性水准点的金属标志也可镶嵌在稳定的墙角上，称为墙上水准点，如图 2-21 所示。建筑工地上的永久性水准点，其形式如图 2-22（a）所示。

（二）临时性水准点

临时性水准点可用地面上突出的坚硬岩石或用大木桩打入地下，桩顶钉以半球状铁钉作为水准点的标志，如图 2-22（b）所示。在工程建设中，测站水准点的设置应符合下列规定：

（1）基本水准点应设在测站附近历年最高水位以上，地形稳定，便于引测、保护的地点。当测站附近设有国家水准点时，可设置一个基本水准点；当测站与国家水准点联测困

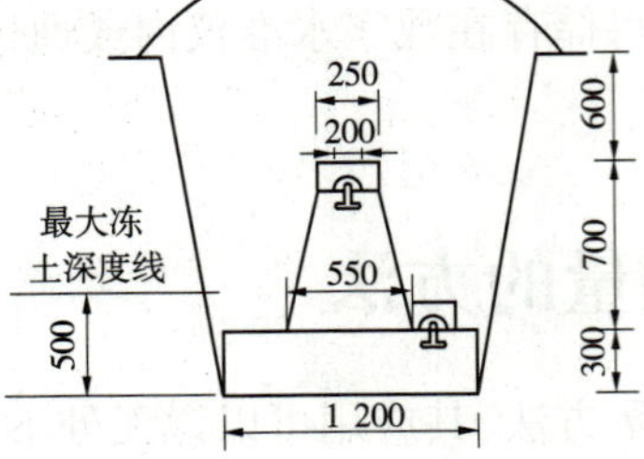

图 2-20　国家等级水准点　(单位:mm)

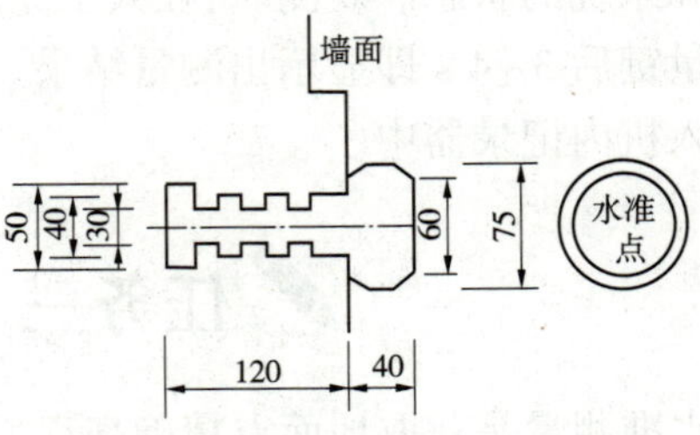

图 2-21　墙上水准点　(单位:mm)

(a)永久性水准点　(b)临时性水准点

图 2-22　建筑工程水准点

难时,应在不同的位置设置三个基本水准点,并应选择其中一个为常用水准点。

(2)当基本水准点离水尺断面较远时,校核水准点应设在便于引测和稳定的地点。当基本水准点离水尺断面较近时,可不设置。

(3)测站水准点应统一编号,保持不变。

基本水准点的底层最小入土埋深:不冻地区宜为 1.2~1.5 m;冻土层厚度小于 1.5 m 地区宜为 2.0 m;冻土层厚度大于 1.5 m 地区宜在冻土层以下 1.0 m,见图 2-23。

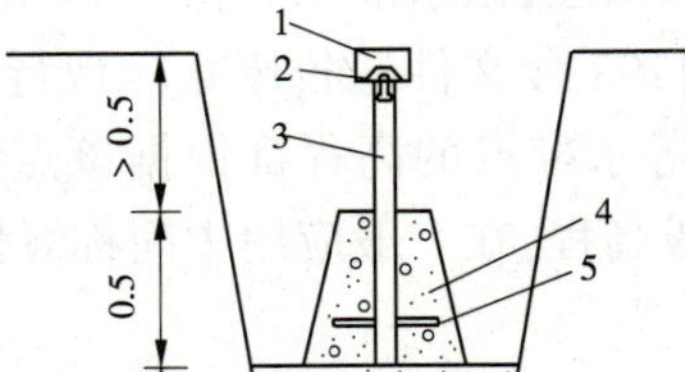

1—标志盖;2—水准点标志;3—铁管;4—混凝土基座;5—铁轴根络;6—混凝土垫层

图 2-23　水准点埋设示意图　(单位:m)

水准点可直接浇筑在基岩或稳定的永久性建筑物上。在基岩时,应先予以清除;当基岩露出地面时,可在岩石上凿孔槽,将金属或磁料制成的标志浇筑在孔槽中。当基岩在距地面不深处时,应先将带混凝土底座的铁管或钢轨固结在基岩上,再将水准点标志浇筑在灌有水泥沙浆的铁管顶端;当采用钢轨时,应在其上端直接旋成半圆球形作为水准标志。

校核水准点可用长柱形石料、混凝土桩或钢筋混凝土桩制成,上端凿成或浇筑成半圆球形的标志,下端浇筑混凝土底座;或在坚固的岩石上凿刻或在稳定的永久性建筑物上浇筑而成。校核水准点埋设的最小入土深度可按基本水准点的规定执行。水准点高程测量应符合下列规定:

(1)基本水准点除列入国家一、二、三等水准网的外,其高程应从国家二、三等水准点用不低于三等水准联测。据以引测的国家水准点一经选用,无特殊情况时不得随意更换。

(2)校核水准点应从基本水准点采用三等水准联测。当条件不具备时,可采用四等水准联测。

(3)水准点稳定性较差的,或对水位精度要求较高的测站,基本水准点宜3~5年校测一次,其他测站宜5~10年校测一次。校核水准点宜每年校测一次。当有变动迹象时,应及时校测。

(4)当上下比降断面附近分别设有校核水准点,且基本水准点向两个校核水准点分别引测的测距之和与两个校核点之间的测距相比相差不大时,应从基本水准点先引测其中一个,再联测另一个。当基本水准点处于上下比降断面校核水准点之间时,可分别引测。

二、水准路线(leveling line)

在水准点间进行水准测量所经过的路线,称为水准路线。相邻两水准点间的路线称为测段。若干条单一水准路线相互连接构成的图形称为水准网,如图2-24所示。

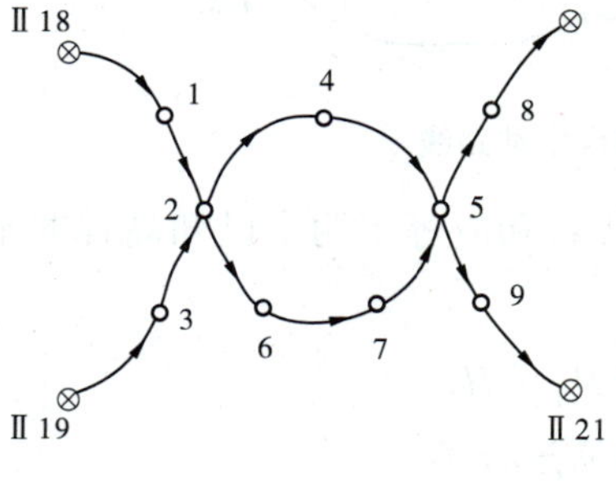

(a)附合水准网

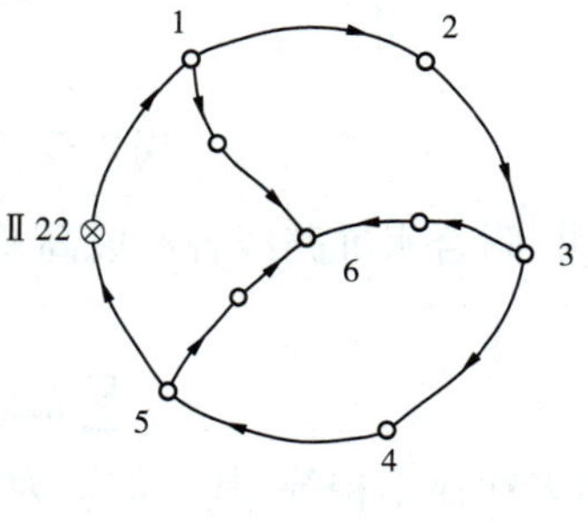

(b)独立水准网

图2-24 水准网

在一般的工程测量中,水准路线布设形式主要有以下三种。

(一)闭合水准路线

从一个已知高程的高级水准点出发,沿各待定高程的水准点进行水准测量,最后仍闭合到原水准点所组成的环形水准路线,如图2-25中从已知点BM_A—1—2—3—4—已知点BM_A。

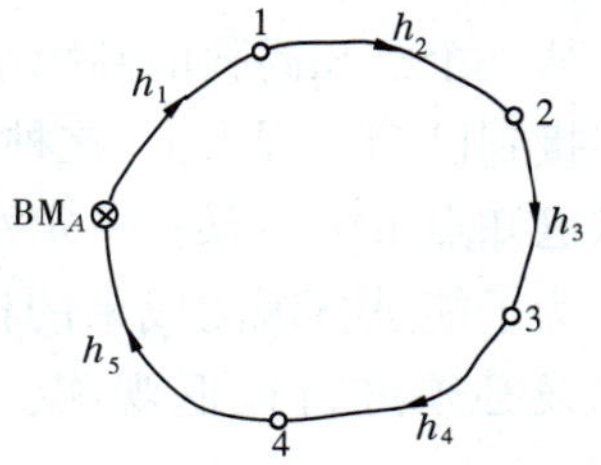

图2-25 闭合水准路线

从理论上讲,闭合水准路线各测段高差代数和应等于零,即

$$\sum h_{理}=0$$

各测段高差代数和$\sum h_{测}$与其理论值$\sum h_{理}$的差值,称为高差闭合差f_h,即

$$f_h=\sum h_{测}-\sum h_{理}$$

如果各测段高差代数和不等于零,则高差闭合差为

$$f_h=\sum h_{测}$$

高差闭合差f_h的大小反映了测量成果的质量,闭合差的允许值$f_{h允}$视水准测量的等级不同而异,对于等外水准测量有

$$\left.\begin{aligned}&\text{平地}\quad f_{h允}=\pm 40\sqrt{L}\quad(\text{mm})\\&\text{山地}\quad f_{h允}=\pm 12\sqrt{N}\quad(\text{mm})\end{aligned}\right\}\tag{2-6}$$

式中 L——路线长度,km,即所有测站前后视距离之和;

N——水准路线测站总数。

山地一般指每千米测站数在15个以上的地形。

若高差闭合差的绝对值大于$f_{h允}$,说明测量成果不符合要求,应予重测。

(二)附合水准路线

从一个已知高程的高级水准点出发,沿各个待定高程的水准点进行水准测量,最后附合到另一已知高程的高级水准点所构成的一条水准路线,如图2-26中从已知点BM_A—1—2—3—已知点BM_B。

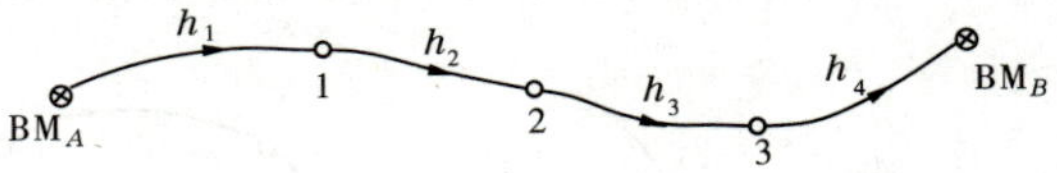

图2-26 附合水准路线

从理论上讲,附合水准路线各测段高差代数和应等于两个已知高程的水准点之间的高差,即

$$\sum h_{测}=H_B-H_A$$

实际上,两者往往不相等,其差值即为高差闭合差

$$f_h=\sum h_{测}-(H_B-H_A)\tag{2-7}$$

高差允许值同闭合导线。

(三)支水准路线

从一个已知高程的高级水准点出发,沿各个待定高程的水准点进行水准测量,最后没有连接到已知高程点上,这种既不闭合又不附合的水准路线,称为支水准路线。如图2-27中从已知点BM_A—某一待定水准点1。

为了能进行观测成果的检核和提高精度,支水准路线必须进行往返观测,并检查已知水准点的高程。

图2-27 支水准路线

从理论上讲,支水准路线往测高差与返测高差的代数和应等于零。

$$\sum h_f + \sum h_b = 0 \tag{2-8}$$

如果不等于零,则高差闭合差为

$$f_h = \sum h_f + \sum h_b \tag{2-9}$$

各种路线形式的水准测量,其高差闭合差均不应超过容许值,否则即认为观测结果不符合要求。

三、普通水准测量的方法

实际测量中,当欲测的高程点与已知的水准点之间相距较远、高差较大或者遇到障碍物使得视线受阻、不能安置一次水准仪完成观测任务时,则需采用分段、连续设站的方法施测。

(一)水准测量的观测顺序

(1)将水准尺立于已知高程的水准点上,作为后视尺。

(2)将水准仪安置于水准路线的适当位置,并在路线的前进方向上的适当位置放置尺垫,在尺垫上竖立水准尺作为前视尺。这里应该注意尽量使仪器到前后视尺的距离基本相等,前后视距差的绝对值和最大视距符合相应测量规范要求,如用 DS_3 水准仪进行的三等水准测量要求:前后视距差的绝对值不得大于 2.0 m,前后视距和不得大于 150 m(见表 2-1)。

表 2-1 水准测量视距和视线高度的要求

<table>
<tr><th colspan="2">等级</th><th>仪器类型</th><th>视线长度 S(m)</th><th>前后视距差(m)</th><th>任一测站上前后视距差累积(m)</th><th>视线高度 H(下丝读数)(m)</th><th>重复观测次数</th></tr>
<tr><td colspan="2">一等</td><td>DSZ_{05},DS_{05}</td><td>≤30</td><td>≤0.5</td><td>≤1.5</td><td>≥0.5</td><td></td></tr>
<tr><td colspan="2">二等</td><td>DS_{01},DS_{05}</td><td>≤50</td><td>≤1.0</td><td>≤3.0</td><td>≥0.3</td><td></td></tr>
<tr><td colspan="2" rowspan="2">三等</td><td>DS_3</td><td>≤75</td><td rowspan="2">≤2.0</td><td rowspan="2">≤5.0</td><td rowspan="2">三丝能读数</td><td></td></tr>
<tr><td>DS_1,DS_{05}</td><td>≤100</td><td></td></tr>
<tr><td colspan="2" rowspan="2">四等</td><td>DS_3</td><td>≤100</td><td rowspan="2">≤3.0</td><td rowspan="2">≤10.0</td><td rowspan="2">三丝能读数</td><td></td></tr>
<tr><td>DS,DS_{05}</td><td>≤150</td><td></td></tr>
<tr><td rowspan="2">数字水准仪</td><td>一等</td><td>DSZ_{05},DS_{05}</td><td>$4 \leq S \leq 30$</td><td>≤3.0</td><td>≤1.5</td><td>$0.65 \leq H \leq 2.8$</td><td>≥3</td></tr>
<tr><td>二等</td><td>DSZ_1,DS_1</td><td>$3 \leq S \leq 50$</td><td>≤1.5</td><td>≤6.0</td><td>$0.55 \leq H \leq 2.8$</td><td>≥2</td></tr>
</table>

(3)将仪器粗略整平,照准后视尺,消除视差,用微倾螺旋调节水准管气泡使其居中,再用中丝读取后视读数,记入手簿(见表 2-2)。

表 2-2　水准测量记录手簿

测自______点至______点　　天气:________　呈像:______　日期:______

仪器号码:________　　观测者:________　　记录者:________

测站	测点	后视读数(m)	前视读数(m)	高差(m) +	高差(m) −	高程(m)	备注
1	A	1.746		0.111		72.500	
	转点 1		1.635				
2	转点 1	1.687			0.107		
	转点 2		1.794				
3	转点 2	1.532			0.216		
	转点 3		1.748				
4	转点 3	1.685		0.180			
	B		1.505			72.468	
Σ		6.650	6.682	0.291	0.323		
校核计算	$\sum a-\sum b=-0.032$			$\sum h=-0.032$			

表 2-2 中数据计算情况为

$$1.746-1.635=+0.111$$
$$1.687-1.794=-0.107$$
$$1.532-1.748=-0.216$$
$$1.685-1.505=+0.180$$
$$1.746+1.687+1.532+1.685=6.650$$
$$1.635+1.794+1.748+1.505=6.682$$
$$0.111-0.107-0.216+0.180=-0.032$$
$$6.650-6.682=-0.032$$
$$72.500-0.032=72.468$$

(4)转动水准仪照准部,照准前视尺,消除视差,使水准管气泡居中,用中丝读取前视读数,也记入手簿。

(5)将仪器迁站至第二站,此时,第一站的前视尺不动,变成第二站的后视尺,第一站的后视尺移动到前面合适的位置变为第二站的前视尺,重复前面的工作进行第二站测量。

(6)继续沿着前进方向观测直到结束。

(二)水准测量注意事项

(1)尺垫只放在转点处,已知点和待测点均不得安放尺垫。

(2)每一测站中,仪器至前后视尺距离应该基本相等,可步测确定。

(3)观测者迁站前,后视点尺垫不能动。

(4)立尺员在竖立水准尺时一定要扶稳、扶直,不能前后左右倾斜或摆动。

(5)数据记录要规范,原始数据不得涂改,读错或者记错的数据应该划去(厘米、毫米位数数据除外),再将正确数据写在上方,并在相应的备注栏内注明修改原因,记录不得连笔书写,记录手簿要干净整齐。

(6)原始数据记录过程中不允许使用橡皮。

(7)为提高数据的准确性,记录员在听到观测者报数后应复述该数据,得到观测者认可后方可记入手簿,以免听错、记错。

四、水准测量的内业计算

当水准测量外业结束后即可进行内业计算。计算前,必须对外业数据进行检查,没有错误才可以进行成果计算。

(一)计算高差闭合差及其允许值

三种不同水准路线的高差闭合差计算公式为

闭合水准路线:

$$f_h = \sum h_{测} \tag{2-10}$$

附合水准路线:

$$f_h = \sum h_{测} - (H_{终} - H_{始}) \tag{2-11}$$

支水准路线:

$$f_h = \sum h_{往} + \sum h_{返} \tag{2-12}$$

式中 f_h——高差闭合差,m;

$\sum h_{测}$——实测高差总和,m;

$H_{终}$——路线终点已知高程,m;

$H_{始}$——路线起点已知高程,m。

高差闭合差f_h的大小反映了测量成果的质量,闭合差的允许值$f_{h允}$视水准测量的等级不同而异。若高差闭合差的绝对值大于$f_{h允}$,说明测量成果不符合要求,应予重测;如果高差闭合差小于高差闭合差允许值,则成果符合要求,可以进行闭合差的调整。

(二)高差闭合差的调整

1. 计算高差改正数

经过判断,高差闭合差在允许范围内,可进行闭合差的调整。闭合水准路线或者附合水准路线的高差闭合差分配原则是将闭合差按距离或者测站数成正比例反符号改正到各测段高差中。高差改正数计算公式为

$$\left.\begin{aligned} V_i &= -\frac{f_h}{\sum L}L_i \\ \text{或}\quad V_i &= -\frac{f_h}{\sum n}n_i \end{aligned}\right\} \tag{2-13}$$

式中 V_i——测段高差的改正数,m;

f_h——高差闭合差,m;

$\sum L$——水准路线总长度,m;

L_i——测段长度,m;

$\sum n$——水准路线测站数总和;

n_i——测段测站数。

2. 计算检核

高差改正数的总和应该与高差闭合差的大小相等、符号相反,即

$$\sum V_i = -f_h \tag{2-14}$$

(三)计算高程

1. 计算改正后高差

将各测段高差观测值加上对应的高差改正数,求得各测段改正后的高差,即

$$h_i = h_{i测} + V_i$$

对于支水准路线,高差取与往测时符号相同,所以当闭合差符合要求时,各测段平均高差为

$$h = \frac{1}{2}(h_{往} - h_{返}) \tag{2-15}$$

式中 h——平均高差,m;

$h_{往}$——往测高差,m;

$h_{返}$——返测高差,m;

2. 计算各点高程

根据改正后的高差,由已知高程逐步推算其他各点的高程。最后一个已知点的推算高程应该等于它的已知高程,否则计算出现错误,应该检查,重新计算。

【例 2-1】 附合水准路线的计算。

图 2-28 为一附合水准路线,BM_1、BM_2 为已知水准点。用普通水准测量的方法,测定 A、B、C 三个水准点的高程,各水准点间的距离及高差如图 2-28 所示。

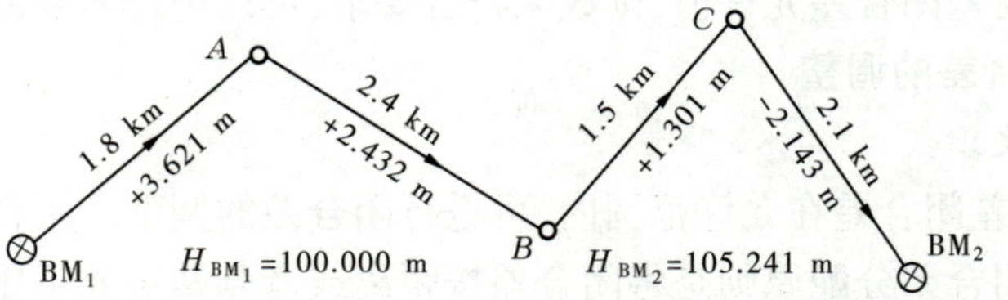

图 2-28 附合水准路线计算草图

高差闭合差的调整及高程计算见表 2-3。

表 2-3 附合水准测量成果计算表

测段编号	点名	距离 L（km）	测站数 n	实测高差（m）	改正数（m）	改正后的高差（m）	高程（m）	备注
1	2	3	4	5	6	7	8	9
	BM_1						100.000	已知
1		1.8		+3.621	+0.007	+3.628		
	A						103.628	
2		2.4		+2.432	+0.009	+2.441		
	B						106.069	
3		1.5		+1.301	+0.006	+1.307		
	C						107.376	
4		2.1		−2.143	+0.008	−2.135		
	BM_2						105.241	已知
$\sum$		7.8		+5.211	+0.030	+5.241		
辅助计算	$f_h = -30\ \text{mm}$　　$\sum L = 7.8\ \text{km}$　　$\dfrac{-f_h}{\sum L} = +3.85\ \text{mm/km}$ $f_{h允} = \pm 40\sqrt{L} = \pm 112\ \text{mm}$							

【例 2-2】 闭合水准路线的计算。

闭合水准路线的测量成果计算表见表 2-4。

表 2-4 闭合水准路线的测量成果计算表

测段编号	点名	距离 L（km）	测站数 n	实测高差（m）	改正数（m）	改正后的高差（m）	高程（m）	备注
1	2	3	4	5	6	7	8	9
	BM_1						500.000	已知
1			2	+1.256	−0.001	+1.255		
	A						501.255	
2			4	+3.248	−0.002	+3.246		
	B						504.501	
3			6	+2.645	−0.003	+2.642		
	C						507.143	
4			8	−7.139	−0.004	−7.143		
	BM_1						500.000	已知
Σ			20	+0.010	−0.010	0		
辅助计算	$f_h = +10\ \text{mm}$　　$\sum n = 20$ 站　　$\dfrac{-f_h}{\sum n} = -0.5$ mm/站 $f_{h允} = \pm 12\sqrt{n} = \pm 54\ \text{mm}$							

【例 2-3】 支水准路线的计算。

图 2-29 是一支水准路线等外水准测量示意图,BM_A 为已知高程的水准点,其高程 H_A 为 45.276 m,1 点为待定高程的水准点,h_f 和 h_b 为往、返测量的观测高差。n_f 和 n_b 为往、返测的测站数,共 16 站,则 1 点的高程计算如下。

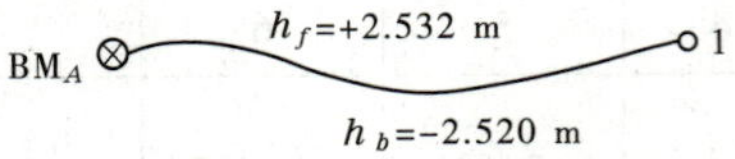

图 2-29 支线水准路线示意图

(1)计算高差闭合差。

$$f_h = h_f + h_b = +2.532 \text{ m} + (-2.520 \text{ m}) = +0.012(\text{m}) = +12 \text{ mm}$$

(2)计算高差允许闭合差。

测站数:$n=(n_f+n_b)/2=16/2=8$(站)

$f_{h允}=\pm 12\sqrt{n}=\pm 12\sqrt{8}=\pm 34(\text{mm})$

判断:因为 $|f_h|<|f_{h允}|$,所以精确度符合要求。

(3)计算改正后高差。

取往测和返测的高差绝对值的平均值作为 A 和 1 两点间的高差,其符号和往测高差符号相同,即

$$h_{A1} = (+2.532 + 2.520)/2 = +2.526(\text{m})$$

(4)计算待定点高程。

$$H_1 = H_A + h_{A1} = 45.276 + 2.526 = 47.802(\text{m})$$

任务四　三、四等水准测量

小区域地形图或施工测量中,多采用三、四等水准测量作为高程控制测量的首级控制。

一、水准路线的布设形式

水准路线的布设形式分为单一水准路线和水准网两大类。单一水准路线包括附合水准路线、闭合水准路线和支水准路线,水准网包括附合水准网、独立水准网。

单独的三等水准附合路线,长度应不超过 150 km;环线周长应不超过 200 km;同级网中结点间距离应不超过 70 km。单独的四等水准附合路线,长度应不超过 80 km;环线周长应不超过 100 km,同级网中结点间距离应不超过 30 km;山地可适当放宽。

水准路线 50 km 内的大地点、水文站、气象台(站)等(统称为其他固定点),应根据需要列入水准路线予以联测。当联测确有困难时,可进行支测。支测的等级可根据其他固定点所需的高程精度和支线长度决定。若使用单位没有特殊的精度要求,则当支线长度在 20 km 以内时,按四等水准测量精度施测;当支线长度在 20 km 以上时,按三等水准测量精度施测。

三、四等水准路线上,每隔 4~8 km 须埋设普通水准标石一座;在人口稠密、经济发达地区可缩短为 2~4 km;荒漠地区及水准支线可增长至 10 km 左右。支线长度在 15 km 以

内可不埋石。

水准路线以起止地名的简称定为线名，起止地名的顺序为“起西止东”或“起北止南”。

二、三、四等水准测量的技术要求

三、四等水准网是在一、二等水准网的基础上进一步加密，根据需要在高等级水准网内布设附合路线、环线或结点网，直接提供地形测图和各种工程建设所必需的高程控制点。

（一）四等水准测量的主要技术要求

三、四等水准测量的主要技术要求见表 2-5。

表 2-5 三、四等水准测量的主要技术要求

等级	水准仪型号	水准尺	路线长度（km）	观测次数		每千米高差中误差（mm）	往返较差、附合或环线闭合差	
				与已知点联测	附合或环线		平地（mm）	山地（mm）
三	DS_1	单面	≤50	往、返各一次	往一次	6	$12\sqrt{L}$	$4\sqrt{N}$
	DS_3	双面			往、返各一次			
四	DS_3	双面	≤16	往、返各一次	往一次	10	$20\sqrt{L}$	$6\sqrt{N}$
五	DS_3	单面		往、返各一次	往一次	15	$30\sqrt{L}$	
图根	DS_{10}	单面	≤5	往、返各一次	往一次	20	$40\sqrt{L}$	$12\sqrt{N}$

（二）设置测站的要求

三、四等水准测量设置测站的要求见表 2-6。

表 2-6 三、四等水准测量设置测站的要求

等级	类型	视线长度（m）	前后视距差（m）	视距累计差（m）	视线高度
三等	DS_3	≤75	2.0	5.0	三丝能读数
	DS_1、DS_{05}	≤100			
四等	DS_3	≤100	3.0	10.0	三丝能读数
	DS_1、DS_{05}	≤150			

（三）测站观测限差要求

三、四等水准测量测站观测限差要求见表 2-7。

表 2-7 三、四等水准测量测站观测限差要求

等级	观测方法	基辅分划读数之差（mm）	基辅分划所测高差之差（mm）	单程双转点法观测时左右路线转点差	检测间歇点高差之差（mm）
三等	中丝读数法	2.0	3.0	—	3.0
	光学测微法	1.0	1.5	1.5	
四等	中丝读数法	3.0	5.0	4.0	5.0

三、三、四等水准测量的实测方法

三、四等水准测量一般采用双面尺法,且应该采用一对水准尺,其每一站的技术要求见表2-5~表2-7及表2-1。

(一)三等水准测量的观测顺序

三等水准测量的观测顺序一般为:后—前—前—后。

(1)水准仪照准后视标尺的黑面,粗平后分别读取上丝、下丝数据,记入表2-8的(1)、(2)栏内。

(2)旋转微倾螺旋,使符合水准器严格居中,完成精平,待长水准管居中稳定后读取中丝读数,记入表2-8的(3)栏内。

(3)转动望远镜,照准前视标尺的黑面,确认符合水准气泡居中,再读取前视黑面中丝读数,记入表2-8的(4)栏内。

(4)读取前视黑面上丝、下丝读数,分别记入表2-8的(5)、(6)栏内。

(5)转动标尺,照准前视标尺的红面,读取红面中丝读数,记入表2-8的(7)栏内。

(6)转动望远镜,照准后视标尺的红面,确认符合气泡居中后,读取红面中丝读数,记入表2-8中的(8)栏内。

(二)四等水准测量的观测顺序

四等水准测量的观测顺序一般为:后—后—前—前。

(1)水准仪照准后视标尺的黑面,粗平后分别读取上丝、下丝数据,记入表2-8的(1)、(2)栏内。

(2)旋转微倾螺旋,使符合水准器严格居中,完成精平,待长水准管居中稳定后读取黑面中丝读数,记入表2-8的(3)栏内。

(3)后视标尺转为红面,确认符合水准气泡居中,读取红面中丝读数,记入表2-8的(8)栏内。

(4)转动望远镜,照准前视标尺,重复上述(1)、(2)、(3)步骤读取前视黑面上丝、下丝读数,前视黑面中丝读数和红面中丝读数,分别记入表2-8的(5)、(6)、(4)、(7)栏内。

四、三、四等水准测量测站上的计算及检核

(一)前后视距、前后视距差、视距累积差计算及检核

(1)后视距离:(12)=|(1)-(2)|×100=|后视下丝-后视上丝|×100。

(2)前视距离:(13)=|(5)-(6)|×100=|前视下丝-前视上丝|×100。

(3)视距差:(14)=(12)-(13)=后视距离-前视距离。

(4)视距累积差:(15)=本站的(14)+前站的(15)。

(二)高差计算及检核

(1)红、黑面读数之差:(9)=(4)+K-(7)=前视黑面中丝+K-红面中丝。

考虑到K值的参与计算影响计算速度,对(9)和(10)的计算可用如下方法:

(9)=(4)的后两位尾数-[(7)的后两位尾数+13]

(10)=(3)的后两位尾数-[(8)的后两位尾数+13]

表 2-8 三、四等水准测量原理观测手簿

测自________至________ ______年______月______日

开始时间:______时______分 天气:________

结束时间:______时______分 呈像:________

测站站号	立尺点名称	后尺 下丝 / 上丝	前尺 下丝 / 上丝	方向及尺号	标尺读数		K+黑-红	高差中数	备注
		后视距	前视距		黑面	红面			
		视距差 d	$\sum d$						
		(1)	(5)	后	(3)	(8)	(10)		
		(2)	(6)	前	(4)	(7)	(9)		
		(12)	(13)	后-前	(16)	(17)	(11)	(18)	
		(14)	(15)						
1		1.754	1.102	后 1	1.540	6.225	+2		
		1.326	0.674	前 2	0.888	5.675	0		
		42.8	42.8	后-前	+0.652	+0.550	+2	+0.651 0	
		0.0	0.0						
2		0.625	1.034	后 2	0.366	5.151	+2		
		0.062	0.460	前 1	0.747	5.434	0		
		56.3	57.4	后-前	-0.381	-0.283	+2	-0.382 0	
		-1.1	-1.1						
3		1.975	2.151	后 1	1.842	6.529	0		
		1.710	1.884	前 2	2.017	6.803	+1		
		26.5	26.7	后-前	-0.175	-0.274	-1	-0.174 5	
		-0.2	-1.3						
4		1.472	1.507	后 2	1.232	6.020	-1		
		1.001	1.042	前 1	1.275	5.962	0		
		47.1	46.5	后-前	-0.043	+0.058	-1	-0.042 5	
		+0.6	-0.7						

注: 标尺参数为 $K_1 = 4\ 687$,$K_2 = 4\ 787$。

(2)红、黑面高差:

(16)=(3)-(4)=后视黑面中丝-前视黑面中丝

(17)=(8)-(7)=后视红面中丝-前视红面中丝

(3)红、黑面高差之差:(11)=(10)-(9)。

(4)高差中数:(18)=[(16)+(17)±100]/2

高差中数取位到 0.1 mm。

迁站注意事项:

(1)只有当记录者经过以上计算,并确认各项指标合格之后,才可以通知观测者和立尺员移到下一站进行观测。

(2)只有仪器移动,后尺尺垫才可以移动。

五、三、四等水准测量应该遵守的原则

(1)数据计算的取位见表2-9。

表2-9 数据计算的取位

等级	往、返测距离总和(km)	测段距离中数(km)	各测站高差(mm)	往、返测高差总和(mm)	测段高中数(mm)	高程(mm)
三	0.01	0.1	0.1	0.1	1	1
四	0.01	0.1	0.1	0.1	1	1

(2)观测时必须为仪器撑伞遮阳。

(3)除路线转弯外,每一站上仪器和前后尺的位置可尽量接近一条直线。

(4)同一测站观测,一般不能调焦2次。

(5)每测段的往测与返测,其测站数均应为偶数。

(6)每一测站上,前后视距离要保持大致相等,可采用"步测"方法完成。

六、三、四等水准测量的内业计算

当水准测量的外业结束后,便应计算水准路线上各待定点的高程。在计算之前,必须认真完全地检查外业观测手簿,确认没有错误后,相关责任人签字后,方可计算。

三、四等水准测量的内业计算方法与本项目任务三中第四项内容"四、水准测量的内业计算"一致,这里不再赘述。

任务五 水准测量的误差来源及其影响

测量工作是观测者使用观测仪器在一定的外界条件下所进行的工作,因此会不可避免地产生误差。在测量工作中应该注意这些问题,设法减弱或消除这些误差的影响,提高观测成果的质量。

水准测量的误差主要来源于仪器误差、观测误差、外界条件的影响误差三方面。

一、仪器误差

(一)水准管轴与视准轴不平行误差(i角误差)

水准管轴与视准轴不平行,虽然经过校正,仍然可存在少量的残余误差。这种误差的影响与距离成正比,只要观测时注意使前、后视距离相等,便可消除此项误差对测量结果的影响。

由图2-30可知:

$$h=(a-\Delta a)-(b-\Delta b)=(a-b)-(S_1\times i-S_2\times i)=(a-b)-i\times(S_1-S_2)$$

当两尺到水准仪的距离相等($S_1=S_2$)时,i 角误差不对测量结果造成影响。

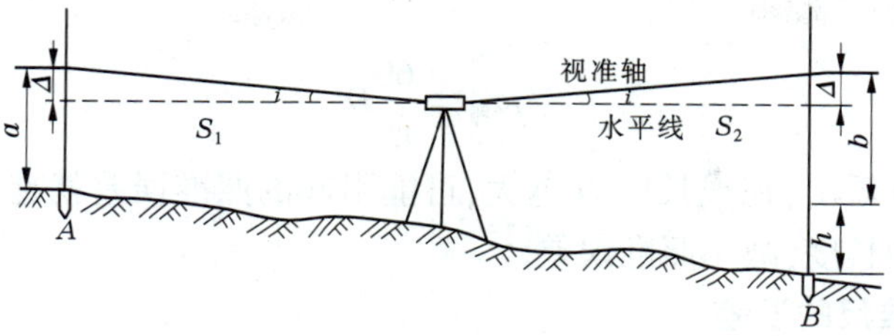

图 2-30 i 角误差

(二)调焦误差

由于仪器加工不够完善,当转动调焦螺旋时,调焦透镜会产生非直线移动而改变视线位置,从而产生调焦误差。要消除这种误差的影响,同样要求前后视距尽量相等,这样当测完后视转向前视时就不需重新调焦或做少量调焦了。因此,当两尺到水准仪的距离相等时,调焦误差不对测量结果造成影响。

(三)水准尺误差

由于水准尺刻划不准确、尺长变化、弯曲等,会影响水准测量的精度,因此水准尺要经过检核才能使用。

水准标尺的注记是从底部算起的,由于标尺的长期使用,其底部可能受到不同程度的磨损,底部到第一分划线之间的距离与实际的注记数字不符,其差数称为一根标尺的零点误差。两根标尺的零点误差之差,称为一对标尺的零点差。如果水准标尺存在零点差,水准测量一个测站的观测高差中就存在这种误差的影响,而在两个测站的观测高差之和中,这种误差的影响就抵消了。因此,水准路线的每个测段必须安排成偶数站,避免一对标尺零点差的影响。

二、观测误差

(一)水准管气泡的居中误差

由于气泡居中存在误差,致使视线偏离水平位置,从而带来读数误差。为减小此误差的影响,每次读数时,都要使水准管气泡严格居中。

水准仪的精确整平是通过使符合水准气泡居中来完成的。一般认为,利用符合水准器整平仪器的误差约为 0.075τ(τ 为水准管分划值),若水准仪到标尺的距离为 D,则由于整平误差而引起的读数误差为

$$m_{平}=\frac{0.075\tau}{\rho}D \tag{2-16}$$

由式(2-15)可知,由于仪器不水平对读数的影响与水准管分划值及视线的长度成正比,因此限制视距长度也是保证测量精度的有力措施之一。

(二)视差影响误差与照准影响

当存在视差时,由于十字丝平面与水准尺影像不重合,若眼睛的位置不同,便读出不同的读数,而产生读数误差。因此,观测时要仔细调焦,严格消除视差。

照准误差是通过人眼的分辨力来体现的。一般当人眼的视角小于 60″时,就不易分

辨尺上的两点,当用放大倍率为 v 的望远镜照准标尺时,其照准精度为 $60''/v$,若视线长度为 D,则照准误差为

$$m_{照} = \frac{60}{v\rho}D \tag{2-17}$$

由式(2-16)可看出,视线长度 D 越大,可能引起的照准误差就越大,因此水准测量时应适当控制视线的长度,减小照准误差。

(三)估读水准尺的误差

水准测量的标尺读数时,厘米以上的读数可以通过标尺上的数字注记直接读出,而毫米数是在厘米分格影像内估读的,必然存在误差。估读误差的大小与厘米分格的宽度、十字丝的粗细、望远镜的放大倍率及视线长度有关。在水准测量中,当望远镜的放大倍率较小或视线长度过大时,尺子呈像小,并显得不够清晰,这都会使得照准误差和估读误差增大,所以各级水准测量对望远镜的放大率和视线的长度都有相应的要求。在测量作业中,应遵循不同等级的水准测量对望远镜放大倍率和最大视线长度的规定,以保证估读精度。

(四)水准尺倾斜的影响误差

水准测量时,要求水准标尺竖直地立于有关标志上。当水准标尺倾斜时,其读数将比垂直竖立的读数要大,从而带来误差,且视线越高误差越大。如图 2-31 所示,$a_1>a$。

由图 2-31 可知:$a=a_1\cos\alpha$

$$\Delta a = a_1 - a = a_1(1 - \cos\alpha) \tag{2-18}$$

由式(2-17)可看出,Δa 的大小取决于标尺的倾斜角 α 和尺上读数 a_1 的大小,如水准尺倾斜 3°30′,在水准尺上 1 m 处读数时,将产生近 2.0 mm 的误差。因此,水准测量时应将标尺竖直,且标尺读数不要太大。目前所使用的水准标尺一般都安装圆水准器,当圆水准器气泡居中时,就表明标尺处于竖直状态了。

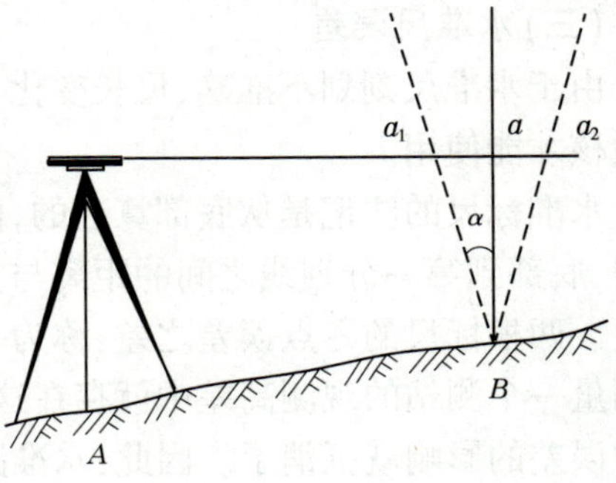

图 2-31　标尺倾斜误差

三、外界条件的影响误差

(一)水准仪与尺垫下沉误差

由于仪器的自重和水准路线上土壤的弹性等情况,可能引起仪器的脚架和尺垫上升或下降,使视线高低在观测过程中发生变化从而产生误差。

如图 2-32 所示,假设仪器高低不变化,两尺均发生沉降。观测后尺得到 a_1,观测前尺本应得到 b_1',由于前尺发生沉降实际得到 b_1,产生了沉降误差 Δ_1。然后观测前尺得到 b_2,观测后尺得到 a_2,由于后尺发生沉降,观测高差产生了沉降误差 Δ_2。

$$h = (h_{往} - h_{返})/2 = (a_1 - b_1 + \Delta_1 - b_2 + a_2 - \Delta_2)/2$$
$$= (a_1 - b_1 - b_2 + a_2)/2 + (\Delta_1 - \Delta_2)/2$$

由上式可知,采用往返方法,取成果的中数,可减弱其影响。采用“后、前、前、后”的观测方法,可缩短高差观测时间,减小两尺读数因沉降变化产生的误差值。

用同样方法可分析出仪器沉降的影响情况。

为了防止水准仪和尺垫下沉，测站和转点应选在土质实处，并踩实三脚架和尺垫，使其稳定。

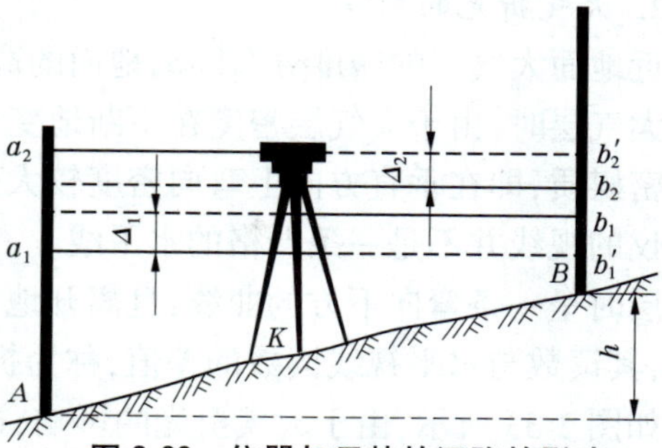

图 2-32　仪器与尺垫的沉降的影响

（二）地球曲率及大气折光的影响

1. 地球曲率的影响

地球弯曲差简称为球差，大气垂直折光差简称为气差，球差和气差的联合影响称为球气差。

如图 2-33 所示，A、B 为地面上两点，大

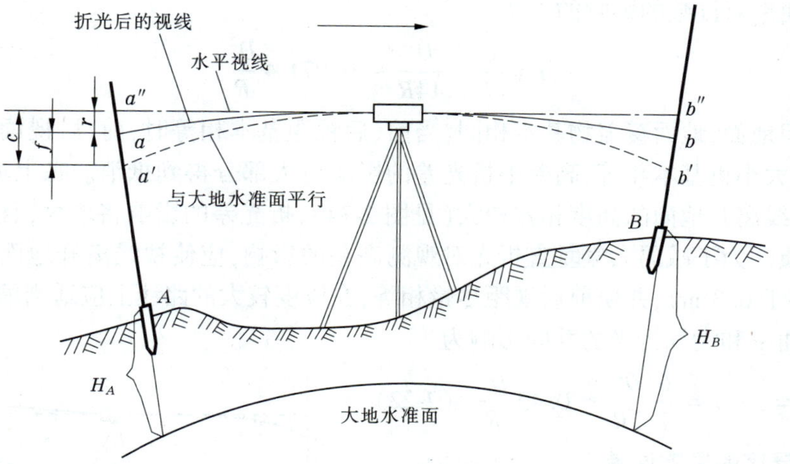

图 2-33　地球曲率及大气折光的影响

地水准面是一个曲面，如果水准仪的视线 $a'b'$ 平行于大地水准面，则 A、B 两点的正确高差为

$$h_{AB} = a' - b' \tag{2-19}$$

但是，水平视线在水准尺上的读数分别为 a''、b''。a'、a'' 之差与 b'、b'' 之差，就是地球曲率对读数的影响，用 c 表示，则 c 的计算式如下：

$$c = \frac{D^2}{2R} \tag{2-20}$$

式中　D——水准仪到水准尺的距离，km；

R——地球的平均半径，R=6 371 km。

$$h_{AB} = a' - b' = (a'' - C_a) - (b'' - C_b) = (a'' - b'') - (C_a - C_b)$$

$$c_a = \frac{D_a^2}{2R}, \quad c_b = \frac{D_b^2}{2R}$$

若 $D_a = D_b$，则

$$h_{AB} = a' - b' = a'' - b''$$

由上式可知，当仪器安置在 A、B 的中点时，地球曲率对 A、B 两点之间的高差测量影响可以忽略。

2. 大气折光的影响

近地面大气层的密度分布随离地面的高度而变化,即存在密度梯度。当视线通过近地面大气层时,由于大气层密度在不断地变化,引起光线折射系数的变化,光线由疏媒质折向密媒质,即在垂直方向上弯向密度较大的一方,这种现象称为大气垂直折光。因此,水准仪的视线并不是一条严格的水平线。一般情况下,大气层的密度上疏下密,视线通过大气层时呈一条弯向下方的曲线,且离开地面越近,弯曲的程度越大,导致标尺上的读数减小,其读数与水平视线读数的差值,称为折光差。

如图 2-33 所示,由于大气折光的影响,视线是一条曲线,在水准尺上的读数分别为 a、b。a、a''之差与 b、b''之差,就是大气折光对读数的影响,用 r 表示。在稳定的气象条件下,r 约为地球曲率对读数的影响的 1/7。

$$r=\frac{c}{7}=\frac{D^2}{14R}\approx 0.071\,4\frac{D^2}{R} \tag{2-21}$$

在平坦地面,地面覆盖物基本相同,当前、后视距基本相等时,前、后视读数的折光差方向相同,大小也基本相等,高差中折光差的影响可大部分得到抵消。在上坡或下坡时,前、后视视线离开地面的高度相差较大(见图 2-34),折光差的影响将增大,且具有系统性误差的性质。为了减弱大气垂直折光对观测高差的影响,应使视线离开地面一定的高度(最少不小于 0.3 m),并使前后视距尽量相等,在坡度较大的路线上应适当缩短视距。

地球曲率和大气折光的共同影响为

$$f=c-r=\frac{6}{7}\frac{D^2}{2R}\approx 0.43\frac{D^2}{R} \tag{2-22}$$

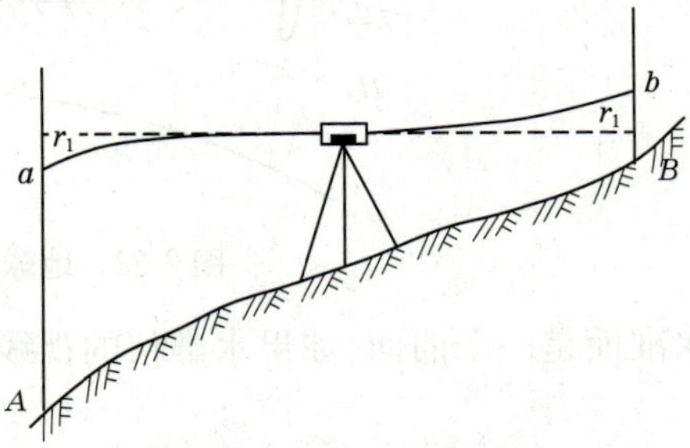

图 2-34 大气折光的影响

(三)温度的影响误差

温度的变化会引起水准管气泡移动方向的变化(气泡向着温度高的方向移动),从而影响水准管轴的水平,产生气泡居中误差,此外温度的变化还会引起大气折光的变化。

日光照射到水准仪时,仪器部件受热不匀,产生不规则膨胀,破坏仪器轴线的正常关系,使置平、读数产生误差。所以,测量中应随时注意为仪器打伞遮阳。

日光照射地面,使近地空气升温产生对流,视线通过时产生折射,使望远镜中成像不稳定。成像晃动时,应停止观测;视线必须高出地面 0.3 m 以上。

任务六 水准仪的检验与校正

一、水准仪的轴线应满足的条件

根据水准测量的原理,水准仪必须能提供一条水平的视线,它才能正确地测出两点间的高差。为此,水准仪在结构上应满足如图 2-35 所示的条件。

(1)圆水准器轴 $L'L'$ 应平行于仪器的竖轴 VV。

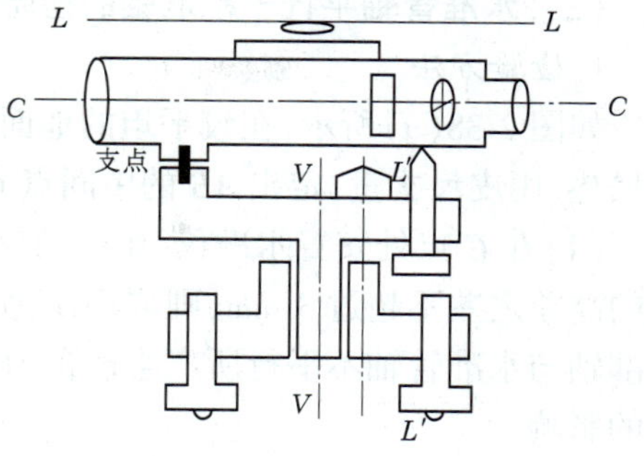

图 2-35　水准仪的轴线

(2)十字丝的中丝应垂直于仪器的竖轴 VV。

(3)水准管轴 LL 应平行于视准轴 CC。

水准仪应满足上述各项条件,在水准测量之前,应对水准仪进行认真的检验与校正。

二、水准仪的检验与校正

(一)圆水准器轴 $L'L'$ 平行于仪器的竖轴 VV 的检验与校正

1. 检验方法

旋转脚螺旋使圆水准器气泡居中,然后将仪器绕竖轴旋转 180°,如果气泡仍居中,则表示该几何条件满足;如果气泡偏出分划圈,则需要校正。

2. 校正方法

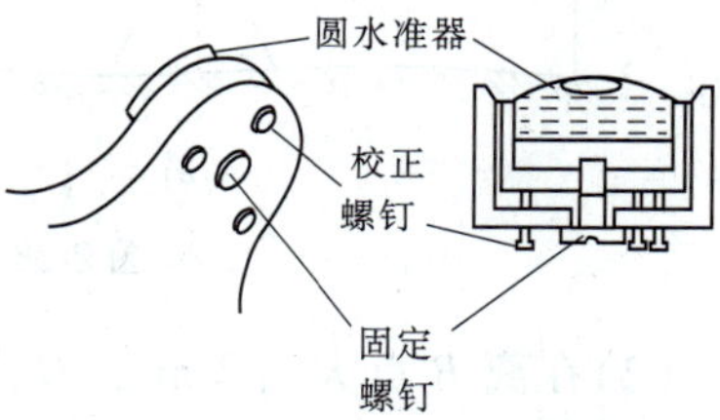

图 2-36　圆水准器校正螺钉的结构

校正时,先调整脚螺旋,使气泡向零点方向移动偏离值的一半,此时竖轴处于铅垂位置。然后,稍旋松圆水准器底部的固定螺钉,用校正针拨动三个校正螺钉,使气泡居中,这时圆水准器轴平行于仪器竖轴且处于铅垂位置。

圆水准器校正螺钉的结构如图 2-36 所示。此项校正需反复进行,直至仪器旋转到任何位置时,圆水准器气泡皆居中。最后旋紧固定螺钉。

(二)十字丝中丝垂直于仪器的竖轴的检验与校正

1. 检验方法

安置水准仪,使圆水准器的气泡严格居中后,先用十字丝交点瞄准某一明显的点状目标 M,如图 2-37(a)所示;然后旋紧制动螺旋,转动微动螺旋,如果目标点 M 不离开中丝,如图 2-37(b)所示,则表示中丝垂直于仪器的竖轴;如果目标点 M 离开中丝,如图 2-27(c)所示,则需要校正。

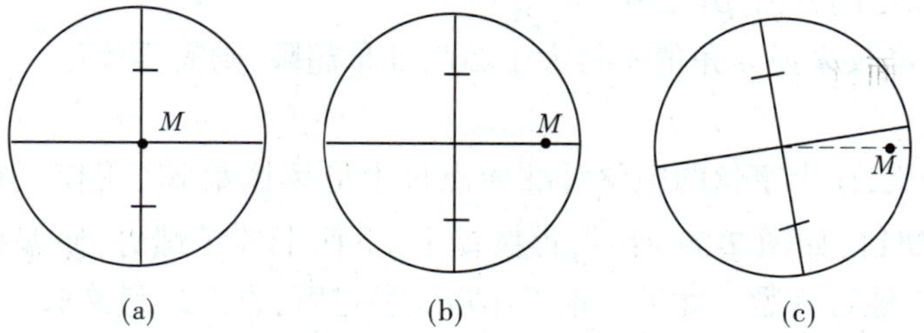

图 2-37　十字丝中丝垂直于仪器的竖轴的检验

2. 校正方法

松开十字丝分划板座的固定螺钉,转动十字丝分划板座,使中丝一端对准目标点 M,再将固定螺钉拧紧。此项校正也需反复进行。

(三)水准管轴平行于视准轴的检验与校正

1. 检验方法

如图2-38(a)所示,在较平坦的地面上选择相距约80 m的A、B两点,打下木桩或放置尺垫,用皮尺丈量,定出AB的中间点C。

(1)在C点处安置水准仪,用变动仪器高法连续两次测出A、B两点的高差,若两次测定的高差之差不超过3 mm,则取两次高差的平均值h_{AB}作为最后结果。由于距离相等,视准轴与水准管轴不平行所产生的前、后视读数误差x_1相等,故高差h_{AB}不受视准轴误差的影响。

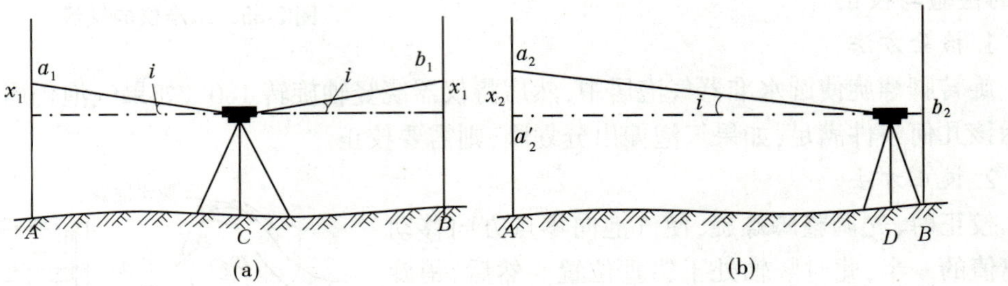

图2-38 水准管轴平行于视准轴的检验

(2)在离B点大约3 m的D点处安置水准仪,如图2-38(b)所示,精平后读得B点尺上的读数为b_2,因水准仪离B点很近,两轴不平行引起的读数误差x_2可忽略不计。根据b_2和高差h_{AB}算出A点尺上视线水平时的应读读数为

$$a'_2 = b_2 + h_{AB}$$

然后,瞄准A点水准尺,读出中丝的读数a_2,如果a'_2与a_2相等,表示两轴平行,否则存在i角,其角值为

$$i = \frac{a'_2 - a_2}{D_{AB}}\rho$$

式中 D_{AB}——A、B两点间的水平距离,m;

i——视准轴与水准管轴的夹角,(″);

ρ——一弧度的秒值,$\rho = 206\ 265''$。

对于DS_3水准仪来说,i角值不得大于20″,如果超限,则需要校正。

2. 校正方法

转动微倾螺旋,使十字丝的中丝对准A点尺上应读读数a'_2,用校正针先拨松水准管一端左、右校正螺钉,如图2-39所示,再拨动上、下两个校正螺钉,使偏离的气泡重新居中,最后要将校正螺钉旋紧。此项校正工作需反复进行,直至达到要求。

习 题

2-1 绘图说明水准测量的原理。

2-2 何谓视差?如何消除视差?

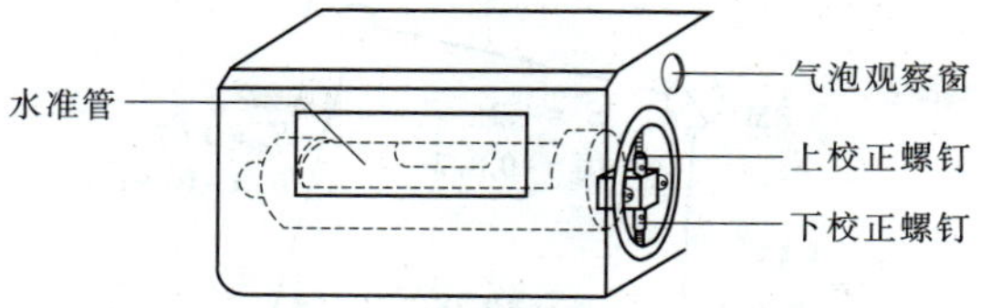

图 2-39　水准管的校正

2-3　何谓视准轴？

2-4　何谓导线闭合差？

2-5　用三、四等水准测量建立高程控制时，怎样观测、记录和计算？

2-6　三、四等水准测量的注意事项有哪些？

2-7　水准测量路线布设形式有哪几种？

2-8　水准仪各轴线之间应该满足什么几何条件？

2-9　有一附合水准路线，已知首尾起算点 BM_1、BM_2 的高程为 $H_{BM1}=63.697$ m，$H_{BM2}=62.887$ m，路线上依次有 A、B、C 三个未知点，其观测成果为：$h_{1A}=+0.752$ m，$h_{AB}=-0.820$ m，$h_{BC}=+0.643$ m，$h_{c2}=-1.465$ m；各测段的测站数分别为：$n_{1A}=15$，$n_{AB}=11$，$n_{BC}=9$，$n_{c2}=15$，推算 A、B、C 各点的高程。

2-10　完成表 2-10 的内业计算，已知数据已经填写在表格中。

表 2-10　附合导线内业计算

测段编号	点名	测站数	实测高差（m）	改正数（m）	改正后高差（m）	高程（m）
1	2	3	4	5	6	7
	BM_1					68.441
1		19	+8.450			
	A					
2		8	−5.311			
	B					
3		13	−6.277			
	C					
4		15	+7.001			
	BM_2					72.359
Σ						
辅助计算						

2-11　图 2-40 为图根闭合水准路线观测成果，距离单位为 km，已知 $H_{BM}=39.999$ m，试求 A、B、C 各点的高程。

2-12　完成表 2-11 中空白处的计算。

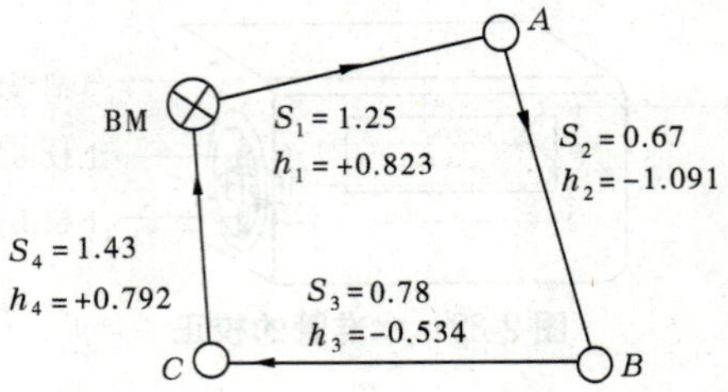

图 2-40 习题 2-11 图

表 2-11 四等水准测量原理观测手簿

测自________至________　　　　______年______月______日

开始时间：______时______分　　　天气：________

结束时间：______时______分　　　呈像：________

测站编号	后尺 下丝 / 上丝 / 后视距 / 视距差 d	前尺 下丝 / 上丝 / 前视距 / $\sum d$	方向及尺号	标尺读数		K+黑-红	高差中数	备注
				黑面	红面			
1	1403	1344	后 1	1290	6074			
	1174	1101	前 2	1222	5911			
			后-前					
2	1461	1952	后 2	1261	5951			
	1051	1562	前 1	1762	6550			
			后-前					
3	1662	1796	后 1	1413	6201			
	1162	1296	前 2	1541	6226			
			后-前					

注：标尺参数 $K_1=4\ 787$，$K_2=4\ 687$。

项目三　角度测量

角度测量是确定地面点的空间位置时的基本测量工作之一。角度观测包括水平角观测、竖直角观测。水平角用于计算平面坐标,竖直角用于计算两点间高差。要确定地面点的平面位置,一般需要观测水平角;如果用测角仪器确定地面点的高程位置或将测得的斜距化算为平距,一般需要观测竖直角。

任务一　角度测量的原理

角度测量分为水平角测量和竖直角测量两种,经纬仪是进行角度测量的传统仪器,目前主要用全站仪进行角度测量和距离测量。

一、水平角测量原理

如图 3-1 所示,地面上两相交直线在同一水平面上的投影所构成的夹角 β,称为水平角,水平角的取值范围是 0°~360°。

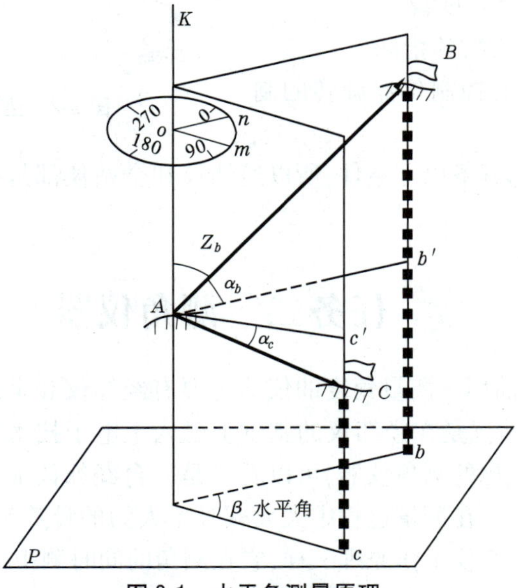

图 3-1　水平角测量原理

假设在地面上有高程不等的任意三点 A、B、C,沿铅垂线方向投影到水平面上得到 a、b、c 三点,则直线 ac 与直线 ab 之间的夹角 β 即为地面上 AC 与 AB 两方向线间的夹角。换句话说,地面上任意两方向线之间的水平角就是过这两方向的两个竖直面所夹的二面角。

若在角顶 A 点的铅垂线上,水平地放置一个带有顺时针刻划的圆盘,这个圆盘称为水平度盘,使水平度盘的中心 O 在此铅垂线上,当望远镜分别照准 B 和 C 目标时,所得两个竖直面与度盘相交得到两条交线 om 与 on,这两条交线在度盘上的读数分别为 Φ_m 和 Φ_n,则水平角等于右方目标读数减左方目标读数,即

$$\beta = \Phi_n - \Phi_m \tag{3-1}$$

二、竖直角测量原理

竖直角又称为垂直角,是指在同一竖直面内倾斜视线与水平线之间的夹角,可用 α 表示,其角值范围为 $-90° \sim +90°$,如图 3-2 所示。当倾斜视线在水平视线的上方时,α 为仰角,其值为正;当倾斜视线在水平视线的下方时,α 为俯角,其值为负。竖直角计算同水平角计算原理一样,只不过是在竖直度盘上的两读数之差。

由以上原理可知:测量水平角和竖直角的仪器,必须具备以下几个条件:

(1)有一个能置于水平位置且中心同水平角角顶点位于同一铅垂线上的刻度圆盘,亦即水平度盘。

(2)有一个能看清楚远处不同高度目标并且能在水平面和竖立面内旋转的望远镜。

(3)有一个能置于垂直状态且与望远镜固连的刻度圆盘,亦即竖直度盘。

(4)有一个能指示读数的指标。

此外,仪器还应具有控制仪器旋转的制动和微动螺旋。

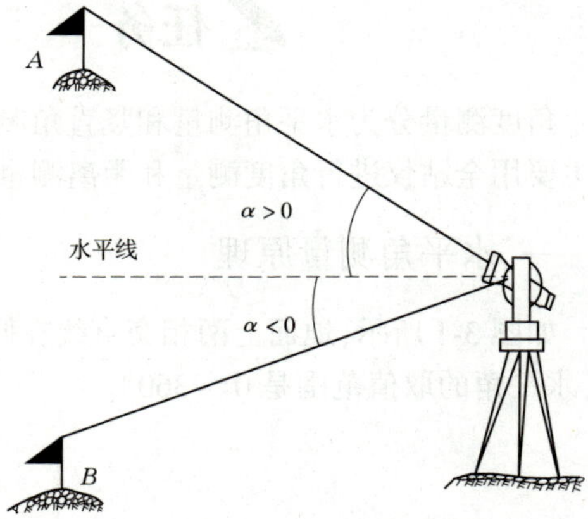

图 3-2 竖直角测量原理

经纬仪和全站仪都具备以上条件,所以经纬仪和全站仪都是用于测量水平角和竖直角的仪器。

任务二 测角仪器

在测量工作中,目前用于测量角度的仪器主要有经纬仪和全站仪。经纬仪属于纯光(学)机(械)仪器。全站仪是在经纬仪的基础上融入了电子技术等现代的高科技技术发展起来的一种更加智能化的测角仪器,可以看成是一台经纬仪加一台测距仪的结合。微电脑技术的应用使全站仪在测量过程中大大减轻了人为的计算工作,所以全站仪的基本工作原理和经纬仪加测距仪工作原理一样,它在测角的同时测距,并利用内部微电脑将所有的测量要素计算出来并保存在存储器中。

一、经纬仪

经纬仪分为光学经纬仪和电子经纬仪。光学经纬仪是一种光学和机械组合的仪器,内部由玻璃度盘和许多光学棱镜与透镜构成,它利用几何光学器件的放大、反射、折射等原理进行度盘读数。电子经纬仪则利用物理光学器件、电子器件和光电转换原理显示度

盘读数。二者在机械结构上完全相同。

经纬仪按精度可分为 DJ_{07}、DJ_1、DJ_2、DJ_6 等不同级别，其中，D、J 分别是“大地测量”和“经纬仪”汉语拼音的第一个字母，下标表示该仪器观测水平方向的精度（如“6”表示一测回方向的中误差为±6″）。表 3-1 列出了常用的几种经纬仪的主要技术参数及用途。

表 3-1　常用的几种经纬仪的主要技术参数及用途

参数名称		经纬仪等级		
		DJ_1	DJ_2	DJ_6
一测回水平方向中误差		±1″	±2″	±6″
望远镜物镜有效孔径（不小于）		60 mm	40 mm	40 mm
望远镜放大倍数		30	28	20
水准管分化值不大于	竖直度盘	6″/2 mm	20″/2 mm	30″/2 mm
	水平度盘	10″/2 mm	20″/2 mm	30″/2 mm
主要用途		二等平面控制测量及精密工程测量	三、四等平面控制测量及一般工程测量	图根控制测量及一般工程测量

（一）经纬仪构造

由于生产厂家及仪器型号不同，经纬仪的各部件形状不完全一样，但其基本构造大致相同。光学经纬仪主要由照准部、水平度盘和基座三部分组成，如图 3-3 所示。

1. 照准部

照准部是指经纬仪上部的可转动部分，主要由望远镜、读数设备、竖直度盘、支架、照准部水准管、照准部旋转轴和光学对中器等组成。

经纬仪望远镜的构造与水准仪的望远镜基本相同，但为了瞄准目标，经纬仪的十字丝分划板与水准仪稍有不同。望远镜、竖直度盘与横轴一端固连在一起，安放在支架上，望远镜可绕横轴旋转，望远镜转动时，竖直度盘随之转动。竖盘读数指标与竖盘指标水准管固连在一起，不随望远镜转动，但可通过竖盘指标水准管微动螺旋做微小移动。调整此微动螺旋使竖盘指标水准管气泡居中，指标即位于正确位置。

目前，有许多经纬仪已不采用竖盘指标水准管，而用自动归零装置代替，以提高野外作业速度，如北京光学仪器厂生产的各种型号的经纬仪。其中，照准部水准管是用来精确整平仪器的，圆水准器用作粗略整平。读数设备包括一个读数显微镜、测微器以及光路中一系列的棱镜、透镜等。此外，为了控制照准部水平方向的转动，装有水平制动螺旋和微动螺旋。为了控制望远镜的转动，设有望远镜制动螺旋和微动螺旋。

2. 水平度盘

水平度盘是由光学玻璃制成的精密刻度盘，分划从 0°～360°，按顺时针注记，最小间隔有 1°、30′、20′三种，用以测量水平角。水平度盘装在仪器竖轴上，套在度盘轴套内。

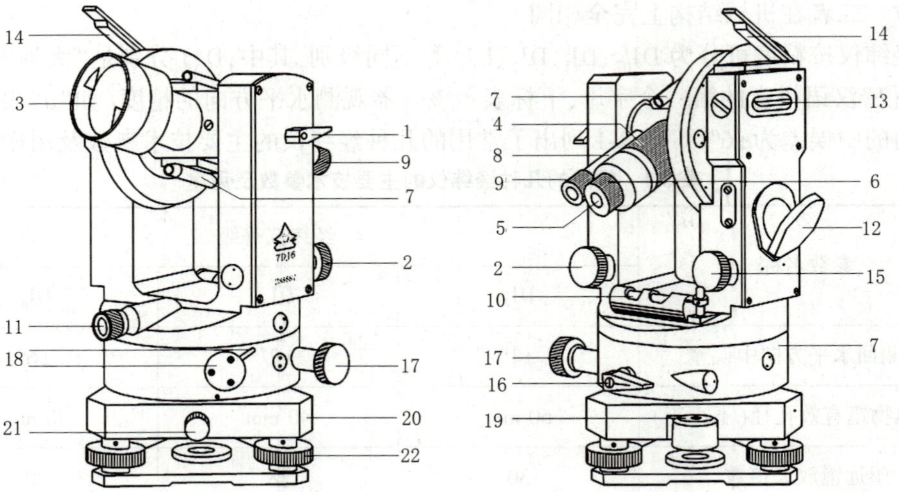

1—望远镜制动螺旋;2—望远镜微动螺旋;3—物镜;4—物镜调焦螺旋;5—目镜;6—目镜调焦螺旋;7—光学瞄准器;8—度盘读数显微镜;9—度盘读数显微镜调焦螺旋;10—照准部水准管;11—光学对中器;12—度盘照明反光镜;13—竖盘指标管水准器;14—竖盘指标管水准器观察反射镜;15—竖盘指标管水准器微动螺旋;16—水平方向制动螺旋;17—水平方向微动螺旋;18—水平度盘变换螺旋与保护卡;19—基座圆水准器;20—基座;21—轴套固定螺旋;22—脚螺旋

图 3-3　DJ_6 经纬仪构造

在水平角测角过程中,水平度盘不随照准部转动。若要改变水平度盘的起始位置,可利用度盘变换手轮将度盘转到所需要的位置。还有少数仪器采用复测装置,当复测扳手扳下时,照准部与度盘结合在一起,度盘随照准部转动,度盘读数不变;当复测扳手扳上时,两者相互脱离,照准部转动时就不再带动度盘,度盘读数就会改变。

3. 基座

基座是支撑仪器的底座,包括轴座、脚螺旋、底板、三角压板等。利用中心连接螺旋将经纬仪和脚架连接起来。在经纬仪基座上还固连一个竖轴轴套和轴座固定螺旋,用于控制照准部和基座之间的衔接。连接螺旋的下端有一个挂钩,用于悬挂垂球。

(二)经纬仪读数设备和读数方法

光学经纬仪的读数设备包括度盘、光路系统和测微器。水平度盘和竖直度盘上的分划线,通过一系列棱镜和透镜成像于望远镜旁的读数显微镜内。

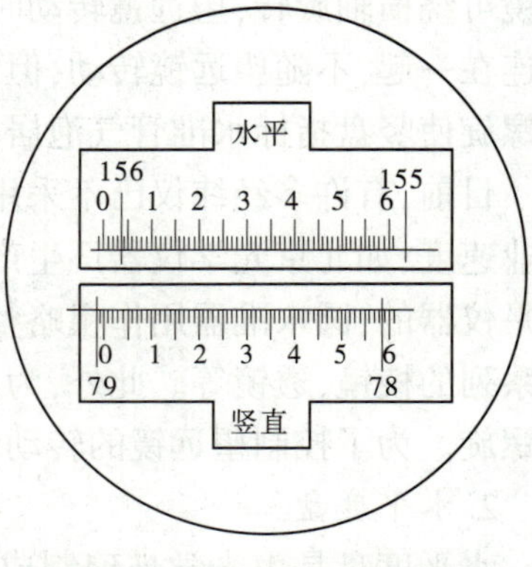

图 3-4　分微尺测微器读数

目前,我国生产的光学经纬仪大都采用分微尺测微器读数装置,如图 3-4 所示。在读数显微镜中可以同时看到两个读数窗,注有“—”“H”或“水平”的都是水平度盘读数窗;注有“⊥”“V”或“竖直”的都是竖直度盘读数窗。两个读数窗上都有一个分成 60 小格的分微尺,其长度等于度盘间隔为 1°的两分划线之间的影像宽度,因此测微尺上一小格的分划值为 1′,

可以估读至0.1′。测微尺的0分划线为读数指标线。读数时,先读出位于分微尺60小格区间内的度盘分划线的度数,再以度盘分划线为指标,在分微尺上读取不足1°的分数,并估读到小数分数(化算到秒数时是6的倍数)。图3-4中水平度盘的读数为156°03′42″,竖直度盘的读数为78°58′30″。

(三)经纬仪的操作

1. 安置

在用经纬仪进行测角之前,必须把仪器安置在测站上。经纬仪的安置包括对中和整平两项工作。对中的目的是使仪器的中心与测站点的标志中心在同一铅垂线上;整平的目的是使仪器的竖轴垂直,即水平度盘处于水平位置。

1)对中

对中有垂球对中与光学对中器对中两种方法。

(1)垂球对中。

将三脚架三条腿的长度调节至合适长度,使高度适宜,然后张开三脚架并架在测站点上,张开时要求架头大致水平。然后挂上垂球,两只手分别握住三脚架的一条腿,平移三脚架(架头大致保持水平)使垂球尖基本对准测站点,将三脚架三条腿踩紧,使其稳定。装上仪器,旋上连接螺旋,检查对中情况。若相差不大(1~2 *cm*),稍松开连接螺旋,双手扶基座,在架头上移动仪器,使垂球尖精确对准测站点。为此,应及时调整垂球线的长度,使得垂球尖尽量靠近测站点,但不得与测站点接触。对中误差一般应小于3 *mm*,若满足要求,旋紧连接螺旋即可。

(2)光学对中器对中。

因为垂球对中受风力等外界条件的影响较大,不易保证精度,因此目前生产的光学经纬仪均装有光学对中器,其对中精度可达到1~2 *mm*,高于垂球对中精度。

光学对中器是一个小型外调焦望远镜。使用光学对中器之前,应先转动光学对中器的目镜调焦螺旋使对中标志分划板十分清晰,再通过拉伸光学对中器看清地面的测点标志。先初步对中,后精确对中。

初步对中:固定三脚架的一条腿于测站点旁的适当位置,双手分别握紧三脚架的另两条腿,眼睛观察光学对中器,移动三脚架使对中标志基本对准测站点的中心(应注意保持三脚架头基本水平),将三脚架的脚尖踩紧。

精确对中:旋转脚螺旋使对中标志准确对准测站点的中心,光学对中的误差应小于2 *mm*。

2)整平

整平按先粗平、后精平的方法进行。

粗平:调节三脚架架腿的伸缩连接处,利用圆水准器或水准管使经纬仪大致水平。

精平:松开水平制动螺旋,转动照准部,旋转脚螺旋,使水准管大致平行于任意两个脚螺旋的连线,如图3-5(*a*)所示,两手同时向内或向外旋转这两个脚螺旋使气泡居中。气泡的移动方向与左手大拇指移动的方向一致。再将照准部旋转90°,如图3-5(*b*)所示,使水准管大约处于1、2两脚螺旋的连线的垂线上,转动第3个脚螺旋,使水准管的气泡居中。再转回原来的位置,检查气泡是否居中,若不居中,则按上述步骤反复进行,直至照准部转到任何位置,气泡都居中。

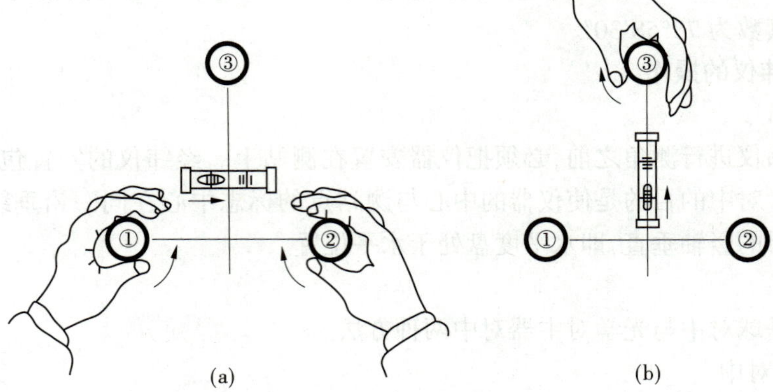

图 3-5　整平

精平操作会略微破坏前面已完成的对中关系。需要再次精确对中。稍微旋松连接螺旋,眼睛观察光学对中器,平移仪器基座(不要有旋转),使对中标志准确对准测站点的中心,拧紧连接螺旋。精确整平与精确对中应反复进行,直到对中和整平都达到要求。

2. 经纬仪的瞄准

先调节目镜调焦螺旋,使十字丝清晰。松开水平制动螺旋和望远镜的制动螺旋,利用望远镜上的粗瞄器使目标位于望远镜的视场内,如图 3-6(*a*)所示,当大致对准目标后,固定照准部制动螺旋和望远镜制动螺旋。然后进行物镜调焦,即调节物镜调焦螺旋使目标影像清晰,并注意消除视差。最后调节照准部和望远镜的微动螺旋精确对准目标,如图 3-6(*b*)所示。在进行水平角观测时,应尽量瞄准目标的底部。目标成像较大时,可用十字丝的单丝去平分目标;目标成像较小时,可用十字丝的双纵丝去夹准目标。

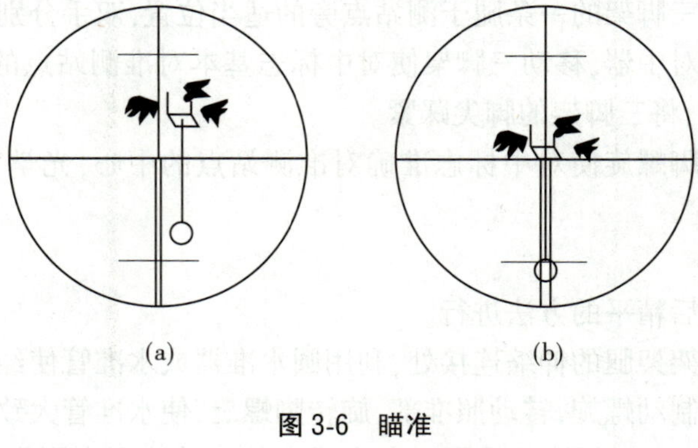

图 3-6　瞄准

3. 配置度盘(置数)

配置度盘是按照预先给定的度盘读数去照准目标或照准目标后使度盘读数等于所需要安置的数值。它在角度测量和施工放样中经常用到。

1）水平度盘置数

对于装有度盘变换手轮的经纬仪，必须先照准目标，固紧水平制动螺旋；然后转动度盘变换手轮，使所需安置的度数分划线对准分微尺上所需安置的分秒数。置完数后，关上变换手轮护盖或扳起保险手柄使之抵住手轮，以免碰动。然后松开水平制动螺旋，即可观测其他目标。

2）竖盘度盘置数

在安置竖盘读数时，应先转动竖盘指标水准管微动螺旋，使竖盘指标水准管气泡居中。

对于分微尺读数的经纬仪，只需转动望远镜，使度盘读数接近所需读数时，拧紧望远镜的制动螺旋，再调节微动螺旋使度盘读数等于所需读数即可。

对于采用测微手轮读数的经纬仪，则应先转动测微手轮，使分微尺上的读数等于所需的分、秒数；再转动望远镜，使竖直度盘读数等于所需度数和整十分数后，拧紧望远镜制动螺旋即可。

4. 读数

读数时先打开反光镜到适当的位置，使读数窗亮度适中，旋转读数显微镜的目镜使刻划线清晰，然后按本节上面（二）所述方法进行读数。

二、全站仪

电子全站仪是一种利用机械、光学、微电脑等元件组合而成，可以同时进行角度（水平角、竖直角）测量和距离（斜距、平距、高差）测量并可进行有关计算的高科技测量仪器，由于只需在测站上一次安置，仪器便可以完成测站上所有的测量工作，故被称为电子全站仪，简称全站仪（见图 3-7）。

(a) 正面

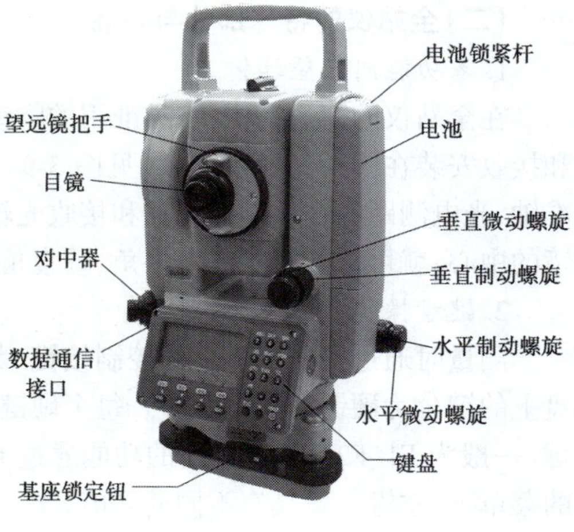

(b) 背面

图 3-7　全站仪

(一)全站仪的构造

最初的组合式全站仪由光电测距仪、光学经纬仪及电子计算部分拼装组合而成,并可分离成两个独立的部分,称为积木式全站仪。这种全站仪出现较早,经不断地改进可将光学角度读数通过键盘输入测距仪并对倾斜距离进行计算处理,最后得出水平距离、高差、方位角和坐标差,这些结果可自动地传输到外部存储器中。后来组合式全站仪发展为把光电测距仪的调制光发射接收系统的光轴和经纬仪的视准轴组合成分光同轴的整体式全站仪,并配置电子计算机的微处理机和系统软件,使具有将测量数据储存、计算、输入、输出等功能,其优点是能通过不同的构件进行多样组合,当个别构件损坏时,可以用其他构件代替,具有很强的灵活性。

整体式全站仪是在一个机器外壳内含有电子测距、测角、补偿、记录、计算、存储等部分(见图3-8)。将发射、接收、瞄准光学系统设计成同轴,共用一个望远镜,角度测量和距离测量只需一次瞄准,测量结果能自动显示并能与外围设备双向通信。其优点是体积小、结构紧凑、操作方便、精度高,现在的全站仪都采用整体式结构。各种全站仪的结构相差不大,不同厂家生产的全站仪除在界面和外观上略有差别外,其基本组成大致相同,都是由电子测角、电子测距、电子补偿、微机处理装置等部分组成的。

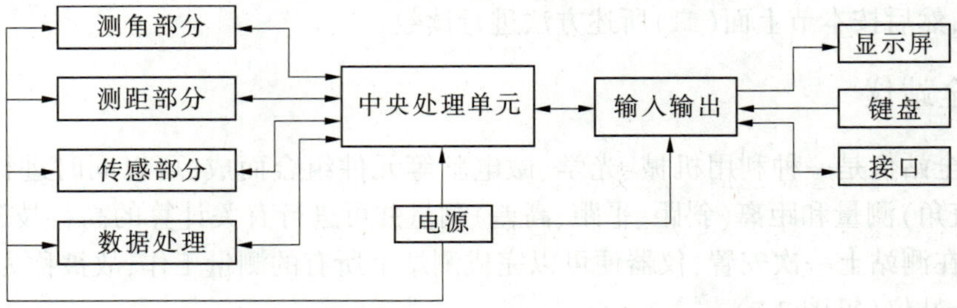

图3-8 全站仪的组合框图

(二)全站仪的特殊部件与功能

1. 多功能同轴望远镜

在全站仪的望远镜中,将瞄准用的物镜、目镜、调焦透镜与红外测距、激光测距的发射和接收安装在同一光学系统中(见图3-9),成为多功能的同轴望远镜。即照准目标的视准轴、光电测距的红外发射光轴和接收光轴是同轴的。因此,测量时使望远镜照准目标棱镜的中心,就可以同时测定水平角、垂直角和斜距。

2. 键盘操作

测量时通过操作面板上的控制按键、数码(字母和数字)按键输入指令进行操作,键盘上的键分为硬键和软键两种。每个硬键都有一个固定功能,或兼有第二、第三功能;软键(一般为F1、F2、F3、F4等)的功能通过屏幕最下一行相应位置显示的字符提示,在不同的菜单下,软键一般具有不同的功能。

3. 数据存储与通信

主流全站仪一般都带有可以存储约3 000个点以上观测数据的内存,有些还配有储存卡来增加存储容量。机内存储器相当于计算机的硬盘和内存,存储卡相当于优盘。

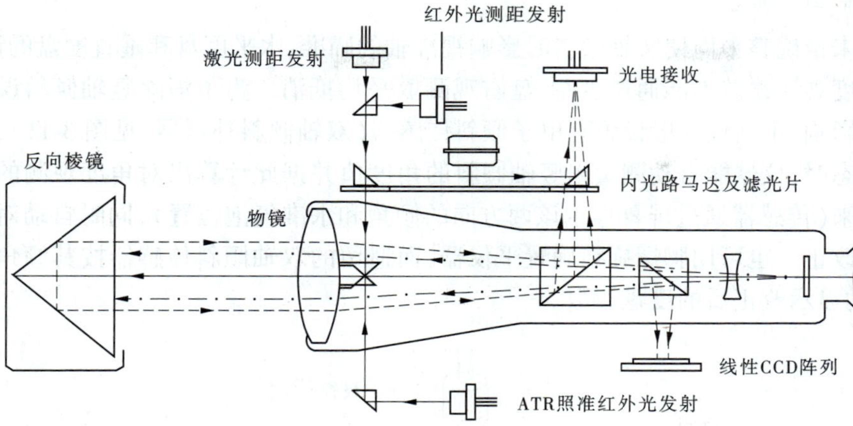

图 3-9　全站仪照准系统

仪器上设有一个标准的 RS-232C 通信接口,全站仪的存储数据可以通过 RS-232C 通信接口使用专用电缆线与计算机的 COM 口连接,通过专用软件可以实现全站仪与计算机的双向数据传输。有些全站仪还有无线电收发装置或蓝牙通信装置与外围设备(如遥控器等)双向通信。

4. 传感器

全站仪中的传感器包括度盘读数传感器、纵轴倾斜传感器、目标搜索传感器等。利用发光二极管或外来光线及 CCD(电荷耦合器件)阵列实现其功能。

1)度盘读数传感器

较先进的全站仪用条码编码度盘和 CCD 传感器读数,角度的编码信息用发光管发光透过度盘编码,由一组线性 CCD 阵列读数。一般在度盘对径设置一对线性 CCD 传感器,以消除度盘偏心误差,如图 3-10 所示。

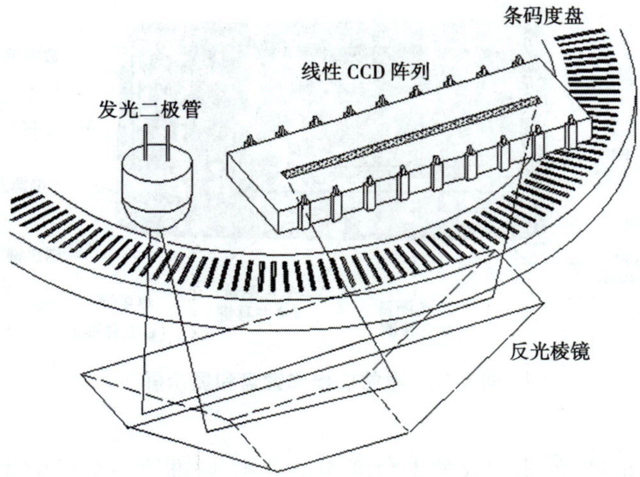

图 3-10　度盘读数的 CCD 传感器

2)纵轴倾斜传感器

当仪器未精确整平而使竖轴倾斜时影响视准轴的瞄准、水平度盘和垂直度盘的读数，且引起的角度观测误差不能通过盘左、盘右观测取平均抵消。为了消除竖轴倾斜误差对角度观测的影响，全站仪一般设置有电子倾斜传感器(双轴倾斜补偿器，见图3-11)，当它处于打开状态时，仪器能自动测量出竖轴倾斜的角度值并据此计算出对角度观测的影响值并显示出来(传感器通过屏幕显示该两方向的倾角和水准气泡位置)，同时自动对角度观测值进行改正。也可用脚螺旋精确置平仪器，而遗留的双轴倾斜传感器按其倾角计算改正值，自动显示改正后的度盘读数。

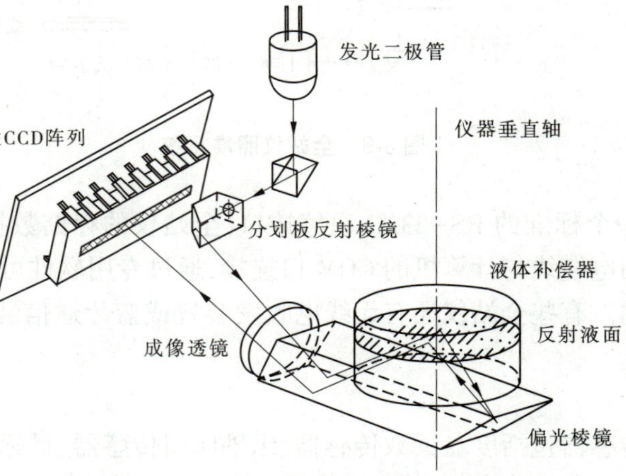

图3-11　双轴倾斜传感器的CCD成像原理

(三)全站仪的基本操作与使用方法

全站仪的安置操作(对中、整平、瞄准等)与经纬仪基本相同，所不同的是，全站仪有一操作键盘和显示屏(见图3-12)，通过观测和键盘的操作，会在显示屏上显示出各种数据。不同型号的全站仪，其具体操作方法会有较大的差异。

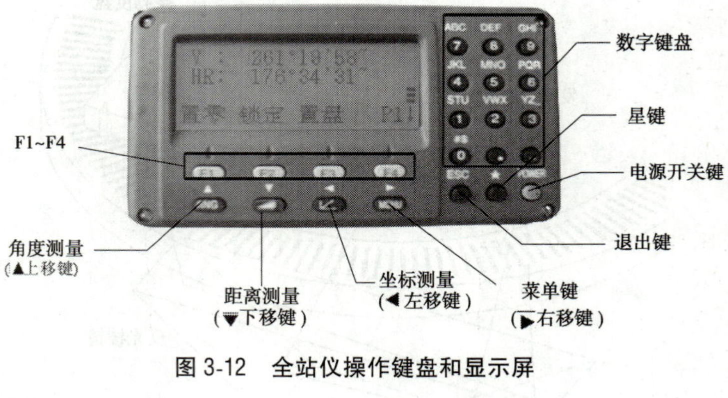

图3-12　全站仪操作键盘和显示屏

1.水平角测量

(1)按角度测量键，使全站仪处于角度测量模式，照准第一个目标 A。

(2)设置 A 方向的水平度盘读数为 0°00′00″。

(3)照准第二个目标 B,此时显示的水平度盘读数即为两方向间的水平夹角。

2. 距离测量

(1)设置棱镜常数。测距前须将棱镜常数输入仪器中,仪器会自动对所测距离进行改正。

(2)设置大气改正值或气温、气压值。光在大气中的传播速度会随大气的温度和气压而变化,15 ℃和 760 mmHg 是仪器设置的一个标准值,此时的大气改正为 0 ppm。实测时,可输入温度和气压值,全站仪会自动计算大气改正值(也可直接输入大气改正值),并对测距结果进行改正。

(3)量仪器高、棱镜高并输入全站仪。

(4)距离测量,照准目标棱镜中心,按测距键,距离测量开始,测距完成时显示斜距、平距、高差。

全站仪的测距模式有精测模式、跟踪模式、粗测模式三种。精测模式是最常用的测距模式,测量时间约 2. 5 s,最小显示单位为 1 mm;跟踪模式常用于跟踪移动目标或放样时连续测距,最小显示一般为 1 cm,每次测距时间约 0. 3 s;粗测模式测量时间约 0. 7 s,最小显示单位为 1 cm 或 1 mm。在距离测量或坐标测量时,可按测距模式(MODE)键选择不同的测距模式。

应注意,有些型号的全站仪在距离测量时不能设定仪器高和棱镜高,显示的高差值是全站仪横轴中心与棱镜中心的高差。

3. 坐标测量

(1)设定测站点的三维坐标。

(2)设定后视点的坐标或设定后视方向的水平度盘读数为其方位角。当设定后视点的坐标时,全站仪会自动计算后视方向的方位角,并设定后视方向的水平度盘读数为其方位角。

(3)设置棱镜常数。

(4)设置大气改正值或气温、气压值。

(5)量仪器高、棱镜高并输入全站仪。

(6)照准目标棱镜,按坐标测量键,全站仪开始测距并计算显示测点的三维坐标。

任务三　水平角测量

水平角测量工作是“仗天量地”中最基础的测量工作,从“神舟”到“嫦娥”,从“北斗”到“天宫”,都被深深的撰刻着它的痕迹。测量工作者从过去的拥抱大地到如今走向天地之间的历程深刻地诠释了测绘技术的发展历程和测量工作的内涵,被中央军委命名“英雄测绘大队”的原总参第一测绘大队就是众多先进集体中的一个,他们视国家利益为最高准则,屡次在攻坚克难中勇当重任,出色完成与多个陆地邻国的国界勘测;精确测定我“蓝色国土”数千个岛礁坐标、方位和重力信息,为捍卫我海洋权益和国家安全发挥职能作用;赴境外开展联合国维和测绘保障,为维护国家战略利益做出突出贡献,被誉为“用脚丈量土地的“野战军””,我们应以此为榜样。

观测水平角的方法,应根据测量工作要求的精度、使用的仪器、观测目标的多少而定。水平角测量最常用的方法有测回法与方向观测法(全圆测回法),测量时无论采用哪种方法进行观测,通常都要用盘左和盘右各观测一次,取平均值得出结果。所谓的“盘左”就是用望远镜照准目标时,竖直度盘在望远镜的左边,又称为正镜;“盘右”就是用望远镜照准目标时,竖直度盘在望远镜的右边,又称为倒镜。如果只用盘左或盘右对角度观测一次,称为半测回;如果用盘左和盘右对一个角度各观测一次,称为一个测回,这样用“盘左”(正镜)、“盘右”(倒镜)观测的结果取平均值的方法,可以自动抵消仪器本身的一些误差,从而提高了观测质量。下面分别介绍测回法和方向观测法的观测步骤、记录、计算与有关的限差规定。

一、测回法

测回法适用于观测只有两个方向的单角。

设要测的水平角为$\angle AOB$,首先在角顶点O安置测角仪器(对中、整平),分别瞄准A、B两点的目标并进行读数,两读数之差即为要观测的水平角值(见图3-13)。通常要求盘左、盘右进行观测。具体操作步骤如下。

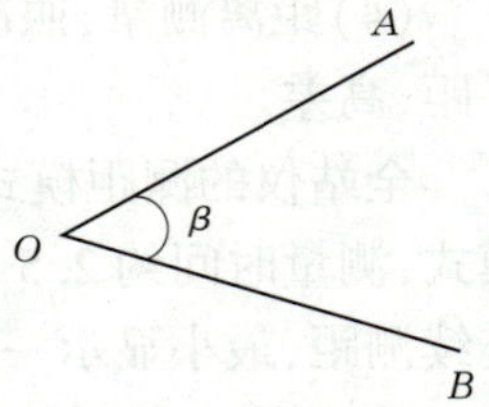

图3-13 测回法

(一)盘左位置观测(也称为正镜观测)

(1)松开水平制动螺旋和望远镜制动螺旋,精确瞄准左边的目标A,读取水平度盘的读数$a_{左}$(0°01′12″),并记入观测手簿(见表3-2)中。

表3-2 测回法观测手簿

测站	测回数	竖盘位置	目标	水平度盘读数(° ′ ″)	半测回角值(° ′ ″)	一测回角值(° ′ ″)	各测回平均值(° ′ ″)	备注
O	第1测回	左	A	0 01 12	39 15 36	39 15 33	39 15 38	
			B	39 16 48				
		右	A	180 01 06	39 15 30			
			B	219 16 36				
O	第2测回	左	A	90 00 06	39 15 48	39 15 42		
			B	129 15 54				
		右	A	270 00 12	39 15 36			
			B	309 15 48				

(2)松开水平制动螺旋,顺时针匀速转动照准部,以同样方法瞄准右边的目标B,读取水平度盘读数$b_{左}$(39°16′48″),记入手簿中。

(3)计算盘左观测所得的水平角:

$$\beta_{左} = b_{左} - a_{左} \tag{3-2}$$

$\beta_{右}$为下半侧回水平角的观测值。

$\beta_{左}$ 为上半测回水平角的观测值。

(二)盘右位置观测(也称为倒镜观测)

(1)松开水平制动螺旋和望远镜制动螺旋,倒转望远镜变为盘右位置,先精确瞄准右边的目标 B,读取水平度盘读数 $b_{右}$(219°16′36″),记入手簿中。

(2)松开水平制动螺旋,逆时针转动照准部,再瞄准目标 A,读取水平度盘的读数 $a_{右}$(180°01′06″),记入手簿中。

(3)计算盘右观测所得的水平角:

$$\beta_{右} = b_{右} - a_{右} \tag{3-3}$$

$\beta_{右}$ 即为下半测回水平角的观测值。

(三)水平角的计算

当盘左、盘右两个"半测回"角值之差不超过限差时,取盘左、盘右角值的平均值即为一测回的角值,即

$$\beta = \frac{\beta_{左} + \beta_{右}}{2} \tag{3-4}$$

由于水平度盘注记是顺时针方向增加的,因此在计算角值时,无论是盘左还是盘右,均用右边目标的读数减去左边目标的读数,如果右方目标读数不够减左方目标读数,则应在右方目标读数上加 360°后再减。同时,为提高观测精度、减少度盘分划误差的影响,需要观测多个测回,每测回应改变起始度盘的读数,每测回起始度盘的读数值 δ 按下式计算:

$$\delta = (i - 1)\frac{180°}{n} \tag{3-5}$$

式中 n——测回数;

i——测回序号。

例如,要观测二个测回($n=2$),第 1 测回($i=1$)盘左时起始方向的读数应配置在 0°(一般比 0°稍大些),第 2 测回($i=2$)盘左时起始方向的读数应配置在 90°左右。

如观测三个测回,则各测回的起始度盘读数应按 60°递增,即分别设置成略大于 0°、60°和 120°,当各测回角值之差不超过±24″时,取各测回平均值作为角度的最后观测成果。测回观测法的限差要求见表 3-1 和表 3-3,若其中有任何一项超限,均应重测。

表 3-3 测回观测法的限差要求

仪器型号	测微器两次重合读数差	半测回测角差	一测回内 2C 互差	各测回同一方向值的互差
DJ_2	3″	13″	18″	9″
DJ_6		36″	36″	24″

二、方向(全圆)观测法

当一个测站上观测方向有三个或三个以上时,需要同时测量出多个角度,此时应采用方向观测法进行观测。

如图 3-14 所示,仪器安置在 O 点上,需观测 A、B、C、D 各方向之间的水平角,其观测步骤如下。

(一)测站观测

1. *盘左位置观测*

将度盘置于盘左位置并选择方向中一明显目标如 A 作为起始方向(或称零方向),精确瞄准 A,将水平度盘读数配置为 0°(一般置于略大于 0°),读取此读数并记入观测手簿(见表 3-4),然后顺时针方向(图 3-14 中"盘左顺转"方向)转动照准部并依次瞄准 B、C、D 后读数并记入观测手簿中。为了检核水平度盘在观测过程中是否发生变动,应再次瞄准目标 A 并读取水平度盘读数,此步观测称为归零(A)观测,归零方向两次水平度盘读数之差称为半测回归零差。以上步骤仅完成上半测回的工作。

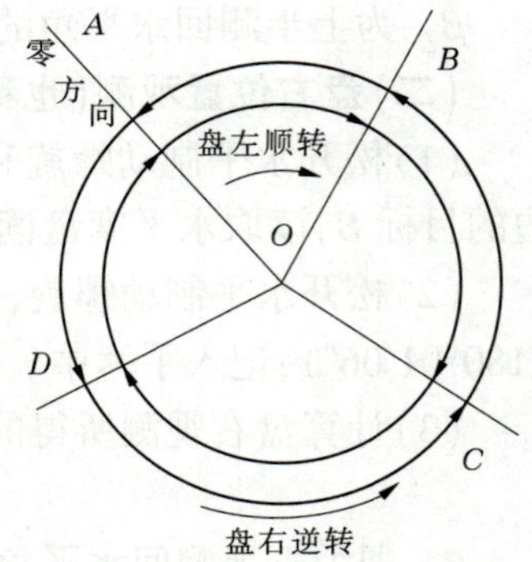

图 3-14 方向法观测水平角

表 3-4 方向观测法观测手簿

测站	目标	水平度盘读数 盘左 (° ′ ″)	水平度盘读数 盘右 (° ′ ″)	2C (″)	平均读数 (° ′ ″)	归零后的方向值 (° ′ ″)	各测回归零方向平均值 (° ′ ″)
1	2	3	4	5	6	7	8
O	A	0 02 06	180 02 18	−12	(0 02 10) 0 02 12	0 00 00	0 00 00
	B	60 42 30	240 42 36	−6	60 42 33	60 40 23	60 40 18
	C	130 57 24	310 57 06	+18	130 57 15	130 55 05	130 55 16
	D	240 48 54	60 48 48	+6	240 48 51	240 46 41	240 46 40
	A	0 02 12	180 02 06	+6	0 02 09		
O	A	90 01 00	270 01 06	−6	(90 01 06) 90 01 03	0 00 00	
	B	150 41 12	330 41 24	−12	150 41 18	60 40 12	
	C	220 56 30	40 56 36	−6	220 56 33	130 55 27	
	D	330 47 48	150 47 42	+6	330 47 45	240 46 39	
	A	90 01 06	270 01 12	−6	90 01 09		

注:2C=盘左读数−(盘右读数±180°)。

平均读数=[盘左读数+(盘右读数±180°)]/2。

2. *盘右位置观测*

倒转望远镜改成盘右,按逆时针方向(图 3-14 中"盘右逆转"方向)依次瞄准 A、D、C、B、A,依次读取水平度盘读数并记入手簿中,检查半测回归零差,此即为下半测回的工作。

这种观测方法因两次照准零方向,仪器转动一周,故又称为全圆方向法。

上下两个半测回构成一测回。如果要观测 n 个测回,每测回仍应按式(3-5)变换水平度盘的起始位置。但应注意在同一测回内不能第二次改变水平度盘的位置。

(二)记录计算

(1)计算半测回归零差,不得大于限差规定值(见表 3-3),否则应重测。

(2)计算 2 倍照准误差 $2C$ 的值。$2C$ 属于仪器误差,在同一测回内同一台仪器的各方向的 $2C$ 值应当是一个常数,因此 $2C$ 的变动大小反映了观测的质量,若有互差,其变化值不应超过表 3-3 的限差要求。

(3)计算各方向的盘左和盘右读数的平均值。在计算平均读数后,起始方向 OA 有两个平均读数,应再次取平均,并写在表格中的括号内,作为 OA 的方向值。

(4)计算一测回归零方向值。将计算出的各方向的平均读数分别减去起始方向的两次读数的平均值(括号内的值),即得各方向的归零方向值。

(5)计算各测回归零后的平均方向值。将各测回同一方向的归零方向值进行比较,若其差值不大于表 3-3 的规定,则取各测回同一方向归零后的方向值的平均值作为该方向的最后结果。

(6)计算水平角。将相邻两个归零后的方向值相减,即为这两个方向所夹的水平角。

方向观测法的限差要求见表 3-1 和表 3-5,若其中有任何一项超限,均应重测。

表 3-5 方向观测法的限差要求

仪器型号	测微器两次重合读数差	半测回归零差	一测回内 $2C$ 互差	各测回同一方向值的互差
DJ_2	3″	8″	13″	9″
DJ_6		18″		24″

任务四 竖直角测量

竖直角是同一竖直面内倾斜视线与水平视线的夹角,即竖直角就等于瞄准目标时倾斜视线的读数与水平视线读数的差值,如图 3-2 所示。由于水平视线在竖直度盘上的读数是个定值,一般为 0°、90°、180°或 270°,所以竖直角就等于瞄准目标时倾斜视线的读数与固定值的差值。

一、竖盘结构

测角竖直度盘部分包括竖盘、竖盘指标水准管和竖盘指标水准管微动螺旋,如图 3-15 所示。竖盘固定在望远镜横轴的一端且与横轴垂直。望远镜绕横轴旋转时,竖盘随之转动,而竖盘指标不动。竖盘指标为分(测)微尺的零分划线,它与竖盘指标水准管固连在一起。当旋转竖盘指标水准管微动螺旋使指标水准管气泡居中时,竖盘指标即处于正确位置。全站仪采用了竖盘指标自动归零装置,简化了操作程序。

竖盘的注记形式(见图 3-16)有顺时针与逆时针两种,一般为全圆注记。当望远镜视线水平,竖盘指标水准管气泡居中时,盘左竖盘读数应为 90°(或 90°的倍数)。此处,以竖

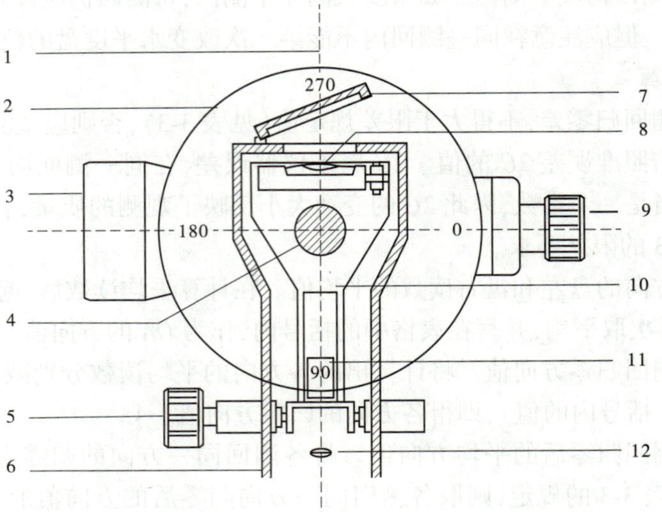

1—铅垂线;2—竖盘;3—望远镜物镜;4—横轴;5—竖盘水准管微动螺旋;6—支架外壳;7—水准管观察镜;8—竖盘水准管;9—望远镜目镜;10—竖盘水准管支架;11—竖盘读数棱镜;12—竖盘读数透镜

图 3-15 竖盘构造图

盘顺时针注记为例说明竖直角测量方法,竖盘逆时针注记竖直角测量方法与此大同小异。读者可自行推导。

二、竖直角计算

竖直角的计算与水平角的计算一样也是两个方向读数之差,只不过在竖直角观测中,当望远镜水平时,竖盘读数是一个定值(盘左为90°,盘右为270°),所以观测时只须读取目标视线方向的竖盘读数。

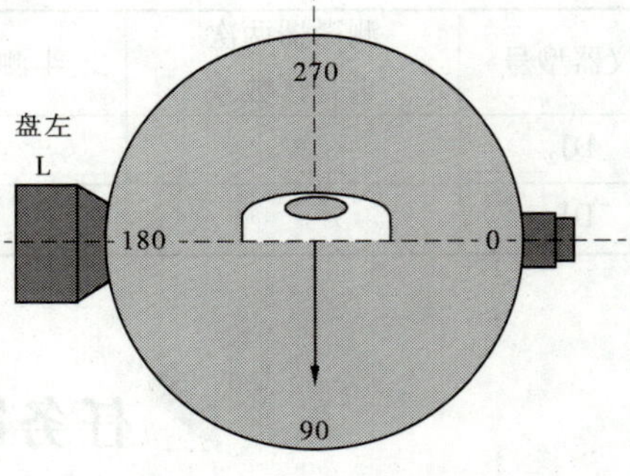

图 3-16 竖盘注记形式

由于竖盘注记有顺时针和逆时针两种形式,因此竖直角的计算公式也不同。在图 3-17 中,盘左位置视线水平时的竖盘读数为 90°,将望远镜逐渐抬高(仰角),竖盘读数在减少,因此盘左的竖直角为

$$\alpha_{左} = 90° - L \tag{3-6}$$

同理,盘右位置视线水平时的竖盘读数为 270°,当抬高望远镜时竖盘的读数逐渐增加,所以盘右的竖直角为

$$\alpha_{右} = R - 270° \tag{3-7}$$

式中 L、R 分别为盘左、盘右瞄准目标的竖盘读数。则一测回的竖直角值为

$$\alpha = \frac{1}{2}(\alpha_{左} + \alpha_{右}) \tag{3-8}$$

或

$$\alpha = \frac{1}{2}(R - L - 180°) \tag{3-9}$$

根据对上述公式的分析,可得竖直角计算公式的通用判别法,即

(1)当望远镜从水平位置往上抬高时,如竖盘读数逐渐减少,则竖直角的计算公式为

$$\alpha = \text{视线水平时的读数} - \text{目标视线的读数} \tag{3-10}$$

(2)当望远镜从水平位置往上抬高时,如竖盘读数逐渐增加,则竖直角的计算公式为

$$\alpha = \text{目标视线的读数} - \text{视线水平时的读数} \tag{3-11}$$

三、竖盘指标差

上面论述到的是一种理想的情况,即当视线水平、竖盘指标水准管气泡居中时,竖盘读数为90°或270°,但实际上读数指标往往并不是恰好指在90°或270°整数上,而与90°或270°相差一个小角度 x,我们把 x 这个小角度称为竖盘指标差,如图3-18所示。竖盘指标的偏移方向与竖盘注记增加方向一致时 x 值为正,反之为负。

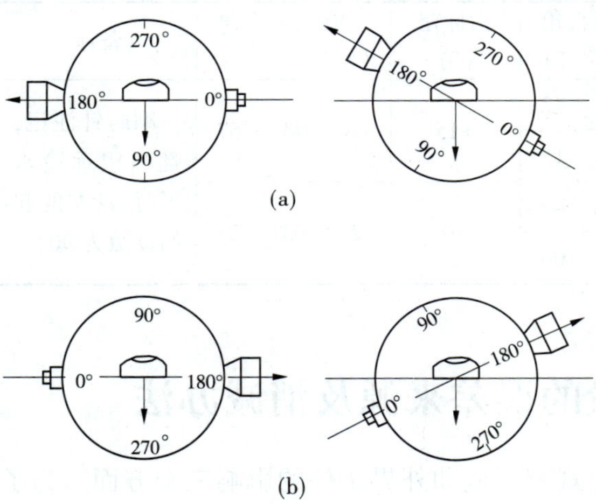

图3-17 竖直角计算

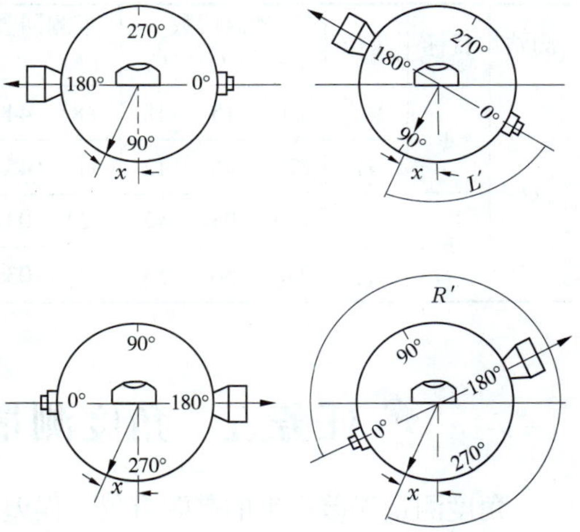

图3-18 竖盘指标差

由图3-18可以明显看出,由于指标差 x 的存在,盘左、盘右读得的 L、R 均大了一个 x,则正确的竖直角 α 为

$$\alpha_{左} = 90° - (L - x) = 90° - L + x \tag{3-12}$$

$$\alpha_{右} = (R - x) - 270° = R - 270° - x \tag{3-13}$$

所以,一测回的竖直角为

$$\alpha = \frac{1}{2}(\alpha_{左} + \alpha_{右}) = \frac{1}{2}(R - L - 180°) \tag{3-14}$$

上述式中的 L、R 分别为盘左、盘右瞄准目标时的竖盘读数。式(3-14)说明了用盘左、盘右各观测一次竖直角,然后取其平均值作为最后结果可以消除竖盘指标差的影响,获得正确的竖直角。将式(3-12)与式(3-13)相减,可得竖盘指标差的通用公式,即

$$x = \frac{1}{2}(L + R - 360°) \tag{3-15}$$

一般来说,对于同一台仪器在同一时间段内,指标差应是一个固定值。因此,指标差互差可以反映观测成果的质量。对于 DJ_6 光学经纬仪,同一测站上各方向的指标差互差

或同一方向各测回间指标差互差不得超过±24″。

四、竖直角观测方法

(1)将仪器安置在测站点上,并正确判断竖直角的计算公式。

(2)盘左精确瞄准目标,使十字丝的中丝对准目标的某一位置。对经纬仪而言,需旋转竖盘指标水准管微动螺旋,使竖盘指标水准管气泡居中,全站仪不需进行此步骤。

(3)读取竖盘读数 L,并记入观测手簿(见表3-6)。

(4)倒转望远镜改为盘右,再精确瞄准原目标位置,旋转竖盘指标水准管微动螺旋,使竖盘指标水准管气泡居中,读取竖盘读数 R,记入手簿。一测回观测结束。

(5)根据判断出的竖直角计算公式计算竖直角。

表3-6 竖直角观测手簿

测站	目标	盘位	竖盘读数(° ′ ″)	半测回竖直角(° ′ ″)	指标差(″)	一测回竖直角(° ′ ″)	备注
O	A	左	81 15 18	+8 44 42	+15	+8 44 57	顺时针注记,且当望远镜水平时,盘左的起始读数为90°
		右	278 45 12	+8 45 12			
	B	左	113 03 42	−23 03 42	+18	−23 03 24	
		右	246 56 54	−23 03 06			

任务五 角度测量的误差来源及消减办法

角度测量误差产生的来源有仪器误差、观测误差和外界条件的影响三个方面。为了获得符合要求的成果,应采取相应措施消除或降低它们的影响。

一、仪器误差

仪器误差的来源可分为仪器制造加工不完善的误差和仪器检校不完善的误差两方面。

(一)仪器制造加工不完善的误差

仪器制造加工不完善的误差主要表现有水平度盘和竖直度盘的刻划误差、偏心误差等。水平度盘的分划误差可采用各测回间变换水平度盘起始位置进行观测来减弱这项误差。

水平度盘的刻划误差可采用每测回改变水平度盘的起始位置进行观测来加以消减;度盘偏心误差可采用盘左、盘右观测取平均值方法予以消除。

水平度盘的偏心误差随着度盘读数的变化而变化,但可以通过盘左、盘右观测取平均的方法予以消除。而竖盘偏心误差则不行,它只能采用对向观测,即往、返各测一个测回,并使目标高(中丝读数)等于仪器高,得竖直角的大小为往返绝对值的平均值,符号与往测符号一致。

(二)仪器检校不完善的误差

仪器检校不完善的误差主要表现为视准轴误差、横轴误差、竖轴误差及竖盘指标差等。其中,视准轴不垂直于横轴、横轴不垂直于竖轴的误差以及竖盘指标差均可采用盘左、盘右取平均值的方法予以消除。但照准部水准管轴不垂直于竖轴的误差,不能用盘左、盘右取平均值的方法加以消除。因为,当照准部水准管气泡居中后竖轴并不竖直,从而导致横轴倾斜,使水平方向读数产生误差。由于竖轴不竖直所引起的水平方向读数误差在盘左、盘右观测时不但数值相等,符号也相同,为不对称观测,而且瞄准目标的俯仰角越大,误差影响也越大,因此在进行水平角测量时,当被观测的目标之间高差较大时,要特别注意整平仪器,以减少竖轴误差。

二、观测误差

(一)对中误差

对中误差是指仪器中心与测站中心不重合所产生的误差。如图 3-19 所示,设 B 为测站点,而仪器中心在地面的投影为 B',即实际对中时对到了 B'点,B 与 B'不重合,所以产生了对中误差。设 BB'的距离为 e(称为偏心距),那么对中误差对测角的影响为应测的角度 β 与实测的角度 β'之差,即

$$\Delta\beta = \beta - \beta' = \delta_1 + \delta_2 \tag{3-16}$$

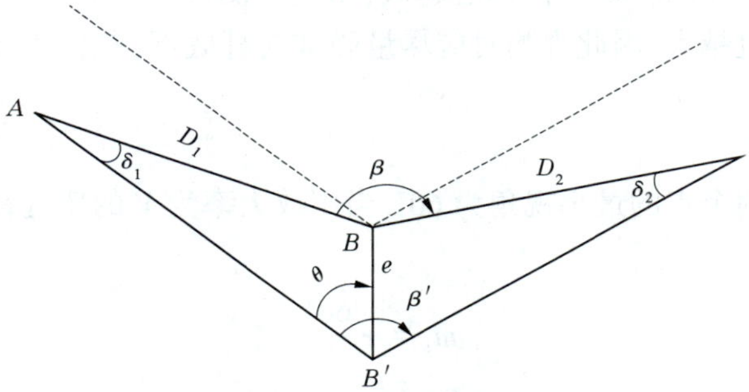

图 3-19　对中误差的影响

因 δ_1 和 δ_2 很小,则有

$$\delta_1 = \frac{e\sin\theta}{D_1}\rho'', \quad \delta_2 = \frac{e\sin(\beta' - \theta)}{D_2}\rho''$$

因此有

$$\Delta\beta = e\rho''\left[\frac{\sin\theta}{D_1} + \frac{\sin(\beta' - \theta)}{D_2}\right] \tag{3-17}$$

由式(3-17)可知,对中误差对测角的影响与偏心距成正比、与边长成反比,此外与所测角度的大小和偏心的方向有关。当 $\beta' = 180°$、$\theta = 90°$时,$\Delta\beta$ 最大。

设 $e = 3$ mm,$D_1 = D_2 = 100$ m,$\theta = 90°$,$\beta' = 180°$,则 $\Delta\beta = 12''$。当 $D_1 = D_2 = 50$ m,其他条件相同时,则 $\Delta\beta = 24''$。

因此,在进行水平角测量时,应精确地进行对中,尤其在边长较短、角度为钝角的情况

下更应如此,否则由对中产生的角度误差将较大。

(二)整平误差

观测时若仪器未严格整平,竖轴将处于倾斜位置,这种误差与任务四分析的水准管轴不垂直于竖轴的误差性质相同。由于这种误差不能采用适当的观测方法加以消除,且观测目标的竖直角(目标点高差)越大,其误差影响也越大,故当观测目标的高差较大时,应特别注意仪器的整平。每测回观测前应重新整平仪器,然后进行观测。当阳光较强时,应打伞,以避免阳光直接照射水准管,影响仪器的整平。

(三)目标偏心误差

当标志点上所立的目标不直,而测角时又没瞄准目标的底部,那么实际瞄准的目标位置将偏离地面标志点而产生误差。如图3-20所示,O为测站点,A为测点标志中心,A'为瞄准目标的实际位置的水平投影,δ_1即为目标偏心对水平度盘读数的影响。

$$\delta_1 = \beta - \beta' = \frac{e_1}{D_1}\rho'' \qquad (3\text{-}18)$$

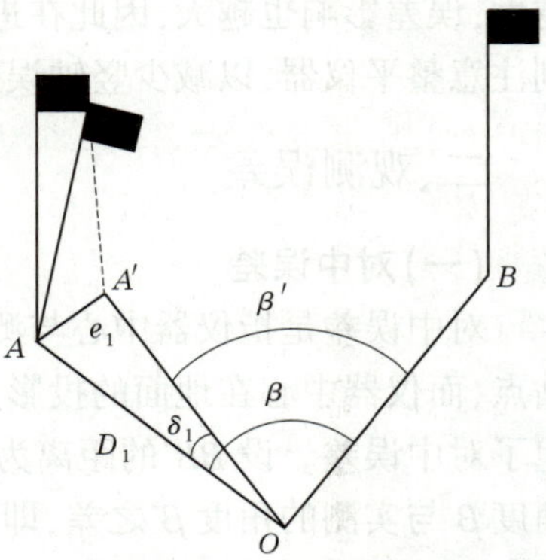

图3-20 目标偏心的影响

从式(3-18)可知,目标偏心对测角的影响与目标偏心距成正比,与仪器到目标点的距离成反比。所以,目标倾斜越大,瞄准部位越高,则目标偏心越大,由此对测角所带来的影响也就越大,因此观测时应尽量瞄准花杆底部,花杆也要尽量竖直,尤其是在短边上更应注意。

(四)照准误差

人眼可以分辨两个点的最小视角为60″,当用放大率为V的望远镜观测时,照准目标的误差为

$$m_v = \pm\frac{60''}{V} \qquad (3\text{-}19)$$

如$V=25$,则照准误差$m_v=\pm2.4''$。为减少此项误差,要求观测时应注意消除视差。

(五)读数误差

读数误差主要取决于仪器的读数设备。

对于DJ_6光学经纬仪,读数误差不超过分微尺最小格值的1/10,若最小格值为1′,则读数误差不超过±6″。如果读数显微镜目镜未调好,现场照明不佳,则读数误差将会增大。

全站仪不存在上述问题,照准目标后,屏幕上直接显示角度值,显示角度值的精度高低和设备直接相关。

三、外界条件的影响

外界条件影响测角的因素很多,如温度变化会影响仪器的正常状态,大风会影响仪器的稳定,地面辐射热会影响大气的稳定,空气透明度会影响瞄准精度以及地面松软会影响仪器的稳定等。要想完全避免这些因素的影响是不可能的,只能采取一些措施,如选择有利的观测条件和时间、安稳脚架、打伞遮阳等,使外界条件影响降低到最小程度。

任务六　光学经纬仪的检验与校正

由于经纬仪在使用或运输过程中，其内部光学部件和机械构件可能会发生变位，使仪器的性能指标发生变化，为保证测量成果能够达到预期的精度，测量前应对所使用的仪器进行检验和校正。

一、经纬仪的几何轴线

如图 3-21 所示，经纬仪的主要轴线有望远镜的视准轴 CC、仪器的旋转轴即竖轴 VV、望远镜的旋转轴即横轴 HH 及水准管轴 LL 和圆水准器轴 $L'L'$。这些轴线之间应满足以下几何条件：

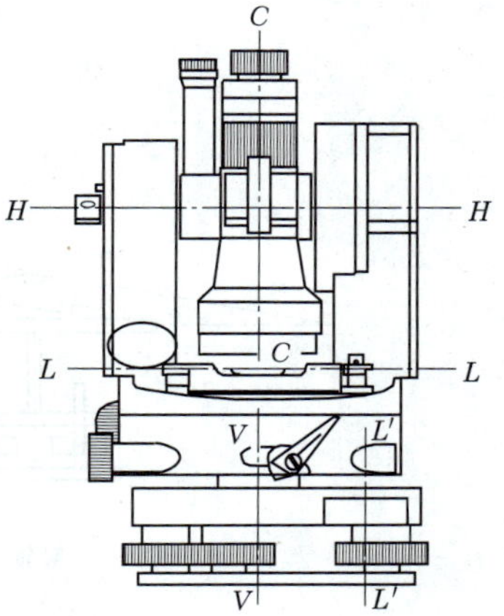

图 3-21　经纬仪的轴线关系

(1)仪器在装配时，已保证水平度盘与竖轴相互垂直，因此只要竖轴竖直，水平度盘就处在水平位置，竖轴的竖直是通过照准部水准管气泡居中来实现的，故要求水准管轴垂直于竖轴，即 $LL \perp VV$。

(2)望远镜绕横轴旋转时，要使视准轴所形成的面(视准面)为竖直的平面，必须同时满足视准轴垂直于横轴，即 $CC \perp HH$ 和横轴垂直于竖轴，即 $HH \perp VV$。

(3)圆水准器轴应平行于竖轴，即 $L'L' /\!/ VV$。

(4)十字丝竖丝应垂直于横轴。

(5)光学对中器的视准轴应与竖轴重合。

(6)竖盘指标差 x 应为零。

二、经纬仪的检验与校正

(一)照准部水准管轴垂直于竖轴的检验校正

1. 检验

先将仪器粗平，再转动照准部使水准管平行于任意两脚螺旋的连线，转动这两个脚螺旋使气泡居中。然后将照准部旋转 180°，如果此时气泡仍居中，则说明水准管轴垂直于竖轴，否则应进行校正。

2. 校正

如图 3-22(a)所示，水准管轴不垂直于竖轴。当气泡居中时，水准管轴水平，竖轴却偏离铅垂线方向一个 α 角，当仪器绕竖轴旋转 180°后，如图 3-22(b)所示，竖轴仍处于原来的位置，而水准管两端却交换了位置，这时水准管轴与水平线的夹角为 2α，气泡不再居中，其偏移量代表了水准管轴的倾斜角 2α。为了使水准管轴垂直于竖轴，只须校正一个 α。因此，用校正针拨动水准管校正螺丝，使气泡返回偏离格数的一半，如图 3-22(c)所示，此时水准管轴即垂直于竖轴。再转动脚螺旋使水准管气泡居中，如图 3-22(d)所示，此时水准管轴水平，竖轴也垂直。此项检校必须反复进行，直至水准管位于任何位置，气泡偏离零点均不超过半格。

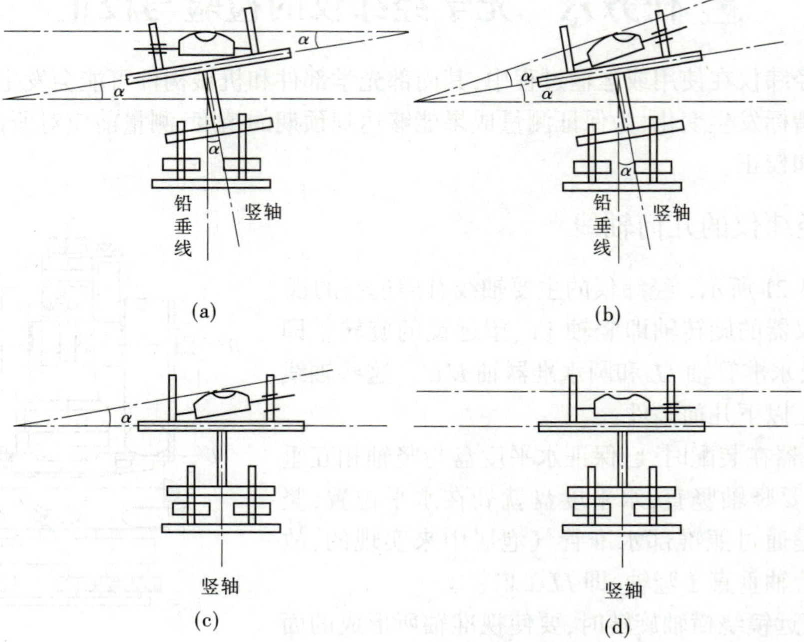

图 3-22 照准部水准管轴垂直于竖轴的检验与校正

(二)圆水准器轴平行于竖轴的检验校正

1. 检验

检验的目的是检查圆水准器轴是否与仪器的竖轴平行。如缺少此项检校,以后就无法使用圆水准器做粗略整平。检验的方法是,首先用已检校的照准部水准管,将仪器精确整平,此时再看圆水准器的气泡是否居中,如不居中,则需校正。

2. 校正

在仪器精确整平的条件下,用校正针直接拨动圆水准器底座下的校正螺丝使气泡居中,校正时注意对校正螺丝一松一紧。

(三)十字丝竖丝垂直于横轴的检验校正

1. 检验

检验的目的是看十字丝竖丝是否垂直于横轴。仪器严格整平后,用十字丝竖丝的上端或下端精确瞄准一清晰目标点,旋紧水平制动螺旋和望远镜制动螺旋,再用望远镜微动螺旋使望远镜上下移动,若目标点始终在竖丝上移动,表明条件已满足,否则就需要进行校正。

2. 校正

校正时,旋下目镜处的护盖,微微松开十字丝环的四个压环螺丝(见水准仪十字丝检校图),转动十字丝环,直至望远镜上下移动时,目标点始终沿竖丝移动,最后将四个压环螺丝拧紧,旋上护盖。

(四)视准轴垂直于横轴的检验校正

如图 3-23 所示,视准轴不垂直于横轴所偏离的角度 c 称为视准误差,它是由十字丝交点的位置不正确而产生的。

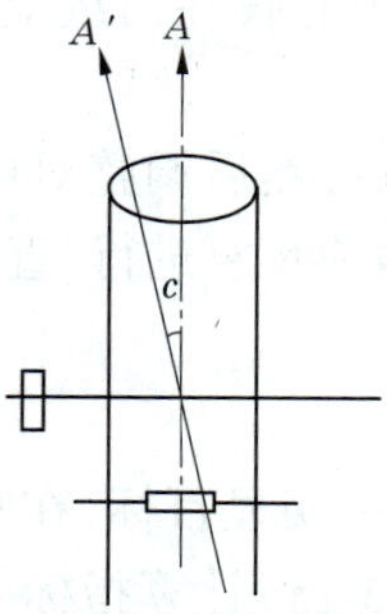

图 3-23　视准轴垂直于横轴的检验

1. 检验

整平仪器，盘左瞄准一个与仪器高度大致相同的远方目标 A，读取水平度盘的读数 $M_{左}$，再用盘右位置瞄准原目标并读取水平度盘的读数 $M_{右}$，若 $M_{右}=M_{左}\pm180°$，即 $c=0$，则说明条件满足，否则条件不满足。当 c 的绝对值大于 $1'$时，则需校正。

2. 校正

校正通常在盘右位置进行，即不改变检验时的盘右位置，计算出盘右正确的水平度盘读数 $M'_{右}$，即盘左、盘右读数的平均值（注意盘左读数应±180°后再平均）。转动水平微动螺旋使水平度盘的读数为 $M'_{右}$，此时十字丝交点已偏离目标点 A。取下十字丝环的保护罩，调节十字丝环的左右两个校正螺丝，使十字丝交点重新照准目标点。检校应反复进行，直到 c 值不大于 $1'$。

需要说明的是，对于单指标的 DJ_6 型（或 DJ_6 型以下）的仪器，当度盘偏心差较大时，$2c$ 值中包含了较大的偏心差，校正时将得不到正确的结果。此时可改用四分之一法进行检校。

（五）横轴垂直于竖轴的检验校正

1. 检验

如图 3-24 所示，在距一较高墙壁 20～30 m 处安置仪器，在墙上选择仰角大于 30°的一目标点 P，先盘左瞄准 P 点，然后将望远镜放平，在墙上定出一点 P_1；倒转望远镜以盘右位置再次瞄准 P 点，再将望远镜放平，在墙上又定出一点 P_2。如果 P_1 和 P_2 重合，表明仪器横轴垂直于竖轴，否则应进行校正。

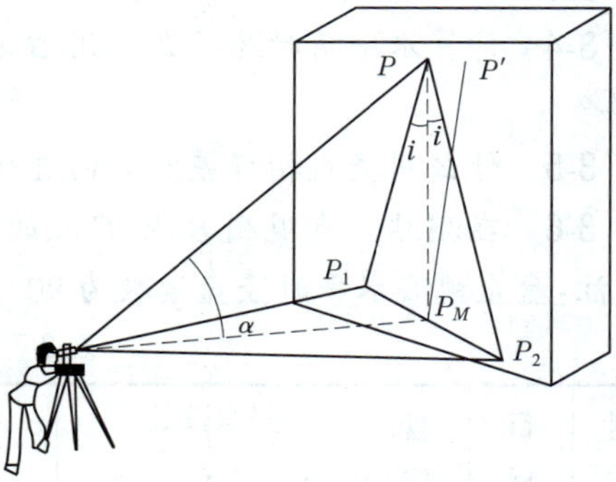

图 3-24　横轴垂直于竖轴的检验

2. 校正

在墙上定出 P_1P_2 的中点 P_M，并转动水平微动螺旋使十字丝交点瞄准 P_M 点，然后抬高望远镜，此时十字丝交点必然偏离 P 点。打开支架处横轴一端的护盖，调整支承横轴的偏心轴环，抬高或降低横轴一端，直至十字丝交点瞄准 P 点。此项校正由于技术性很高，一般由专业维修人员进行修理。

（六）光学对中器的检验校正

（1）选择一平坦的地面并精确整平仪器，对光学对中器进行调焦，使对中器的分划板和地面均清晰。然后在脚架中央的地面上固定一张白纸,将对中器的分划板中心投在白纸上,然后将照准部旋转180°并同样将分划板中心投在白纸上,若两次投在白纸上的两点重合,说明条件满足,否则要校正。

(2)校正时先在白纸上定出两点连线的中点,然后调整对中器的直角棱镜或对中器的分划板,使对中器中心对准中点。此项校正也应反复进行,直至条件满足。

(七)竖盘指标差的检验校正

1. 检验

整平仪器后,以盘左、盘右位置先后瞄准同一明显目标,在竖盘指标水准管气泡居中的情况下分别读取竖盘读数 L 和 R,然后按式(3-15)计算指标差 x。若指标差超限,则需进行校正。

2. 校正

校正一般是在盘右位置进行的,即在读完盘右的竖盘读数后仪器保持不动,先计算出盘右的正确读数 $R_{正}=R-x$,旋转竖盘指标水准管微动螺旋使竖盘读数为 $R_{正}$,此时竖盘指标水准管气泡不再居中,用校正针调节竖盘指标水准管一端的校正螺丝,使气泡居中。此项检校也应反复进行,直至满足要求。

对于竖盘指标是自动归零装置的仪器,校正时,先调节望远镜微动螺旋,使竖盘读数由 R 变为 $R_{正}$,再用校正针调节十字丝环的上、下校正螺丝,使十字丝交点对准目标。

习 题

3-1 何谓水平角、竖直角?试绘图说明水平角测量和竖直角测量的基本原理。

3-2 测角仪器的安置包括哪几个步骤?简述全站仪的操作过程。

3-3 对中、整平的目的各是什么?

3-4 计算水平角时为什么要用右方目标读数减左方目标读数?如果不够减应如何计算?

3-5 什么叫竖盘指标差?如何进行检验与校正?如何衡量竖角观测成果是否合格?

3-6 在测站 A 点观测 B 点、C 点的竖直角,观测数据见表3-7,试计算竖直角及指标差(注:盘左视线水平时竖盘读数为90°,视线向上倾斜时竖盘读数是增加的)。

表3-7 竖直角观测手簿

测站	目标	盘位	竖盘读数 (° ′ ″)	半测回竖直角 (° ′ ″)	指标差 (″)	一测回竖直角 (° ′ ″)
A	B	左	95 12 24			
		右	264 47 30			
	C	左	78 48 36			
		右	281 11 54			

3-7 采用盘左盘右观测取平均值的方法可以消除哪些仪器误差的影响?能否消除

因竖轴倾斜而引起的水平角测量误差？为什么？

3-8　测角仪器有哪些主要轴线？它们相互之间应满足什么关系？如果这些关系不满足将会产生什么后果？

3-9　角度观测时有哪些误差？在测角时应注意哪些问题？

3-10　方向观测法观测水平角的数据列于表3-8中，试完成表中的各项计算。

表3-8　方向观测法观测手簿

测站	目标	水平度盘读数 盘左 (° ′ ″)			水平度盘读数 盘右 (° ′ ″)			2C (″)	平均读数 (° ′ ″)	归零后的方向值 (° ′ ″)	各测回归零方向平均值 (° ′ ″)
1	2	3			4			5	6	7	8
O	A	0	01	12	180	01	18				
	B	85	36	24	265	36	24				
	C	160	48	18	340	48	30				
	D	225	24	36	45	24	42				
	A	0	01	06	180	01	06				
	A	90	02	06	270	02	06				
	B	175	37	12	355	37	24				
	C	250	49	00	70	49	06				
	D	315	25	24	135	25	18				
	A	90	02	12	270	02	18				

注：2C=左-(右±180°)，平均读数=[左+(右±180°)]/2。

3-11　全站仪与光学经纬仪有何相似处和不同点？

项目四　距离测量与直线定向

距离测量是确定地面点位置的三项基本测量工作之一。所谓距离测量,一般是指两点间的水平距离(平距)测量,如果测得的是倾斜距离(斜距),通常还需将其改化为平距。根据所使用仪器和工具的不同,距离测量方法有钢尺量距、视距测量、电磁波测距和GNSS测量等。

钢尺量距是用钢卷尺沿地面直接丈量距离;视距测量是利用经纬仪或水准仪望远镜中的视距丝及视距标尺按几何光学原理进行测距;电磁波测距是用仪器发射并接收电磁波,通过测量电磁波在待测距离上往返传播的时间解算出距离;GNSS测量是利用两台GNSS接收机接收空间轨道上4颗以上卫星发射的精密测距信号,通过距离空间交会的方法解算出两台GNSS接收机天线之间的距离。本章重点介绍钢尺量距、视距测量和电磁波测距三种距离测量方法。

任务一　钢尺量距

钢尺量距一般用来量取地面上两点间的水平距离。根据精度要求的不同,丈量时所用的工具和方法也不同。

一、量距工具

(一)钢卷尺

钢卷尺是用薄钢带制成的,其长度有20 m、30 m、50 m等几种。钢卷尺一般卷放在圆形尺盒内或卷放在金属尺架上,如图4-1所示。钢卷尺的基本分划为厘米,每10 cm处印有数字注记。根据零刻度线的位置不同,钢卷尺分为端点尺和刻线尺两种。端点尺是以尺的最外端作为尺的零点,如图4-2(a)所示;刻线尺是以尺前端的某一刻线为尺的零点,如图4-2(b)所示。

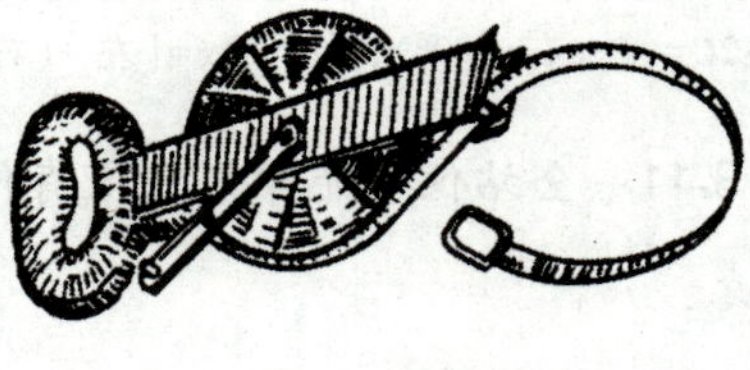

图4-1　钢卷尺

(二)辅助工具

如图4-3所示,丈量距离的辅助工具主要有测钎[见图4-3(a)]、标杆[见图4-3(b)]、垂球[见图4-3(c)]。测钎用于标定尺段,标杆用于直线定线,垂球用于在不平坦地面丈量时将钢尺的端点垂直投影到地面。其他辅助工具有测定拉力的弹簧秤、测定温度的温度计等。

二、钢尺量距的一般方法

钢尺量距的步骤如下:

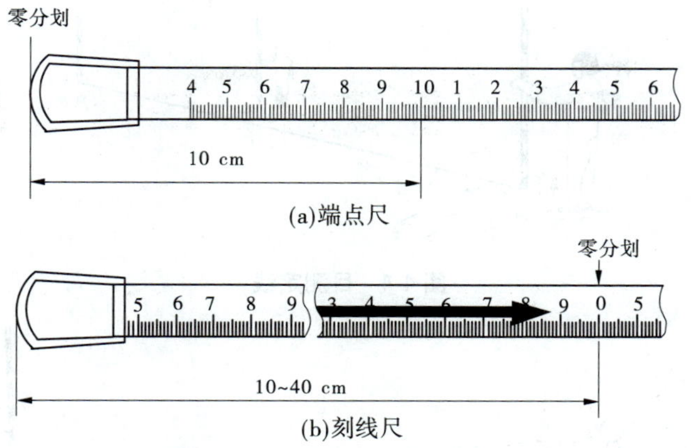

图 4-2　端点尺与刻线尺

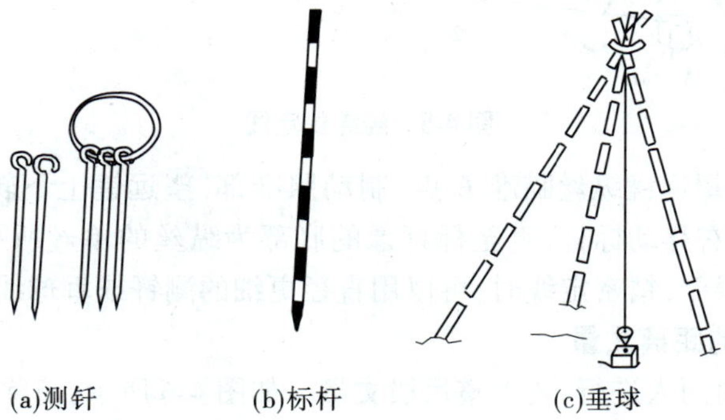

图 4-3　辅助工具

往测:定线—整尺段丈量—计算长度。

返测:定线—整尺段丈量—计算长度。

精度分析:计算相对误差 K 值。

(一)直线定线

当地面两点间的距离大于钢尺的名义长度(称为一个整尺段)时,就需要在直线方向上标定若干分段点,以便于用钢尺分段丈量。直线定线的目的是使这些分段点在待量直线端点的连线上,其方法有以下两种。

1. 目测定线

目测定线是用于钢尺量距的一般方法。如图 4-4 所示,设 A、B 两点互相通视,要在 A、B 两点的直线上标出分段点 C、D 点。先在 A、B 点上竖立标杆,甲站在 A 点标杆后约 1 m 处,指挥乙左右移动标杆,直到甲在 A 点沿标杆的同一侧看到 A、C、B 三支标杆成一条线。同法,依次定出直线上的其他点。定线一般由远及近。定线时,乙所持标杆应竖直,利用食指和拇指夹住标杆的上部,稍微提起,利用重心使标杆自然竖直;乙应持标杆站立在直线方向的左侧或右侧。

2. 经纬仪定线

经纬仪定线是用于钢尺量距的精密方法。如图 4-5 所示,设 A、B 两点互相通视,将经

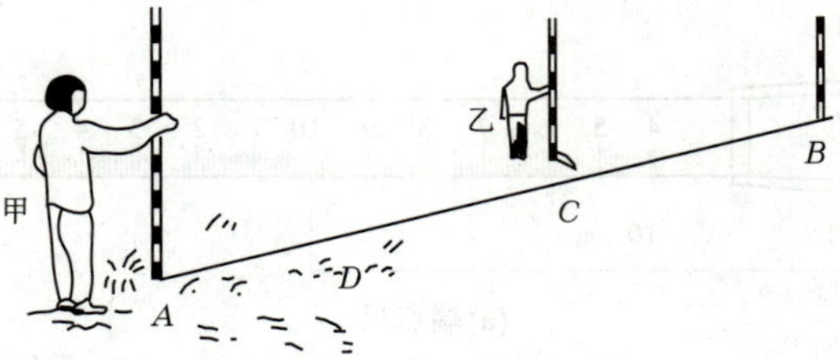

图 4-4　目测定线

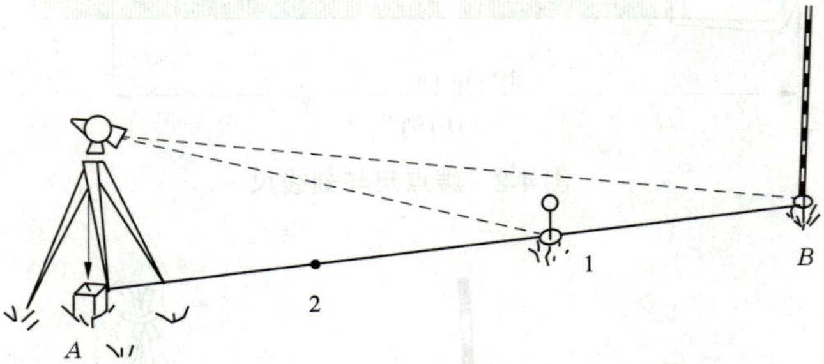

图 4-5　经纬仪定线

纬仪安置在 A 点,用望远镜纵丝瞄准 B 点,制动照准部,望远镜上下转动,指挥在两点间某一点上的助手,左右移动标杆,直至标杆像的底部为纵丝的单丝所平分,依次确定 1、2 点。为了减少照准误差,精密定线时,可以用直径更细的测钎或垂球线代替标杆。

(二)平坦地面的距离丈量

丈量工作一般由两人进行,要求整尺段丈量。如图 4-6 所示,清除待量直线的障碍物后,在直线两端点 A、B 处竖立标杆,后尺手持钢尺的零端位于 A 点,前尺手持钢尺的末端和一组测钎沿 AB 方向前进,行至一个整尺段处停下。后尺手用手势指挥前尺手将钢尺拉在 AB 直线上,后尺手将钢尺的零点对准 A 点,当两人同时把钢尺拉紧,使钢尺基本水平后,前尺手在钢尺末端的整尺段长分划处竖直插下一根测钎(如果在水泥地面上丈量,可以用粉笔在地面上画线做记号)得到 1 点,即量完一个尺段。前、后尺手抬尺前进,后尺手到达插测钎或画记号处停住,重复上述操作,量完第二个尺段。后尺手拔起地面上的测钎,依次前进,直至量完 AB 直线的最后一段。

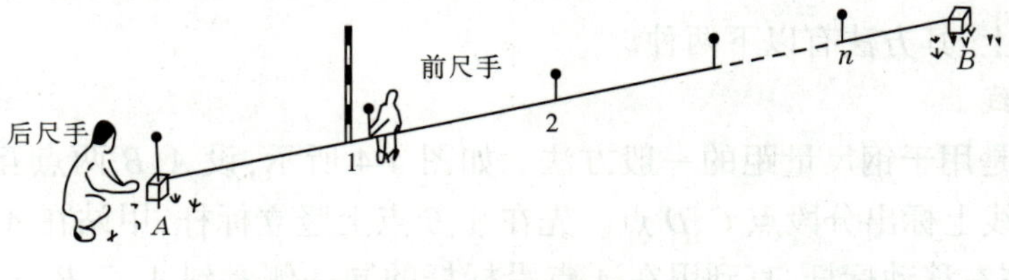

图 4-6　平地量距

最后一段距离一般不会刚好是整尺段的长度,称为余长。丈量余长时,前尺手在钢尺上读取余长值,则最后 A、B 两点间的水平距离为

$$D_{AB} = nL + q \tag{4-1}$$

式中　D_{AB}——直线 AB 的总长度;

L——尺子长度(尺段长度);

n——整尺段数(所用测钎数);

q——不足一尺段的余数。

在平坦地面,钢尺沿地面丈量的结果就是水平距离。

为了防止丈量中发生错误和提高量距的精度,需要往、返丈量。上述为往测,返测时,要重新定线。往、返丈量距离较差的相对误差 K 为

$$K=\frac{|D_{AB}-D_{BA}|}{\frac{D_{AB}+D_{BA}}{2}} \tag{4-2}$$

K 值的大小反映距离的精度。在计算距离较差的相对误差时,一般化成分子为 1 的公式。

【例 4-1】 用 30 m 的钢卷尺丈量 A、B 两点间的距离,往测水平距离 D_{AB} 为 194.418 m,返测水平距离 D_{BA} 为 194.376 m,则其相对误差 K 为多少?

解:

$$K=\frac{|194.418-194.376|}{\frac{194.418+194.376}{2}}\approx\frac{1}{4\ 600}$$

相对误差分母越大,它的值越小,说明量距的精度越高。对于平坦地区,钢尺量距的相对误差 K 一般不应大于 1/3 000;在量距较困难地区,其相对误差 K 不应大于 1/1 000。例 4-1 符合精度要求,即可以将其平均值作为丈量的最终成果。如结果达不到要求,应检查原因,重新丈量。

(三)倾斜地面的距离丈量

1. 平量法

沿倾斜地面丈量距离,当地势起伏不大时,可将钢尺拉平丈量。如图 4-7 所示,丈量由高处 A 点向低处 B 点进行,后尺手甲立于 A 点,指挥前尺手乙将尺拉在 AB 直线方向上。甲将尺的零端对准 A 点,乙将钢尺抬高,并且目估使钢尺水平,然后用垂球尖将尺段的末端投影到地面上,插上测钎。当地面倾斜较大,将钢尺抬平有困难时,可将一个尺段分成几个小段来平量。

2. 斜量法

当倾斜地面的坡度比较均匀时,如图 4-8 所示,可以沿着斜坡丈量出 AB 的斜距 l,测出地面倾斜角 α 或两端点的高差 h,然后按下式计算 A、B 的水平距离 D_{AB}:

$$D_{AB}=l\cos\alpha=\sqrt{l^2-h^2} \tag{4-3}$$

三、钢尺量距的误差分析及其消减方法

在进行距离丈量时,往返丈量的两次结果,一般不完全相等,这就说明丈量中不可避免地存在误差。为了保证丈量所要求的精度,必须了解距离丈量中的主要误差来源,并采取相应的措施消减影响。一般方法量距,其相对误差只能达到 1/1 000~1/5 000。其丈量过程中产生的误差有以下几种。

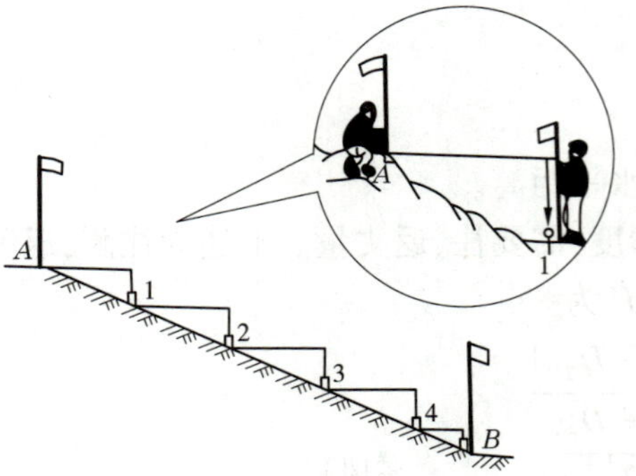

图 4-7 平量法

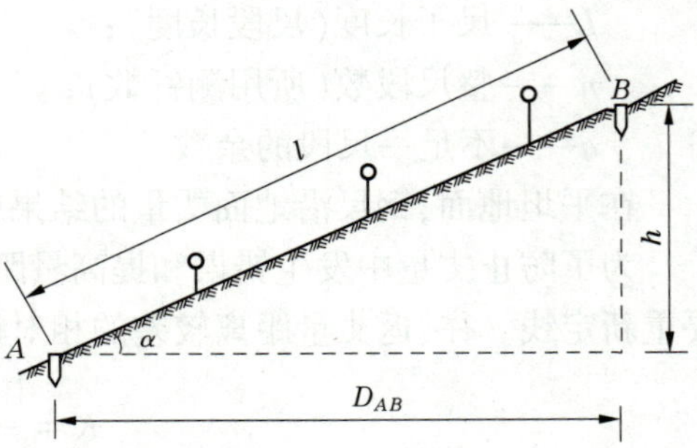

图 4-8 斜量法

(一)尺长误差

如果钢尺的名义长度与实际长度不符,则产生尺长误差。尺长误差是积累的,丈量的距离越长,误差越大。因此,新购置的钢尺必须经过检定,测出其尺长误差改正值 ΔL,使用时按式(4-4)加入尺长改正。若尺长改正数未超过尺长的 1/1 万,丈量距离又较短,则一般量距可不加尺长改正。

$$L = L_0 + \Delta L \tag{4-4}$$

式中 L——钢尺的实际长度;

L_0——钢尺的名义长度;

ΔL——尺长改正数。

(二)温度变化的误差

钢尺的膨胀系数 $\alpha = 0.000\ 012/℃$,对每米每摄氏度变化仅 1/8 万。但当温度较大、距离很长时影响也不小,故精密量距应进行温度改正,并尽可能用点温计测定钢尺的温度。对一般量距,若丈量与检定时的温差超过 10 ℃,也应按式(4-5)进行温度误差改正。

$$L = L_0 + \alpha(t - t_0)L_0 \tag{4-5}$$

式中 α——钢尺的膨胀系数;

t——测量时的温度;

t_0——检定时的温度(一般为 20 ℃)。

(三)拉力误差

如果丈量不用弹簧秤,仅凭手臂感觉,则与检定时的拉力产生误差。一般最大拉力误差可达 50 N 左右,对于 30 m 长的钢尺可产生±1.9 mm 的误差,其影响比前两项小。但在精密量距时应用弹簧秤使其拉力与检定时的拉力相同。

(四)钢尺倾斜和垂曲误差

在高低不平的地面上采用钢尺水平法量距时,钢尺不水平或中间下垂而成曲线时,都会使量得的长度比实际要大。因此,丈量时必须注意钢尺水平;走向整尺段悬空时,中间要有人托住钢尺,否则会产生不容忽视的垂曲误差。

(五)定线误差

丈量时,钢尺没有准确地放在所量距离的直线方向上,使所量距离不是直线而是一组折线,造成丈量结果偏大,这种误差称为定线误差。丈量 30 m 的距离,当偏差为 0.25 m 时,量距偏大 1 mm。当用标杆目测定线,应使各整尺段偏离直线方向小于 0.3 m,在精密量距中,应用经纬仪定线。

(六)丈量误差

丈量时,在地面上标志尺端点位置处插测钎不准,前、后尺手配合不佳,余长读数不准等,都会引起丈量误差。这种误差对丈量结果的影响可正可负,大小不定。在丈量中要尽量做到对点准确,配合协调。

(七)风力影响

丈量距离时,若风速较大,将对丈量产生较大的误差,故在风速较大时,不宜进行距离丈量。

(八)其他

在一般量距方法中,采用测钎或垂球对点,均可能产生较大误差,操作时应加倍注意。

四、尺长方程式

在丈量距离之前,应对所用钢尺进行检定。检定是在一定的温度和拉力下,按“水平”和“悬链”两种丈量状态与标准长度相比较,求得尺长方程式,其一般形式如下:

$$L = L_0 + \Delta L + \alpha(t - t_0)L_0 \tag{4-6}$$

式中 L——钢尺的实际长度;

L_0——钢尺的名义长度;

ΔL——尺长改正数;

α——钢尺的膨胀系数;

t——测量时的温度;

t_0——检定时的温度(一般化算为 20 ℃)。

例如,一盘送检的 30 m 钢尺,在拉力为 100 N 时的尺长方程式为

$$\left.\begin{aligned} &\text{水平:}\quad L = 30\ \text{m} + 8.23\ \text{mm} + 0.36\ \text{mm}(t - 20\ ℃) \\ &\text{悬链:}\quad S = 30\ \text{m} + 4.63\ \text{mm} + 0.36\ \text{mm}(t - 20\ ℃) \end{aligned}\right\} \tag{4-7}$$

式中 L、S——钢尺在水平和悬链状态时的实际长度;

8.23 mm——尺长改正数;

0.36 mm——尺长 30 m、温差 1 ℃的温度改正数。

使用钢尺量距时,应用与检定时同样的拉力(100 N)并测定丈量时的温度,然后按尺长方程式进行尺长改正和温度改正。对于水平状态的零尺段 q,可按比例计算改正值。例如,30 m 钢尺用 100 N 的拉力,在温度为 12.7 ℃时,量得的长度为 21.781 m,则其实际长度为

$$L_q = 21.781 \times 1\,000 + 8.23 \times \frac{21.871}{30} + 0.36 \times (12.7 - 20) \times \frac{21.781}{30}$$

$$= 21\,781 + 6.0 - 1.9 = 21\,785(\text{mm}) = 21.785\ \text{m}$$

但是尺子两端支承在桩顶而中间悬空时(悬链状态)丈量的零尺段,其尺长改正值不能按比例计算,因为在一定拉力下,零尺段与整尺段的悬链长度不成正比变化。这时可由

两种状态尺长方程式中尺长改正值的关系求得。

设 ΔL、ΔS 分别为水平状态和悬链状态的尺长改正值,其关系如下:

$$\left.\begin{aligned}\Delta S-\Delta L&=\frac{-L^3}{24K^2}\\K&=\frac{H}{W}\end{aligned}\right\}\tag{4-8}$$

式中 H——水平拉力,N;

W——钢尺单位长度的重力,N/m;

L——水平状态尺长改正后的长度(不包括温度改正)。

于是

$$\left.\begin{aligned}&\text{整尺段 30 m 有}\quad \Delta S_{30}-\Delta L_{30}=-\frac{L_{30}^3}{24K^2}\\&\text{零尺段 } q \text{ 有}\quad \Delta S_q-\Delta L_q=-\frac{L_q^3}{24K^2}\end{aligned}\right\}\tag{4-9}$$

由上两式消去 $24K^2$,经整理得零尺段的改正数为

$$\Delta S_q=\frac{L_q^3}{L_{30}^3}(\Delta S_{30}-\Delta L_{30})+\Delta L_q\tag{4-10}$$

【例 4-2】 用 100 N 拉力,在悬链状态量得零尺段长为 17.431 m,丈量时的温度为 14.5 ℃,计算该零尺段的尺长改正数。

$$\Delta L_{30}=8.23\text{m},\ \text{则}\ L_{30}=30+0.008\ 23=30.008\ 23(\text{m})$$

$$\Delta L_q=\frac{8.23}{1\ 000}\times\frac{q}{30}=\frac{8.23}{1\ 000}\times\frac{17.431}{30}=0.004\ 78(\text{m})$$

$$L_q=q+\Delta L_q=17.431+0.004\ 78=17.435\ 78(\text{m})$$

在式(4-9)中,ΔS_{30}=4.63 mm,将其代入式(4-10),得

$$\Delta S_q=\frac{17.435\ 78^3}{30.008\ 23^3}\times\frac{4.63-8.23}{1\ 000}+0.004\ 78=0.004\ 07(\text{m})=4.07\ \text{mm}$$

因此,零尺段的实际长度(未考虑倾斜改正)应为

$$S_q=17.431+0.004\ 07+0.000\ 36\times(14.5-20)\times\frac{17.431}{30}=17.434(\text{m})$$

五、钢尺的维护

(1)钢尺易生锈,丈量结束后应用软布擦去尺上的泥和水,涂上机油,以防生锈。

(2)钢尺易折断,如果钢尺出现卷曲,切不可用力硬拉。

(3)丈量时,钢尺末端的持尺员应该用尺夹夹住钢尺后手握紧尺夹加力;没有尺夹时,可以用布或用纱手套包住钢尺代替尺夹,切不可手握尺盘或尺架加力,以免将钢尺拖出。

(4)在行人和车辆较多的地区量距时,中间要有专人保护,以防钢尺被车辆碾压而折断。

(5)不准将钢尺沿地面拖拉,以免磨损尺面分划。

(6)收卷钢尺时,应按顺时针方向转动钢尺摇柄,切不可逆转,以免折断钢尺。

任务二　视距测量

视距测量是一种间接测距方法,它是利用测量仪器望远镜内十字丝分划板上的视距丝及刻有厘米分划的视距标尺,根据光学原理同时测定两点间的水平距离和高差的一种快速方法。其测距相对误差为1/200~1/300,远低于钢尺量距;测定高差的精度低于水准测量和三角高程测量。这种方法虽然精度较低,但比较简便而速度又较快,故在低精度测量工作中得到了广泛应用。视距测量的平距和高差的计算原理与全站仪一样。视距测量广泛用于地形测量的碎部测量中。

一、视准轴水平时的视距计算公式

如图4-9所示,AB为待测距离,在A点安置经纬仪,B点竖立视距尺,设望远镜视线水平,瞄准B点的视距尺,此时视线与视距尺垂直。

图4-9中,p为望远镜上、下视距丝的间距,l为上、下视距丝在视距尺的间距,f为望远镜物镜焦距,δ为物镜中心到仪器中心的距离。

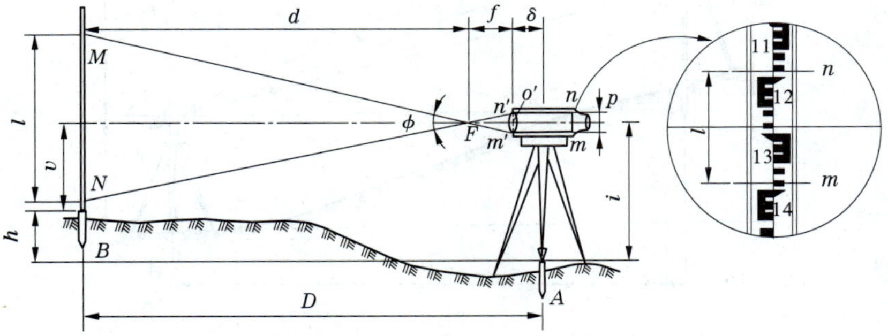

图4-9　视线水平时视距测量

由于$\triangle n'm'F$相似于$\triangle NMF$,所以有

$$\frac{n'm'}{Fo'}=\frac{NM}{d},\quad \frac{p}{f}=\frac{l}{d}$$

即

$$d=\frac{f}{p}l \tag{4-11}$$

由图4-9得

$$D=d+f+\delta=\frac{f}{p}l+f+\delta \tag{4-12}$$

令$K=\dfrac{f}{p}$,$C=f+\delta$,则有

$$D=Kl+C \tag{4-13}$$

式中　K、C——视距乘常数和视距加常数。

设计制造仪器时,通常使 $K=100$,C 接近于零。因此,视准轴水平时的视距计算公式为

$$D = Kl + C = 100l \tag{4-14}$$

如果再用中丝在视距尺上读出读数 v,用小钢尺量出仪器高 i,则 A、B 两点的高差为

$$h = i - v \tag{4-15}$$

式中　i——仪器高。

二、视准轴倾斜时的视距计算公式

如图 4-10 所示,当视准轴倾斜时,由于视线不垂直于视距尺,所以不能直接应用式(4-12)计算。由于 φ 角很小,约为 34′,所以 $\angle MOM' \approx \alpha$,也即只要将视距尺绕与望远镜视线的交点 O' 旋转 α 角后,如图 4-10 所示,就能与视线垂直,并有

$$l' = l\cos\alpha \tag{4-16}$$

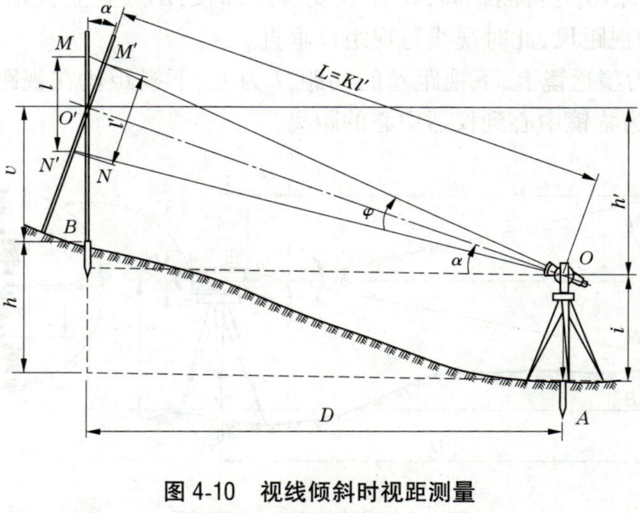

图 4-10　视线倾斜时视距测量

则望远镜旋转中心 O 与视距尺旋转中心 O' 的视距为

$$L = Kl' = Kl\cos\alpha \tag{4-17}$$

由此求得 A、B 两点间的水平距离为

$$D = L\cos\alpha = Kl\cos^2\alpha \tag{4-18}$$

设 A、B 两点间的高差为 h,由图 4-10 得出

$$h = D\tan\alpha + i - v \tag{4-19}$$

式中　α——竖直角;

D——水平距离;

i——仪器高;

v——中丝读数。

三、视距测量方法

(1)将测量仪器安置在测站 A,对中整平,如图 4-10 所示。

(2)量取仪器高 i(量至 cm 即可)。

(3)将视距尺立于 B 点处,观测者转动望远镜瞄准视距尺,依次读取下丝、上丝和中丝读数 v,填入记录表中(见表 4-1)。

(4)在中丝不变的情况下读取竖盘读数,填入记录表中。如果有竖盘指标水准管,要先调节竖盘指标螺旋,使竖盘指标水准管气泡居中,然后读取竖盘读数。

(5)根据公式对表格中的数据进行计算。

案例见表 4-1。

表 4-1　视距测量记录表

测站点名称 <u>A</u>　　测站点高程 <u>45.37 m</u>　　仪器高 <u>1.45 m</u>　　仪器型号 <u>DJ_6</u>

观测者________　　记录者______　　观测时间________

测点	下丝读数 上丝读数	视距间隔 l(m)	中丝读数 v(m)	竖盘读数 (° ′ ″)	竖直角 α (° ′ ″)	水平距离 (m)	高差 (m)	测点高程 (m)
1	2.237 0.663	1.574	1.45	87 41 12	+2 18 48	157.14	+6.35	51.72
2	2.445 1.555	0.890	2.00	95 17 36	−5 17 36	88.24	−8.73	36.64

四、视距测量的误差分析

视距测量的主要误差来源有视距丝在标尺上的读数误差、标尺不竖直的误差、竖直角观测误差及大气折光的影响等。

(一)读数误差

视距乘常数 K 对视距测量的影响较大,而且其误差不能采用相应的观测方法加以消除。因为视距乘常数 $K=100$,所以视距丝的读数误差将扩大 100 倍地影响所测距离。因此,在标尺上读数前,必须消除视差,读数时应十分仔细,认真读取视距间隔,并尽可能同时读取下丝、上丝读数。使用一架新仪器之前,应对 K 值进行检定。

此外,视距丝并非为绝对的细丝,其本身有一定的宽度,它掩盖着视距尺格子一部分,以致产生读数误差。为了消减此种误差,可适当缩短视距测量长度。

(二)标尺倾斜误差

标尺倾斜对测定水平距离的影响随视准轴竖直角的增大而增大。在山区测量时,要特别注意将标尺竖直。这点可参考项目二相似内容。

(三)竖直角观测误差

从视距测量原理可知,竖直角观测误差在竖直角不大时对水平距离的影响较小,而主要影响高差,故用视距测量方法测定高差时应注意准确测定竖直角。读取竖盘读数时,应严格令竖盘指标水准管气泡居中。

由于视距测量时通常是用竖盘的一个位置(盘左或盘右)进行观测的,因此事先必须对竖盘的指标差进行检验和校正,使其尽可能小;或者在计算竖直角时加以改正。竖直度盘指标差的残余部分,可采用盘左、盘右观测取其竖直角的平均值来消除。

(四)大气折光的影响

由于雾气和风沙等原因造成视线不佳也会影响读数的准确性,所以应避免在这种天气进行视距测量。在成像晃动剧烈或风力较大时,应停止观测。阴天且有微风是最佳观测的气象条件。

另外,从上、下两视距丝出来的视线,通过不同密度的空气层将产生垂直折光差,特别是接近地面的光线折射更大,所以在进行视距测量时,不要使视线太贴近地面,上丝的读数最好离地面在 0.3 m 以上。

任务三 电磁波测距

电磁波测距是利用电磁波作为载波,经调制后由测线一端(测量仪器)发射出去,由另一端反射或转送回来 ,测定发射波与回波相隔的时间,以测量两点间距离的一种方法。与传统的钢尺量距和视距测量相比,电磁波测距具有测程长、精度高、作业快、工作强度低、几乎不受地形限制等优点,电磁波测距亦称 EDM(electromagnetic distance measurement)。

一、电磁波测距仪的分类

(一)按所采用的载波分类

电磁波测距仪按其所采用的载波可分为:

(1)用微波段的无线电波作为载波的微波测距仪。

(2)用激光作为载波的激光测距仪。

(3)用红外光作为载波的红外测距仪。

(4)主要为脉冲式测距仪,(2)、(3)统称为光电测距仪。

(二)按测距的大小分类

电磁波测距仪按其测距的大小可分为:

(1)短程测距仪。一般是以红外光作为载波多采用砷化镓(GaAs 或 GaAlAs)发光二极管作为光源(发出红外荧光),少数仪器也用氦-氖(He-Ne)气体激光器作为光源。测程为 3 km 以下,测距精度一般在 1 cm 左右。这种仪器可用来测量三等以下的三角锁网的起始边,以及相应等级的精密导线和三边网的边长,适用于工程测量和矿山测量。

(2)中程测距仪。一般用红外光或激光作为载波,测程为 3~15 km。这类仪器适用于二、三、四等控制网的边长测量。

(3)远程测距仪。一般用激光或微波作为载波,测程在 15 km 以上,精度一般可达 $\pm(5\ \text{mm}+1\times10^{-6}D)$,能满足国家一、二等控制网的边长测量。

中、远程光电测距仪多采用氦-氖(He-Ne)气体激光器作为光源,也有采用砷化镓激光二极管作为光源,还有其他光源的,如二氧化碳(CO_2)激光器等。由于激光器发射激光具有方向性强、亮度高、单色性好等特点,其发射的瞬时功率大,所以在中、远程测距仪中多用激光作载波,称为激光测距仪。

根据测距仪出厂的标称精度的绝对值,按 1 km 的测距中误差,测距仪的精度分为三级,如表 4-2 所示。

表 4-2 测距仪的精度分级

测距中误差(mm)	测距仪精度等级
小于 5	Ⅰ
5~10	Ⅱ
11~20	Ⅲ

二、电磁波测距的基本原理

电磁波测距有两种方法:脉冲测距法和相位测距法,目前地面上的电磁波测距一般采用相位测距法。

光电测距仪根据测定时间 t 的方式,分为直接测定时间的脉冲测距法和间接测定时间的相位测距法。高精度的测距仪一般采用相位式。

(一)脉冲测距法原理

由测线一端的仪器发射的光脉冲的一部分直接由仪器内部进入接收光电器件,作为参考脉冲;其余发射出去的光脉冲经过测线另一端的反射镜反射回来之后,也进入接收光电器件。测量参考脉冲同反射脉冲相隔的时间 Δt,可由式(4-20)求出距离 D:

$$D = \frac{C\Delta t}{2} \tag{4-20}$$

式中 C——光速。

目前,卫星大地测量中用于测量月球和人造卫星的激光测距仪,都采用脉冲测距法。

(二)相位测距法原理

用高频电流调制后的光波或微波通过调制器从测线一端(仪器)发射出去成为光强随高频信号变化的调制光,由另一端(棱镜)返回后,用鉴相器测量发射波与回波之间的相位差 φ。若调制光频率为 f,波长为 λ,则电磁波往返经历的时间为

$$\Delta t = \frac{\varphi}{2\pi f} \tag{4-21}$$

用于测距的调制光波通常为周期性的正弦波(如图 4-11 所示),所以信号往返测线一次产生的总的相位延迟 φ 可以写成:$\varphi = N2\pi + \Delta\varphi$,$N$ 为测线所包含调制波长个数,$\Delta\varphi$ 为信号往返测线一次产生相位延迟不足 2π 的部分,设 ΔN 为测线所包含调制波长不足 2π 的个数。根据式(4-20)、式(4-21)可知:

$$D = \frac{\Delta t}{2}C = \frac{1}{2}\frac{\varphi}{2\pi}\frac{C}{f} = \frac{1}{2}\frac{N2\pi + \Delta\varphi}{2\pi}\lambda = (N + \frac{\Delta\varphi}{2\pi})\frac{\lambda}{2} \tag{4-22}$$

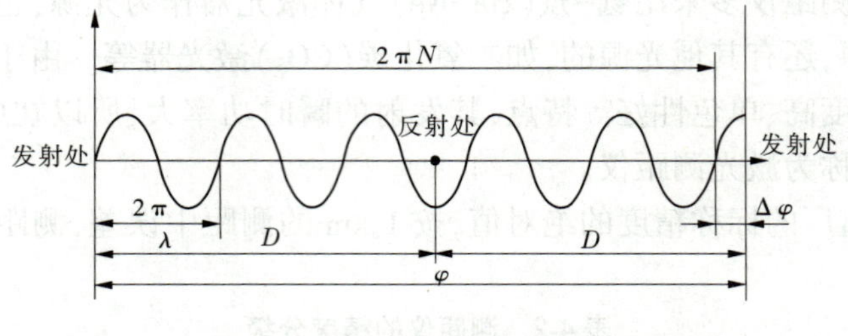

图 4-11 相位法测距原理示意图

在给定调制和标准大气条件下,距离的测量变成了测线所包含半波长个数的测量和不足半波长的小数部分的测量,这相当于用"光尺"代替钢尺量距,而 $\lambda/2$ 为光尺长度。

相位差除用鉴相器测量外,还可以采用可变光路法,即用仪器内部的光学系统改变接收信号的光程,使该信号延迟一段时间。电子仪表指示发射信号与接收信号相位相同时,直接在刻划尺上读出尾数。此外,还可以用延迟电路来改变接收信号的相位,由该电路调整控制器上的分划,读出尾数。

相位式测距仪中,相位计只能测出相位差的尾数 $\Delta\varphi$,测不出整周期数 N,因此对大于光尺的距离无法测定。为了确定整尺数 N,通常采用可变频率法和多级固定频率法。前者是使测距仪的调制频率在一定范围内连续变化,这就相当于连续改变测尺长度,使它恰好能量尽待测距离。测距时,逐次调变频率,使不足整尺的尾数等于零。根据出现零的次数和相应的频率值,就可以确定整测尺数 N。当采用多级固定频率法时,相当于采用几根不同长度的测尺丈量同一距离。根据用不同频率所测得的相位差,就可以解出整周数 N,从而求得距离 D。

为了扩大测程,应选择较长的光尺。为了解决长测程和高精度之间的矛盾,一般使用的解决办法是:当待测距离 D 大于基本测尺(精测测尺)时,可再使用一个或几个辅助测尺(又叫粗测测尺),然后将各个测尺测得的距离值组合起来得到单一的和精确的距离信息。由此可见,用一组测尺共同对距离 D 进行测量就可以解决距离的多值解,即用短尺保证精度,用长尺保证量程。

短程测距仪上一般采用两个调制频率,即两种光尺。例如:长光尺(称为粗尺)f_1 = 150 kHz,$\lambda_1/2$ = 1 000 m,用于扩大测程,测定百米、十米和米;短光尺(称为精尺)f_2 = 15 MHz,$\lambda_2/2$ = 10 m,用于保证精度,测定米、分米、厘米和毫米。

【例 4-3】 一台测程为 1 km 的相位式光电测距仪中设置有 10 m 和 1 000 m 两个测尺,其对应的调制频率为 15 MHz 和 150 kHz。假设某段距离为 586. 486 m,则用 1 000 m 的粗测尺测量的距离为

$$\left(\frac{1}{2}\lambda_s\right)_{粗} \times \Delta N_{粗} = 1\,000 \times 0.587\,1 = 587.1(\text{m})$$

用 10 m 的精测尺测量的距离为

$$\left(\frac{1}{2}\lambda_s\right)_{精} \times \Delta N_{精} = 10 \times 0.648\,6 = 6.486(\text{m})$$

精粗测尺测距结果的组合过程为 586. 486 m。

精粗测尺测距结果的组合过程由测距仪内的微处理器自动完成，并输送到显示窗显示，无须用户干涉。

(三)光电测距仪的标称精度

根据《中、短程光电测距规范》(GB/T 16818—1997)的规定：测距仪出厂标称精度表达式为

$$m_D = \pm(A + B \times 10^{-6} \times D) \tag{4-23}$$

式中 m_D——测距中误差，mm；

A——仪器标称精度中的固定误差，mm；

B——仪器标称精度中的比例误差系数，mm/km；

D——被测距离。

三、光电测距仪及其使用方法

开始时，光电测距仪为一架单独的测量仪器；仪器小型化后，可架设于经纬仪上方，成为测角和测距的联合体。

(一)仪器结构

主机通过连接器安置在测角仪器(经纬仪)上部，测角仪器可以是普通光学经纬仪，也可以是电子经纬仪。利用光轴调节螺旋，可使主机的发射——接受器光轴与测角仪器视准轴位于同一竖直面内。另外，测距仪横轴到仪器横轴的高度与觇牌中心到反射棱镜的高度一致，从而使测角仪器瞄准觇牌中心的视线与测距仪瞄准反射棱镜中心的视线保持平行。

在使用光电测距仪进行精密测距时，必须在测线的另一端安置一个反射器(见图4-12)，使发射的调制光经它反射后，被仪器接收器接收。用作反射器的棱镜是用光学玻璃精细制作的四面锥体，如三个棱面互成直角而底面成三角形平面，三个互相垂直的面上镀银，作为反射面，另一平面是透射面。它对于任意入射角的入射光线，在反射棱镜的两个面上的反射是相等的，所以通常反射光线与入射光线是平行的。因此，在安置棱镜反射器时，要把它大致对准测距仪，对准方向偏离在20°以内，就能把发射出的光线经它折射后仍能按原方向反射回去，使用十分方便。根据距离远近，可选用单棱镜[1 500 m内，见图4-12(a)]或三棱镜[2 500 m内，见图4-12(b)]，棱镜安置在三脚架上，根据光学对中器和长水准管进行对中和整平。

(二)仪器主要技术指标及功能

南方测绘公司生产的ND3000短程红外光电测距仪的最大测程为2 500 m，测距精度可达$\pm(3\ mm+2\times10^{-6}\times D)$(其中$D$为所测距离)；最小读数为1 mm；仪器设有自动光强调节装置，在复杂环境下测量时也可人工调节光强；可输入温度、气压和棱镜常数自动对结果进行改正；可输入垂直角自动计算出水平距离和高差；可通过距离预置进行定线放样；若输入测站坐标和高程，可自动计算观测点的坐标和高程。测距方式有正常测量和跟踪测量，其中正常测量所需时间为3 s，还能显示数次测量的平均值；跟踪测量所需时间为0.8 s，每隔一定时间间隔自动重复测距。

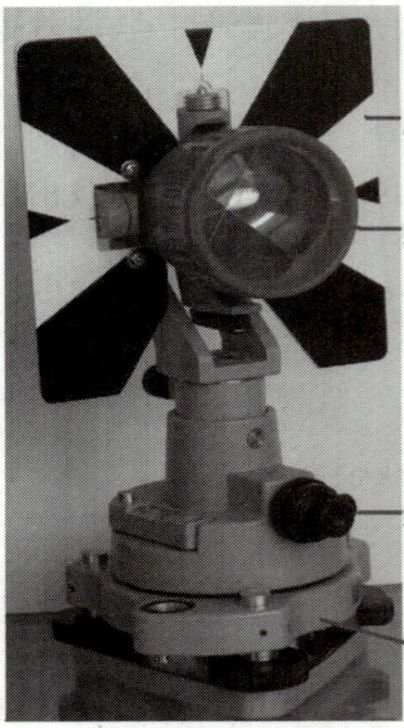

(a)

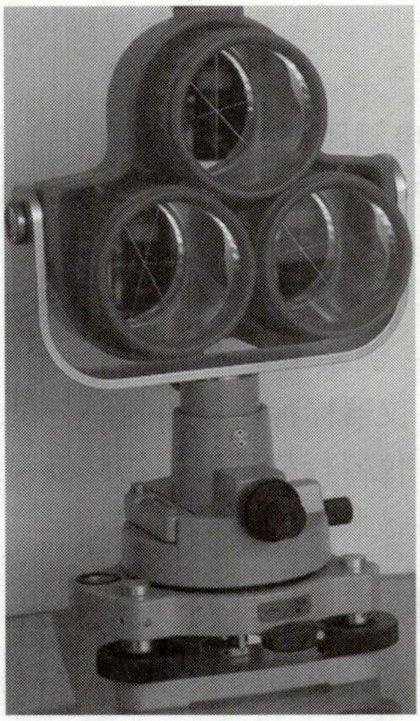
(b)

图 4-12　反射棱镜及觇牌

(三)仪器操作与使用

1. 安置仪器

如图 4-13 所示,先在测站上安置好经纬仪,对中、整平后,将测距仪主机安装在经纬仪支架上,用连接器固定螺丝锁紧,将电池插入主机底部,扣紧。在目标点安置反射棱镜,对中、整平,并使镜面朝向主机。

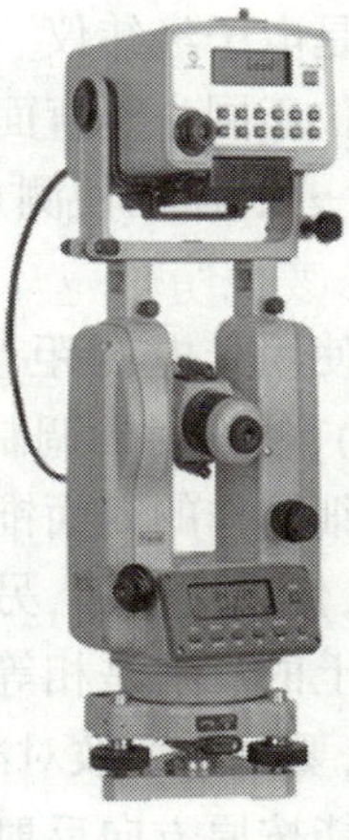
图 4-13　测距仪与电子经纬仪连接

2. 观测竖直角、气温和气压

用经纬仪十字横丝照准觇牌中心,测出竖直角 α。同时,观测与记录温度和气压计上的读数。观测竖直角、气温和气压,目的是对测距仪测量出的斜距进行倾斜改正、温度改正和气压改正,以得到正确的水平距离。

3. 测距准备

按电源开关键“PWR”开机,主机自检并显示原设定的温度、气压和棱镜常数值,自检通过后将显示“good”。

若修正原设定值,可按“TPC” 键后输入温度、气压值或棱镜常数(一般通过“ENT”键和数字键逐个输入)。一般情况下,只要使用同一类的反光镜,棱镜常数不变,而温度、气压每次观测均可能不同,需要重新设定。

4. 距离测量

调节主机照准轴水平调整手轮(或经纬仪水平微动螺旋)和主机俯仰微动螺旋,使测距仪望远镜精确瞄准棱镜中心。在显示“good”状态下,精确瞄准也可根据蜂鸣器声音来判断,信号越强,声音越大,上下左右微动测距仪,使蜂鸣器的声音最大,便完成了精确瞄准,显示“ * ”。

精确瞄准后,按"MSR"键,主机将测定并显示经温度、气压和棱镜常数改正后的斜距。在测量中,若光束受挡或大气抖动等,测量将暂被中断,此时"＊"消失,待光强正常后继续自动测量;若光束中断 30 s,须等光强恢复后,再按"MSR"键重测。

斜距到平距的改算,一般在现场用测距仪进行,方法是:按"V/H"键后输入竖直角值,再按"SHV"键显示水平距离。连续按"SHV"键可依次显示斜距、平距和高差。

四、光电测距的注意事项

作业前,要根据需要的充电时间为电池充电,并按规范规定的项目,对测距仪及其主要附件进行检测,符合要求方可作业。

要选择良好的气象条件和有利的观测时间进行测距作业。操作要求如下:

(1)测距应在大气稳定和成像清晰的气象条件下进行,浓雾、雨雪天和大气透明度很差情况下不应作业。

(2)在测距过程中,如遇大风或大气湍流影响严重,应停止观测。

(3)在平原或丘陵地区,晴天无云雾时,各等级测距的最佳时间是上午日出后半小时至一个半小时,下午日落前三小时至半小时。而在山地沟通谷地区则应选在下午日落前的时间观测。阴天、有微风可以全天观测。

(4)测线应尽量离开地面障碍物 1.3 m 以上,避免通过发热体和较宽水面的上空。

(5)测线应避开强电磁场干扰的地方,例如测线不宜接近变压器、高压线等。

(6)镜站的后面不应有反光镜和其他强光源等背景的干扰。

(7)要严防阳光及其他强光直射接收物镜,避免光线经镜头聚焦进入机内,将部分元件烧坏,阳光下作业应撑伞保护仪器。

(8)测距仪与反射镜必须配套使用。若更换反射镜,必须重新测定仪器的加常数、乘常数,检查经纬仪望远镜光轴和测距仪光轴间的距离,与反射镜中心到觇标中心间的距离是否相等,如不相等,应进行校正或考虑测距结果的修正。

(9)测距时,宜根据测程范围采用规定的反射棱镜个数。

(10)测距时应暂停无线电通话,以免干扰。

(11)测距作业前应预先打开温度计,待 10 min 后方能正式读数。在测量前后,应在测线两端点上测定温度和气压数据。等外控制各类边长,可只在测站上测定。

目前,将测距仪中的光电发射和接收系统以及脉冲计、相位计等微电子元件和经纬仪的瞄准望远镜组装在一起,而成为同时可以测距和测角的电子全站仪,一般不再使用单独的测距仪。

任务四　直线定向

测量上的直线是指两点间的连线。确定一条直线的方向称为直线定向。确定直线的方向是为了确定点的坐标(平面位置)。现实生活中经常碰到通过直线定向来确定点的位置的例子。如在 A 处(看作一点) 描述(确定)B 处(看作另一点) 的位置,往往会说 B 位于 A 的东南方向。这样就确定了 B(相对于 A)的方位。测量上也是这样,要确定一点的坐标,除要给出两点的距离外,还必须知道这两点连线的方向。

要确定直线的方向,首先要选定一标准方向,作为直线定向的依据,然后根据该直线与标准方向之间的关系确定直线方向。因此,直线定向实际上是要确定直线方向与标准方向之间的关系。

一、标准方向分类

在测量工作中,通常以子午线方向为标准方向。常用的子午线有真子午线、磁子午线和轴子午线三种。

(一)真子午线方向

地面上任一点与地球旋转轴所组成的平面与地球表面的交线称为该点的真子午线,如图4-14所示。真子午线在该点的切线方向即为该点真子午线方向。指向北极的真子午线方向称为真北方向,可以用天文观测方法或用陀螺经纬仪来测定。

(二)磁子午线方向

地表任一点与地球磁场南北极连线所组成的平面与地球表面的交线称为该点的磁子午线。磁子午线在该点的切线方向称为该点的磁子午线方向,如图4-14所示。指向磁北极的磁子午线方向称为磁北方向。

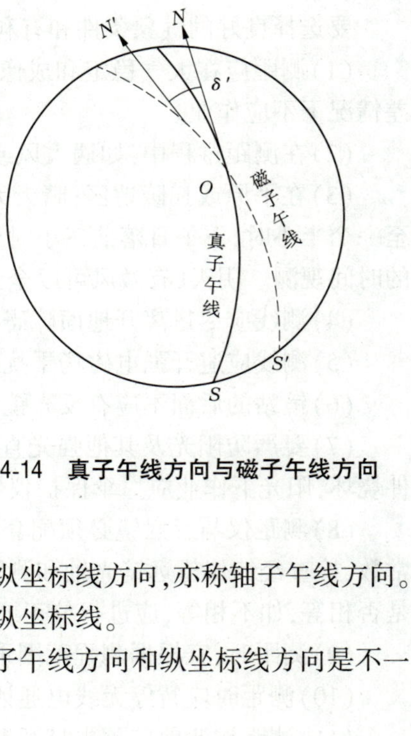

图4-14 真子午线方向与磁子午线方向

(三)轴子午线(坐标纵轴)方向

地面上任一点与其假定平面直角坐标系或高斯平面直角坐标系中平行于坐标纵轴的直线方向称为纵坐标线方向,亦称轴子午线方向。过地面上任一点在相应坐标系中的位置都可以作一条纵坐标线。

一般情况下,通过地面同一点的真子午线方向、磁子午线方向和纵坐标线方向是不一致的。

二、方位角

(一)方位角的定义

由子午线北端顺时针方向量到测线上的夹角,称为该直线的方位角,其范围为0°~360°。如图4-15所示,直线O—1的方位角为A_{O-1},直线O—4的方位角为A_{O-4}。

(二)方位角的分类

1. 真方位角

以真子午线方向为标准方向(简称真北)的方位角称为真方位角,用A表示,可用天文观测方法或用陀螺经纬仪来测定。

2. 磁方位角

以磁子午线方向为标准方向(简称磁北)的方位角称为磁方位角,用A_m表示,可用罗盘仪(compass)来测定,不宜作精密定向。

3. 坐标方位角

以坐标纵轴方向为标准方向(简称轴北)的方位角称为坐标方位角,用 α 表示。可由 2 个已知点坐标经"坐标反算"求得。

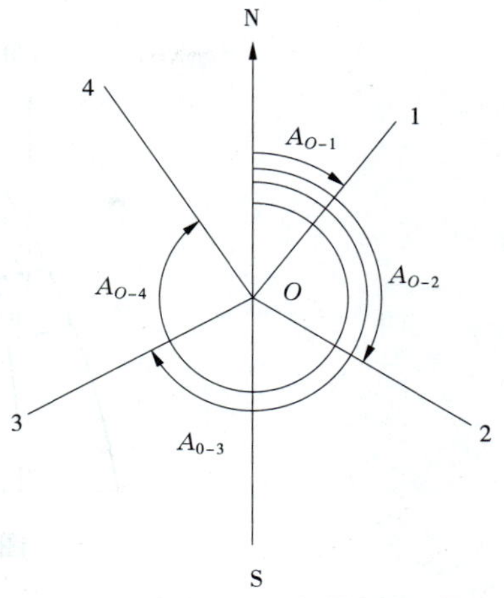

图 4-15 方位角

(三)几种方位角之间的关系

1. 真方位角与磁方位角之间的关系

过地面上某点的真子午线方向与磁子午线方向常不重合,两者之间的夹角称为磁偏角,如图 4-16 中的 δ。磁针北端偏于真子午线以东称东偏,δ 为正(见图 4-17);磁针北端偏于真子午线以西称西偏,δ 为负。直线的真方位角与磁方位角之间可用下式进行换算:

$$A = A_m + \delta$$

式中的 δ 值,东偏取正值,西偏取负值。我国磁偏角的变化为-10°~+6°。

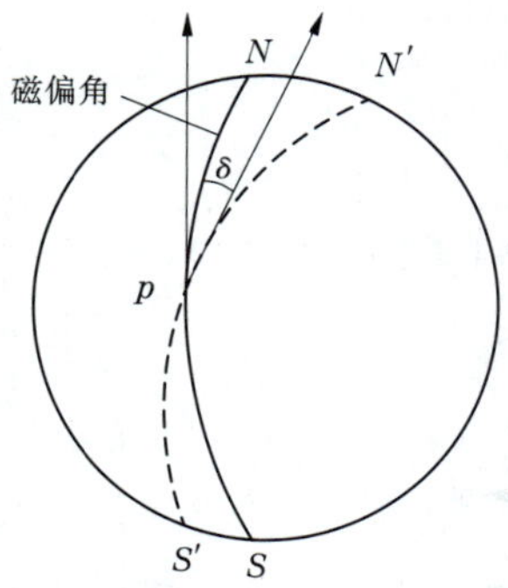

图 4-16 真方位角与磁方位角之间的关系

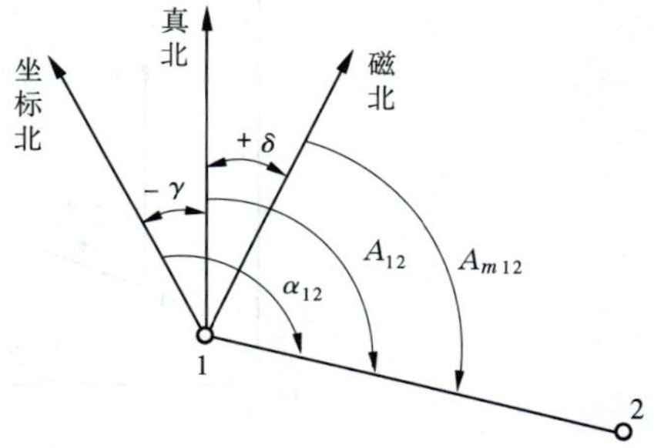

图 4-17 坐标方位角与真方位角、磁方位角之间的关系

2. 坐标方位角与真方位角、磁方位角之间的关系

如图 4-17 所示,地面点的真子午线方向与坐标纵轴(中央子午线)方向之间的夹角,称为子午线收敛角,用 γ 表示。γ 角有正有负。在坐标纵轴(中央子午线)以东地区,通过各点和坐标纵轴平行的方向偏在真子午线的东边,γ 为正值;在中央子午线以西地区,γ 为负值(见图 4-18)。

(1)坐标方位角 α 与真方位角 A 之间的关系:

$$A_{12} = \alpha_{12} + \gamma$$

(2)坐标方位角与磁方位角的关系。

若已知某点的磁偏差 δ 与子午线收敛角 γ,则坐标方位角 α 与磁方位角 A_m 之间的换算式为

$$\alpha = A_m + \delta - \gamma$$

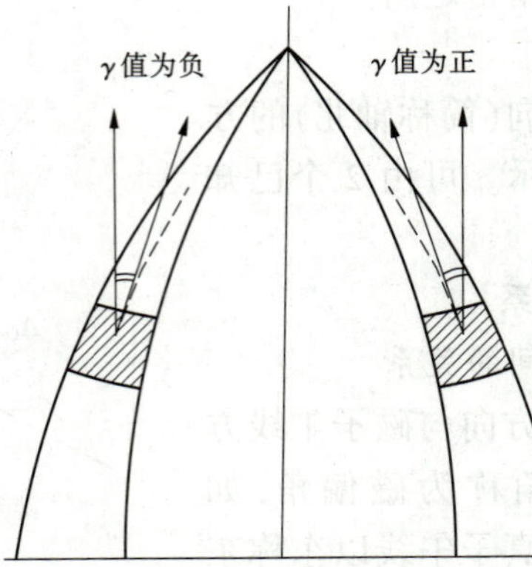

图 4-18 子午线收敛角

(四)正、反坐标方位角

每条直线段都有两个端点,如图 4-19 所示,若直线段从起点 A 到终点 B 为直线的前进方向,则在起点 A 处的坐标方位角 α_{AB} 为正方位角,在终点 B 处的坐标方位角 α_{BA} 为反方位角。从图 4-19 中可看出同一直线段的正、反坐标方位角固定相差为 180°,即

$$\alpha_{AB} = \alpha_{BA} \pm 180° \tag{4-24}$$

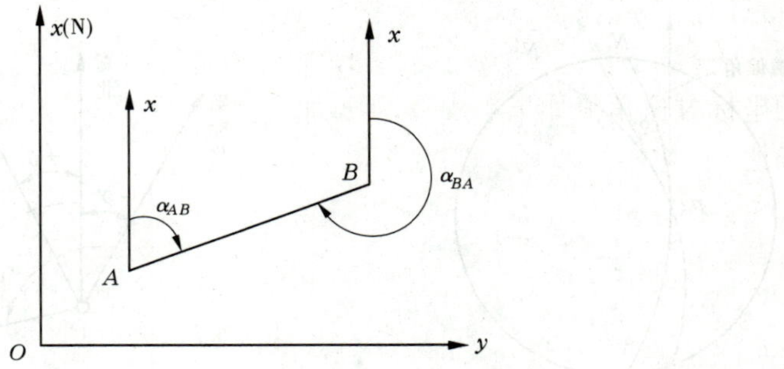

图 4-19 正、反坐标方位角关系

【例 4-4】 已知 $\alpha_{CD} = 78°20'24''$,$\alpha_{JK} = 326°12'30''$。求 α_{DC}、α_{KJ}。

解: $\alpha_{DC} = \alpha_{CD} + 180° = 78°20'24'' + 180° = 258°20'24''$

$\alpha_{KJ} = \alpha_{JK} + 180° = 326°12'30'' + 180° = 506°12'30''$

方位角取值范围为 0°~ 360°,所以

$$\alpha_{KJ} = 506°12'30'' - 360° = 146°12'30''$$

(五)坐标方位角的推算

在独立测区,通常只测定起始边的方位角,其他各边的方位角则根据相关的水平角进行推算。

如图 4-20 所示,从 A 至 4 是一条折线。设已知起始边 AB 的方位角为 α_{AB},并在转折点 B、C 用测角仪器观测了折线(从 A 到 C)左边的水平角 β_1、β_2(β_1、β_2 又称为左角),则由图 4-20 可以看出,$B1$ 边和 12 边的方位角为

$$\alpha_{B1} = \alpha_1 = \alpha_{BA} - (360° - \beta_1) = (\alpha_{AB} + 180°) - (360° - \beta_1) = \alpha_{AB} + \beta_1 - 180°$$

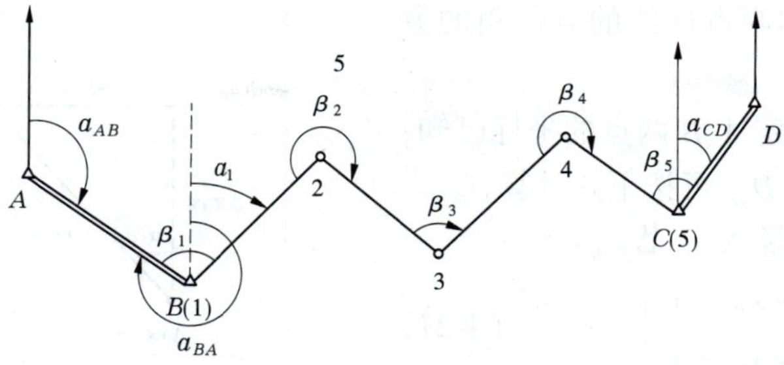

图 4-20 坐标方位角的推算

$$\alpha_{12} = \alpha_2 = \alpha_1 + \beta_2 - 180° = \alpha_{AB} + \beta_1 - 180° + \beta_2 - 180° = \alpha_{12} + \beta_2 - 180°$$

……

上述各式"="两边同时加上 360°，由于坐标方位角取值为 0°～360°，则式左边值不发生变化，所以有

$$\alpha_n = \alpha_{n-1} + \beta_{左} + 180°$$

一般公式为

$$\left.\begin{aligned}&\text{左角公式}\quad \alpha_{前} = \alpha_{后} + \beta_{左} + 180°\\&\text{右角公式}\quad \alpha_{前} = \alpha_{后} - \beta_{右} + 180°\end{aligned}\right\}\tag{4-25}$$

即从转折点向前一点去的方位角，等于从后一点到转折点来的方位角与 180°的和值加上转折点的左角或减去转折点的右角；由于方位角的取值范围为 0°～360°，因此按式(4-25)计算出的坐标方位角值如果小于 0，则要加上 360°，如果大于 360°则减 360°，在 0°～360°才是正确值。

任务五 坐标的正、反算

一、坐标正算

已知一点平面坐标，由已知点到未知点的水平距离和该直线的方位角求解出两点间的坐标增量，从而求出未知点平面直角坐标的方法称为坐标正算。

如图 4-21 所示，设 A 点的坐标 x_A、y_A 已知，测得 A、B 两点间的水平距离为 D_{AB}，方位角为 α_{AB}，则 B 点的坐标 x_B、y_B 可用下式计算：

$$\left.\begin{aligned}\Delta x_{AB} &= D_{AB}\cos\alpha_{AB}\\ \Delta y_{AB} &= D_{AB}\sin\alpha_{AB}\\ x_B &= x_A + \Delta x_{AB}\\ y_B &= y_A + \Delta y_{AB}\end{aligned}\right\}\tag{4-26}$$

式中 Δx_{AB}、Δy_{AB}——A 点到 B 点的纵、横坐标增量。

Δx_{AB}、Δy_{AB} 的符号分别由 α_{AB} 的余弦函数、正弦函数确定。

二、坐标反算

根据两点的平面直角坐标，反过来计算两

点之间的水平距离和两点连线的方位角的方法,称为坐标反算。

在图4-21中,假定A、B两点的坐标已知,则方位角α_{AB}和距离D_{AB}可按下式计算。

(1)计算坐标增量Δx_{AB}、Δy_{AB}:

$$\left.\begin{aligned}\Delta x_{AB} &= x_B - x_A \\ \Delta y_{AB} &= y_B - y_A\end{aligned}\right\} \qquad (4\text{-}27)$$

(2)计算象限角R_{AB}:以直线端点的子午线北端或南端起算,量至直线的锐角,称为该直线的象限角,常用R表示。

$$R_{AB} = \arctan\frac{|\Delta y_{AB}|}{|\Delta x_{AB}|} \qquad (4\text{-}28)$$

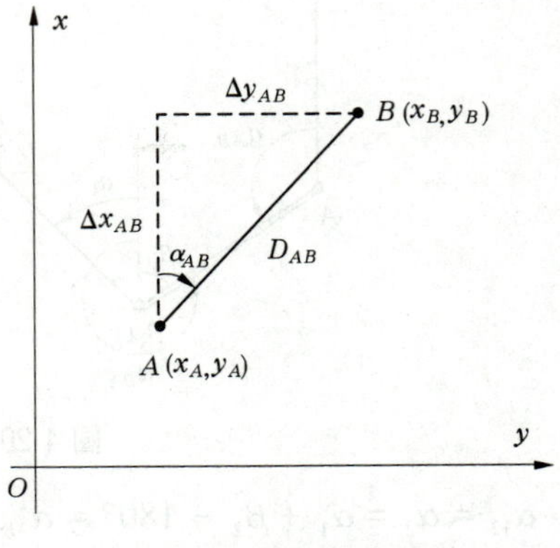

图4-21 坐标的正、反算

(3)计算方位角α_{AB}:根据Δx_{AB}、Δy_{AB}的符号,按表4-3中所列,确定R_{AB}所在的象限,并以相应的公式计算方位角α_{AB}。

表4-3 坐标方位角和象限角换算表

Δx_{AB}	Δy_{AB}	R_{AB}所在象限	α_{AB}计算公式
+	+	Ⅰ(东北区)	$\alpha_{AB}=\|R_{AB}\|$
−	+	Ⅱ(东南区)	$\alpha_{AB}=180°-\|R_{AB}\|$
−	−	Ⅲ(西南区)	$\alpha_{AB}=180°+\|R_{AB}\|$
+	−	Ⅳ(西北区)	$\alpha_{AB}=360°-\|R_{AB}\|$

在测量中,直角坐标系的象限变化是按顺时针方向递增的,这点和笛卡儿坐标是不一样的,需要特别注意。

(4)计算水平距离D_{AB}

$$D_{AB} = \sqrt{\Delta x_{AB}^2 + \Delta y_{AB}^2} \qquad (4\text{-}29)$$

习 题

4-1 测量上常用的测量方法主要有哪几种?

4-2 "三北"方向指的是哪几个方向?

4-3 坐标方位角是如何定义的?

4-4 视距测量的精度如何?

4-5 如何推算直线方位角?

项目五　测量误差的基本知识

在一定外界条件下的实际测量中，对某量进行多次观测，不论观测者使用多么精密的测量仪器，也不论观测者采用多么合理的观测方法，多么地认真负责和细心，观测结果之间往往还是存在着差异。例如对一个角、一段距离或者两点间高差进行多次观测，会发现每次测量的结果通常都不一致；又如对三角形三个内角进行观测，每次测得的内角和通常也不会恰好等于180°。但是只要不出现错误，每次的观测结果是非常接近的，观测的值与所观测量的真值相差无几。我们把观测值与其真值或应有值之间的差异称为真误差，即

$$真误差=观测值-真值$$

在实际工作中，人们往往会对一未知量在相同条件下进行若干次观测，然后去检查观测中是否有错误以及根据误差的大小来判定结果的可靠程度。一般来说，误差是不可避免的，这种差异说明了观测中存在误差，但找出观测误差的来源和规律，就可采取各种措施来降低观测误差的影响。本项目主要介绍产生误差的基本原因、分析误差的性质、确定判断观测成果质量的标准，以及如何求得观测值的最可靠值等。

任务一　测量误差的来源及分类

一、测量误差的来源

由于任何测量都是由测量人员操作测量仪器和工具在一定条件下进行的，因此测量误差的产生可归纳为三方面原因。

(一)仪器误差

测量工作主要是利用测量仪器来进行的，而仪器的制造和校正不可能十分完善，如仪器各种轴线之间的几何关系不完全满足要求，尽管经过了检验和校正，但仍然有残余误差存在。另外，不同类型的仪器有着不同的精度，使用不同精度的仪器引起的误差大小也不相同，因而使观测值的精度受到一定的影响，不可避免地存在误差。

(二)观测者误差

人们的感官(视觉)有一定的局限性，在仪器的操作过程中会给测量成果带来误差。同时，在观测过程中操作的熟练程度、习惯都有可能给测量成果带来误差。

(三)外界条件的影响

外界条件，如温度、亮度、湿度、风力和气压等是随时变化的，这些因素都会影响测量的结果，带来一定的误差。

综上所述，任何测量工作都会受到以上三方面的影响，我们把这三方面的因素综合起来称为观测条件。

在测量过程中,有时还会出现粗差,亦称过失或错误。例如,钢尺丈量距离时读错钢尺上注记的数字或记错整尺段数等。粗差是由观测者粗心大意造成的,这在测量中是绝对不允许的,而测量中的误差则是不可避免的。要严格区分误差和粗差的界限。

二、测量误差的分类

根据测量误差的性质,可将测量误差分为系统误差和偶然误差。

(一)系统误差

在相同的观测条件下对某一量进行一系列观测,如果观测误差在大小或符号的变化上呈现出一定的规律,表现出系统性,这种误差称为系统误差。系统误差对观测值的影响有一定(数学或物理)的规律性。如能够发现其规律,则可进行改正或用一定方法使其削弱或抵消。

产生系统误差的原因很多,主要是使用的仪器不够完善及外界条件所引起的。例如,尺长误差 Δ_l 的存在,使每量一尺段距离就会产生一个 Δ_l 的误差,量的尺段越多,误差的积累也就越大。又如,水准测量中所用的水准仪的水准管轴不严格平行于视准轴,使尺上读数总是偏大或偏小,水准仪到水准尺距离越远误差也就越大。这些都会使观测值带有系统误差。

系统误差具有积累性,不能相互抵消,因而对观测结果的影响较大。在找到了系统误差的规律之后,可以采取一定的方法加以消除或减小。例如,水平角测量测角仪器的视准轴与横轴、横轴与竖轴不垂直的误差可以用盘左、盘右两个位置观测水平角取平均值加以消除;三角高程测量中地球曲率和大气折光对高差的影响可以采用正觇、反觇加以消除,但也有一些系统误差无法消除,则应通过细心操作使其减小到最低限度。目前,常用的消除系统误差的方法主要有以下几种:

(1)找出系统误差出现的规律并设法求出它的数值,然后对观测结果进行改正。

(2)改进仪器结构并制定有效的观测方法和操作程序,使系统误差按数值接近符号相反的规律交错出现,从而在观测结果的综合中实现较好的抵消。

(3)通过对观测资料的综合分析,发现系统误差,在计算中将其消除。

从测量结果中完全排除系统误差,几乎是不可能的。实际上,只能尽量使它们的影响减小到最低限度。作为平差对象的观测数据,一般均被认为已经消除了系统误差。

(二)偶然误差

在相同的条件下对某一量进行一系列的观测,如果单个观测结果间的差异在正负和数值上都没有表现出一致的倾向,即没任何规律(存在偶然性,例如读数时估读小数的误差等),而在总体上又服从于一定的统计规律,这种误差称为偶然误差,也叫随机误差。

偶然误差是由许多无法精确估计的因素(人们的感觉器官的局限、仪器的极限精度、天气的无常变化,以及环境的干扰等)综合造成的,不可避免。例如,距离丈量和水准测量中在尺子上估读末位数字总是忽高忽低,水平角观测中对中误差、瞄准误差、读数误差都是偶然误差。观测中应力求使偶然误差减小到最低限度。但是偶然误差必定是客观存在的。

在观测中偶然误差和系统误差是同时产生的,当对系统误差采取了适当的方法加以消除或减小以后,决定观测精度的关键就是偶然误差。所以,在测量误差理论中主要是讨论偶然误差。如何处理这些带有偶然误差的观测值，求出其最可靠的结果，并分析观测值的可靠程度是误差理论要解决的主要问题。

任务二　偶然误差的特性

偶然误差就其单个误差的大小和符号而言是没有规律的，但在相同条件下对某量进行多次观测，就会发现所得到的大量偶然误差呈现出一定的规律性，并且误差的个数越多，这种规律越明显。例如，在相同的观测条件下对某一三角形的三个内角 α、β、γ（见图 5-1）独立地观测了 358 次，由于观测值中存在偶然误差，三角形的三个内角观测值之和不等于理论值 180°，即观测值与真值之间存在误差，这个误差称为真误差，每次观测的真误差记为 Δ_i，则

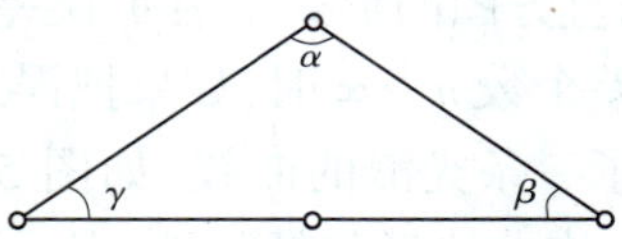

图 5-1　三角形内角观测

$$\Delta_i = 180° - (\alpha_i + \beta_i + \gamma_i) \tag{5-1}$$

由式(5-1)计算出 358 个三角形内角之和的真误差，将 358 个真误差取误差区间 $d\Delta = 3''$，并按其绝对值大小顺序排列，经过对各次观测数据统计计算后有如表 5-1 所示结果。

表 5-1　三角形内角和真误差分布表

误差区间 $d\Delta('')$	负误差		正误差		总和	
	个数 k	频率 k/n	个数 k	频率 k/n	个数 k	频率 k/n
0~3	45	0.126	46	0.128	91	0.254
3~6	40	0.112	41	0.115	81	0.227
6~9	33	0.092	33	0.092	66	0.184
9~12	23	0.064	21	0.059	44	0.123
12~15	17	0.047	16	0.045	33	0.092
15~18	13	0.036	13	0.036	26	0.072
18~21	6	0.017	5	0.014	11	0.031
21~24	4	0.011	2	0.006	6	0.017
24 以上	0	0	0	0	0	0
总计	181	0.505	177	0.495	358	1.000

从表 5-1 中可以看出，该组误差分布表现出这样的规律：小误差比大误差出现的机会多，绝对值相等的正、负误差出现的个数相近，最大误差不超过一定限值。大量的试验统计结果表明，偶然误差具有如下特性：

(1)有界性：在一定观测条件下的有限次观测值中，偶然误差的绝对值不超过一定的界限。

(2)集中性：绝对值小的误差比绝对值大的误差出现的机会多。

(3)对称性：绝对值相等的正、负误差出现的机会大致相等。

(4)抵消性:当观测次数无限增多时,偶然误差的算术平均值趋近于零,即

$$\lim_{n\to\infty}\frac{\Delta_1+\Delta_2+\cdots+\Delta_n}{n}=\lim_{n\to\infty}\frac{[\Delta]}{n}=0 \tag{5-2}$$

式中 $[\Delta]$表示取括号中数值的代数和。

为了更直观形象地表示偶然误差的上述特性,以偶然误差的大小为横坐标,以其相应出现在误差区间的误差相对个数为纵坐标建立坐标系并绘图(见图 5-2),该图称为直方图,用直方图的形式来表示误差分布情况。图 5-2 形象地表示了该组误差的分布情况。当误差个数 $n\to\infty$ 时,如果把误差间隔 dΔ 无限缩小,则图 5-2 中的各长方形顶点折线就变成了一条光滑的曲线,如图 5-3 所示。该曲线称为误差分布曲线,即正态分布曲线。图 5-3 中曲线形状越陡峭,表示误差分布越密集,观测质量越高;曲线形状越平缓,表示误差分布越离散,观测质量越低。

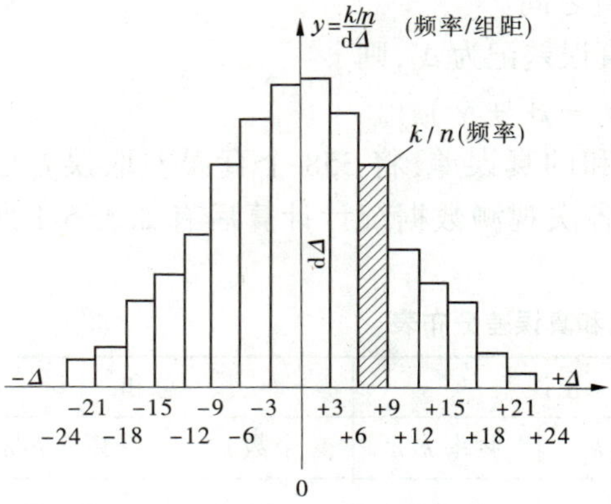

图 5-2 直方图

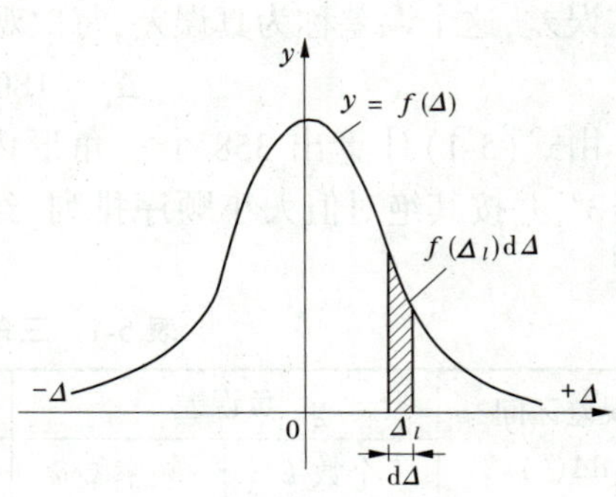

图 5-3 误差分布曲线

误差分布曲线的方程为

$$f(\Delta)=\frac{1}{\sqrt{2\pi}\sigma}e^{-\frac{\Delta^2}{2\sigma^2}} \tag{5-3}$$

式中 π——圆周率;

e——自然对数的底;

σ——标准偏差。

从正态分布图中可以看出,曲线中间高、两端低,表明小误差出现的可能性大,大误差出现的可能性小;曲线对称,表明绝对值相等的正、负误差出现的机会均等;曲线以横轴为渐近线,即最大误差不会超过一定限值。

任务三 衡量精度的标准

在实际测量工作中,有些测量成果可以通过直接观测来获得,但有些测量成果是由其他观测值间接计算出来的。由于测量误差不可避免地存在,而且误差表现为偶然性,因此不能根据个别误差的大小来评定精度。如图 5-4 所示,假设对某量(中心点位)进行了两

组观测，每组观测 6 次，两组结果如图 5-4(a)、图 5-4(b)所示，这时在对两组观测量进行评价时应该如何做呢？

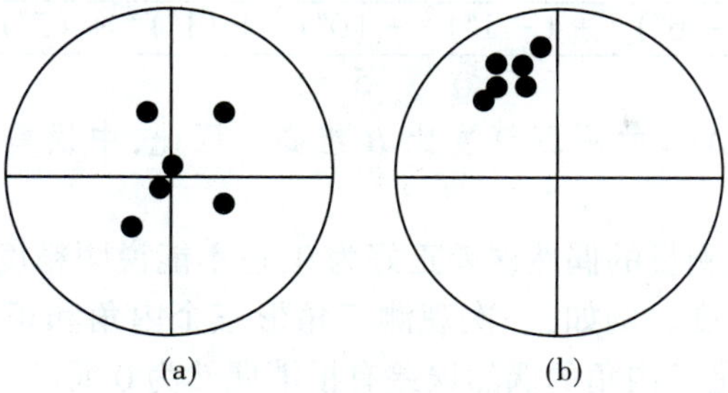

图 5-4　观测值误差分布

首先是要了解这些误差对测量成果的影响，然后就需要运用合理的方式建立一个统一的评定标准。评定观测结果的误差大小通常是用其精度高低来衡量的。所谓精度，就是指误差分布的密集或离散的程度。按此标准可知，图 5-4(b)观测值的精度高于图 5-4(a)观测值的精度。评定精度的标准通常采用中误差、极限误差和相对误差等。

一、中误差

在式(5-3)中，σ^2 称为方差(标准差的平方)，假设对某量进行了无穷次观测，根据偶然误差的特性和式(5-3)，用标准差衡量测量观测成果的精度，在理论上是严格和合理的，因此

$$\sigma^2 = \lim_{n\to\infty}\frac{[\Delta\Delta]}{n} = \lim_{n\to\infty}\frac{[\Delta_1^2+\Delta_2^2+\cdots+\Delta_n^2]}{n}$$

但在实际测量工作中，不可能对某一量进行无穷多次观测。只能是在一定条件下，对某一量进行有限的 n 次观测。n 次观测的观测值真误差平方和的平均值的平方根，称为中误差，以 m 表示，其计算式为

$$m = \pm\sqrt{\frac{\Delta_1^2+\Delta_2^2+\cdots+\Delta_n^2}{n}} = \pm\sqrt{\frac{[\Delta\Delta]}{n}} \tag{5-4}$$

观测值中误差 m 不是个别观测值的真误差，它与各真误差的大小有关，它描述了这一组真误差的离散程度，突出了较大误差与较小误差之间的差异，使较大误差对观测结果的影响表现出来，因而它是衡量观测精度的可靠标准。

【例 5-1】 有两个测量组对某个已知值的角度同时进行了 5 次观测，各次观测的误差分别为：

A 组　$-4''$、$-3''$、$0''$、$+2''$、$+4''$；

B 组　$-6''$、$-1''$、$0''$、$+1''$、$+5''$。

试评价这两组测量值的精度。

解： 若直接评价 A、B 两组的测量精度是难以说明的，若计算出两组中误差就可以说明问题：

$$m_A = \pm\sqrt{\frac{(-4'')^2+(-3'')^2+(0'')^2+(2'')^2+(4'')^2}{5}} = \pm 3.0''$$

$$m_B = \pm\sqrt{\frac{(-6'')^2+(-1'')^2+(0'')^2+(1'')^2+(5'')^2}{5}} = \pm 3.5''$$

因为 $m_A<m_B$,说明 A 组的观测精度比 B 组高。因此,中误差较小则精度高,反之精度低。

在测量中假设一次测量的偶然误差正好为0,也不能说明精度就很高,它的精度仍是相同条件下的中误差精度。例如,一次观测三角形三个内角和正好是180°,并不能说明观测各角精度就高,只是各内角的偶然误差有抵消偶然为0而已。

【例5-2】 观测两组三角形内角之和的值,按式(5-1)求得三角形角度闭合差计入表5-2中,试用误差正态分布图说明哪组观测值的精度高。

表5-2 按观测值的真误差计算中误差

次序	第一组观测			第二组观测		
	观测值 l	Δ	Δ^2	观测值 l	Δ	Δ^2
1	180°00′03″	−3	9	180°00′00″	0	0
2	180°00′02″	−2	4	159°59′59″	+1	1
3	179°59′58″	+2	4	180°00′07″	−7	49
4	179°59′56″	+4	16	180°00′02″	−2	4
5	180°00′01″	−1	1	180°00′01″	−1	1
6	180°00′00″	0	0	179°59′59″	+1	1
7	180°00′04″	−4	16	179°59′52″	+8	64
8	179°59′57″	+3	9	180°00′00″	0	0
9	179°59′58″	+2	4	179°59′57″	+3	9
10	180°00′03″	−3	9	180°00′01″	−1	1
Σ		24	72		24	130

解:根据式(5-4)可知

$$m_1 = \pm\sqrt{\frac{[\Delta^2]}{n}} = \pm 2.7$$

$$m_2 = \pm\sqrt{\frac{[\Delta^2]}{n}} = \pm 3.6$$

按表5-2数据可绘出图5-5。

从两组观测值误差的正态分布曲线的比较中可以看出:m_1 较小,误差分布比较集中,观测值精度较高;m_2 较大,误差分布比较离散,观测值精度较低。

二、极限误差

中误差是反映误差分布的密集或离散程度的,不是代表个别误差大小的,因此要衡量某一观测值的质量,决定其取舍,还要引入极限误差的概念。极限误差又称允许误差,简称限差,是一定观测条件下规定的测量误差的限值。在观测中,由于各种因素的影响,偶

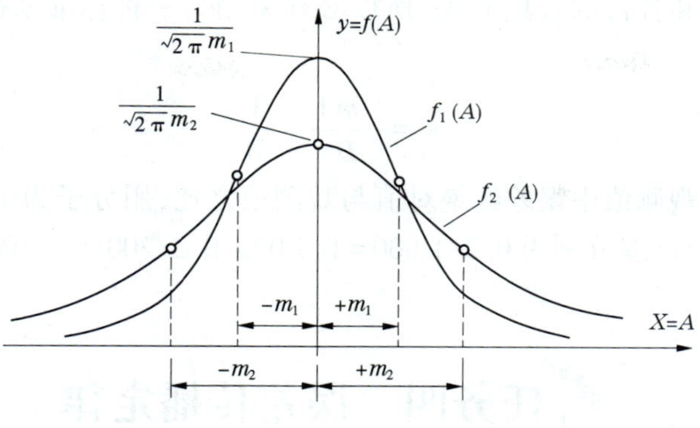

图 5-5　不同中误差的正态分布曲线

然误差的存在是不可避免的；但根据偶然误差的特性，它的绝对值不会超过一定界限。

根据正态分布方程式，可以表示误差出现在微小区间 dΔ 的概率为

$$p(\Delta)=f(\Delta)\cdot \mathrm{d}\Delta=\frac{1}{\sqrt{2\pi}m}\mathrm{e}^{-\frac{\Delta^2}{2m^2}}\mathrm{d}\Delta$$

将上式积分，得到偶然误差在任意大小区间中出现的概率。设以 k 倍中误差作为区间，则在此区间中误差出现的概率为

$$p(|\Delta|<km)=\int_{-\infty}^{+\infty}\frac{1}{\sqrt{2\pi}m}\mathrm{e}^{-\frac{\Delta^2}{2m^2}}\mathrm{d}\Delta$$

分别以 $k=1$、$k=2$、$k=3$ 代入上式，可得到偶然误差的绝对值不大于 1 倍中误差、2 倍中误差、3 倍中误差的概率：

$$P(|\Delta|\leqslant m)=0.682\ 6=68.3\%$$
$$P(|\Delta|\leqslant 2m)=0.954\ 5=95.4\%$$
$$P(|\Delta|\leqslant 3m)=0.997\ 3=99.7\%$$

从大量的测量实践得出，在一组等精度测量的误差中，绝对值超过 1 倍中误差的偶然误差的概率约为 32%，超过 2 倍的概率约为 4.5%，超过了 3 倍的概率仅为 0.3%，这已经是概率接近于零的小概率事件了，因此在有限的观测次数中，大于 3 倍中误差的偶然误差基本不会出现。所以，通常以 3 倍中误差作为偶然误差的极限值，即

$$\Delta_{限}=3m \tag{5-5}$$

当要求较高时，也常采用 2 倍中误差作为极限误差

$$\Delta_{限}=2m \tag{5-6}$$

在测量规范中，对每次测量工作，根据所用的仪器和测量方法，分别规定了相应的允许误差，如果观测值的误差超过了允许误差，成果质量就不符合要求，必须进行重测，这是测量工作必须遵守的准则。

三、相对误差

在测量工作中，有时不能用绝对误差的大小来说明测量精度的高低。例如，分别丈量了 1 000 m 和 200 m 两段距离，中误差均为±0.2 m，但这不能说两段距离的丈量精度相

同。因为误差大小和各自的长度有关,所以必须采用另一种标准来衡量,这就是相对误差,即

$$K = \frac{|m|}{D} = \frac{1}{M} \tag{5-7}$$

相对误差等于观测值中误差的绝对值与观测值之比,用分子为1的形式表示。例如上例中,两者的相对误差分别为0.2/1 000=1/5 000,0.2/200=1/1 000,说明前者比后者精度高。

任务四 误差传播定律

在实际工作中,有些未知量并不是直接测定的,而是用直接观测值通过一定的函数关系式计算出来的,这些量称为间接观测值。间接观测值是直接观测值的函数。直接观测值的误差必然会传递给间接观测值。本任务主要研究观测值中误差与其函数的中误差之间传播关系,阐述观测值中误差与函数值中误差之间关系的定律,称为误差传播定律。下面我们对几种函数形式分别加以讨论。

一、观测值的和或差的函数中误差

设有函数:

$$z = x \pm y \tag{5-8}$$

式中:z 是 x、y 的和或差的函数,x、y 为独立观测值,已知它们的中误差为 m_x、m_y,现在求 z 的中误差 m_z。

设 x、y、z 的真误差分别为 Δ_x、Δ_y、Δ_z,由式(5-8)可以得出

$$\Delta_z = \Delta_x \pm \Delta_y$$

当对 x、y 均观测了 n 次,则有

$$\Delta_{z_i} = \Delta_{x_i} \pm \Delta_{y_i} \quad (i = 1,2,\cdots,n)$$

将上式平方,得

$$\Delta_{z_i}^2 = \Delta_{x_i}^2 + \Delta_{y_i}^2 \pm 2\Delta_{x_i}\Delta_{y_i}$$

按上式求和,并除以 n,得

$$\frac{[\Delta_z^2]}{n} = \frac{[\Delta_x^2]}{n} + \frac{[\Delta_y^2]}{n} \pm 2\frac{[\Delta_x\Delta_y]}{n} \tag{5-9}$$

由于 Δ_x、Δ_y 均为偶然误差,其乘积 $\Delta_x\Delta_y$ 也都是偶然误差。根据偶然误差的特性,当 n 趋近于无穷大时,则

$$\lim_{n\to\infty}\frac{[\Delta_x\Delta_y]}{n} = 0$$

又从中误差定义得到

$$m_z^2 = \frac{[\Delta_z^2]}{n};\quad m_x^2 = \frac{[\Delta_x^2]}{n};\quad m_y^2 = \frac{[\Delta_y^2]}{n}$$

所以 $$m_z^2 = m_x^2 + m_y^2$$

则
$$m_z = \pm\sqrt{m_x^2 + m_y^2} \tag{5-10}$$
即两观测值和或差的中误差，等于观测值中误差的平方和的平方根。

如果函数 z 不是一组观测值，而是 n 个观测值的和或差，即

$$z = x_1 \pm x_2 \pm \cdots \pm x_n$$

根据前面的推导方法，可得出 z 的中误差为

$$m_z^2 = m_{x_1}^2 + m_{x_2}^2 + \cdots + m_{x_n}^2$$

$$m_z = \pm\sqrt{m_{x_1}^2 + m_{x_2}^2 + \cdots + m_{x_n}^2} \tag{5-11}$$

即 n 个观测值代数和（差）的中误差，等于 n 个观测值中误差的平方和的平方根。

在等精度观测条件下，其观测值的中误差均为 m，则有

$$m_z = m\sqrt{n} \tag{5-12}$$

例如用长为 L 的卷尺量距，共丈量了 n 个尺段，每段量距的中误差都为 m_i，则全长 S 的中误差 m_s 可按下式得出。

$$S = l_1 + l_2 + \cdots + l_n$$

$$m_s = m_i\sqrt{n}$$

应该指出：上例不能采用 $S=nL$ 倍数函数计算，因为共有 n 个尺段，而每个尺段都是一个独立观测值。

在水准测量中为了求得 A、B 两点的高差，在 A、B 之间经过 n 站，各站观测高差之和即为 A、B 两点间高差，即

$$h_{AB} = h_1 + h_2 + \cdots + h_n$$

而每站高差的误差 $m_{站}$ 是同精度的，因此

$$m_{h_{AB}} = m_{站}\sqrt{n} \tag{5-13}$$

即水准测量高差的中误差与测站数的平方根成正比。同理，水准测量高差的中误差与距离 S 的平方根成正比。

二、观测值倍数函数的中误差

设函数为

$$z = kx \tag{5-14}$$

式中：x 为观测值，中误差为 m_x；k 为常数；z 为观测值的函数，其中误差为 m_z，则设 x 和 z 的真误差分别为 Δ_x 和 Δ_z。

由式（5-14）可以知道 Δ_x 和 Δ_z 的关系为

$$\Delta_z = k\Delta_x$$

若对 x 共观测了 n 次，则

$$\Delta_{z_i} = k\Delta_{x_i} \quad (i = 1,2,\cdots,n)$$

将上式平方，得

$$\Delta_{z_i}^2 = k^2\Delta_{x_i}^2 \quad (i = 1,2,\cdots,n)$$

按上式求和，并除以 n 得

$$\frac{[\Delta_z^2]}{n}=\frac{k^2[\Delta_x^2]}{n} \tag{5-15}$$

按中误差定义可知

$$m_z^2=\frac{[\Delta_z^2]}{n}$$

$$m_x^2=\frac{[\Delta_x^2]}{n}$$

式(5-15)可以写为

$$m_z^2=k^2m_x^2$$

$$m_z=\pm km_x \tag{5-16}$$

即观测值与常数乘积的中误差,等于观测值中误差乘以常数。

【例5-3】 在1:1 000比例尺地图上,量得A、B两点距离$S_{AB}=28.5$ mm,其中误差$m_{ab}=\pm0.2$ mm,求A、B间的实地距离S'_{AB}及其中误差m_{AB}。

解: $S'_{AB}=1\ 000\times S_{AB}=28.5$ m

由式(5-15)可得

$$m_{AB}=1\ 000\times m_{ab}=1\ 000\times(\pm0.2\text{ mm})=\pm200\text{ mm}=\pm0.2\text{ m}$$

$$S'_{AB}=(28.5\pm0.2)\text{m}$$

三、观测值线性函数的中误差

设函数为

$$z=k_1x_1\pm k_2x_2\pm\cdots\pm k_nx_n$$

式中:$k_1,k_2,\cdots,k_n$为常数;$x_1,x_2,\cdots,x_n$为独立观测值,其中误差分别为$m_1,m_2,\cdots,m_n$,则综合式(5-11)和式(5-16)得到

$$m_z^2=(k_1m_1)^2+(k_2m_2)^2+\cdots+(k_nx_n)^2$$

即

$$m_z=\pm\sqrt{k_1^2m_1^2+k_2^2m_2^2+\cdots+k_n^2m_n^2} \tag{5-17}$$

四、一般函数的中误差

设有函数

$$z=f(x_1,x_2,\cdots,x_n) \tag{5-18}$$

式中:$x_1,x_2,\cdots,x_n$为独立观测值,其中误差分别为$m_{x_1},m_{x_2},\cdots,m_{x_n}$。现要求其函数$z$的中误差,推导如下。

对函数求全微分,得

$$\mathrm{d}z=\frac{\partial f}{\partial x_1}\mathrm{d}x_1+\frac{\partial f}{\partial x_2}\mathrm{d}x_2+\cdots+\frac{\partial f}{\partial x_n}\mathrm{d}x_n \tag{5-19}$$

设观测值$x_1,x_2,\cdots,x_n$的真误差分别为$\Delta x_1,\Delta x_2,\cdots,\Delta x_n$,由这些真误差所引起的函数$z$的真误差为$\Delta_z$。由于真误差一般很小,式(5-19)可用下式代替,即

$$\Delta_z = \frac{\partial f}{\partial x_1}\Delta x_1 + \frac{\partial f}{\partial x_2}\Delta x_2 + \cdots + \frac{\partial f}{\partial x_n}\Delta x_n \tag{5-20}$$

式中：$\frac{\partial f}{\partial x}$为函数对自变量 x 的偏导数，当函数关系确定时，它们均为常数。

设
$$\frac{\partial f}{\partial x_1}=k_1,\frac{\partial f}{\partial x_2}=k_2,\cdots,\frac{\partial f}{\partial x_n}=k_n$$

因此，式(5-20)为线性函数的真误差关系式，则由式(5-17)可得

$$m_z^2 = k_1^2 m_{x_1}^2 + k_2^2 m_{x_2}^2 + \cdots + k_n^2 m_{x_n}^2$$

即
$$m_z = \pm\sqrt{\left(\frac{\partial f}{\partial x_1}\right)^2 m_{x_1}^2 + \left(\frac{\partial f}{\partial x_2}\right)^2 m_{x_2}^2 + \cdots + \left(\frac{\partial f}{\partial x_n}\right)^2 m_{x_n}^2} \tag{5-21}$$

通过以上推导可以看出，观测值线性函数中误差关系式是非线性函数中误差关系式的特殊形式。

【例 5-4】 已知矩形的宽 $x=30$ m，其中误差 $m_x=\pm0.010$ m；矩形的长 $y=40$ m，其中误差 $m_y=\pm0.012$ m。计算矩形面积 A 及其中误差 m_A。

解：已知计算矩形面积公式

$$A = xy$$

对各观测值取偏导数

$$\frac{\partial f}{\partial y} = x,\quad \frac{\partial f}{\partial x} = y$$

根据误差传播定律，得

$$m_A = \pm\sqrt{\left(\frac{\partial f}{\partial y}\right)^2 m_y^2 + \left(\frac{\partial f}{\partial x}\right)^2 m_x^2} = \pm\sqrt{x^2 m_y^2 + y^2 m_x^2}$$

矩形面积为　$A = xy = 30\times40 = 1\ 200(\mathrm{m}^2)$

面积 A 的中误差
$$\begin{aligned} m_A &= \pm\sqrt{40^2\times0.010^2+30^2\times0.012^2} \\ &= \pm\sqrt{0.289\ 6} \\ &= \pm0.54(\mathrm{m}^2) \end{aligned}$$

通常写成　$A=1\ 200\ \mathrm{m}^2\pm0.54\ \mathrm{m}^2$

【例 5-5】 设沿倾斜面上 A、B 两点间量得空间距离 $D=32.218$ m±0.003 m，并测得两点之间的高差 $h=2.35$ m±0.05 m。求水平距离 D_0 及其中误差 m_{D_0}。

解：$D_0=\sqrt{D^2-h^2}=\sqrt{32.218^2-2.35^2}=32.132(\mathrm{m})$

对 $D_0=\sqrt{D^2-h^2}$ 求全微分，得

$$\begin{aligned} \mathrm{d}D_0 &= \frac{\partial f}{\partial D}\mathrm{d}D + \frac{\partial f}{\partial h}\mathrm{d}h = \frac{D}{\sqrt{D^2-h^2}}\mathrm{d}D - \frac{h}{\sqrt{D^2-h^2}}\mathrm{d}h \\ &= \frac{D}{D_0}\mathrm{d}D - \frac{h}{D_0}\mathrm{d}h \end{aligned}$$

$$\frac{D}{D_0} = \frac{32.218}{32.132} = 1.002\ 7,\quad \frac{h}{D_0} = \frac{2.35}{32.132} = 0.073\ 1$$

根据式(5-21)可得

$$m_{D_0}=\pm\sqrt{1.0027^2\times0.003^2+(-0.0731)^2\times0.005^2}$$
$$=\pm0.003(\text{m})$$

即

$$D_0=32.132\ \text{m}\pm0.003\ \text{m}$$

五、应用误差传播定律求观测值函数的中误差的计算步骤

(1)根据题意,列出具体的函数关系式 $z=f(x_1,x_2,\cdots,x_n)$。

(2)如果函数是非线性的,则对各观测值求偏导数$\frac{\partial f}{\partial x_1},\frac{\partial f}{\partial x_2},\cdots,\frac{\partial f}{\partial x_n}$。

(3)写出函数中误差与观测值中误差的关系式:

$$m_z=\pm\sqrt{\left(\frac{\partial f}{\partial x_1}\right)^2m_{x_1}^2+\left(\frac{\partial f}{\partial x_2}\right)^2m_{x_2}^2+\cdots+\left(\frac{\partial f}{\partial x_n}\right)^2m_{x_n}^2}$$

(4)代入已知数据,计算相应函数值的中误差。

习 题

5-1 测量误差的来源有哪些方面?

5-2 偶然误差和系统误差有什么不同?各有什么特点?

5-3 在相同的观测条件下,对同一量进行了若干次观测,问这些观测值的精度是否相同?此时能否将误差小的观测值理解为比误差大的观测值的精度高?

5-4 中误差和相对中误差是怎么定义的?

5-5 设在相同的观测条件下,对一距离进行了六次观测,其结果分别为341.752 m、341.784 m、341.766 m、341.773 m、341.795 m、341.774 m。试求其算术平均值、一次丈量中误差、算术平均值中误差和相对中误差。

5-6 在水准测量中,若水准尺上每次读数中误差为±2.0 mm,则每站高差中误差是多少?

5-7 若一方向的观测中误差为±6″,且每个角度都是作为两个方向之差求得的,求五边形中5个内角和的中误差。

5-8 用测角仪器观测某角4个测回,如果一个测回测角中误差为±6″,求该角的中误差。

5-9 在同精度观测中,对某角观测4个测回,得其平均值的中误差为±15″,若使平均值的中误差小于±10″,至少应观测多少测回?

5-10 x、y、z 的关系式为 $z=3x+4y$,现独立观测 x、y,它们的中误差分别为 $m_x=\pm3$ mm,$m_y=\pm4$ mm,求 z 的中误差 m_z。

项目六　小区域控制测量

任务一　概　述

为了防止误差累积及提高测量工作的精度和速度，在测量工作中必须按照"从整体到局部，先控制后碎部"的测量工作原则。即在进行测图或施工放样前，先在测区内选定少数控制点，构成一定的几何图形或一系列的折线，然后以较高的观测精度测出这些点的平面位置和高程，以作为后续碎部测量工作的依据，这项工作就称为控制测量。

控制测量是测图、放样等测绘工作中不可缺少的重要环节，工作强度大，精度要求高，技术难度深，特别是在一些困难地区更是难上加难，如图 6-1 所示的珠峰测量。但随着卫星摄影测量技术的发展和 GNSS 技术的应用普及，传统的控制测量将在某些工程应用中可用更先进的方法实施，使得我国的无图区成为历史。我国卫星摄影测量奠基人之一，著名摄影测量与遥感专家王任享院士经过长期艰苦卓绝的研究和大量实验后得出了这样的结论：返回式摄影测量卫星搭载框幅式相机获取影像过程中，利用星载 GNSS 可提供卫星摄影位置，利用星相机对星空摄影可计算姿态角，即可得到摄影测量处理中所需的 6 个外方位元素（3 个角元素、3 个线元素），无地面控制点摄影测量可以进入新的局面。也就是说，利用卫星影像无需地面控制点可以确定全球任意目标在地心坐标系中的三维坐标，但在测制地形图时，需少量控制网点或两者之间的转换参数。

图 6-1　珠峰测量

王任享院士作为中国航天测绘的主要开拓者和奠基人，多年来，一直锚定航天测绘事业重犁深耕，获得一个又一个具有里程碑意义的科研成果。王院士率先开展我国传输摄影测量和定位卫星的科学研究与工程应用并获得圆满成功，无控定位精度处于"全球连续覆盖模式"摄影测量卫星最先进行列。是他提出建议，用一台相机按推扫式原理摄影取代其两台面阵 CCD 相机作交向摄影方案助阵嫦娥一号工程。作为我们国家老一辈的著名测绘专家,他常对年轻一代的测绘工作者说:“人各有志,但每个人都要有民族危机感。现在我们国家富强了,但忧患意识不能没有,爱国之心不能没有。”

是啊,祖国培养了我们,无论从事哪一行哪一业,我们都要想着怎样去回报祖国。王院士“淡泊名利、踏实做事”的人生准则在今天的社会发展中也值得广大莘莘学子效仿和学习。

控制测量分为平面控制测量和高程控制测量两种。测定控制点平面位置(x,y)的控制测量称为平面控制测量;测定控制点高程(H)的控制测量称为高程控制测量。无论是平面控制还是高程控制,所选的控制点都必须按一定规则相互连接起来组成网络,以实施观测、检核及坐标或高程的推算,这样的网络称为控制网。

根据控制网的范围和大小可分为国家控制网和小区域控制网;根据控制网的作用不同可分为平面控制网和高程控制网;根据小区域平面控制测量的精度不同可分为首级控制网和图根控制网。

一、平面控制网的布设

(一)平面控制网的建立方法

建立平面控制网的常用方法有以下几种。

1. 三角测量法

如图 6-2 所示,在地面上选择若干个有控制意义的点(称为控制点)组成一系列三角形(三角形的顶点称为三角点),观测三角形的内角,并精密测定起始边(基线)的边长和方位角(如图 6-2 中的 D_{AB} 和 α_{AB}),应用三角学中正弦定理解算出各边的边长和方位角,进而根据起始点平面坐标(如图 6-2 中点 A 的坐标 x_A, y_A)、起始边方位角和各边边长,解算出各三角点的平面坐标。这种测量方法称为平面三角测量法,简称三角测量法。

2. 导线测量法

如图 6-3 所示,将选定的控制点连接成一系列折线形式(称为导线),观测导线各折线边(称为导线边)的边长和转折角,根据起始边方位角(如图 6-3 中的 α_{AB})解算出各边方位角,进而根据起始点平面坐标(如图 6-3 中点 A 的坐标 x_A, y_A)解算出各点(称为导线点)的平面坐标。这种测量方法称为平面导线测量法,简称导线测量法。

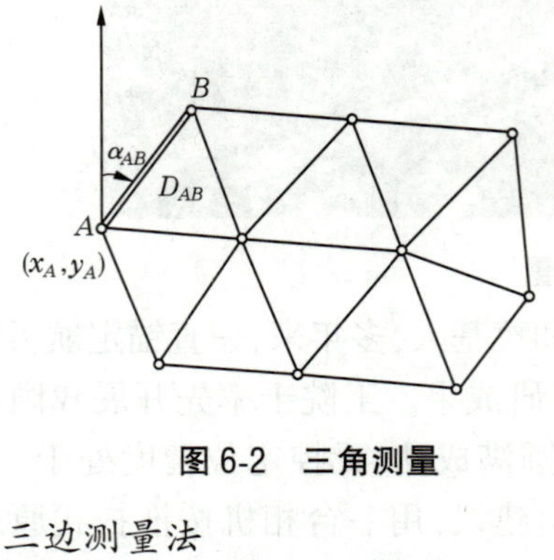

图 6-2 三角测量

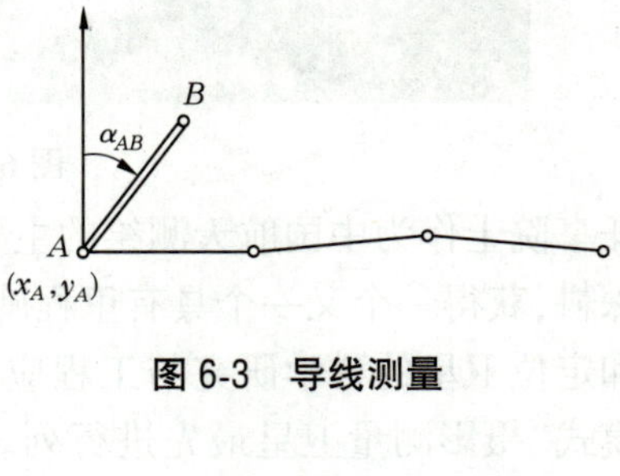

图 6-3 导线测量

3. 三边测量法

在三角网中,如果不观测三角形内角,改为观测各三角形的边长,根据三角形的边角关系推算出各三角形的内角和各边的方位角，进而推算出各点坐标，这种测量方法称为三边测量法。

4. 边角同测法

在三角网中，如果既测边又测角，这种测量方法就称为边角同测法。

在电磁波测距仪没有普及的过去，三角测量法控制的范围大，是建网的主要方法。随着电磁波测距仪的问世，测距工作效率大大提高，单线推进、扩展迅速的导线测量法，已经上升为建网的主要方法。

（二）国家平面控制网的布设

国家平面控制网主要采用三角测量法建立，青藏高原等特殊困难地区采用导线测量法。国家平面控制网按精度从高到低依序分为一、二、三、四等四个等级，如图 6-4 所示。一等三角以锁的形式沿经纬方向布设，是国家平面控制网的骨干；二等三角以网的形式在一等锁网内加密，是国家平面控制网的全面基础；三、四等三角是以插网或插点的形式在二等控制网的基础上进一步加密建立的，一般作为地形图的测绘和施工控制测量依据。各等级三角网的主要技术指标见表 6-1。

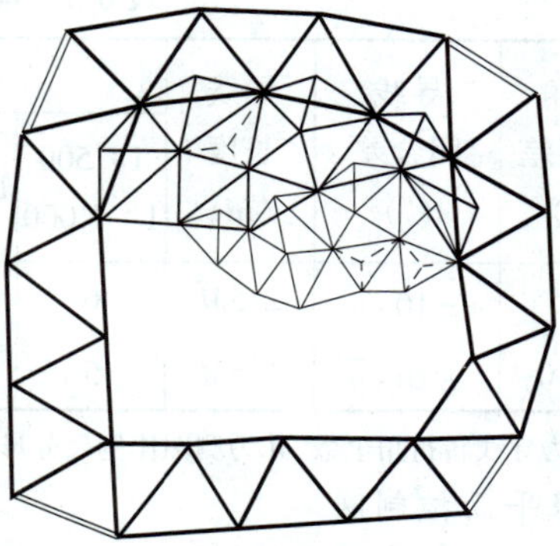

图 6-4　国家平面控制网

表 6-1　国家三角网主要技术指标

等级	平均边长（km）	测角中误差（″）	三角形最大闭合差（″）	起始边相对中误差	最弱边相对中误差
一	20~25	±0.7	±2.5	1/350 000	1/150 000
二	13	±1.0	±3.5	1/250 000	1/150 000
三	8	±1.8	±7.0	1/150 000	1/80 000
四	2~6	±2.5	±9.0	1/100 000	1/40 000

国家等级的三角点或导线点统称“大地点”。选定的大地点必须按规范要求埋设永久性标石作为标志，同时建立觇标作为照准标志，如图 6-5 所示。

（三）小区域平面控制网的布设

小区域平面控制网通常是在国家平面控制网的基础上分首级平面控制网和图根平面控制网两级布设。

1. 首级平面控制网

首级平面控制网通常采用三角网或导线网的方法布设，以往工程建设中构网经常采用的技术指标见表 6-2、表 6-3。

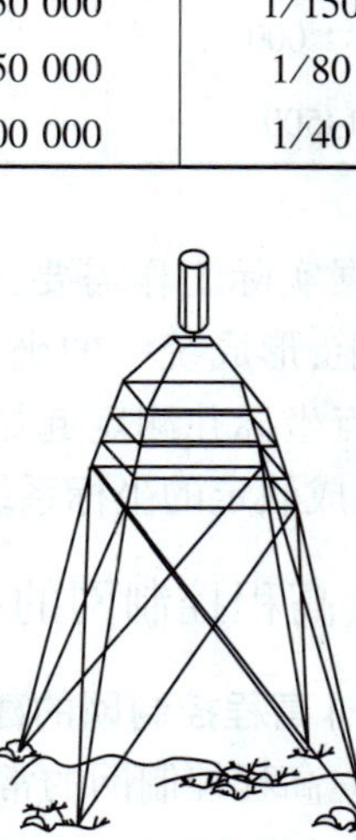

图 6-5　大地点标志（觇标）

表 6-2 三角网主要技术指标

级别	测角中误差(″)	三角形最大闭合差(″)	最小求距角(°)	平均边长(km)		起始边相对中误差	最弱边相对中误差
				建筑区或枢纽区	一般地区		
一级	±5	±15	30	1	2	1/40 000	1/20 000
二级	±10	±30	30	0.5	1	1/20 000	1/10 000

表 6-3 导线主要技术指标

级别	测角中误差(″)	导线闭合差(″)	导线长度(m)	最多折角数				边长两次丈量不符值(cm)	导线全长相对闭合差
				1∶500 1∶1 000	1∶2 000	1∶5 000	1∶10 000		
一级	±5	$\pm 10\sqrt{n}$	2.5M	6	15	20	25	$10\sqrt{k}$	1/14 000
二级	±10	$\pm 20\sqrt{n}$	1.5M	5	8	10	15	$15\sqrt{k}$	1/10 000

注:表中 n 为导线转折角个数,M 为测图比例尺分母,k 为导线边长(单位取 km)。

2. 图根平面控制网

图根平面控制网通常采用导线测量、小三角测量和交会法布设,是在首级控制网基础上对控制点的进一步加密。图根控制网中的控制点称为"图根点",它的密度应满足测图的需要,具体规定见表 6-4。图根控制测量的特点是范围小、边长较短、精度要求相对较低,图根点的标志采用木桩或埋设简易混凝土标石即可满足要求,可用标旗作为觇标,如图 6-6 所示。

表 6-4 图根点密度

测图比例尺	每平方千米的控制点数	每幅图的控制点数	相邻控制点最大边长(m)
1∶5 000	4	20	540
1∶2 000	15	15	280
1∶1 000	40	10	170
1∶500	120	8	100

根据实际工作需要,图根控制网可以附合于国家高级控制点上,形成统一的坐标系统;也可布设成独立控制网,假定一点坐标并测定起始边的方位角,推算其他图根点的坐标,形成假定的坐标系统。

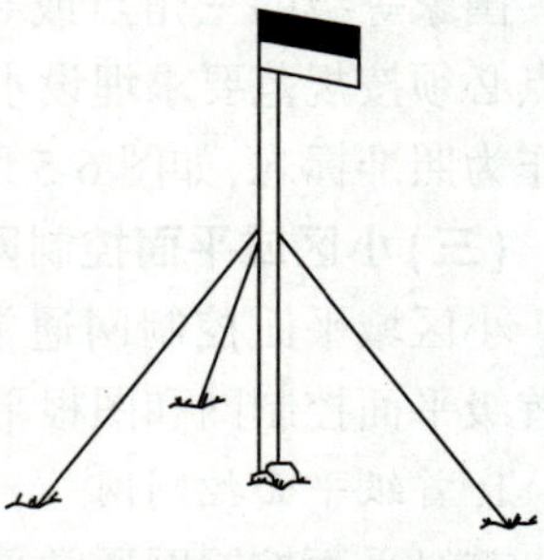

图 6-6 图根点标志

二、高程控制网的布设

(一) 高程控制网的建立方法

建立高程控制网的常用方法有以下几种。

1. 水准测量法

水准测量法即利用水准仪和水准尺测定地面两点间的高差，进而推算高程的方法。水准测量精度高，是建网常用且主要的方法。

2. 三角高程测量法

它是通过测定地面两点间的水平距离和竖直角，解算出高差，进而推算出高程的方法。三角高程测量方法简单，不受地形条件限制，但精度较低，适用于低精度的高程控制。

（二）国家高程控制网的布设

国家高程控制网采用水准测量法建立，故高程控制网又称为水准网，选定的高程控制点又称为水准点。与平面控制网相对应，国家高程控制网也分为一、二、三、四等四个等级。一等水准网是国家高程控制的骨干，也是研究地壳垂直形变等科学问题的依据；二等水准网布设在一等水准网内，是国家高程控制的全面基础。一、二等水准路线一般沿铁路、公路或河流布设，形成闭合水准网或附合水准网；三、四等水准路线是在一、二等水准网的基础上进一步加密建立的，用于地形测量和工程测量的高程控制，一般布设成闭合路线或附合水准路线，如图 6-7 所示。

为便于保存和使用，各级水准点都必须按规范要求埋设固定的永久性标志。四等水准点标石如图 6-8 所示。

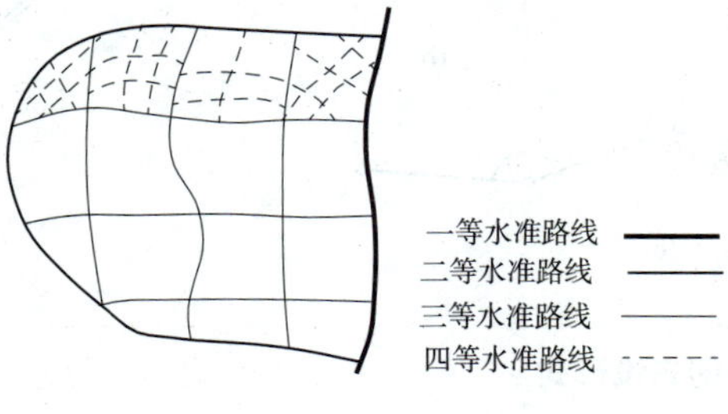

图 6-7　国家高程控制网

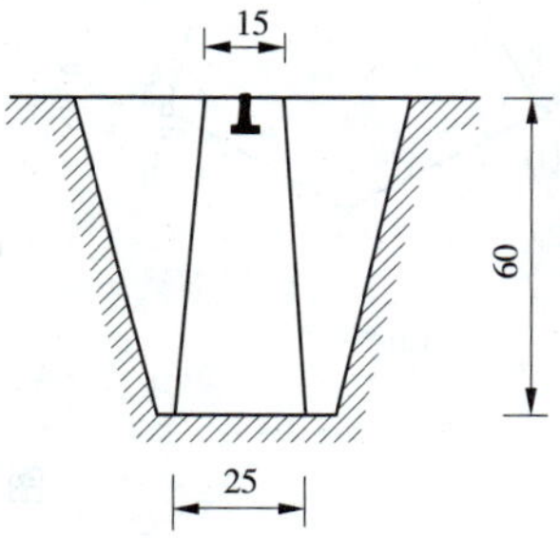

图 6-8　四等水准点标石　（单位：cm）

（三）小区域高程控制网的布设

小区域高程控制网通常分为基本高程控制网（国家四等或四等以上的水准网）和加密高程控制网两级布设。

加密高程控制网可采用五等水准测量或三角高程测量法建立。加密高程控制点通常不需埋设标石，只是在地面上打一大木桩或在坚固地基表面上用（红）油漆标定点位即可。地形测量中，图根平面控制点往往又是高程控制点，故亦可称其为“平高点”。

本项目只讨论小区域控制测量的有关内容。平面控制部分重点讲解图根导线测量的外业与内业工作，对交会定点进行简单介绍；高程控制部分重点讲解三、四等水准测量的外业与内业工作，对三角高程测量进行简单介绍。

任务二　导线测量

导线测量分为平面导线测量和高程导线测量，下面讲述的主要内容是平面导线测量。

一、平面导线的布设形式

平面导线的布设形式有闭合导线、附合导线和支导线三种。

(一)闭合导线

起止于同一条已知边(由两个控制点连接构成)的导线称为闭合导线。如图6-9(a)所示,从已知边AB上的控制点B出发,顺序连接各未知导线点1、2、3,最后又回到出发点B,构成一闭合多边形。

(二)附合导线

布设在两条已知边(每边由两个控制点连接构成)之间的导线称为附合导线。如图6-9(b)所示,从已知边AB上的控制点A出发,顺序连接各未知导线点1、2、3,最后附合到另一条已知边CD上的控制点C,构成一附合导线。

(三)支导线

从一条已知边上的一个控制点出发,顺序连接各未知导线点,最后既不回到原出发点,也不附合到另一个已知边上的一个控制点的导线称为支导线,如图6-9(c)所示。

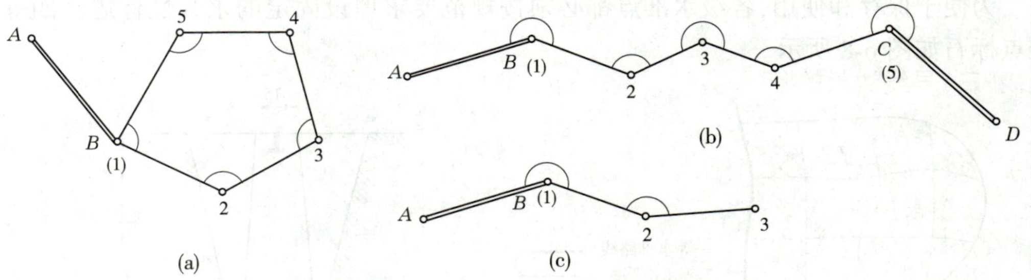

图6-9　导线的布设形式

以上三种导线形式中,闭合导线与附合导线均具有严格的几何条件供校核,在实际工作中应用广泛;支导线由于没有校核条件,一般不采用,特殊情况必须采用时,规范规定支导线中未知点数量不得超过两个。

二、导线测量的外业工作

(一)导线点的选择

导线踏勘之前,应首先了解测区的范围、地形、已知控制点的情况,以及测图比例尺对图根点的密度要求,在已有的地形图上初步拟定控制点的位置和导线的布设方案,然后到实地进行踏勘落实并标定点位。对于面积较小的测区,也可直接到实地选点。选点时,应注意以下几点:

(1)导线点应选在土质坚实、便于安置仪器和保存标志的地方。

(2)相邻导线点间必须通视,以便于测角和测距。如采用钢尺量距的方法测定导线边长,则要求两相邻导线点间的地势比较平坦且没有障碍。

(3)导线点处应视野开阔,以便于碎部测量。

(4)导线总长不应超过 0.8M m(M 为测图比例尺分母);边长最短不应小于 50 m,最长不应超过表 6-4 中的规定。

导线点确定后,应在地面上埋设导线点的标记。临时性的导线点,一般在地面上打下大木桩,并在桩顶中心钉一小铁钉,铁钉头表示导线点位置;对于需要长期保存的导线点,则应埋设简易混凝土标石,顶面刻划"+"标记。所有导线点的标志都要依次进行编号(闭合导线应按逆时针方向编号)。为了方便日后寻找,应绘出导线点与附近明显且固定地物点之间的关系草图,注明尺寸,称为"点之记"图,如图 6-10 所示。

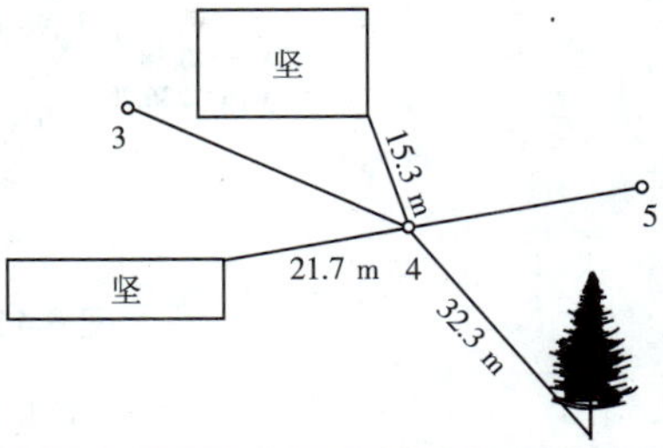

图 6-10 控制点的"点之记"

(二)导线转折角的观测

导线的转折角有左、右角之分。在导线前进方向左侧的水平角称为左角,在导线前进方向右侧的水平角称为右角,导线测量一般观测左角。对于闭合导线而言,前进顺序为逆时针方向时,左角是其封闭多边形的内角。

导线的转折角采用测回法观测。导线的等级不同,使用仪器类型不同,测回数也不同。图根导线转折角一般观测二测回,上、下两半测回角值差不应超过±36″。

(三)导线边长的测量

导线边长可用电磁波测距仪直接测定,也可采用钢尺量距的方法。若用电磁波测距仪或全站仪测定,其精度较高,一般均能达到小区域导线测量精度的要求。若用钢尺量距,对于图根控制,应用检定过的钢尺按精密测距方法进行往返丈量,相对较差不超过 1/3 000 时,取其平均值作为最后结果。

(四)导线定向

当导线边与测区内高级或同级已知控制边连接时,应在连接点上观测连接角以进行导线定向,如图 6-9(a)中的∠$AB2$、图 6-9(b)中的∠$AB2$ 及∠$4CD$、图 6-9(c)中的∠$AB2$;当建立的导线为独立导线时,则应用罗盘仪测定起始边的磁方位角进行定向。

三、导线测量的内业计算

(一)计算前的准备工作

(1)全面检查外业观测数据有无遗漏,记录、计算是否正确,成果是否符合精度要求。当发现记录、计算有错时,不要改动原始数据,要认真反复校核。

(2)根据已知数据和外业观测成果绘制导线略图。导线略图是一种示意图,绘图比例、线型粗细没有严格要求,但需注意美观、大方,大小适宜,与实际图形保持相似,与实地方位大体一致。所有已知数据(已知方位角、已知点坐标)和观测数据(转折角、边长)应注记在略图中,如图 6-11 所示。

(3)绘制计算表格,见表 6-5。

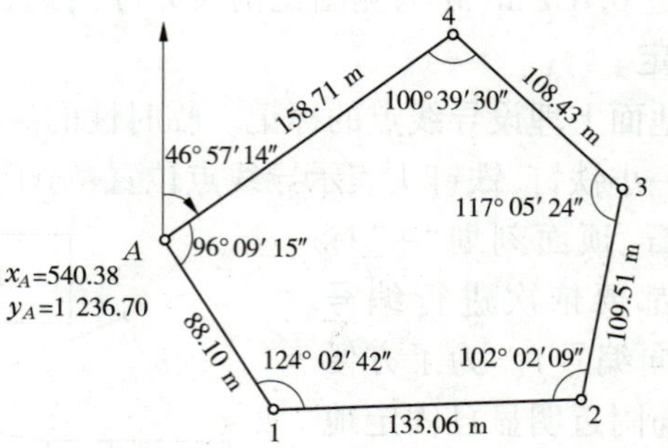

图 6-11　闭合导线计算略图

表 6-5　闭合导线计算表

点号	观测角 (° ′ ″)	改正后角值 (° ′ ″)	坐标方位角 (° ′ ″)	边长 (m)	坐标增量 (m) Δx	坐标增量 (m) Δy	改正后坐标增量(m) Δx	改正后坐标增量(m) Δy	坐标值 (m) x	坐标值 (m) y
1	2	3	4	5	6	7	8	9	10	11
A									540.38	1 236.70
			143 06 29	88.10	−1 −70.46	+1 52.89	−70.47	52.90		
1	+12 124 02 42	124 02 54							469.91	1 289.60
			87 09 23	133.06	−2 6.60	+2 132.90	6.58	132.92		
2	+12 102 02 09	102 02 21							476.49	1 422.52
			9 11 44	109.51	−2 108.10	+2 17.50	108.08	17.52		
3	+12 117 05 24	117 05 36							584.57	1 440.04
			306 17 20	108.43	−1 64.18	+2 −87.40	64.17	−87.38		
4	+12 100 39 30	100 39 42							648.74	1 352.66
			226 57 02	158.71	−2 −108.34	+2 −115.98	−108.36	−115.96		
A	+12 96 09 15	96 09 27							540.38	1 236.70
			143 06 29							
1										
Σ	539 59 00	540 00 00		597.81	0.08	−0.09	0.00	0.00		
计算公式	$f_\beta=539°59'00''-(5-2)\times180°=-60''$, $f_{\beta允}=\pm60''\sqrt{5}$; $\lvert f_\beta\rvert<\lvert f_{\beta允}\rvert$,说明符合要求 $f_x=+0.08$, $f_y=-0.09$; $K=\dfrac{\sqrt{0.08^2+(-0.09)^2}}{597.81}=\dfrac{1}{4\ 982}<\dfrac{1}{2\ 000}$,符合要求									

(二)闭合导线的算例

现以闭合导线计算略图图 6-11 所示数据为例,结合表 6-5 介绍闭合导线的计算步骤。计算前先将图 6-11 中的有关数据(点号、观测角、边长、已知方位角和已知坐标)填入表 6-5 中相应栏内,然后按下列步骤进行计算。

1. 角度闭合差的计算与调整

闭合导线是由折线组成的多边形,根据平面几何学原理,n 边形内角和的理论值

$\sum\beta_{理}$为

$$\sum\beta_{理} = (n-2) \times 180° \tag{6-1}$$

由于观测角不可避免地存在误差,使得实测内角总和 $\sum\beta_{测}$不等于理论内角总和 $\sum\beta_{理}$。其差值称为闭合导线的角度闭合差,以f_β 表示,即

$$f_\beta = \sum\beta_{测} - \sum\beta_{理} = \sum\beta_{测} - (n-2) \times 180° \tag{6-2}$$

角度闭合差f_β 的大小反映了水平角观测的质量。对于图根导线,角度闭合差允许值$f_{\beta允}$为

$$f_{\beta允} = \pm 60'' \sqrt{n} \tag{6-3}$$

如果$|f_\beta| > |f_{\beta允}|$,说明观测的结果不符合要求,应及时分析原因,进行外业局部或全部重测;如果$|f_\beta| \leqslant |f_{\beta允}|$,说明观测的结果符合要求,可将角度闭合差按照“反号平均法则”分配到各个观测角中进行调整,即给各个观测角分配一个改正数v_β:

$$v_\beta = -\frac{f_\beta}{n} \tag{6-4}$$

如果f_β 的数值不能被内角数 n 整除而有余数,可将余数分配在短边的邻角上。各角改正数应填写在表 6-5 中各相应观测角的上方位置。为避免改正数的计算或分配错误,可按下式进行检核:

$$\sum v_\beta = -f_\beta \tag{6-5}$$

如果改正数计算和分配无误,将各角观测值加上相应改正数即得各角改正后角值。改正后角值之和 $\sum\beta_{改}$应该等于闭合图形内角和的理论值 $\sum\beta_{理}$,以此可检核改正后角值计算是否正确。

图 6-11 中:

$$\sum\beta_{测} = 539°59'00''$$

$$f_\beta = \sum\beta_{测} - \sum\beta_{理} = 539°59'00'' - (5-2) \times 180° = -60''$$

$$f_{\beta允} = \pm 60'' \sqrt{n} = \pm 60'' \sqrt{5}$$

$|f_\beta| \leqslant |f_{\beta允}|$,观测的结果合格,可以进行角度闭合差的调整,各角改正数为

$$v_\beta = -\frac{f_\beta}{n} = -\frac{-60''}{5} = +12''$$

角度闭合差的计算与调整结果见表 6-5 的第 2 栏、第 3 栏。

2. 导线各边方位角的推算

根据导线起始边方位角和改正后各角值,按方位角的计算公式推算导线各边方位角,即

$$\alpha_{前} = \alpha_{后} \pm 180°{}^{+\beta_{左}}_{-\beta_{右}} \tag{6-6}$$

为检验方位角推算的正确性,应从已知方位角的起始边起推算,闭合至起始边止,推算得的方位角应等于其已知值,否则说明方位角推算有误,应重新推算。

图 6-11 中观测角为左角,12 边方位角为

$$\alpha_{12}=\alpha_{A1}+\beta_1+180°=143°06'29''+124°02'54''+180°$$
$$=547°09'23''-360°=87°09'23''$$

其余各边方位角的计算结果见表6-5的第4栏。

3. 坐标增量的计算

在计算前,将导线各边的长度填写到表6-5中的第5栏内,然后根据坐标增量计算公式进行计算,即

$$\Delta x_i=D_i\cos\alpha_i,\quad \Delta y_i=D_i\sin\alpha_i \tag{6-7}$$

式中 i——第 i 条导线边,$i=1,2,\cdots,n$。

图6-11中,$A1$ 边坐标增量计算为

$$\Delta x_{A1}=D_{A1}\cos\alpha_{A1}=88.10\times\cos143°06'29''=-70.46(\mathrm{m})$$
$$\Delta y_{A1}=D_{A1}\sin\alpha_{A1}=88.10\times\sin143°06'29''=+52.89(\mathrm{m})$$

其余各边坐标增量的计算结果见表6-5中第6、7栏。计算结果的取位应当和已知点坐标的取位一致。

4. 坐标增量闭合差的计算与调整

由图6-12(a)可以看出,闭合导线各边 x、y 坐标增量的代数和在理论上应等于零,即

$$\sum\Delta x_{理}=0,\ \sum\Delta y_{理}=0 \tag{6-8}$$

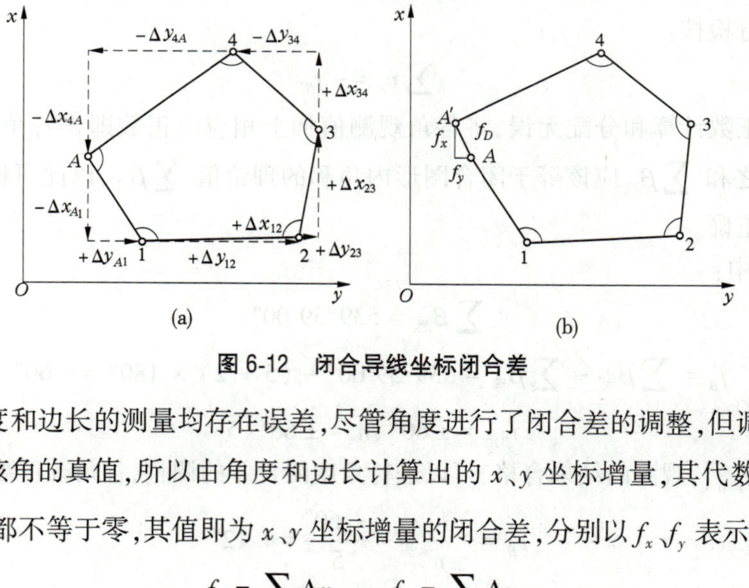

图6-12 闭合导线坐标闭合差

由于角度和边长的测量均存在误差,尽管角度进行了闭合差的调整,但调整后的角值不一定就是该角的真值,所以由角度和边长计算出的 x、y 坐标增量,其代数和 $\sum\Delta x_{测}$、$\sum\Delta y_{测}$ 一般都不等于零,其值即为 x、y 坐标增量的闭合差,分别以 f_x、f_y 表示,即

$$f_x=\sum\Delta x_{测},\ f_y=\sum\Delta y_{测} \tag{6-9}$$

由于 f_x、f_y 的存在,闭合导线由点 A 出发,最后不是闭合到点 A,而是落在 A',产生了一段差距 $A'A$,称为闭合导线全长闭合差,以 f_D 表示,如图6-12(b)所示。从图中可以看出

$$f_D=\sqrt{f_x^2+f_y^2} \tag{6-10}$$

一般情况下,导线越长,测角和量距的误差积累就越大,全长闭合差也越大,因而单纯用 f_D 还不能正确反映出导线测量的精度。通常采用 f_D 值与导线的总长 $\sum D$ 之比并化成分子为1的分数形式来衡量导线测量的精度,称为导线全长相对闭合差,以 K 来表示,即

$$K = \frac{f_D}{\sum D} = \frac{1}{\dfrac{\sum D}{f_D}} \tag{6-11}$$

K 值越小,表示导线测量的精度越高。一般情况下,图根导线的 K 值不应超过 1/2 000,困难地区不应超过 1/1 000。若 K 值不满足限差要求,首先检查内业计算有无错误,其次检查外业成果,若均不能发现错误,则应进行外业局部或全部重测;若 K 值满足限差要求,即可将坐标增量闭合差反号,按与边长成正比的法则,分配到各边的坐标增量上去,使改正后的坐标增量之和等于其理论值零,即

$$v_{\Delta xi} = -\frac{f_x}{\sum D}D_i,\quad v_{\Delta yi} = -\frac{f_y}{\sum D}D_i \tag{6-12}$$

式中 $v_{\Delta xi}$——第 i 条导线边的 x 坐标增量;

$v_{\Delta yi}$——第 i 条导线边的 y 坐标增量;

D_i——第 i 条导线边的边长。

改正数之和与坐标增量闭合差的相反数相等,可作为计算校核,即

$$\sum v_{\Delta xi} = -f_x,\quad \sum v_{\Delta yi} = -f_y \tag{6-13}$$

由于取舍误差的影响,有时改正数之和与坐标增量闭合差相反数有一微小的差值,可将其分配在较长的导线边上。各边改正数应填写在表中各相应坐标增量的上方位置。如坐标增量改正数经校核无误,将各边坐标增量加上相应改正数即得各边改正后坐标增量。改正后坐标增量之和应该等于其理论值零,以此可检核改正后坐标增量计算是否正确。

图 6-11 中:

$$f_x = +0.08,\quad f_y = -0.09$$

$$f_D = \sqrt{f_x^2 + f_y^2} = \sqrt{0.08^2 + (-0.09)^2} = 0.12,\quad \sum D = 597.81$$

$$K = \frac{0.12}{597.81} = \frac{1}{4\,982}$$

$K \leqslant 1/2\,000$,观测的结果合格,满足限差要求,可以进行坐标增量闭合差的调整,A1 边坐标增量改正值计算为

$$v_{\Delta xA1} = -\frac{f_x}{\sum D}D_{A1} = -\frac{0.08}{597.81}\times 88.10 \approx -0.01$$

$$v_{\Delta yA1} = -\frac{f_y}{\sum D}D_{A1} = -\frac{-0.09}{597.81}\times 88.10 \approx +0.01$$

其余各边坐标增量改正值的计算结果见表 6-5 中第 6、7 栏。

图 6-11 中 $f_x = +0.08$,但是 $\sum \Delta x_{测} = -0.01-0.02-0.01-0.01-0.02 = -0.07 \neq -f_x = -0.08$,而是多了 0.01,这是取舍误差造成的,因此可将 23 边(23 边和 34 边中较长边)的 x 坐标增量改正数减去 0.01,即使 23 边的 x 坐标增量改正数为-0.02。各边改正后坐标增量的计算结果见表 6-5 中第 8、9 栏。

5. 导线点的坐标计算

坐标增量调整后,即可根据起始点(如本例中的点 A)的坐标和改正后坐标增量,依序推算各导线点的坐标,计算公式为

$$x_{前} = x_{后} + \Delta x_{后前改}, \quad y_{前} = y_{后} + \Delta y_{后前改} \tag{6-14}$$

按式(6-14)推算至最后一个点的坐标后,还要再推算出起始点的坐标,看是否与其已知坐标相等,以此来检核坐标计算是否正确。本算例中,各导线点坐标的计算结果见表6-5中第10、11栏。

(三)附合导线的计算

附合导线的计算步骤与闭合导线基本相同,但由于导线的形式不同,因此与闭合导线计算有两个不同点。

1. 角度闭合差的计算

在图6-13中所示的附合导线中,A、B、C、D 为已知点,α_{AB} 和 α_{CD} 为起始边和终边的已知方位角。根据方位角推算公式,有

$$\alpha_{12} = \alpha_{AB} \pm 180° + \beta_1 \tag{6-15}$$

$$\alpha_{23} = \alpha_{12} \pm 180° + \beta_2 = \alpha_{AB} \pm 2 \times 180° + (\beta_1 + \beta_2) \tag{6-16}$$

$$\vdots$$

$$\alpha'_{CD} = \alpha_{(n-1)n} \pm 180° + \beta_n = \alpha_{AB} \pm n \times 180° + \sum \beta_{测} \tag{6-17}$$

式中 n——观测角的个数;

$\sum \beta_{测}$——观测角之和;

α'_{CD}——推算得到的 CD 边(终边)的方位角。

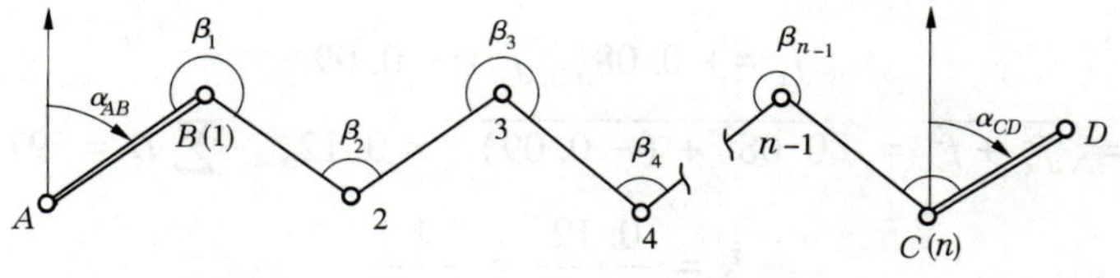

图6-13 附合导线

测量误差的存在,使得推算得的 CD 边的方位角 α'_{CD} 不一定等于其已知方位角 α_{CD},两者差值即为附合导线的角度闭合差 f_β,即

$$f_\beta = \alpha'_{CD} - \alpha_{CD} \tag{6-18}$$

附合导线的角度闭合差允许值的计算以及角度闭合差的调整方法和闭合导线大致相同,但改正后角值的检核应按式(6-19)进行:

$$\sum \beta_{改} = \sum \beta_{测} - f_\beta \tag{6-19}$$

式中 $\sum \beta_{改}$——各角改正后角值之和。

若观测角为左角,则将 f_β 反符号平均分配到各观测角上;若观测角为右角,则将 f_β 同符号平均分配到各观测角上。

2. 坐标增量闭合差的计算

由于附合导线是从一个已知点出发,附合到另一个已知点,所以附合导线的坐标增量

代数和的理论值应等于终、始两点的已知坐标值之差。如与理论值不符，其差值即为附合导线的坐标增量闭合差，即

$$f_x = \sum \Delta x_{测} - (x_{终} - x_{起}),\quad f_y = \sum \Delta y_{测} - (y_{终} - y_{起}) \tag{6-20}$$

式中　$x_{起}$、$y_{起}$——导线起点的 x、y 坐标；

　　　$x_{终}$、$y_{终}$——导线终点的 x、y 坐标。

附合导线算例见图 6-14 及表 6-6。

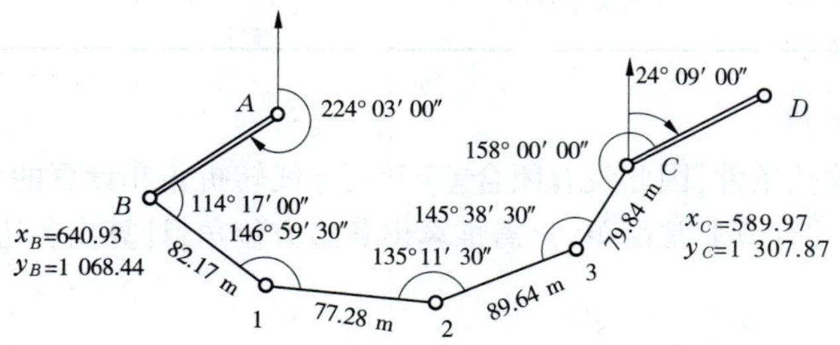

图 6-14　附合导线算例

表 6-6　附合导线计算表

点号	观测角 (° ′ ″)	改正后角值 (° ′ ″)	坐标方位角 (° ′ ″)	边长 (m)	坐标增量 (m) Δx	坐标增量 (m) Δy	改正后坐标增量 (m) Δx	改正后坐标增量 (m) Δy	坐标值 (m) x	坐标值 (m) y
1	2	3	4	5	6	7	8	9	10	11
A										
			224 03 00							
B	-6 114 17 00	114 16 54							640. 93	1 068. 44
			158 19 54	82. 17	0 -76. 36	+1 30. 34	-76. 36	30. 35		
1	-6 146 59 30	146 59 24							564. 57	1 098. 79
			125 19 18	77. 28	0 -44. 68	+1 63. 05	-44. 68	63. 06		
2	-6 135 11 30	135 11 24							519. 89	1 161. 85
			80 30 42	89. 64	-1 14. 78	+2 88. 41	14. 77	88. 43		
3	-6 145 38 30	145 38 24							534. 66	1 250. 28
			46 09 06	79. 84	0 55. 31	+1 57. 58	55. 31	57. 59		
C	-6 158 00 00	157 59 54							589. 97	1 307. 87
			24 09 00							
D										
Σ	700 06 30	700 06 00			-1	+5				
				328. 93	-50. 95	239. 38	-50. 96	239. 43		

续表 6-6

计算公式	$f_\beta=224°03'00''±5×180°+700°06'30''-24°09'00''=+30''$ $f_{\beta允}=±60''\sqrt{5}$， $\lvert f_\beta\rvert<\lvert f_{\beta允}\rvert$,符合要求 $f_x=-50.95-(589.97-640.93)=+0.01$ $f_y=239.38-(1\ 307.87-1\ 068.44)=-0.05$ $K=\frac{\sqrt{0.01^2+(-0.05)^2}}{328.93}=\frac{1}{6\ 579}<\frac{1}{2\ 000}$,符合要求

(四)支导线的计算

支导线中没有检核条件,因此没有闭合差产生,导线转折角和计算的坐标增量均不需要进行改正,所以它的计算非常简单,只需推算出各边方位角,计算出各边坐标增量,即可求得各点坐标。

任务三　交会定点

交会法测量是加密图根点的常用方法,尤其适用于测区内已知控制点较多而需要加密图根点较少的局部地区。根据观测元素不同,交会法测量可分为测角交会法和测边交会法两种。这里仅简单介绍测角交会法。

一、交会法的布设形式

交会法的布设形式有前方交会、侧方交会和后方交会三种。

(一)前方交会

如图6-15(a)所示,在两个已知控制点 A 和 B 上,分别对待定点 P 观测水平角 α 和 β,从而求得点 P 的坐标的方法称为前方交会法。

(二)侧方交会

如图6-15(b)所示,在已知控制点 A(或 B)和待定点 P 上,分别观测水平角 α(或 β)和 γ,从而求得点 P 的坐标的方法称为侧方交会法。

(三)后方交会

如图6-15(c)所示,在待定点 P 上,分别对三个已知控制点 A、B、C 观测水平角方向值 R_A、R_B 和 R_C,从而求得点 P 的坐标的方法称为后方交会法。

二、前方交会法

三种交会形式中,以前方交会应用最为广泛。如图6-16所示,设点 A、B 为已知控制点,点 P 为待定点,点 A、B 的坐标分别为 x_A、y_A 和 x_B、y_B,在点 A、B 上分别观测水平角 α 和 β,则点 P 的坐标 x_P、y_P 的计算公式如下:

$$x_P=\frac{x_A\cot\beta+x_B\cot\alpha-y_A+y_B}{\cot\alpha+\cot\beta} \tag{6-21}$$

$$y_P = \frac{y_A\cot\beta + y_B\cot\alpha + x_A - x_B}{\cot\alpha + \cot\beta} \tag{6-22}$$

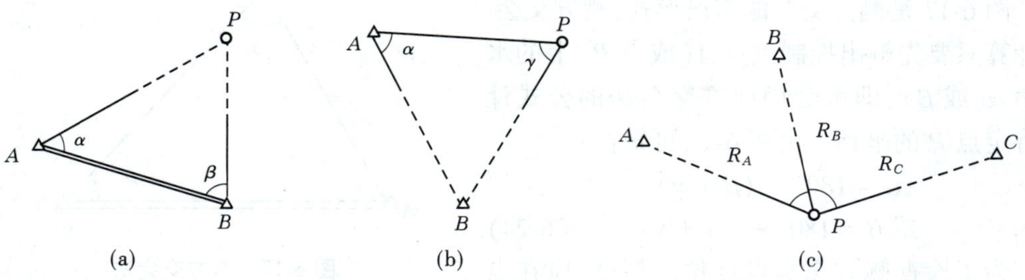

图 6-15　交会法布设形式

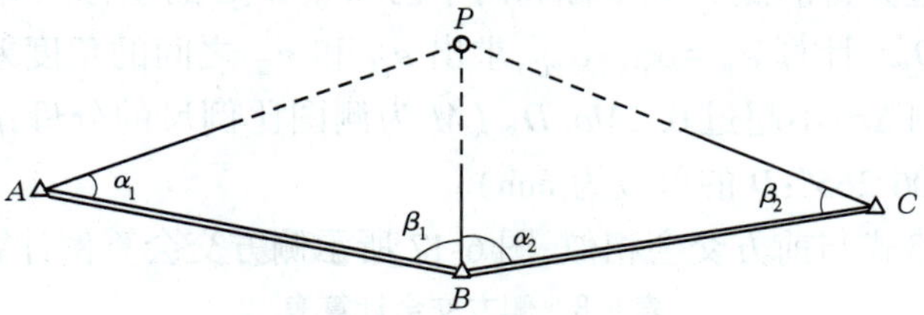

图 6-16　前方交会法

为了检核和提高点位精度，待定点 P 可以用两个不同的三角形分别进行交会，当两组坐标计算的点位较差符合要求时，取两组坐标的平均值作为最后结果。点位较差 f 的计算公式为

$$f = \sqrt{(x'_P - x''_P)^2 + (y'_P - y''_P)^2} \tag{6-23}$$

式中　x'_P、y'_P，x''_P、y''_P——两个三角形分别推算出的点 P 的坐标。

f 的允许值为 0. 000 2M m 或 0. 000 3M m（M 为测图比例尺分母），前者适用于 1∶5 000 或 1∶10 000 测图，后者适用于 1∶500~1∶2 000 测图。

前方交会算例如图 6-16 所示，计算过程见表 6-7。

表 6-7　前方交会计算表

已知数据	x_A	116. 944 m	y_A	683. 298 m	x_B	522. 909 m	y_B	794. 647 m
	x_B	522. 909 m	y_B	794. 647 m	x_C	781. 301 m	y_C	435. 166 m
观测值	α_1	59°11′12″	β_1	56°32′54″	α_2	53°48′54″	β_2	57°34′48″
坐标值	x_{P1}	398. 130 m	y_{P1}	413. 193 m	x_{P2}	398. 169 m	y_{P2}	413. 154 m
平均值	x_P		398. 150 m		y_P		413. 174 m	
计算与校核	测图比例尺 1∶500，$f_{允} = \pm 0.3 \times 500 = \pm 150$(mm) $f = \sqrt{39^2+61^2} = \pm 55$(mm) $< \pm 150$ mm $x_P = 398.150$ m，$y_P = 413.174$ m							

三、侧方交会法

图6-17是侧方交会的布设形式,侧方交会的计算只要先解出控制点点A(或点B)上的水平角α(或β),即可套用前方交会法的公式计算待定点P的坐标。由图6-17可知:

$$\alpha = 180° - (\beta + \gamma)$$
$$或\beta = 180° - (\alpha + \gamma) \qquad (6\text{-}24)$$

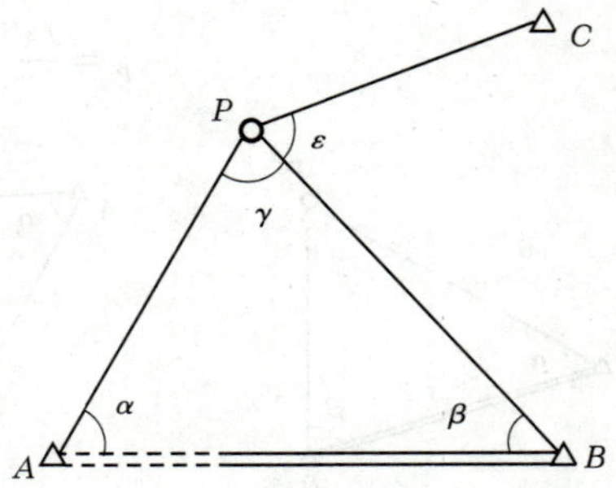

图6-17 侧方交会法

为了检查侧方交会点点位的精度,应在点P上再观测一个已知点C的方向,测出$\angle BPC$的大小$\varepsilon_{测}$,然后通过算得的点P的坐标和两个已知点B、C的坐标反算出PB、PC的方位角α_{PB}、α_{PC}和距离D_{PC},计算$\varepsilon_{算}=\alpha_{PB}-\alpha_{PC}$,求出$\varepsilon_{测}$和$\varepsilon_{算}$之间的角度差$\Delta\varepsilon=\varepsilon_{算}-\varepsilon_{测}$。一般测量规范中,要求$|\Delta\varepsilon|$不超过$0.2M\rho/D_{PC}$($M$为测图比例尺的分母;$\rho$为弧度换角度的换算系数,取值为206 265″;$D$的单位为mm)。

侧方交会计算格式与前方交会相似,图6-17所示侧方交会算例计算过程见表6-8。

表6-8 侧方交会计算表

点名	已知数据		观测数据	
	x(m)	y(m)		
A	547.06	545.19	α	54°26′00″
B	547.06	659.88	β	40°52′36″
C	629.11	656.23	γ	84°41′24″
计算结果				
P	608.38		589.04	
计算检核	α_{PB}	130°52′48″	α_{PC}	72°51′13″
	D_{PC}	70.315 m	$\varepsilon_{算}$	58°01′35″
	$\varepsilon_{测}$	58°02′48″	$\Delta\varepsilon$	01′13″
	比例尺	1:500	$\Delta\varepsilon_{允}$	04′53″

四、后方交会法

设已知控制点A、B、C坐标分别为x_A、y_A,x_B、y_B和x_C、y_C,三点所构成的三角形内角分别为$\angle A$、$\angle B$和$\angle C$,在待定点P上分别对A、B、C三点观测水平角方向值R_A、R_B和R_C,如图6-18所示。

设

$$\alpha = R_C - R_B \qquad (6\text{-}25)$$

$$\beta = R_A - R_C \qquad (6\text{-}26)$$

$$\gamma = R_B - R_A \qquad (6\text{-}27)$$

$$P_A = \frac{1}{\cot\angle A - \cot\alpha} = \frac{\tan\alpha\tan\angle A}{\tan\alpha - \tan\angle A} \qquad (6\text{-}28)$$

$$P_B = \frac{1}{\cot\angle B - \cot\beta} = \frac{\tan\beta\tan\angle B}{\tan\beta - \tan\angle B} \qquad (6\text{-}29)$$

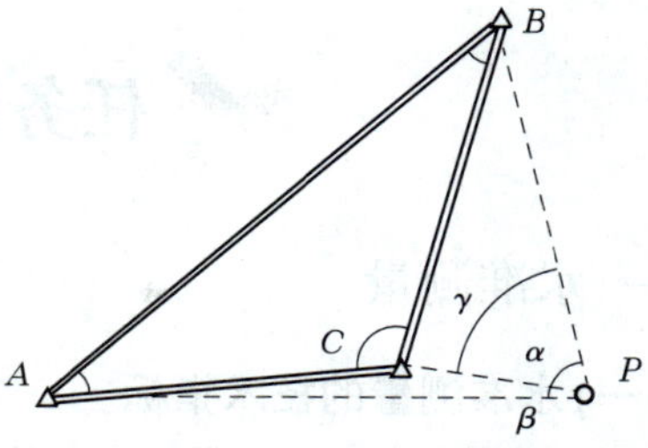

图 6-18 后方交会法

$$P_C = \frac{1}{\cot\angle C - \cot\gamma} = \frac{\tan\gamma\tan\angle C}{\tan\gamma - \tan\angle C} \qquad (6\text{-}30)$$

则待定点 P 的坐标值为

$$x_P = \frac{P_A x_A + P_B x_B + P_C x_C}{P_A + P_B + P_C} \qquad (6\text{-}31)$$

$$y_P = \frac{P_A y_A + P_B y_B + P_C y_C}{P_A + P_B + P_C} \qquad (6\text{-}32)$$

图 6-18 所示后方交会算例计算过程见表 6-9。

表 6-9 后方交会计算表

<table>
<tr><th>已知点</th><th>x</th><th>y</th><th>Δx</th><th>Δy</th><th>方位角</th></tr>
<tr><td>A</td><td>840. 134</td><td>844. 422</td><td rowspan="2">161. 408</td><td rowspan="2">776. 194</td><td rowspan="2">78°15′10″</td></tr>
<tr><td rowspan="2">B</td><td rowspan="2">1 001. 542</td><td rowspan="2">1 620. 616</td></tr>
<tr><td rowspan="2">-342. 351</td><td rowspan="2">-337. 987</td><td rowspan="2">224°37′57″</td></tr>
<tr><td rowspan="2">C</td><td rowspan="2">659. 191</td><td rowspan="2">1 282. 629</td></tr>
<tr><td rowspan="2">180. 943</td><td rowspan="2">-438. 207</td><td rowspan="2">292°26′12″</td></tr>
<tr><td>A</td><td></td><td></td></tr>
<tr><td>∠A</td><td>34°11′02″</td><td>α</td><td>-68°02′36″</td><td rowspan="2">$P_A = \frac{1}{\cot\angle A - \cot\alpha}$</td><td rowspan="2">0. 533 193 3</td></tr>
<tr><td>∠B</td><td>33°37′13″</td><td>β</td><td>-8°24′14″</td></tr>
<tr><td>∠C</td><td>112°11′45″</td><td>γ</td><td>76°26′50″</td><td rowspan="2">$P_B = \frac{1}{\cot\angle B - \cot\beta}$</td><td rowspan="2">0. 120 878 4</td></tr>
<tr><td>Σ</td><td>180°00′00″</td><td>Σ</td><td>180°00′00″</td></tr>
<tr><td>cot∠A</td><td>1. 472 345 7</td><td>cotα</td><td>-0. 403 146 7</td><td rowspan="2">$P_C = \frac{1}{\cot\angle C - \cot\gamma}$</td><td rowspan="2">-1. 540 687 7</td></tr>
<tr><td>cot∠B</td><td>1. 503 965 9</td><td>cotβ</td><td>-6. 768 807 6</td></tr>
<tr><td>cot∠C</td><td>-0. 408 007 6</td><td>cotγ</td><td>0. 241 053 2</td><td>$P_A+P_B+P_C$</td><td>-0. 886 616 0</td></tr>
<tr><td>P 的坐标</td><td colspan="5">$x_P = \frac{P_A x_A + P_B x_B + P_C x_C}{P_A + P_B + P_C} = 503.700$
$y_P = \frac{P_A y_A + P_B y_B + P_C y_C}{P_A + P_B + P_C} = 1\,500.078$</td></tr>
</table>

任务四 高程控制测量

一、水准测量

(一)水准测量的技术指标

在地形测图和工程测量中,除了建立必要的平面控制,还要建立基本高程控制和加密高程控制。小区域内的基本高程控制常采用三、四等水准测量方法建立,加密高程控制网可采用图根水准测量或三角高程测量法建立。三、四等及图根水准测量的具体技术要求见表6-10。

表6-10 三、四等及图根水准测量技术要求

技术项目	等级		
	三等	四等	图根水准
所用仪器	DS_3 型水准仪 双面水准尺	DS_3 型水准仪 双面水准尺	DS_3 型水准仪 双面水准尺
测站观测顺序	后—前—前—后	后—后—前—前	后—后—前—前
最大允许视距(m)	75	100	150
前、后视距差(m)	≤±2.0	≤±3.0	≤±20.0
K+黑-红(mm)	≤±2	≤±3	≤±4
黑、红面高差之差(mm)	≤±3	≤±5	≤±6
每段前、后视距累积差(m)	≤±5	≤±10	≤±100
路线总长(km)	≤200	≤80	≤30
高差闭合差(mm)	$f_{h允}=\pm 12\sqrt{\sum D}$	$f_{h允}=\pm 20\sqrt{\sum D}$	$f_{h允}=\pm 40\sqrt{\sum D}$

(二)三、四等水准测量的施测方法

三、四等水准测量所使用的仪器、工具相同,作业方法也基本相同,区别主要在于限差不同。详细测量方法参见项目二相关内容。

二、三角高程测量

(一)三角高程测量原理

如图6-19所示,在点 A 处安置经纬仪,在点 B 处竖立标杆,照准目标高为 v 时,测出的竖直角为 α,量出仪器高为 i。设 A、B 两点间的水平距离为 D,由图6-19可知

$$h_{AB} + v = D\tan\alpha + i \tag{6-33}$$

$$h_{AB} = D\tan\alpha + i - v \tag{6-34}$$

令 $h' = D\tan\alpha$,则式(6-34)可写成

$$h_{AB} = h' + i - v \tag{6-35}$$

若点 A 的高程为 H_A,则点 B 的高程 H_B 为

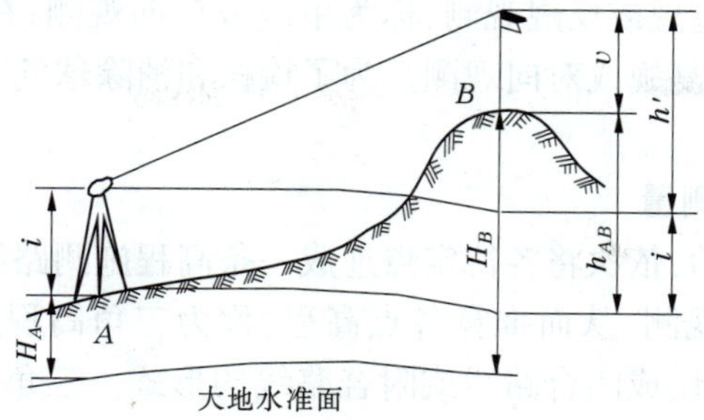

图 6-19 三角高程测量原理

$$H_B = H_A + h_{AB} = H_A + h' + i - v \tag{6-36}$$

(二)球气差影响及改正方法

三角高程测量中,由于地球曲率和大气折光的存在,对高差测量影响很大。如图 6-20 所示,MM'为大气折光对高差的影响,称为气差;EF 为地球曲率对高差的影响,称为球差。

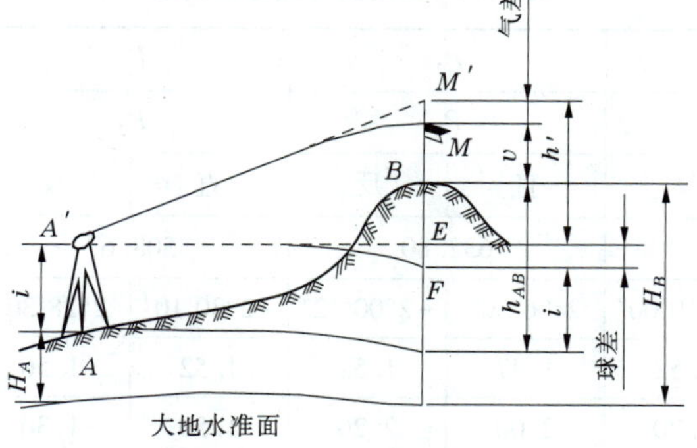

图 6-20 球气差对三角高程的影响

由图 6-19 可知

$$h_{AB} + v + MM' = h' + i + EF \tag{6-37}$$

令 $f=EF-MM'$,则式(6-37)可写成

$$h_{AB} = h' + i - v + f \tag{6-38}$$

式(6-38)即为受球气差影响的三角高程计算高差的公式。f 为球气差的联合影响,在我国境内一般取值为 $0.43D^2/R$。其中,D 为地面两点间的水平距离;R 为地球平均半径,取 6 371 km。

(三)三角高程测量的施测方法

三角高程测量一般采用直觇和反觇两种方法。如图 6-20 所示,在已知高程点 A 处安置经纬仪,观测待定点 B,以求得点 B 的高程 H_B,称为直觇。反觇的计算公式为

$$H_B = H_A + h_{AB} = H_A + D\tan\alpha_{AB} + i_A - v_B + f \tag{6-39}$$

在待定点 B 处安置经纬仪,观测已知高程点 A,以求得点 B 的高程 H_B,称为反觇。反觇的计算公式为

$$H_B = H_A - h_{AB} = H_A - D\tan\alpha_{BA} + i_B - v_A + f \tag{6-40}$$

在一条边上只进行直觇或反觇观测,称为单觇或单向观测;在同一条边上,既进行直觇又进行反觇观测,称为复觇或对向观测。为了检核和消除球气差的影响,一般采用复觇观测。

(四)三角高程路线测量

从一已知高程点开始,依次将各待定点连成一条高程施测路线,在每一条边上按三角高程测量方法进行复觇观测,从而推算各点高程,称为三角高程路线测量。为了进行检核,三角高程路线也应布设成闭合路线或附合路线的形式。三角高程路线算例见图 6-21 及表 6-11。

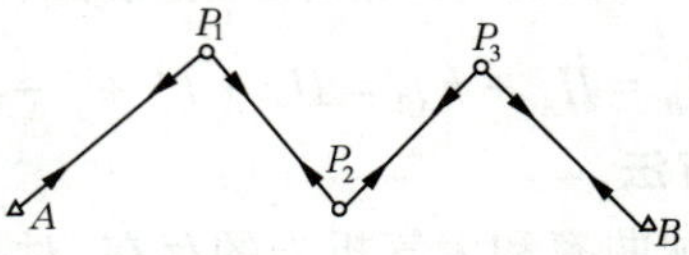

图 6-21 三角高程路线

表 6-11 三角高程路线计算表

所求点	P_1		P_2		P_3		B	
起点	A		P_1		P_2		P_3	
觇法	直	反	直	反	直	反	直	反
D(m)	604. 66		632. 80		508. 67		512. 36	
α	1°16′30″	-1°10′00″	2°06′30″	-2°00′12″	-2°30′10″	2°28′30″	1°12′18″	-1°10′20″
i(m)	1. 50	1. 52	1. 47	1. 52	1. 52	1. 50	1. 46	1. 49
v(m)	2. 50	1. 70	2. 00	2. 20	1. 50	1. 30	2. 00	1. 30
f(m)	0. 02	0. 02	0. 03	0. 03	0. 02	0. 02	0. 02	0. 02
h'(m)	13. 46	-12. 31	23. 30	-22. 13	-22. 23	21. 99	10. 78	-10. 48
h(m)	12. 48	-12. 47	22. 80	-22. 78	-22. 19	22. 21	10. 26	-10. 27
$h_{中}$(m)	12. 48		22. 79		-22. 20		10. 26	
v_h(m)	0. 03		0. 03		0. 03		0. 03	
$h_{改}$(m)	12. 51		22. 82		-22. 17		10. 29	
$H_{起}$(m)	279. 86		292. 37		315. 19		293. 02	
$H_{终}$(m)	292. 37		315. 19		293. 02		303. 31	

习 题

(一)选择题

6-1 下列不属于高程控制点的是( )。

A. 水准点 B. 三角高程点

C. 三角点　　D. 以上答案都不对

6-2 导线的布置形式有(　　)。

A. 一级导线、二级导线、图根导线

B. 单向导线、往返导线、多边形导线

C. 闭合导线、附合导线、支导线

D. 经纬仪导线、电磁波导线、视距导线

6-3 导线测量的外业工作是(　　)。

A. 选点、测角、量边　　B. 埋石、造标、绘草图

C. 距离丈量、水准测量、角度测量　　D. 测水平角、测竖直角、测斜距

6-4 若两点 C、D 间的坐标增量 Δx 为负,Δy 为正,则直线 CD 的坐标方位角位于(　　)。

A. 第一象限　　B. 第二象限

C. 第三象限　　D. 第四象限

6-5 用导线全长相对闭合差来衡量导线测量精度的公式是(　　)。

A. $K=M/D$　　B. $K=1/(D/|D|)$

C. $K=1/(\sum D/f_D)$　　D. $K=1/(f_D/\sum D)$

6-6 导线的坐标增量闭合差调整后,应使纵、横坐标增量改正数之和等于(　　)。

A. 纵、横坐标增量闭合差,其符号相同

B. 导线全长闭合差,其符号相同

C. 纵、横坐标增量闭合差,其符号相反

D. 导线全长闭合差,其符号相反

6-7 导线的角度闭合差的调整方法是将闭合差反符号后(　　)。

A. 按角度大小成正比例分配　　B. 按角度个数平均分配

C. 按边长成正比例分配　　D. 按边长成反比例分配

6-8 导线坐标增量闭合差的调整方法是将闭合差反符号后(　　)。

A. 按角度个数平均分配　　B. 按导线边数平均分配

C. 按边长成反比例分配　　D. 按边长成正比例分配

6-9 四等水准测量中,同一站同一水准尺的红、黑面中丝读数差,不能超过(　　)。

A. 3 m　　B. 3 mm

C. 2 m　　D. 2 mm

6-10 四等水准测量中,平均高差的计算公式是(　　)。

A. (黑面高差+红面高差)/2　　B. {黑面高差+(红面高差±0.1 m)}/2

C. {黑面高差+(红面高差+0.1 m)}/2　　D. {黑面高差+(红面高差−0.1 m)}/2

(二)计算题

6-1 某闭合导线,其横坐标增量总和为−0.35 m,纵坐标增量总和为0.46 m,如果导线总长度为1 216.38 m,试计算导线全长相对闭合差和边长每100 m的坐标增量改正数。

6-2 已知四边形闭合导线外业测量成果如表6-12所示,完成闭合导线内业计算。

表 6-12 闭合导线计算表

点号	观测角 (° ′ ″)	改正后角值 (° ′ ″)	坐标方位角 (° ′ ″)	边长 (m)	坐标增量 (m)		改正后坐标增量 (m)		坐标值 (m)	
					Δx	Δy	Δx	Δy	x	y
1	2	3	4	5	6	7	8	9	10	11
A									600.00	600.00
			43 32 06	299.31						
B	75 56 00									
				232.40						
C	107 19 32									
				239.92						
D	87 30 12									
				239.19						
A	89 15 12									
B										
Σ										
计算公式										

项目七　地形图的基本知识及其应用

地图是根据特定的数学法则,将地球上的自然和社会经济现象,通过制图综合,并以符号和注记缩绘在平面上的图像;是将地球表面的各种地理事物和现象加以综合,按照一定的数学法则建立地球和平面间的相互联系,用符号、文字和颜色把地球空间现象表现在平面上的图形。

任务一　概　述

一、地图的概念及其分类

地面上的道路、河流等自然物体或房屋、桥梁等人工建筑物(构筑物)称为地物,地球表面的山峰、丘陵、平原、盆地、沟壑、峡谷等高低起伏的形态称为地貌,地物和地貌总称为地形。地形图就是将地表一定区域内的地物、地貌按照某种数学法则投影到水平面上,按照规定的符号和比例尺,经过综合取舍绘制而成的图形。如果仅反映地物的平面位置,不反映地貌变化的图,称为平面图。

地形图按照其载体不同可分为纸质地图和电子地图。传统的纸质地图是以纸张为载体,是三维地形在二维平面上的模拟;电子地图(数字地图)是以数字形式存储在计算机里的。地形图按照表达方式不同可分为线划图和影像图。用各种线划符号和注记说明表示的为线划图,在航拍相片的基础上加工而成并保留有地面影像的为影像图。

地形图从地图包含内容上考虑可分为专题地图和全要素地图,从地图要素上考虑可分为地物图(平面图)和地貌图(地形图),从投影方式上考虑可分为垂直投影图和中心投影图。

二、地形图比例尺及其比例尺精度

(一)地形图比例尺的概念及其分类

地形图图上任一线段长度与该线段对应的实地长度的比值称为地形图比例尺。

比例尺按照表示方法的不同,可分为数字比例尺、直线比例尺和复式比例尺三种。通常都标注在外图廓下方正中央处,如图 7-1 所示。另外,在地形图上需要获得坡度时也可用坡度尺来实现,坡度尺一般置于地图外图廓线右下位置处,如图 7-1 所示。

1. 数字比例尺

数字比例尺一般是以 1 作为分子的分数形式表示的,设图上某一直线长度为 d,相应地面线段的水平距离为 D,则图的比例尺为 $d/D=1/(D/d)=1/M$,式中 M 为比例尺分母。

通常将比例尺为 1∶500、1∶1 000、1∶2 000、1∶5 000、1∶1 万的地形图称为大比例

尺地形图,将比例尺为 1∶2.5 万、1∶5 万、1∶10 万的地形图称为中比例尺地形图,将比例尺为 1∶20 万、1∶50 万、1∶100 万的地形图称为小比例尺地形图。

数字比例尺分母越小,即分数值越大,则比例尺也越大,它在图上表示的地物、地貌也越详细。

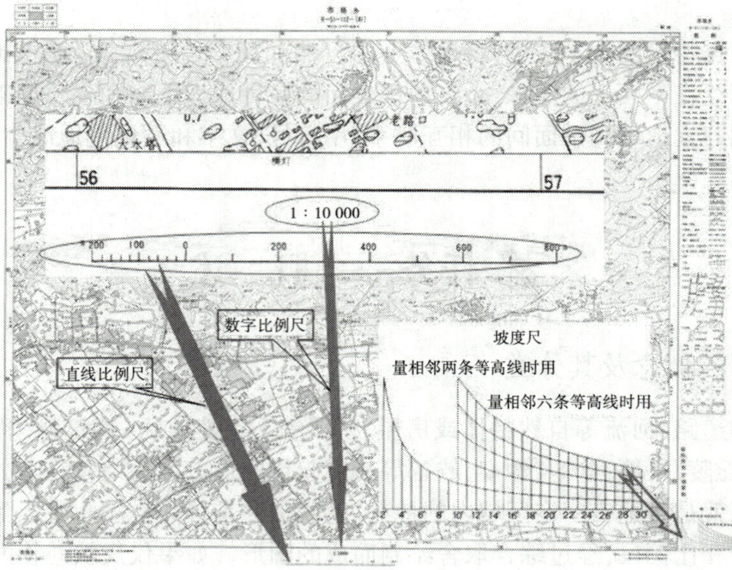

图 7-1 直线比例尺

2. 直线比例尺

直线比例尺又称图式比例尺,为了直接而方便地进行图上与实地相应的水平距离换算和减少图纸伸缩误差,常在图廓下方绘一直线比例尺。绘制时先在图上绘两条平行线,再把它分成若干相等的线段,称为比例尺的基本单位,一般为 2 cm,将左端的一段基本单位又分成 10 等份,如图 7-1 所示。

3. 复式比例尺

绘制地图必须用地图投影来建立数学基础,但每种投影都存在着变形,在大于 1∶100 万的地形图上,投影变形非常微小,故可用同一个比例尺——主比例尺表示或进行量测;但在广大地区更小比例尺地图上,不同的部位则有明显的变形,因而不能用同一比例尺表示和量测。故根据投影变形和地图主比例尺绘制成复式比例尺,才能进行合理的量算。复式比例尺是由主比例尺与局部比例尺组合成的比例尺。

复式比例尺由主比例尺的尺线与若干条局部比例尺构成,分为经线比例尺和纬线比例尺两种(见图 7-2)。以经线长度比计算基本尺段相应实地长度所作出的复式比例尺,称经线比例尺,用于量测沿经线或近似经线方向某线段的长度;以纬线长度比计算基本尺段相应实地长度所作出的复式比例尺,称纬线比例尺,用于量测沿纬线或近似纬线方向某线段的长度。当量标准线上某线段长度时,则用主比例尺尺线。

工程测量使用的地形图一般为大、中比例尺地形图,所以工程测量中使用的地图中复式比例尺不常见。

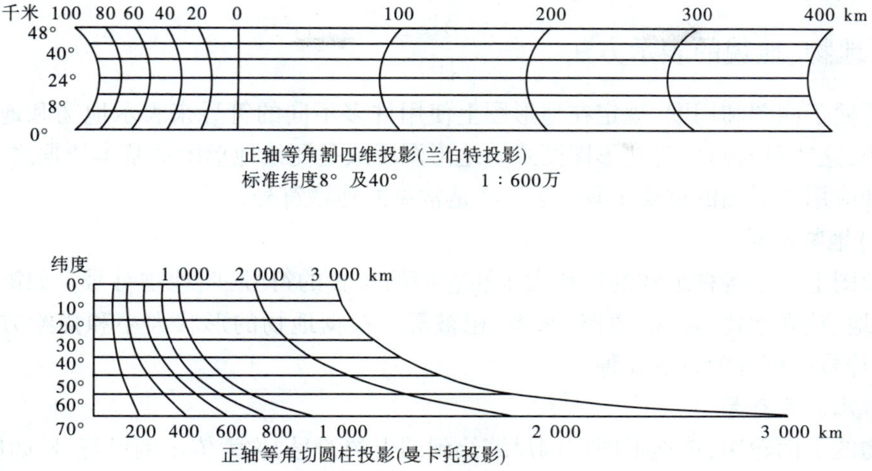

图 7-2 复式比例尺

4. 坡度尺

坡度尺是按等高线间的平距 d 与高差 h、相应的地面倾角 α 或地面坡度 i($i=\tan\alpha$,以百分数表示)、地图比例尺分母 M 之间的函数关系 d:$(h/M)\cot\alpha$ 为基础制作而成的。通常由甲、乙两个曲线尺叠合组成。甲尺用于量取相邻两条等高线(首曲线)间的地面坡度(或地面倾角)或进行逆量取,乙尺用于量取相邻六条等高线(计曲线)间的地面坡度(或地面倾角)或进行逆量取(见图 7-1)。根据地形图上等高线的平距确定相应的地面坡度时,先量取等高线间的平距,再在坡度尺上找出纵线高与此平距相等的纵线位置,所注的百分数(或角度),即为此等高线间的实地坡度。亦可仿此根据给定的地面坡度,确定与此坡度相应的地面位置,用坡度尺在地形图上进行线路工程(如公路、铁路、渠道等)的初步选线,即此种操作的实际应用。

(二)地形图比例尺精度

通常认为人的肉眼在图纸上的分辨率为 0.1 mm,所以规定图上 0.1 mm 所对应的实地距离称为比例尺精度,用 δ 表示,则 $\delta=0.1\ \text{mm}\times M$。例如比例尺为 1∶2 000 地形图的比例尺精度为 0.2 m。几种常见比例尺地形图的比例尺精度见表 7-1。

表 7-1 几种常见比例尺地形图的比例尺精度

比例尺	1∶500	1∶1 000	1∶2 000	1∶5 000	1∶1 万
比例尺精度(m)	0.05	0.1	0.2	0.5	1.0

根据比例尺的精度,可以确定测图时距离量取的精度。例如,测绘 1∶2 000 比例尺地形图时,其比例尺精度为 0.2 m,故量距的精度只需 0.2 m,小于 0.2 m 在图上表示不出来。另外,当设计规定需在图上能量出的实地最短长度时,根据比例尺的精度,可以反算从而确定测图的比例尺。

比例尺越大,表示的实地地物和地貌情况越详细,精度越高。但是对于同一测区,测绘大比例尺地形图通常要增加测绘工作量和经费,因此采用何种比例尺测图,应从工程实际需要的精度出发,而不应盲目追求更大比例尺的地形图。

二、地物、地貌的表示方法

为了便于测图和用图,规定在地形图上使用许多不同的符号来表示地物和地貌的形状和大小,这些符号总称为地形图图式。地形图图式是测绘地形图的基本依据之一,是正确识读和应用地形图的重要工具。表7-2是常见的地物符号。

(一)地物符号

地形图上表示各种地物的形状大小和它们的位置的符号,叫地物符号。如测量控制点、居民地、独立地物、管线、道路、水系、植被等。根据地物的形状大小和描绘方法的不同,地物符号可以分为以下几种。

1. 依比例尺符号

地物的平面轮廓,依地形图比例尺缩绘到图上的符号,称为依比例尺符号,如房屋、湖泊、农田等。依比例尺符号不仅能反映出地物的平面位置,而且能反映出地物的形状和大小。

2. 不依比例尺符号

有些重要地物其轮廓较小,按测图比例尺缩小在图纸上无法表示出来,而用规定的符号表示,称为不依比例尺符号。如控制点、独立树、电杆、水塔、路灯。不依比例尺符号只表示物体的中心或中线的位置,不表示物体的形状和大小。

3. 半依比例尺符号

对于一些狭长地物,如管线、围墙、通信线等,其长度依测图比例尺表示,宽度不依比例尺表示,称为半依比例尺符号。

注意:这几种符号的使用不是固定不变的,同一地物,在大比例尺图上采用依比例尺符号,而在中小比例尺图上可能采用不依比例尺符号或半依比例尺符号。

4. 地物注记

地形图上用文字、数字或特定符号对地物的性质、名称、高程等加以说明,称为地物注记。如地名、控制点名、高程、房屋层数、机关名称、河流流向、道路等级等。

(二)地貌符号

地貌是指地球表面高低起伏的各种不同形态,是地形图要表示的重要信息之一。地貌尽管千姿百态、错综复杂,但其基本形态中主要有山头、山脊、山谷、山坡、鞍部、洼地、绝壁等,如图7-3所示。

地形图上表示地貌的方法很多,普通地貌(山头、山脊、山谷、山坡、鞍部等)通常用等高线表示,典型地貌(陡坎、斜坡、冲沟、悬崖、绝壁、梯田等)通常用特殊符号表示。用等高线表示地貌不仅能表示出地面的起伏形态,而且可以根据它求得地面的坡度和高程等,所以等高线是目前大比例尺地形图表示地貌的主要方法。

1. 等高线

地面上高程相等的各相邻点所连成的闭合曲线称为等高线,如图7-4所示。设想以若干高度(图中的100 m、95 m、80 m等)的平面与某山头相交,再将所有交线依次投影到水平面上,得到一组闭合曲线。显然每条闭合曲线上高程相等,所以称为等高线。

表 7-2 常见的地物符号

编号	符号名称	图例	编号	符号名称	图例
1	坚固房屋 4—房屋层数	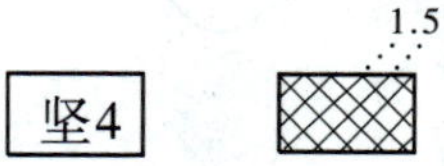	10	旱地	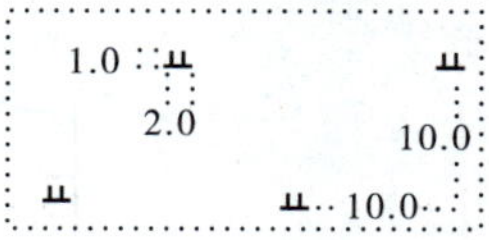
2	普通房屋 2—房屋层数	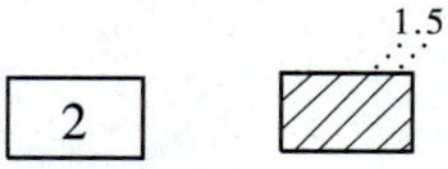	11	灌木林	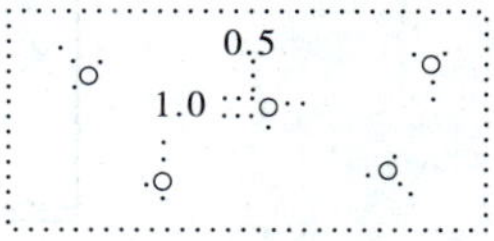
3	窑洞 1.住人的 2.不住人的 3.地面下的	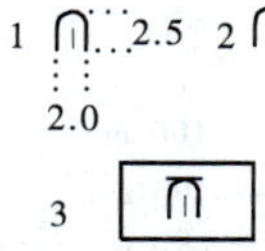	12	菜地	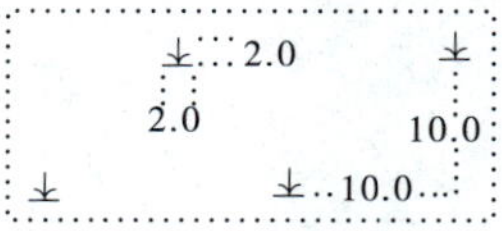
4	台阶	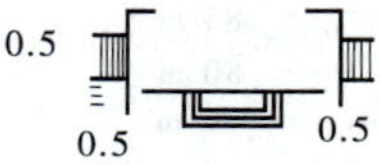	13	高压线	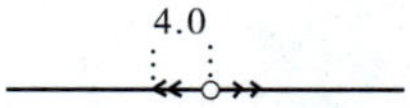
5	花圃	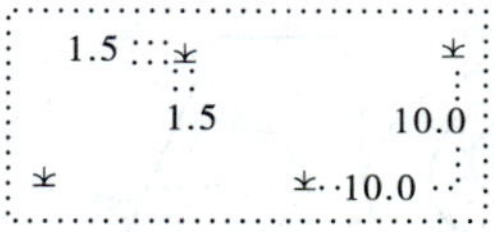	14	低压线	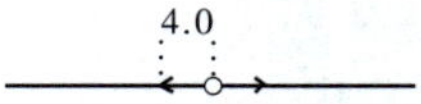
6	草地	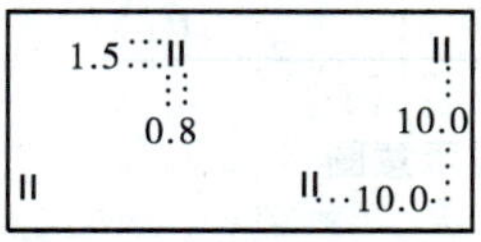	15	电杆	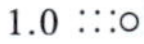
7	经济作物地	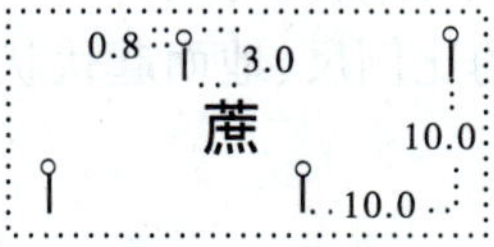	16	电线架	
8	水生经济作物地	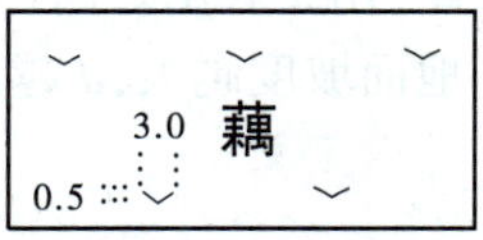	17	砖、石及混凝土围墙	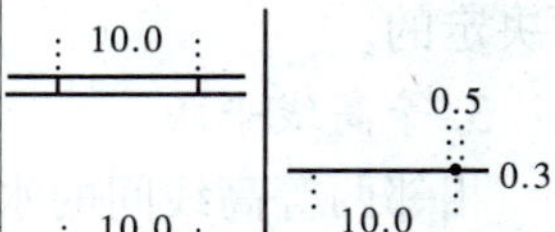
			18	土围墙	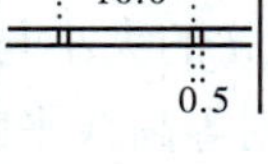
9	水稻田	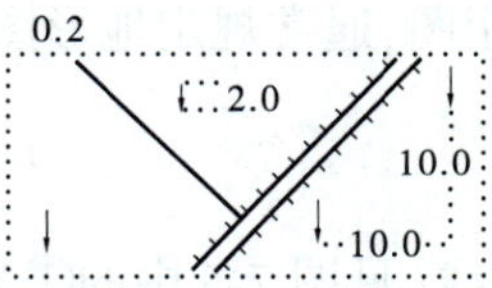	19	栅栏、栏杆	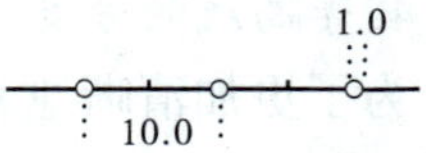
			20	篱笆	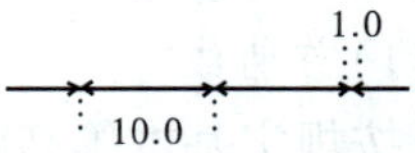

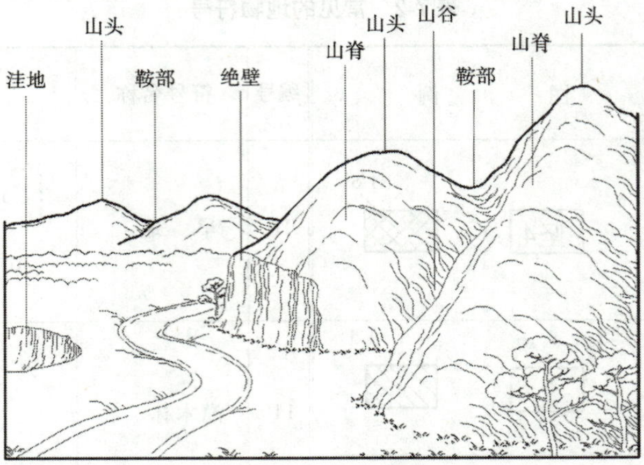

图7-3 典型地貌

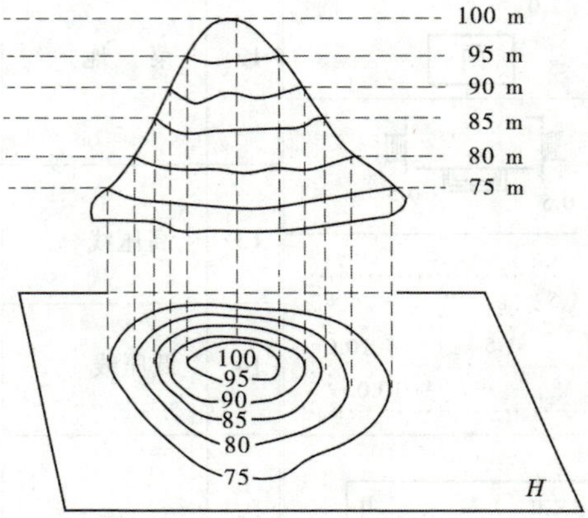

图7-4 等高线示意图

2. 等高距

地形图上相邻两条等高线的高差称为等高距,用 h 表示。同一幅地形图上等高距通常都是相同的。等高距的大小是依据地形图的比例尺、地面起伏状况、精度要求及用图目的决定的。

3. 等高线平距

相邻两等高线间的水平距离称为等高线平距,用 d 表示。同一幅图中等高距相同,所以等高线平距 d 的大小与地形陡缓程度有关。地面坡度越大,d 越小;反之,d 越大。若地面坡度均匀,则等高线平距相等。

4. 等高线的分类

为了更加清晰地表示地貌特征,同时方便用图,通常规定地形图上采用如下四种等高线,如图7-5所示。

1)首曲线

按规定基本等高距测定的等高线称为首曲线(见图7-5中的①),也称为基本等高线。

图 7-5 各种等高线示意图

2) 计曲线

为计算方便,每隔四条首曲线加粗描绘的等高线称为计曲线(见图 7-5 中的②),也称为加粗等高线。

3) 间曲线

当首曲线不足以显示局部地貌特征时,按 1/2 基本等高距绘制的等高线称为间曲线,也称为半距等高线,常以长虚线表示,描绘时可不闭合(见图 7-5 中的③)。

4) 助曲线

当首曲线和计曲线仍不足以显示局部地貌特征时,按 1/2 基本等高距绘制的等高线称为助曲线,也称为辅助等高线(见图 7-5 中的④)。常以短虚线表示,描绘时也可不闭合。

5. 几种典型地貌的等高线

几种典型地貌的等高线如图 7-6 所示。

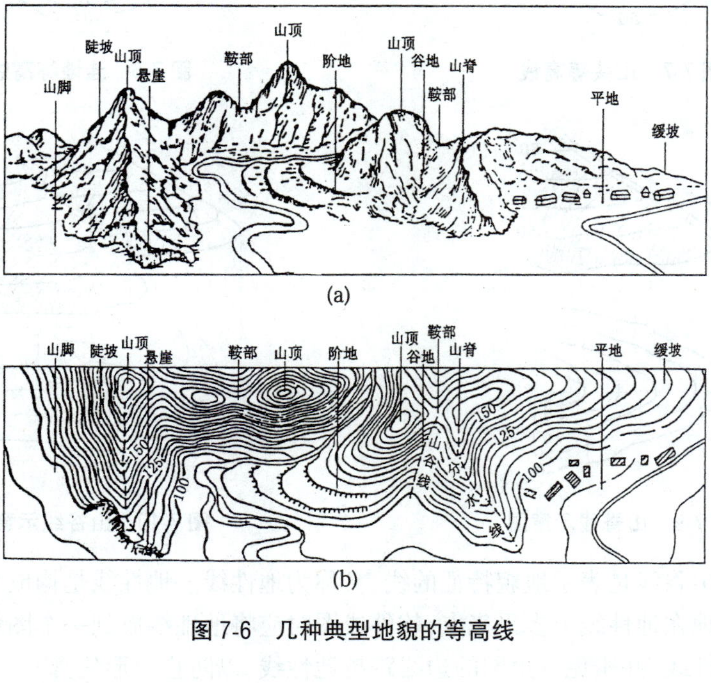

图 7-6 几种典型地貌的等高线

1) 山头与洼地的等高线

山地是指中间突起而高程高于四周的高地。高大的山地称为山岭,矮小的称为山丘。山的最高处称为山顶。地表中间部分的高程低于四周的低地,称为洼地,大的洼地称为盆地。山头和洼地的等高线形状相似,都是一组闭合的曲线,区分方法是根据等高线上注记的高程判断,如果从里向外,高程依次增大则为洼地,反之则为山头,如图 7-7 和图 7-8 所示。

如果等高线上无高程注记,则在等高线的斜坡下降方向绘一短线,来表示坡度降低方向,这些短线称为示坡线。

2) 山脊与山谷的等高线

从山顶向山脚延伸并突起的部分称为山脊,其等高线是一组凸向低处的等高线。山脊上相邻最高点的连线称为山脊线或分水线,如图 7-9 所示。

两个山脊之间向一个方向延伸的低凹部分称为山谷,其等高线是一组凸向高处的等高线。山谷中相邻最低点的连线称为山谷线或合水线,如图 7-10 所示。

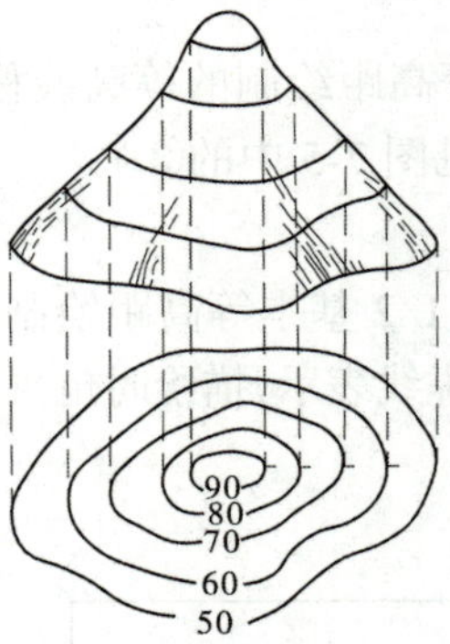

图 7-7　山头等高线

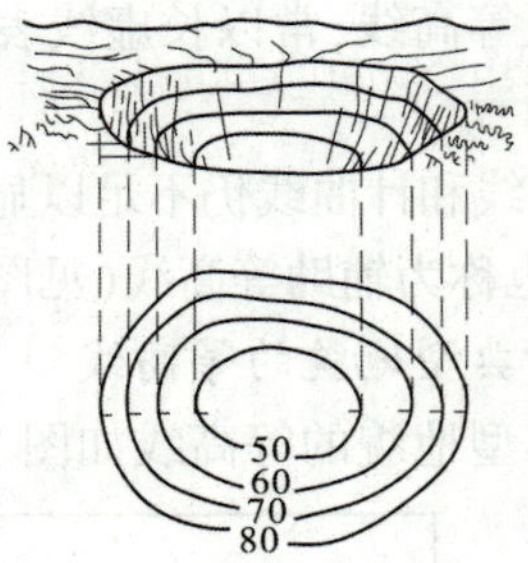

图 7-8　洼地等高线

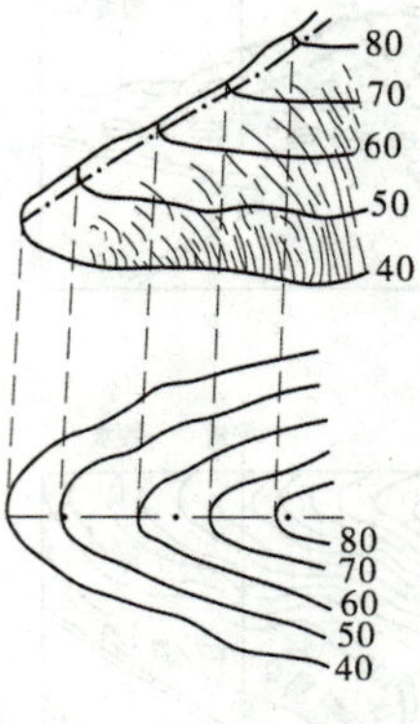

图 7-9　山脊线示意图

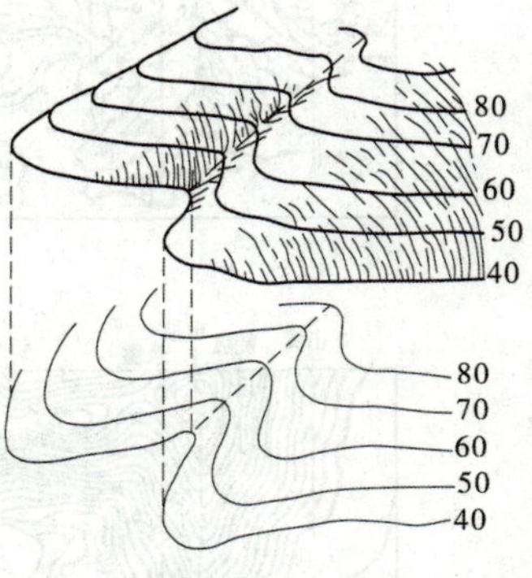

图 7-10　山谷线示意图

山脊线和山谷线是表示地貌特征的线,又称为地性线。地性线是构成地貌的骨架,测图时应尽可能地在地性线上多采集点,软件成图时应将地性线放到一个图层中,构建三角网时应考虑地性线,并避免三角网的边线跨越地性线,以防止地形失真。

3)鞍部的等高线

相邻两个山头之间的低洼部分形状如同马鞍,故称为鞍部,其等高线是两组闭合曲线的组合,如图 7-11 所示。

4)峭壁、悬崖的表示方法

接近垂直的陡壁称为峭壁,如果用等高线表示峭壁,大部分将重合,导致非常密集,所以采用特殊符号来表示,如图 7-12 所示。

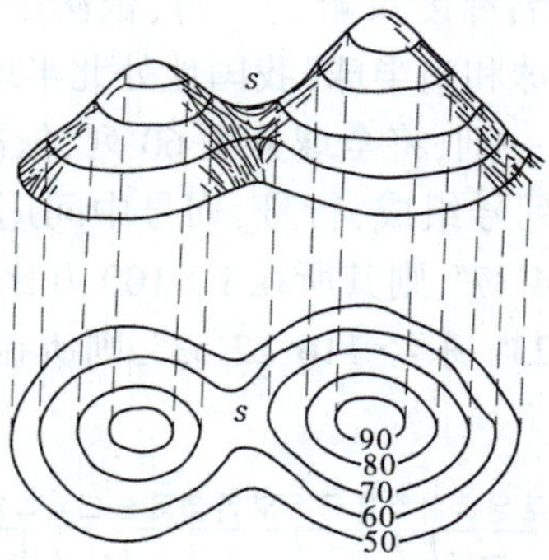

图 7-11 鞍部等高线示意图

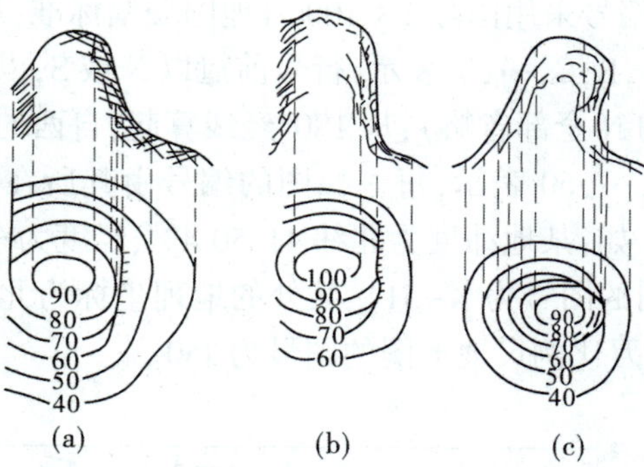

图 7-12 悬崖峭壁等高线示意图

上部向外突出,中间凹进的地形称为悬崖,其上部等高线与下部等高线的投影将产生相交,所以下部凹进的等高线用虚线表示,如图 7-12 所示。

6. 等高线的特性

按上述等高线的表示方法,可以总结出下列等高线的特征:

(1)同一等高线上各点高程必相等。

(2)等高线为一闭合曲线,如不在本幅图内闭合,则在相邻的其他图幅内闭合。等高线不能在图幅内中断。

(3)除悬崖、峭壁外,不同高程的等高线不能闭合。

(4)山脊与山谷的等高线与山脊线和山谷线正交。

(5)在同一图幅内,等高线平距大,表示地面坡度小;反之,则坡度大;平距相等,则坡度相等。倾斜平面上的等高线是间距相等的平行直线。

三、地形图的分幅与编号

为了不遗漏、不重复地测绘各地区的地形图,也为了能科学地管理、使用大量的各种比例尺地形图,需将不同比例尺的地形图按照国家统一规定进行分幅和编号。

所谓地形图分幅和编号,就是以经纬线(或坐标格网线)按规定的方法,将地球表面划分成整齐的、大小一致的若干个梯形(矩形或正方形)的图块,每一图块称为一个图幅,给以统一的编号。地形图的分幅分为两类:一类是按经纬线分幅的梯形分幅法,也称国际分幅法;另一类是按坐标格网分幅的矩形分幅法。前者用于中、小比例尺的国家基本图分幅,后者用于城市大比例尺图的分幅。

(一)梯形图幅分幅与编号

地形图的梯形分幅以国际统一规定的经线为图的东西边界,统一规定的纬线为南北边界。由于各条经线(子午线)向南、北极收敛,所以整个图形略呈梯形。其划分方法和编号随比例尺的不同而不同。为了便于计算机检索和管理,1992年国家标准局发布了新的《国家基本比例尺地形图分幅和编号》(GB/T 13989—1992),自1993年7月1日起实施。

1.1:100万比例尺地形图的分幅与编号

1:100万比例尺地形图的分幅与编号是国际统一的,是其他比例尺地形图分幅和编号的基础,如图7-13所示。1:100万地形图采用正轴等角圆锥投影编绘方法成图。分幅、编号采用国际1:100万地图分幅标准,从赤道开始,纬度每4°为一行,依次用拉丁字母A,B,C,…,V表示,行号前冠以N或S,以区别北半球和南半球(我国地处北半球,图号前的N全部省略);从180°经线算起,自西向东每6°为一列,将全球分为60列,依次用1,2,3,…,60表示,每一幅图的编号由其所在的行号和列号组成,行号、列号中间用"-"连接。如:某地纬度为北纬41°50′43″、经度为东经123°24′37″,则其所在1:100万比例尺地形图的图号为K-51。某处的地理坐标为北纬39°56′23″、东经116°22′53″,则所在的1:100万比例尺地形图的图号为J50。

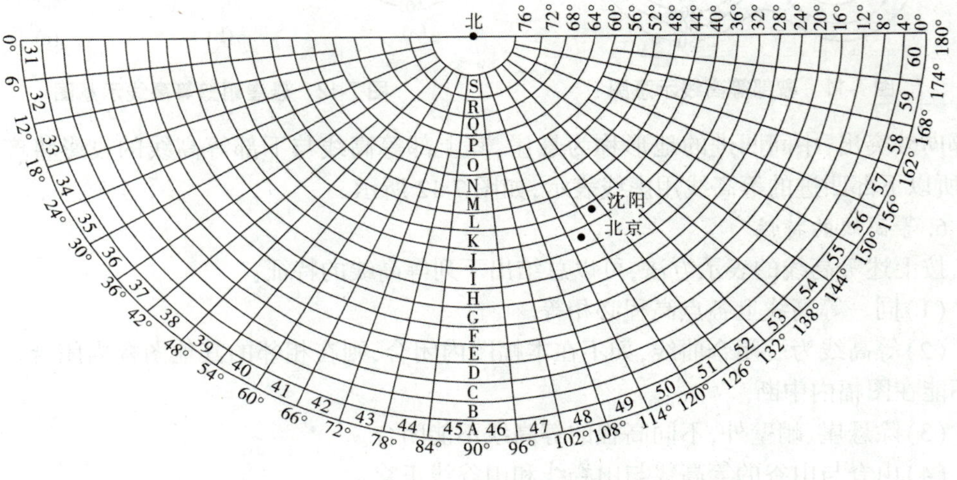

图7-13 1:100万比例尺地形图的分幅和编号

2.1:50万、1:25万比例尺地形图的分幅与编号

1:50万比例尺的地形图分幅是在1:100万地形图图幅的基础上进行的,即将1:100万地形图图幅分成四个经差、纬差相同的图幅,按先左到右、后上到下依次编A、B、C、D,然后在其1:100万图幅号后用"-"连接,1:25万比例尺的地形图分幅是在1:50万地形图图幅的基础上进行的,即将1:50万地形图图幅分成四个经差、纬差相同的图幅,按先左到右、后上到下依次编1、2、3、4,然后在其1:50万图幅号后用"-"连接,如图7-14所示。如北纬41°50′43″、经度为东经123°24′37″的位置所在1:50万比例尺的地形图的图幅号为K-51-D,1:25万比例尺的地形图的图幅号为K-51-D-1。

3.1:10万、1:5万、1:2.5万比例尺地形图的分幅与编号

1:10万比例尺的地形图分幅也是在1:100万地形图图幅的基础上进行的,即将1:100万地形图图幅分成144个经差、纬差相同的图幅,按先左到右、后上到下依次编1,2,…,144,如图7-15所示,然后在其1:100万图幅号后用"-"连接。1:5万比例尺的地

形图分幅是在 1∶10 万地形图图幅的基础上进行的，即将 1∶10 万地形图图幅分成四个经差、纬差相同的图幅，按先左到右、后上到下依次编 A、B、C、D，然后在其 1∶10 万图幅号后用“-”连接。1∶2.5 万比例尺的地形图分幅是在 1∶5 万地形图图幅的基础上进行的，即将 1∶5 万地形图图幅分成四个经差、纬差相同的图幅，按先左到右、后上到下依次编 1、2、3、4，然后在其 1∶5 万图幅号后用“-”连接，如图 7-16 所示。

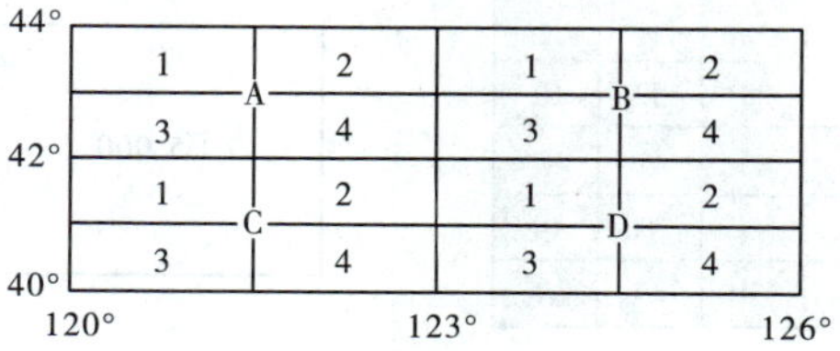

图 7-14　1∶50 万、1∶25 万地形图的分幅和编号

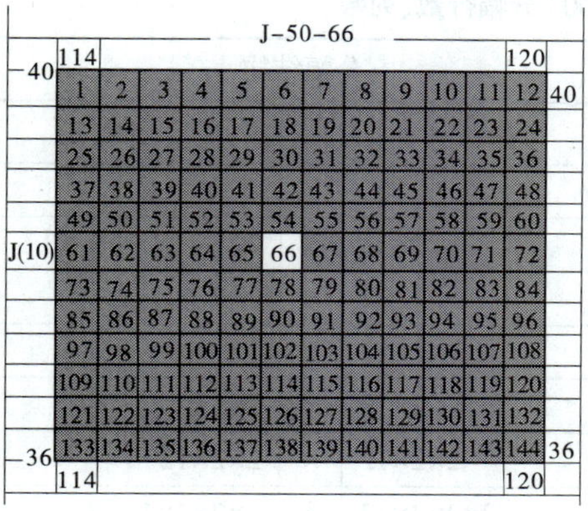

图 7-15　1∶10 万地形图的分幅和编号

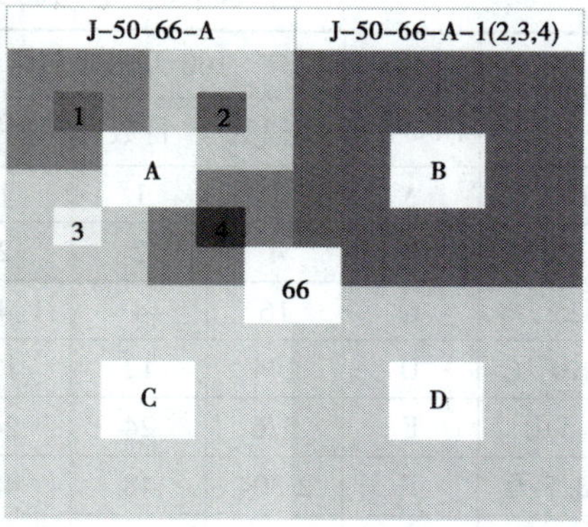

图 7-16　1∶10 万、1∶5 万、1∶2.5 万地形图的分幅和编号

4. 1∶1 万、1∶5 000、1∶2 000 比例尺地形图的分幅与编号

1∶1 万比例尺的地形图分幅也是在 1∶10 万地形图图幅的基础上进行的，即将 1∶10 万地形图图幅分成 64 个经差、纬差相同的图幅，按先左到右、后上到下依次编 1,2,…,64，然后在其 1∶10 万图幅号后用“-”连接带括号的数字，如图 7-17 所示。1∶5 000 比例尺的地形图分幅是在 1∶1 万地形图图幅的基础上进行的，即将 1∶1 万地形图图幅分成四个经差、纬差相同的图幅，按先左到右、后上到下依次编 a、b、c、d，然后在其 1∶1 万图幅号后用“-”连接。1∶2 000 比例尺的地形图分幅是在 1∶5 000 地形图图幅的基础上进行的，即将 1∶5 000 地形图图幅分成 9 个经差、纬差相同的图幅，按先左到右、后上到下依次编 1,2,…,9，然后在其 1∶5 000 图幅号后用“-”连接，如图 7-18 所示。

通过上面的叙述还可以看到，在进行分幅时，1∶100 万～1∶2 000 的图幅编号都是从上一层往下延续的，所要注意的是各级分幅数不完全是相同的。还要注意 1∶10 万、1∶1 万的分幅方法，1∶100 万、1∶10 万、1∶1 万是小、中、大比例尺的分界点。把 1∶100 万从 1∶50 万～1∶2 000 分幅所得行数、列数见表 7-3，各个比例尺地形图的经差、纬差、比例尺代号见表 7-4。

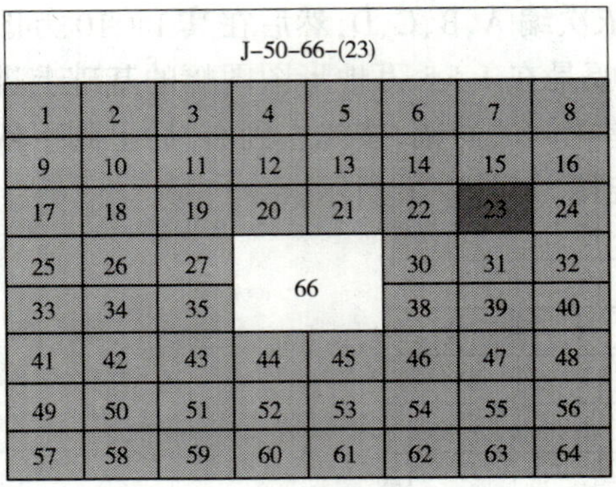

图 7-17　1∶1 万地形图分幅和编号

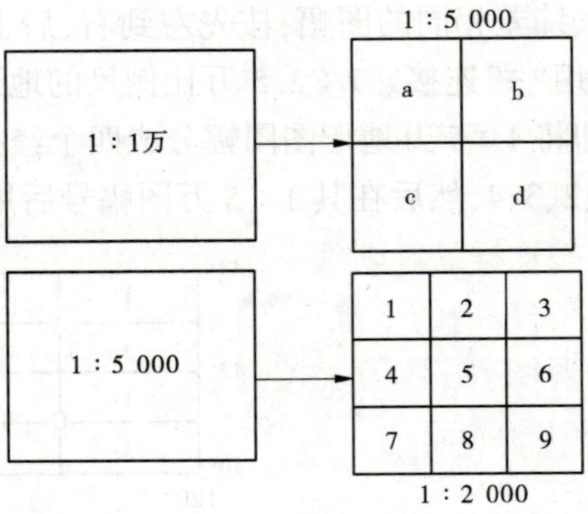

图 7-18　1∶5 000、1∶2 000 地形图分幅和编号

表 7-3　1∶100 万~1∶2 000 分幅行数、列数

比例尺	比例尺代码	1∶100 万图幅包含			分幅结构		
		图幅数	行数	列数	分幅行		分幅列
1∶100 万	A	1	1	1		1	
1∶50 万	B	4	2	2	2	×	2
1∶25 万	C	16	4	4	2×2	×	2×2
1∶10 万	D	144	12	12	12	×	12
1∶5 万	E	576	24	24	2×12	×	2×12
1∶2.5 万	F	2 304	48	48	2×2×12	×	2×2×12
1∶1 万	G	9 216	96	96	2×2×2×12	×	2×2×2×12
1∶5 000	H	36 864	192	192	2×2×2×2×12	×	2×2×2×2×12
1∶2 000	I	331 776	576	576	3×2×2×2×2×12	×	3×2×2×2×2×12

表 7-4　1∶100 万~1∶2 000 经差、纬差

比例尺	比例尺代码	经差			纬差		
		(°)	(′)	(″)	(°)	(′)	(″)
1∶100 万	A	6	0	0	4	0	0
1∶50 万	B	3	0	0	3	0	0
1∶25 万	C	1	30	0	1	0	0
1∶10 万	D	0	30	0	0	20	0
1∶5 万	E	0	15	0	0	10	0
1∶2.5 万	F	0	7	30	0	5	0
1∶1 万	G	0	3	45	0	2	30
1∶5 000	H	0	1	52.5	0	1	15
1∶2 000	I	0	0	37.5	0	0	25

5. 1：50 万~1：2 000 比例尺地形图编号的新规则

由前述可知,地形图分幅后的编号都是在前一编号的基础上派生的,这种编号方法逻辑性强,在人工处理时非常有优势,但图幅号长短不一,不利于计算机处理。为了解决这一问题,《国家基本比例尺地形图分幅和编号》(GB/T 13989—1992)规定了一种新的编号规则,所有比例尺图幅的图幅号统一由 10 个字符表达,各字符表达的含义如图 7-19 所示。按这样的规则编号,任何比例尺的图幅都由一个用固定长度(10 个字符)的字符串表达,字符串中的字符不同,则表达的图幅编号不同。如图 7-20 中晕线所示为一幅 1：50 万地形图,图号为 J50B001002。如图 7-21 中晕线所示为一幅 1：25 万地形图,图号为 J50B003003。

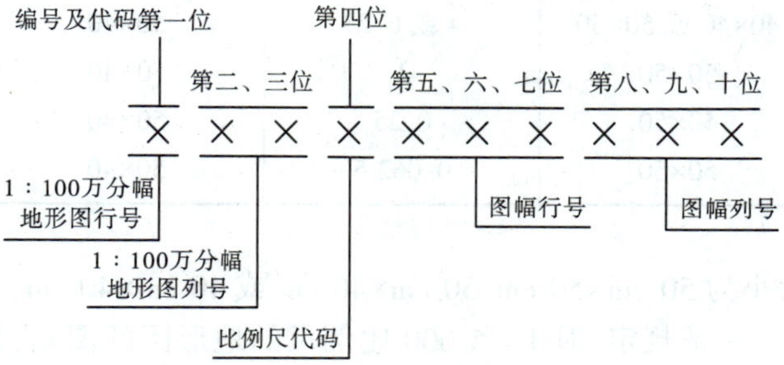

图 7-19　1：50 万~1：5 000 比例尺地形图图号的数码构成

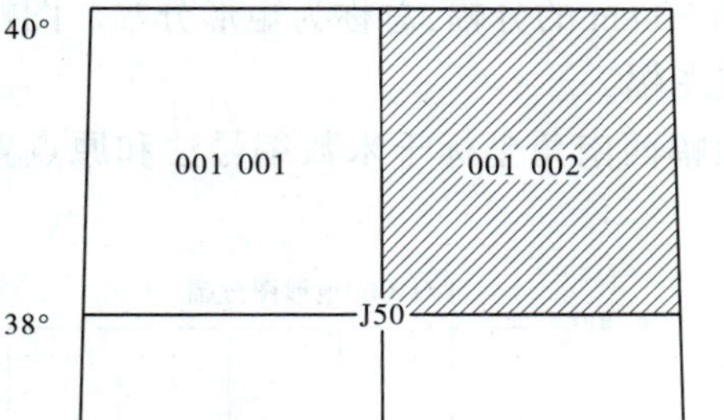

图 7-20　1：50 万比例尺地形图图号

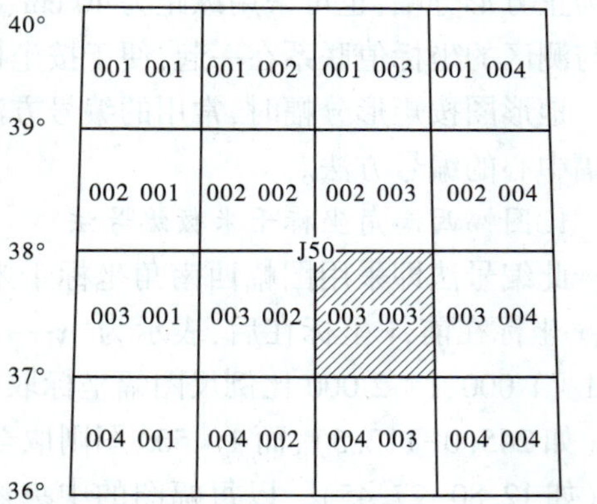

图 7-21　1：25 万比例尺地形图图号

【例 7-1】　某地经度为 123°24′,纬度为北纬 41°50′,求其所在的 1：1 万比例尺的地形图的编号。

解:由表 7-3 可知,此地在 1：100 万地形图上的图号为 K51,其西侧经线经度为 120°,北侧纬线纬度为 44°,1：1 万图是由 1：100 万图划分成 96×96 而组成的,其每列经差、每行纬差由表 7-4 可知分别为 3′45″和 2′30″,所以:

由该地距 1：100 万图的西图边线的经差除以相应每列的经差取整值后加 1 就得到列号＝[(123°24′－120°)/3′45″]＋1＝055。

由 1∶100 万地形图北图边线距该地的的纬差除以相应每行的纬差取整值后加 1 就得到行号 = [(44°-41°50′)/2′30″]+1 = 053。

此地所在 1∶1 万地形图的图幅编号为 K51G053055。

(二)正方形或矩形图幅的分幅与编号

为满足规划设计、工程施工等需要而测绘的大比例尺地形图,大多数采用正方形或矩形分幅法,它是按统一的坐标格网线整齐行、列分幅的。图幅大小如表 7-5 所示。

表 7-5 几种大比例尺地形图的图幅大小

比例尺	正方形分幅		矩形分幅	
	图幅大小(cm^2)	实地面积(km^2)	图幅大小(cm^2)	实地面积(km^2)
1∶5 000	40×40 或 50×50	4 或 6. 25	50×40	5
1∶2 000	50×50	1	50×40	0. 8
1∶1 000	50×50	0. 25	50×40	0. 2
1∶500	50×50	0. 062 5	50×40	0. 05

常见的图幅大小为 50 cm×50 cm、50 cm×40 cm 或 40 cm×40 cm,每幅图中以 10 cm×10 cm 为基本方格。一般规定,对 1∶5 000 比例尺的地形图的图幅,采用纵、横各 40 cm 的图幅,即实地为 2 km×2 km = 4 km^2 的面积;对 1∶2 000、1∶1 000 和 1∶500 比例尺的图幅,采用纵、横各 50 cm 的图幅,即实地为 1 km^2、0. 25 km^2、0. 062 5 km^2 的面积。以上均为正方形分幅,也可采用纵距为 40 cm、横距为 50 cm 的分幅,总称为矩形分幅。图幅编号与测区的坐标值联系在一起,便于按坐标查找图幅。

地形图按矩形分幅时,常用的编号方法有图幅西南角坐标千米数编号法和原点置于图幅中心的编号方法。

1. 图幅西南角坐标千米数编号法

此编号法即采用图幅西南角坐标千米数编号,x 坐标在前,y 坐标在后,表示为"x—y"。其中 1∶1 000、1∶2 000 比例尺图幅坐标取至 0. 1 km(如 245. 0-112. 5),而 1∶500 图则取至 0. 01 km(如 12. 80-27. 45)。以每幅图的中央经线经度+图幅西南角坐标值 x、y 的千米数作为该图幅的编号,一般省略中央经线经度表示,如图 7-22 所示为 1∶1 000 比例尺的地形图,按图幅西南角坐标千米数编号法编号,其中画阴影线的两幅图的编号分别为 2. 5-1. 5 和 3. 0-2. 5。

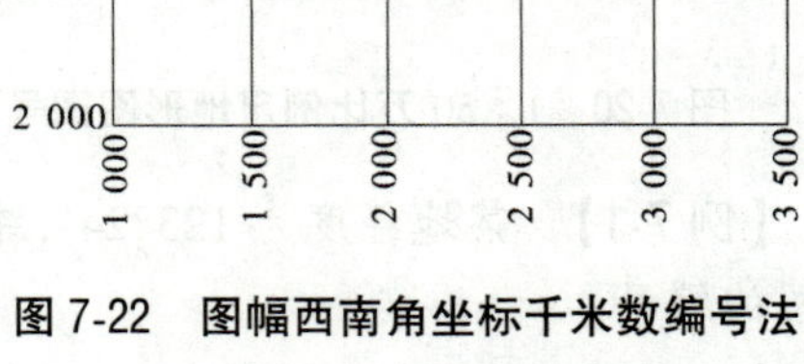

图 7-22 图幅西南角坐标千米数编号法

2. 原点置于图幅中心编号法(基本图幅编号法)

将坐标原点置于区域中心,用 x、y 坐标轴将区域分成Ⅰ、Ⅱ、Ⅲ、Ⅳ四个象限,如图 7-23(a)所示。以区域地形图最大比例尺 1∶500 图幅为基本图幅,图幅大小为 50 cm×40 cm,实地范围为东西 250 m、南北 200 m。行号按坐标的绝对值 x = 0~200 m 编号为 1,x = 200~

400 m 编号为 2…；列号按坐标的绝对值 $y=0\sim250$ m 编号为 1，$x=250\sim500$ m 编号为 2…；依次类推。x,y 编号中间以斜杠(/)分割，成为图幅号。

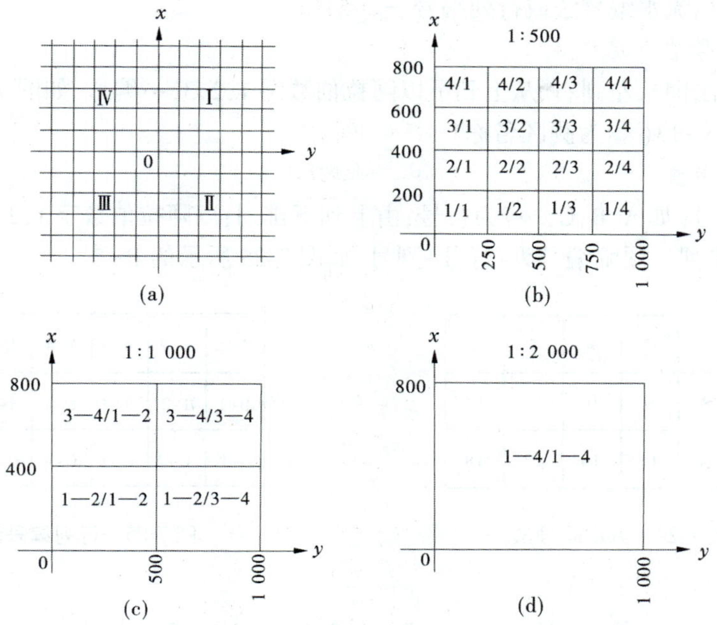

图 7-23　基本图幅编号法

如图 7-23(b)所示为 1∶500 比例尺图幅在第一象限中的编号；每 4 幅 1∶500 比例尺的图构成 1 幅 1∶1 000 比例尺的图，因此同一地区 1∶1 000 比例尺的图幅的编号如图 7-23(c)所示。每 16 幅 1∶500 比例尺的图构成一幅 1∶2 000 比例尺的图，因此同一地区 1∶2 000 比例尺的图幅的编号如图 7-23(d)所示。

这种编号方法的优点是：看到编号就可知道图的比例尺，其图幅的坐标值范围也很容易计算出来。例如有一幅图编号为Ⅱ39-40/53-54，知道为一幅 1∶1 000 比例尺的图，位于第二象限(区域的东南区)，其坐标值的范围是：

x：$-200\ \text{m}\times(39-1)\sim-200\ \text{m}\times40=-7\ 600\sim-8\ 000\ \text{m}$

y：$250\ \text{m}\times(53-1)\ \sim250\ \text{m}\times54=13\ 000\sim13\ 500\ \text{m}$

另外，已知某点坐标，即可推算出其在某比例尺的图幅编号。如某点坐标为(7 650，-4 378)，可知其在第四象限，由其所在的 1∶1 000 比例尺地形图图幅的编号可以算出：

N1 = [int(abs(7 650))/400]×2+1 = 39

M1 = [int(abs(-4 378))/500]×2+1 = 17

所以其在 1∶1 000 比例尺地形图上的编号为Ⅳ39-40/17-18。例如，某测区测绘 1∶1 000 的地形图，测区最西边的 y 坐标线为 74.8 km，最南边的 x 坐标线为 59.5 km，采用 50 cm×50 cm 的正方形图幅，则实地 500 m×500 m，于是该测区的分幅坐标线为：由南往北是 x 值为 59.5 km、60.0 km、60.5 km…的坐标线，由西往东是 y 值为 75.3 km、75.8 km、76.3 km…的坐标线。所以，正方形分幅划分图幅的坐标线须依据比例尺大小和图幅尺寸来定。

3.其他图幅编号方法

如果测区面积较大,则正方形分幅一般采用图廓西南角坐标千米编号法,而面积较小的测区则可选用流水编号法或行列编号法。

1)流水编号法

流水编号法即从左到右、从上到下以阿拉伯数字1,2,3,…编号,如图7-24中第13图可以编号为:××-13(××为测区名称)。

2)行列编号法

一般以代号(如A,B,C,…)为行号,由上到下排列;以阿拉伯数字1,2,3,…作为列代号,从左到右排列。图幅编号为:行号-列号,如图7-25所示的B-5。

1	2	3	4	5	6
7	8	9	10	11	12
13	14	15	16	17	18

图7-24 流水编号法

A-1	A-2	A-3	A-4	A-5	A-6
B-1	B-2	B-3	B-4	B-5	B-6
C-1	C-2	C-3	C-4	C-5	C-6

图7-25 行列编号法

任务二 大比例尺地形图测绘

地面上各种地物、地貌在地形图上都是用符号来表示的。地形图符号由国家测绘主管机关根据地形图的用途、比例尺以及地物、地貌等情况统一制定,国家统一制定的符号规定称为地形图图式。地形图图式是制图作业的规范,测图、绘图、用图都必须严格遵照执行。

地面上具有真实位置和明显轮廓的固定物体称为地物。在地形图上用对应的地物符号来表示。根据地物符号与实物的比例关系,地物符号有依比例尺符号、半依比例尺符号、不依比例尺符号三类。依比例尺符号是可以在图上进行量测的;半依比例尺符号只能在图上量测它的长度,而不能量测它的宽度,大比例尺图上规定一律用符号的中心线作为定位线;对于不依比例尺符号的定位点有以下规定:

(1)规则的几何图形符号(圆形、正方形、三角形、星形等),以图形的几何中心点为定位点。

(2)宽底符号(烟囱、水塔等),以符号的底部中心为定位点。

(3)底端为直角形的符号(独立树、路标等),以符号的直角顶点为定位点。

(4)底部开口的符号(窑、山洞等),以符号下端两端点连线的中心为定位点。

(5)几何图形组合符号(路灯、消火栓等),以符号下方图形的几何中心为定位点。

(6)不规则的几何图形符号(熔洞、沙丘等),以符号的中心为定位点。

以上三类符号,是直接用来表示地面物体的,习惯上称它们为实体符号。另外还有一类符号,如流向符号、植被符号内的填绘符号等,它们并不直接表示地面物体,只是起说明物体性质的作用,这类符号称为说明符号。

地球表面高低起伏的状态称为地貌,如山地、丘陵、平原、盆地等。地貌是用等高线来表示的。用等高线来表示地貌,不仅能表示地面的起伏形态,而且能表示地面的坡度和高度。

大比例尺地形图的测绘主要有传统的白纸测图和现代的数字测图两种方法。

一、大比例尺地形图的传统测绘方法——白纸测图

所谓白纸测图,就是将用经纬仪等仪器测绘的信息表示在白纸上,然后根据绘图法则在白纸上绘制地形图。

(一)图纸准备

测绘地形图的图纸应该选用纸质细致、结实坚韧、颜色洁白且伸缩性小的纸张,通常使用的图纸为绘图纸或聚脂绘图薄膜。使用绘图纸时,为了减少图纸的伸缩,可将图纸裱糊在铝板或胶合木板上。聚酯薄膜属于近代合成树脂产品,它具有透明度好、伸缩性小、不怕潮湿、牢固耐用、可以水洗清洁图面以及可直接在底图上着墨复晒蓝图等优点,所以在生产中得到了广泛应用。但聚酯薄膜易燃、易折和易老化,故在使用过程中应注意防火防折,并注意妥善保管。测绘地形图,应选用厚 0.07~0.1 mm 且表面磨毛后的聚酯薄膜。

(二)绘制坐标格网

图纸准备好以后,首先要在图纸上精确地绘制直角坐标方格网。绘制坐标方格网的目的是准确地将控制点展绘到图纸上。绘制方格网的方法有对角线法、坐标格网尺法、坐标仪法等。这里只介绍对角线法,其他方法请读者参考相关文献和书籍。

一般大比例尺地形图图幅为 50 cm×50 cm 或 40 cm×50 cm,通常要绘制 10 cm×10 cm 的方格网。现以绘制 50 cm×50 cm 的坐标方格网为例,说明对角线法绘制坐标方格网的方法。

如图 7-26 所示,首先沿图纸的对角画出两条对角线,设其交点为 M。用钢板尺从 M 点沿对角线上量取 MA、MB、MC、MD 四段相等的长度(略大于图幅对角线长度的一半)定出 A、B、C、D 四点,用直线顺序相连得矩形 $ABCD$。从 A 点起分别沿直线 AB 和 AD 每隔 10 cm 定点,每条边上定出 5 个点;再分别从 B 点和 D 点起沿直线 BC 和 DC 每隔 10 cm 定点,同样每条边上定出 5 个点。连接对边的相应点,即得 50 cm×50 cm 的方格网。

坐标格网通常采用 4H~6H 绘图铅笔绘制,线粗 0.1 mm。坐标格网绘制的技术要求是:图幅边长误差不得超过 0.2 mm;对角线长度误差不得超过 0.3 mm;各方格边长误差不得超过 0.1 mm;对角线方向和平行于对角线方向各方格顶点应位于同一直线上。

如图 7-27 中 ab 线所示,其偏离值不得超过 0.2 mm。坐标格网绘制好后,应立即进行检查,若不符合要求,必须重新绘制。方格网绘制完毕,应擦去辅助线条。

(三)展绘控制点

坐标网格绘制好以后,可将控制点按其坐标值展绘到坐标格网纸上,这项工作称为展点。

展点前,首先应根据分幅图将本图幅坐标格网的坐标值标注在相应坐标格网边线的外侧,如图 7-27 所示。展点时,首先根据图根点的坐标确定其所在的方格。如 A 点的坐标为:$x_A = 647.43\ m$,$x_B = 634.52$ m,可以确定其位置在 $plmn$ 方格内。它与此格左下角点 p 的坐标差为:$\Delta x = 47.43$ m,$\Delta y = 34.52$ m,于是,分别从角顶点 p 和 l 起,沿方格网向右

按测

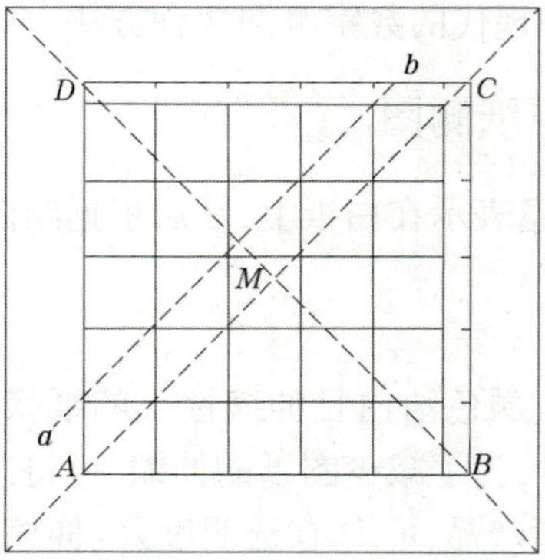

图 7-26　坐标格网绘制方法

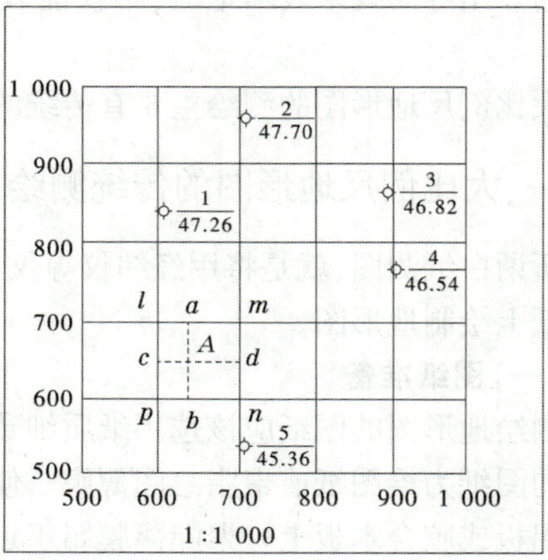

图 7-27　控制点展点方法

图比例尺量取一段 34.52 m 的长度,定出 a、b 两点;再由 p、n 两点起分别向上量取 47.43 m 得 c、d 两点;连接 ab、cd,则两直线的交点即为 A 点。用同样的方法将其他控制点展绘在图纸上。最后用比例尺量取相邻两点间的长度,与相应的实际距离比较,其差值不得超过图上 0.3 mm。若不符合要求,应重新展绘。

展点经检查合格后,在控制点的右边画一条 8 mm 的横线,上方注明点号(或点名),下方标注高程,并将控制点按规定的符号整饰或绘"+"字形符号表示。

(四)碎部点的选择

地面上地物和地貌的特征点统称为碎部点。地形(地物和地貌的总称)测图就是以碎部点为依据来勾绘成图的。要使地形图能准确地反映地形现状,碎部点的选择至关重要。

对于地物,碎部点应选在地物轮廓线的方向变化处,如房角点、道路转折点、交叉点,河岸线转弯点以及独立地物的中心点等。连接这些特征点,便得到与实地相似的地物图形。对于形状极不规则的地物,一般规定主要地物的凹凸部分在图上大于 0.4 mm 时均应表示出来,小于 0.4 mm 时可直接用直线连接。

对于地貌,碎部点应选在最能反映地貌特征的山脊线、山谷线等地性线上,如山顶、鞍部、山脚及坡地的方向和坡度变化处。根据这些地貌特征点的位置和高程内插勾绘等高线,即可将实际地貌在图上表示出来。

为了能准确地用等高线表示地貌形态,碎部点应有一定的密度。在平坦或坡度无显著变化地区,碎部点间的最大间距应符合国家统一规范的规定。

(五)一个测站上的测绘工作

1. 测站上的准备工作

(1)如图 7-28 所示,将测量仪器安置在测图控制点 A 上,对中、整平,量取仪器高 i(量至 cm)。在测站附近适当位置安置图板(注意图板方位与实地方位应大体保持一致)。

(2)测站定向。正镜照准另一个控制点 B,将水平度盘读数配置为 0°00′00″。

(3)如图 7-29 所示,在图上绘出相应控制点 B、A 的连线,并适当延长,作为该站的起始方向线(又称为定向线或零方向线);然后在 B 点上刺入小针,将量角器圆心的小孔套在小针上。

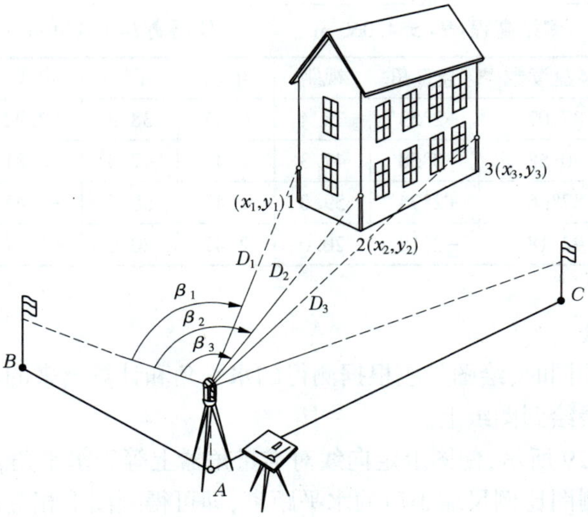

图 7-28　白纸测图方法

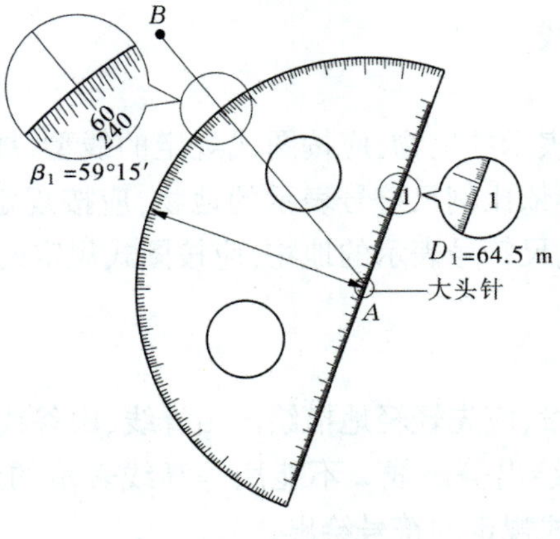

图 7-29　碎部点的展绘

2. 碎部点的施测

(1)立尺员立尺于待测点上。

(2)观测员转动望远镜,以十字丝纵丝照准标尺中央,读取水平角 β 值。

(3)转动垂直微动螺旋,使上丝或下丝与标尺上某一整刻划相重合,读取上丝读数和下丝读数计算视距长度 $=k\times|$上、下丝之差$|$(读至 0.1 m,$k=100$,此时尽量保持竖直角在 2°以下)。

(4)读取中丝读数 ν(读至 cm)。

(5)调整指标水准管气泡居中,读出竖盘读数 L(读至分),并换算出相应的竖直角 α。

(6)由测得的视距及竖直角,按水平距离 = 视距长度$\times\cos^2\alpha$ 计算出相应的水平距离(取至 0.1 m)和高差(取至 cm),并根据测站高程计算出被测点的高程(取至 cm)。碎部测量的观测手簿见表 7-6。

表 7-6 碎部测量手簿

观测者:＿＿＿＿＿ 记录者:＿＿＿＿＿ 测站:B 后视点:A

测站高程:H=554.060 m 仪器高 i=1.470 m

点号	水平角	竖盘读数	竖直角	视距	中丝	平距	高差	高程	备注
1	23°17′	87°07′	+2°53′	38.4	0.47	38.3	+2.92	556.98	房角
2	54°32′	90°58′	−0°58′	47.3	1.49	47.3	−0.81	553.25	房角
3	86°43′	87°36′	+2°24′	59.0	1.47	58.9	+2.45	556.51	路边
4	95°37′	92°18′	−2°18′	20.0	2.47	20.0	−1.81	552.25	路边

3. 碎部点的展绘

在碎部点施测的同时,绘图员应根据测得的水平角和计算出来的水平距离,用量角器把已测得的碎部点展绘到图纸上。

展点时,如图 7-29 所示,使图上定向线对准量角器上等于水平角 β 的刻划线,沿量角器的直尺边量出按测图比例尺缩小后的水平距离,即可得到图上相应碎部点的位置;然后在点位右侧或其他位置侧注高程(注记字头一律朝北;基本等高距为 0.5 m 时,高程注记至 cm;基本等高距大于 0.5 m 时,高程注记至 dm)。点位展出后,绘图员应参照实地情况及时连线绘图或勾绘等高线。

4. 地物的描绘

对于用依比例尺符号表示的地物,应按图式规定的线型、线粗描绘其轮廓线,并按要求填绘说明符号;对于用半依比例尺符号表示的地物,应按规定的线型、线粗或符号宽度描绘符号;对于用不依比例尺符号表示的地物,应按图式规定的规格在其点位上描绘规定符号。

5. 地貌的描绘

能用等高线表示的地段,应先轻轻地描绘出山脊线、山谷线等地性线(见图 7-30 中虚线),然后按测点的高程勾绘出等高线。不能用等高线表示的地段,如悬崖、峭壁、陡坎、冲沟、雨裂等地貌,则按图式规定的符号绘出。

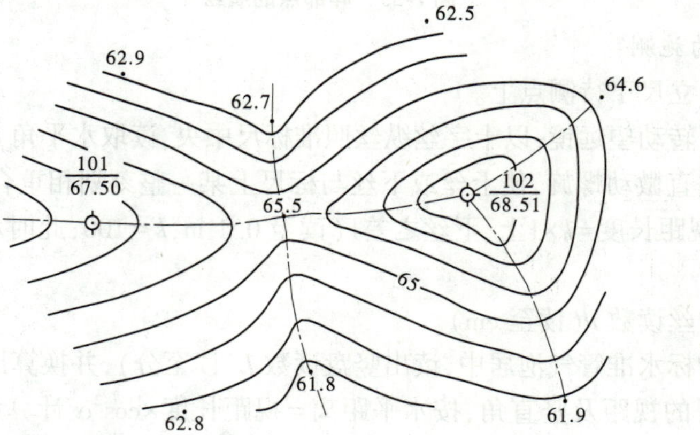

图 7-30 地性线的绘制

等高线是根据所测碎部点的高程勾绘出来的。等高线的高程是等高距的整倍数，而测得的碎部点高程则往往不是等高距的整倍数，因此必须在相邻碎部点之间，用内插法定出等高线通过的位置。由于地貌特征点是选在地面坡度变化处，因此可把相邻两特征点间的坡度看成是均匀坡度，这样即可按照两点间的平距与高差成正比的关系定出两点间各条等高线通过的位置。

如图 7-31 所示，A、B 两点的高程分别为 30.9 m 和 37.6 m，设等高距为 1 m，则 A、B 两点间必有高程为 31 m、32 m、33 m、34 m、35 m、36 m、37 m 七条等高线通过。首先确定 31 m 和 37 m 等高线通过的位置，即图 7-31(a) 中的 c 点和 i 点，从图中不难看出

$$\frac{ac}{ab}=\frac{31-30.9}{37.6-30.9}=\frac{0.1}{6.7}=\frac{1}{67},\quad \frac{ib}{ab}=\frac{37.6-37}{37.6-30.9}=\frac{0.6}{6.7}=\frac{6}{67}$$

即

$$ac=\frac{1}{67}ab,\quad ib=\frac{6}{67}ab$$

式中　ab——A、B 两点间的图上平距，可用图上量得的长度乘以比例尺而得到。

算出 ac、bi 的距离后，即可定出 c 和 i 在图上的位置；然后将 ci 六等分，即得 32 m、33 m、34 m、35 m、36 m 等高线的通过点 d、e、f、g、h。

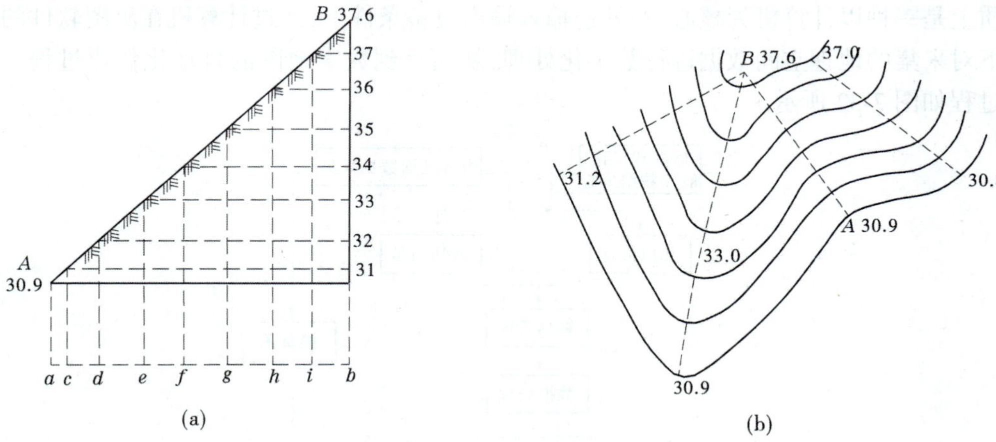

图 7-31　等高线的插绘

用同样的方法求出其他相邻两特征点间的等高线位置，将同高程的等高线位置点用光滑曲线依序相连，就是所要描绘的等高线，如图 7-31(b) 所示。

上面所述是插绘等高线的基本原理。在实际工作中，都是根据上述原理用目估的方法来插绘的。目估的方法可归纳为："取头定尾、中间等分"，即判定两地形点间通过的等高线根数后，目估确定两端等高线的通过点，然后将这两条等高线之间的长度等分，从而确定其他等高线的通过点。

二、大比例尺地形图的现代测绘方法——数字化测图

传统的作业方法是由测绘人员手工将测得的观测值(数值)用图解的方法转化为图形。这一转化过程几乎都是在野外实现的，即使是原图的室内整饰一般也要在测区驻地

完成,因此速度慢,劳动强度大;再则,这个转化过程将使测得的数据所达到的精度大幅度降低。特别是在信息剧增、建设日新月异的今天,一纸之图已难载诸多地理信息,变更、修改也极不方便,实在难以适应当前经济建设的需要。随着电子计算机、数据采集仪器、数字测图软件的迅速发展,出现了数字化测图这一全新技术。数字测图技术的出现,促进了测绘行业的自动化、现代化,使测量的成果不仅有绘在纸上的地形图,还有方便传输、处理和共享的数字信息,因此在测绘生产中很快得到了广泛应用。作为反映测绘技术现代化水平的标志之一,数字测图技术将取代人工模拟测图,成为地形测图的主流。

(一)数字化测图概述

数字化测图就是要实现丰富的地形信息和地理信息数字化及作业过程的自动化或半自动化。它希望尽可能缩短野外测图时间,减轻野外劳动强度,而将大部分作业内容安排到室内去完成。与此同时,将大量手工作业转化为电子计算机控制下的机械操作,这样不仅能减轻劳动强度,而且不会降低观测精度。

1. 数字化测图的基本思想

数字化测图的基本思想就是将采集的地面上各种有关的地物和地貌信息转化为数字形式,通过数据接口传输给计算机进行处理,得到内容丰富的电子地图,需要时由电子计算机的图形输出设备(如显示器、绘图仪)绘出地形图或各种专题地图。所以,数字测图实质上是一种以计算机为核心,在外连输入输出设备条件下,通过计算机在测图软件的支持下对采集的地理空间数据进行数字化处理,从而得到数字地图的自动化作业过程。这个过程如图 7-32 所示。

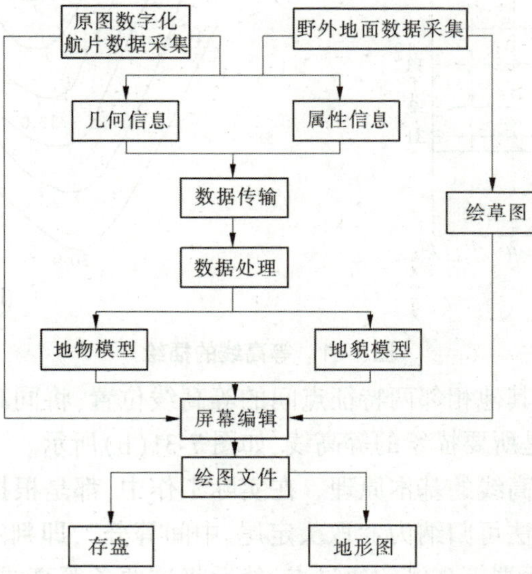

图 7-32　数字化测图过程

广义的数字化测图又称为计算机成图,按照数据采集方式的不同,数字测图可分为地面数字测图、航测数字测图、地图数字化测图等几种方法。大比例尺测图通常采用实地采集数据的成图方法,即地面数字测图,也称野外数字测图。

2. 数字地图的特点

数字地图具有以下特点：

(1)以数字形式表示地图内容。

数字地图以数字坐标表示地物和地貌点的空间位置，以数字代码表示地形符号以及各种注记。它可以包含地表全部的空间位置信息，还可以将与空间位置有关的非图形信息一起在信息系统中进行管理。数字化测图的成果是分层存放的，不受图面负载量的限制，从而便于成果的加工利用，满足多用户、多用途需要。

(2)保持现势性。

各种因素影响，地形不断在发生变化，这就需要对地图进行连续的更新。数字测图只需将更新内容输入计算机，通过数据处理即可对原有数字地图及有关的信息做相应的修改、更新，使地图具有良好的现势性。

(3)成果形式的多样化。

以数字形式储存的 1∶1 的数字地图，可以根据用户需要输出不同比例尺和不同幅面大小的地图，也可以输出各种分层叠合的专用地图，例如地籍图、管线图、地貌图等。

(4)具有较高的精度。

数字化测图属于自动化或半自动化的作业过程，人为因素的影响很小，几乎没有精度损失，所以数字地图具有较高的测量精度。

(5)可作为 GIS 的重要信息源。

地理信息系统(GIS)具有方便的信息查询检索功能、空间分析功能以及辅助决策功能，在国民经济、办公自动化及人们日常生活中都有着广泛的应用。要建立起地理信息系统，数据采集工作是重要的一环。数字化测图作为 GIS 重要的信息源，能及时准确地提供各类基础数据，适时更新 GIS 数据库，保证了地理信息的可靠性和现势性，为 GIS 的辅助决策和空间分析发挥了重要作用。

3. 数字化测图系统的构成

传统的地形图测绘主要是以平板仪、水准仪或经纬仪、光电测距仪或皮尺为主要测量工具测量+手工绘制的方法，而数字化测图则主要是以全站型电子速测仪——全站仪为主要测量工具测量，并辅以计算机、绘图仪的使用绘制的方法。数字化测图系统是指实现数字化测图功能的所有因素的集合。广义地讲，数字化测图系统是硬件、软件、人员和数据的总和。

数字化成图系统的硬件主要有两大类：测绘类硬件和计算机类硬件。测绘类硬件主要是指用于外业数据采集的各种测绘仪器，如电子经纬仪、全站仪、GPS 接收机等。计算机类硬件主要包括用于内业处理的计算机及其标准外设(如显示器、打印机等)和图形外设(如用于录入已有图形的数字化仪、扫描仪)、用于输出地图的绘图仪。

从一般意义上讲，数字化成图系统的软件包括为完成数字化成图工作用到的所有软件，即各种系统软件(如操作系统 Windows)、支撑软件(如计算机辅助设计软件 AutoCAD 和数据库管理系统 FoxPro)和实现数字化成图功能的应用软件(如南方测绘仪器公司的 CASS)。

随着大比例尺数字化测图方法的日益普及，我国研制开发了一大批性能优越、操作简便的大比例尺数字测图软件,如南方 CASS 内外业一体化成图系统、武汉瑞得 RDMS 数字测图系统、清华三维 EPSW 电子平板测图系统、广州开思 SCS 成图系统等。这些软件的开发和使用已成为大比例尺测图由传统摸式发展为自动化、智能化模式的一个重要标志。其中,较为典型的是南方 CASS 内外业一体化成图系统。CASS 成图软件是基于 AutoCAD 平台技术的 GIS 前端数据处理系统,广泛应用于地形成图、地籍成图、工程测量应用、空间数据建库等领域,全面面向 GIS,彻底打通数字化成图系统与 GIS 接口,使用骨架线实时编辑、简码用户化、GIS 无缝接口等先进技术。具体的使用方法可参考相关教材。

数字化测图系统的人员是指参与完成数字化成图任务的所有工作与管理人员。数字化成图对人员提出了较高的技术要求,他们应该是既掌握了现代测绘技术又具有一定的计算机操作和维护经验的综合性人才。

数字化测图系统中的数据主要是指系统运行过程中的数据流,它包括采集数据、处理数据和数字地图数据。采集数据是系统的原始数据,它可能是野外测量与调查的结果(如控制点、碎部点坐标,地物属性等),也可能是内业直接从已有的地形图经过矢量化得到的结果(如地图数字化数据和扫描矢量化数据等)。处理数据主要是指系统运行中的一些过渡性数据文件。数字地图数据是指生成的数字地图数据文件,一般包括空间数据和非空间数据两大部分。

(二)大比例尺数字测图的作业过程

目前,大比例尺野外数字测图主要使用全站仪采集数据。大比例尺数字测图的作业过程大体上分为野外数据采集、内业数据处理和图形输出三个阶段。

1. 野外数据采集

野外数据采集的目的是获取数字化成图所必需的数据信息,包括描述地图实体的空间位置信息(坐标和连接关系)和属性信息。

大比例尺数字测图野外数据采集通常采用全站仪进行,在野外使用全站仪内置的电子手簿记录测点的观测数据或经计算后的坐标数据,同时输入测点信息代码。将数据存入与仪器相连的电子手簿或全站仪内存中,然后将测量数据(一般为测点坐标)传入计算机供进一步处理。

2. 内业数据处理

内业数据处理是将采集的数据进行处理,使之成为符合成图软件要求的数据,包括数据格式或结构的转换、投影变换、图幅接边、误差检验等内容。然后进行数据编辑,对已经处理的数据所生成的图形(包括地理属性)进行编辑和修改。

将全站仪的终端接口与计算机相连,通过测图软件对采集的数据进行处理。数据处理分为数据的预处理、地物点的图形处理和地貌点的等高线处理等环节。数据的预处理即检查原始数据、删除废点和修改错误的信息码,预处理后生成点文件。根据点文件形成图块文件,与地物有关的点记录将生成地物图块文件,与等高线有关的点记录将生成等高线图块文件。图块文件生成后即可在人机交互方式下进行地图编辑。

3. 图形输出

图形输出是将已经编辑好的图形输出到所需介质上的过程,一般用绘图仪或打印机输出,即将和计算机与绘图仪相连接,计算机将处理后的数据和绘图指令送往绘图仪,绘图仪即自动进行绘图。图形输出也包括以某种指定的或标准的格式输出数据文件。

(三)数字地图的绘制方法

本处结合 CASS 软件的使用说明数字地图的测绘方法。CASS 成图软件是南方测绘公司开发的绘图软件,与南方全站仪配套使用,也兼顾其他全站仪,是基于 AutoCAD 的一款数字化绘图软件。CASS 软件安装之后,就可以制作各种地形图了。本处只对入门技术做一简单介绍,该软件的详细使用方法请参考相应的用户手册。下面以一个简单的例子来说明地形图的成图过程。

CASS 成图模式有多种,现以"点号定位"的成图模式结合软件所带学习数据说明 CASS 成图软件的使用方法。例图数据文件的路径:CASS 安装路径\demo\,数据文件名为 study. dwg。

1. 定显示区

定显示区就是通过坐标数据文件中的最大、最小坐标定出屏幕窗口的显示范围。

进入 CASS 主界面,鼠标单击"绘图处理"项(如图 7-33 所示),在出现的下拉菜单中选择"定显示区"项,使之以高亮显示,按左键,即出现一个对话窗(如图 7-34 所示)。这时,需要输入坐标数据文件名。选择所用文件输入(如 STUDY. DAT),再移动鼠标至"打开(O)"处,按左键。这时,命令区显示:

最小坐标(米):X=31 056.221,Y=53 097.691,最大坐标(米):X=31 237.455,Y=53 286.090

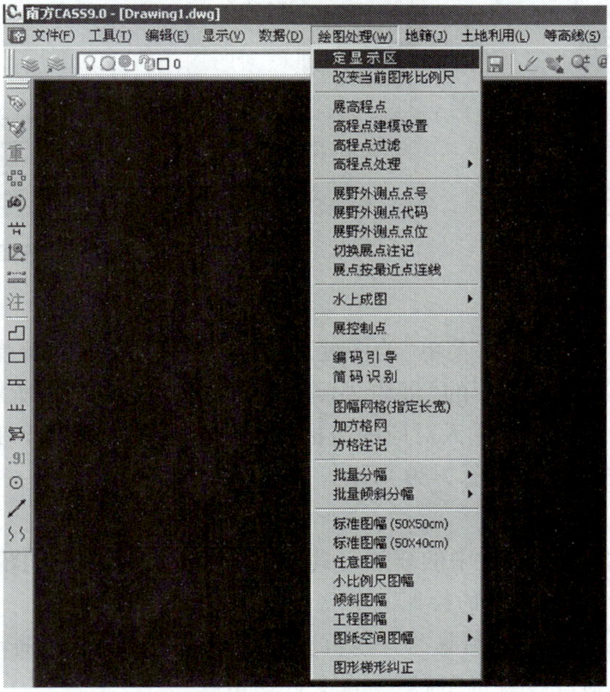

图 7-33 定显示区

点击"改变当前图形比例尺"(如图 7-33 所示),在数据输入区直接输入比例尺分母则可定出图形比例尺。

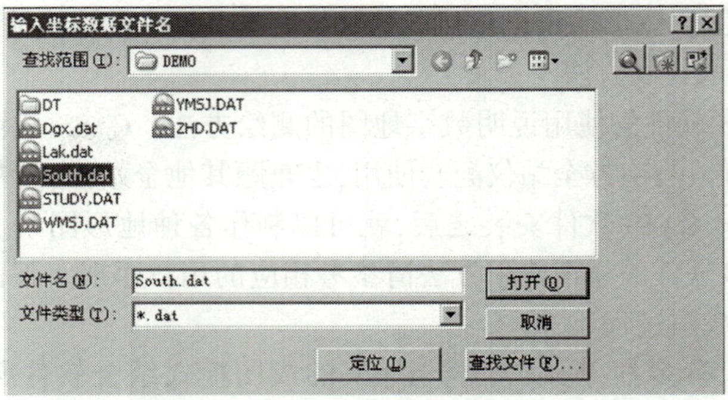

图 7-34　选择定显示区文件

2. 选择测点点号定位成图法

移动鼠标至屏幕右侧菜单区的“测点点号”项(如图 7-35 所示),按左键,即出现图 7-36 所示的对话框。

输入点号坐标数据文件名 C:\CASS 9. 0\DEMO\STUDY. DAT 后,命令区提示:

读点完成!　共读入 106 个点

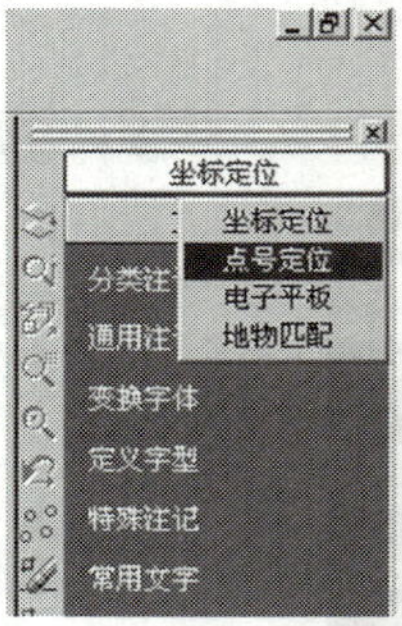

图 7-35　点号定位选择

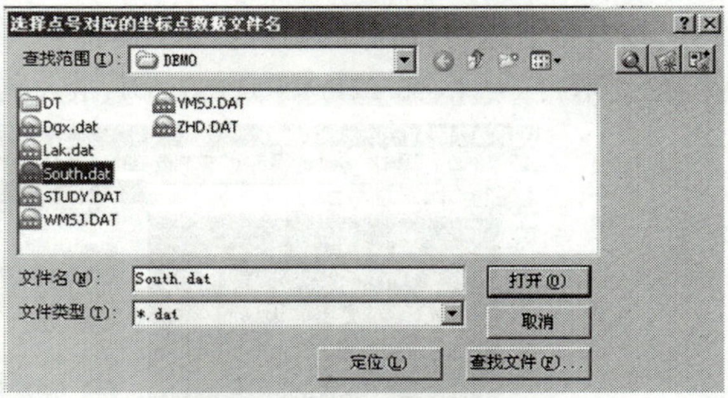

图 7-36　点号定位文件选择

3. 展点

先移动鼠标至屏幕的顶部菜单“绘图处理”项,按左键,这时系统弹出一个下拉菜单。再移动鼠标选择“绘图处理”下的“展野外测点点号”项,如图 7-37 所示,按左键后,便出现如图 7-38 所示的对话框。输入对应的坐标数据文件名(如 STUDY. DAT)后,便可在屏幕上展出野外测点的点号,如图 7-39 所示。

4. 绘平面图

随后可以灵活使用工具栏中的缩放工具进行局部放大以方便编图。

【例 7-2】　平行高速公路的绘制。

选择右侧屏幕菜单的“交通设施→城际公路”按钮,找到“平行高速公路”并选中,弹出如图 7-40 所示界面。再点击“确定”,命令区提示:

点 P/<点号>输入 92,回车。

点 P/<点号>输入 45,回车。

点 P/<点号>输入 46,回车。

点 P/<点号>输入 13,回车。

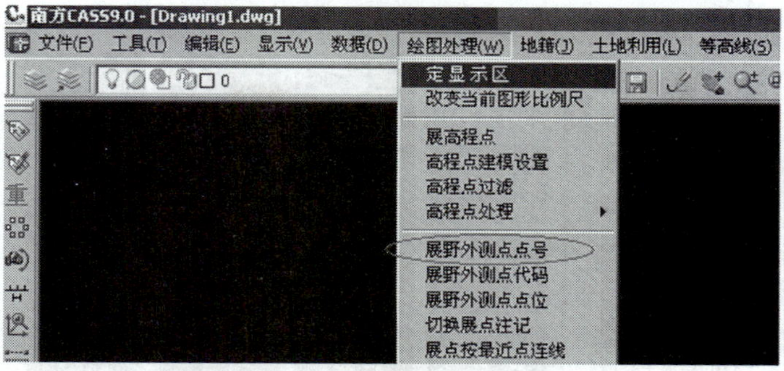

图 7-37　野外测点展点

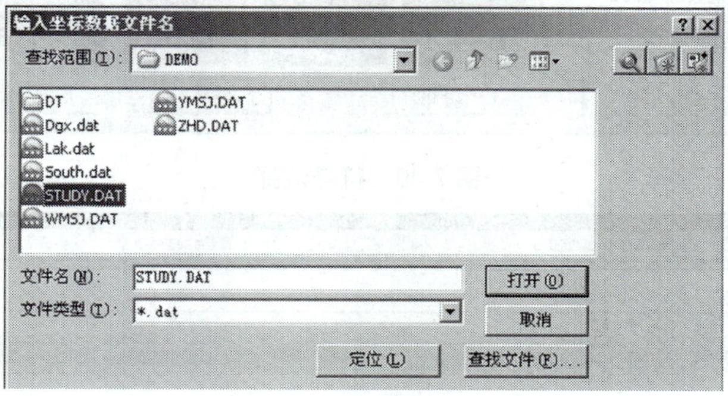

图 7-38　展点文件选择

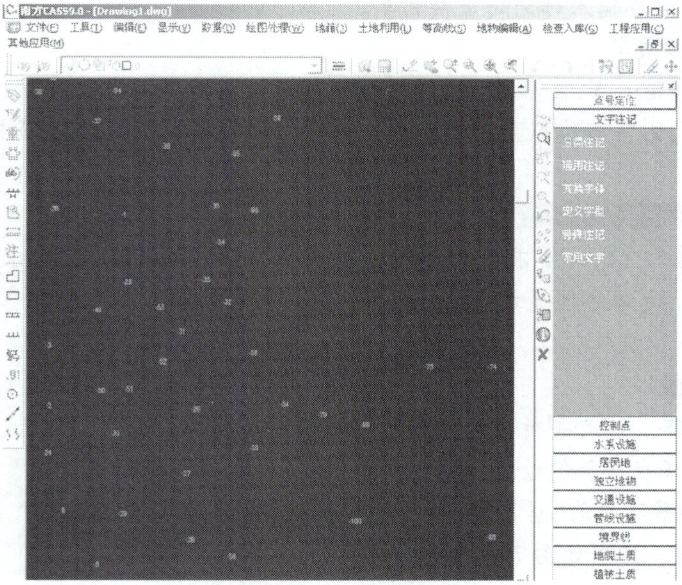

图 7-39　展点图

点 P/<点号>输入 47,回车。

点 P/<点号>输入 48,回车。

如果比例尺没有定则应先定比例尺绘图比例尺 。

在命令区逐个输入构成地物的测点的点号,如图 7-41 所示。

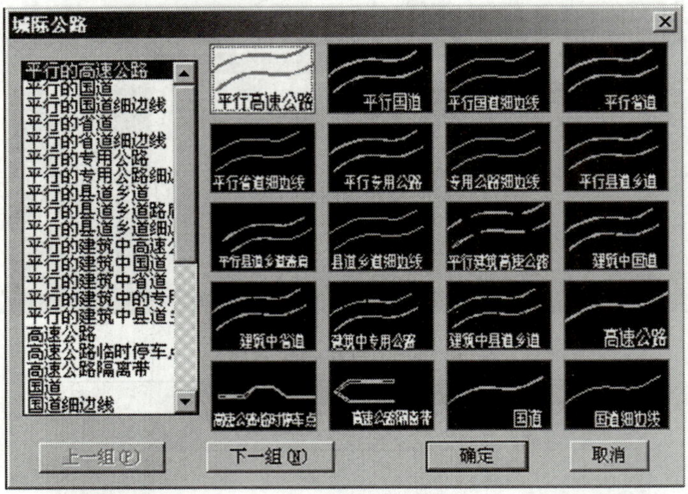

图 7-40　符号选择

图 7-41　点号输入

结束线段的点号输入时则是直接回车。

点 P/<点号>回车

拟合线<N>?输入 Y,回车。

此时输入 Y,则将该边拟合成光滑曲线;输入 N(缺省为 N),则不拟合该线。回车后命令区显示:

1. 边点式/2. 边宽式<1>:回车(默认 1)

输入 1(缺省为 1),将要求输入公路对边上的一个测点;输入 2,要求输入公路宽度。选 1 输入后回车,则命令区显示:

对面一点

点 P/<点号>

输入 19,回车。这时平行高速公路就作好了,如图 7-42 所示。

【例 7-3】　多点房屋的绘制。

选择右侧屏幕菜单的“居民地→ 一般房屋”选项,用鼠标左键选择“多点一般房屋”,点击“确定”按钮。弹出如图 7-43 所示界面。此时命令区提示:

第一点:

点 P/<点号>　输入 49,回车。

指定点:

点 P/<点号>　输入 50,回车。

闭合 C/隔一闭合 G/隔一点 J/微导线 A/曲线 Q/边长交会 B/回退 U/点 P/<点号>输入 51,回车。

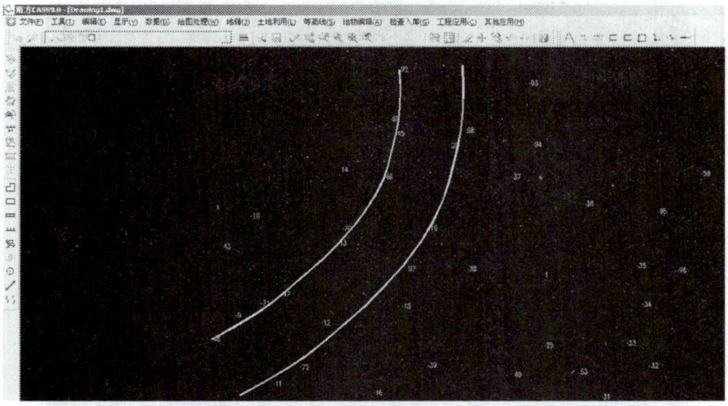

图 7-42　平行高速公路

闭合 C/隔一闭合 G/隔一点 J/微导线 A/曲线 Q/边长交会 B/回退 U/点 P/<点号> 输入 J，回车。

点 P/<点号>　输入 52，回车。

闭合 C/隔一闭合 G/隔一点 J/微导线 A/曲线 Q/边长交会 B/回退 U/点 P/<点号> 输入 53，回车。

闭合 C/隔一闭合 G/隔一点 J/微导线 A/曲线 Q/边长交会 B/回退 U/点 P/<点号> 输入 C，回车。

输入层数:<1>回车(默认输 1 层)输入 1，回车。

此时，多点一般房屋就画好了，如图 7-44 所示。

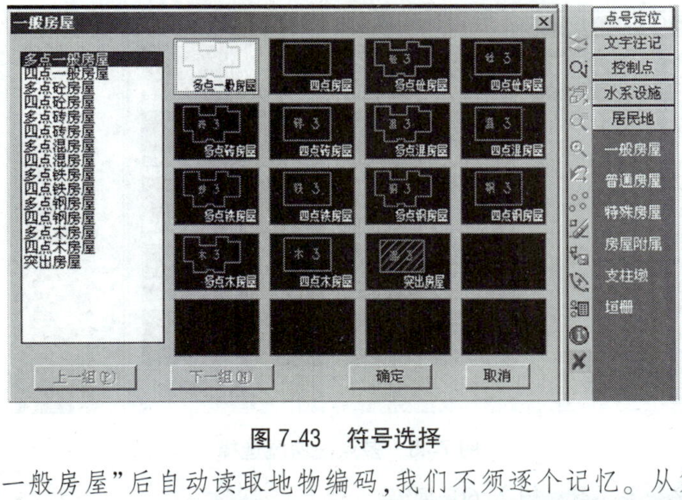

图 7-43　符号选择

选择“多点一般房屋”后自动读取地物编码，我们不须逐个记忆。从第三点起弹出许多选项(如闭合 C/隔一闭合 G/隔一点 J/微导线 A/曲线 Q/边长交会 B/回退 U/点 P/<点号>)，输入 J 后再输入一点时，系统自动算出一点，使该点与前一点及输入点的连线构成直角。输入 C 时，表示闭合。

【例 7-4】　多点混凝土房屋绘制。

在命令区可看到：

命令:输入 dd，回车。

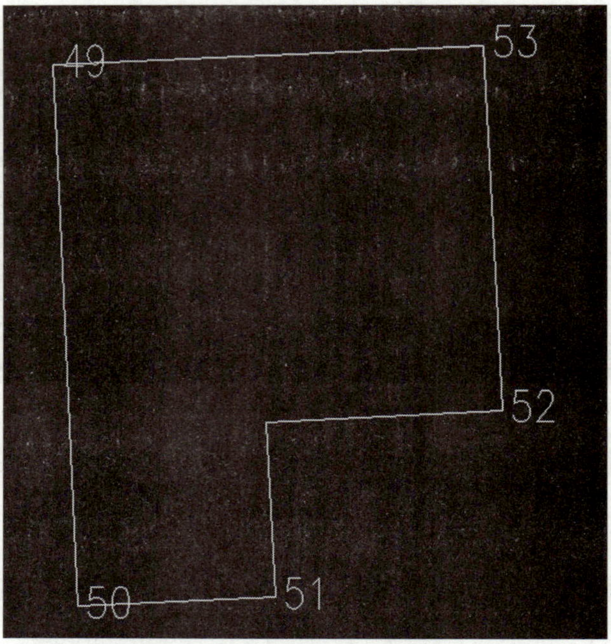

图 7-44 多点一般房屋

如果没有出现上面情况,则可连续按计算机上 Esc 键,直到出现。

输入地物编码:<141111> 输入 141111,回车。

也可按照例 7-3 方式选择“多点砼房屋”项获得此种命令状态,如图 7-45 所示。

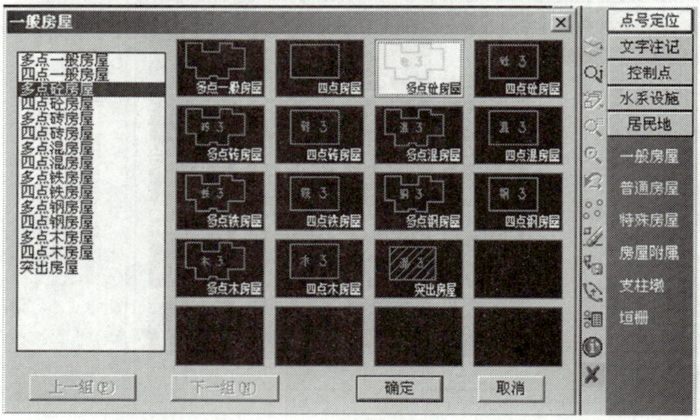

图 7-45 多点砼房屋选择

第一点:点 P/<点号> 输入 60,回车。

指定点:

点 P/<点号> 输入 61,回车。

闭合 C/隔一闭合 G/隔一点 J/微导线 A/曲线 Q/边长交会 B/回退 U/点 P/<点号> 输入 62,回车。

闭合 C/隔一闭合 G/隔一点 J/微导线 A/曲线 Q/边长交会 B/回退 U/点 P/<点号> 输入 a,回车。

微导线 - 键盘输入角度(K)/<指定方向点(只确定平行和垂直方向)>

此时,用鼠标左键在 62 点上侧一定距离处点一下。然后会出现:

距离<m>: 输入 4.5,回车。

闭合 C/隔一闭合 G/隔一点 J/微导线 A/曲线 Q/边长交会 B/回退 U/点 P/<点号>

输入 63,回车。

闭合 C/隔一闭合 G/隔一点 J/微导线 A/曲线 Q/边长交会 B/回退 U/点 P/<点号>

输入 j,回车。

点 P/<点号> 输入 64,回车。

闭合 C/隔一闭合 G/隔一点 J/微导线 A/曲线 Q/边长交会 B/回退 U/点 P/<点号>

输入 65,回车。

闭合 C/隔一闭合 G/隔一点 J/微导线 A/曲线 Q/边长交会 B/回退 U/点 P/<点号>

输入 C,回车。

输入层数:<1> 输入 2,回车。

此时,多点混凝土房屋就绘制好了,如图 7-46 所示。

"微导线 A"功能由用户输入当前点至下一点的左角(度)和距离(米),输入后软件将计算出该点并连线。要求输入角度时若输入 K,则可直接输入左向转角,若直接用鼠标点击,只可确定垂直和平行方向。此功能特别适合知道角度和距离但看不到点的位置的情况,如房角点被树或路灯等障碍物遮挡时。

两栋房子和平行等外公路"建"好后,效果如图 7-47 所示。类似以上操作,分别利用右侧屏幕菜单绘制其他地物。

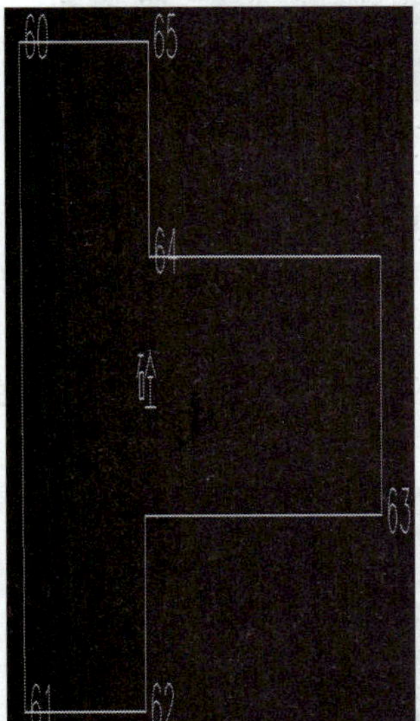

图 7-46　多点混凝土房屋

图 7-47　"建"好的两栋房子和平行等外公路

其他案例:

在"居民地——一般房屋—四点砖房屋"菜单中,用 3、39、16 三点完成利用三点绘制 2 层砖结构的四点房[见图 7-48(a)]。

在“居民地—垣栅—不依比例尺围墙”菜单中,用68、67、66绘制不拟合的依比例尺围墙[见图7-48(b)]。

在“居民地—普通房屋—四点棚房”菜单中,用76、77、78绘制四点棚房[见图7-48(c)]。

(a) 四点砖房屋　(b) 不依比例尺围墙　(c) 四点棚房

图7-48　房屋、围墙及棚房

在“交通设施—乡村道路—小路”菜单中,用86、87、88、89、90、91绘制拟合的小路[见图7-49(a)]。

在“交通设施—乡村道路—不依比例尺乡村路”菜单中,用103、104、105、106绘制拟合的不依比例尺乡村路[见图7-48(b)]。

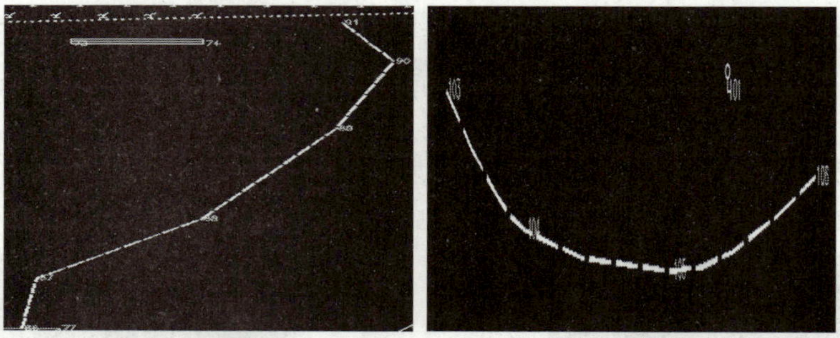

(a) 小路　(b) 不依比例尺乡村路

图7-49　小路及乡村路

在“地貌土质—人工地貌—未加固陡坎”菜单中,用54、55、56、57绘制拟合的坎高为1 m的未加固陡坎[见图7-50(a)]。

在“地貌土质—人工地貌—加固陡坎”菜单中,用93、94、95、96绘制不拟合的坎高为1 m的加固陡坎[见图7-50(b)]。

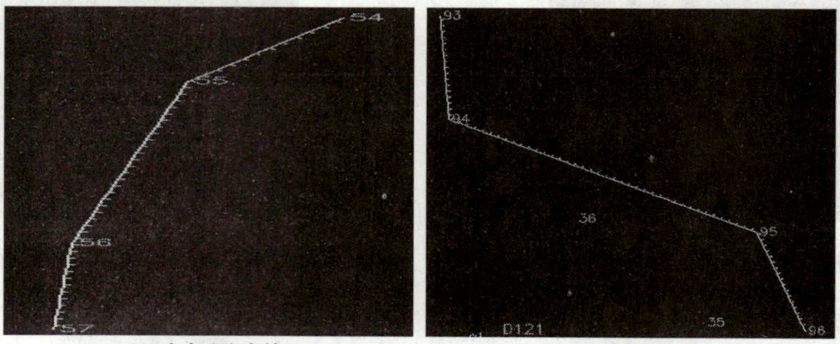

(a) 未加固陡坎　(b) 加固陡坎

图7-50　陡坎

在“独立地物—其他设施—路灯”菜单中，用 69、70、71、72、97、98 分别绘制路灯［见图 7-51(a)］。

在“独立地物—农业设施—不依比例尺肥气池”菜单中，用 59 绘制不依比例尺肥气池［见图 7-51(b)］。

在“独立地物—其他设施—双柱宣传橱窗”菜单中，用 73、74 绘制双柱宣传橱窗［见图 7-51(c)］。

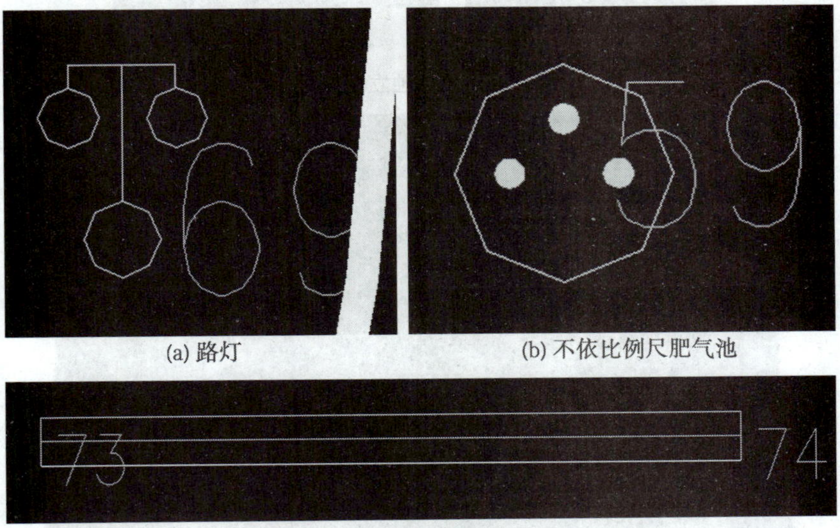

(a) 路灯　　(b) 不依比例尺肥气池

(c) 双柱宣传橱窗

图 7-51　绘制独立地物

在“水系设施—水系要素—水井”菜单中，用 79 绘制水井（见图 7-52）。

在“控制点—平面控制点—埋石图根点”菜单中，用 1、2、4 分别生成埋石图根点，在提问点名、等级时分别输入 D121、D122、D124（见图 7-53）。

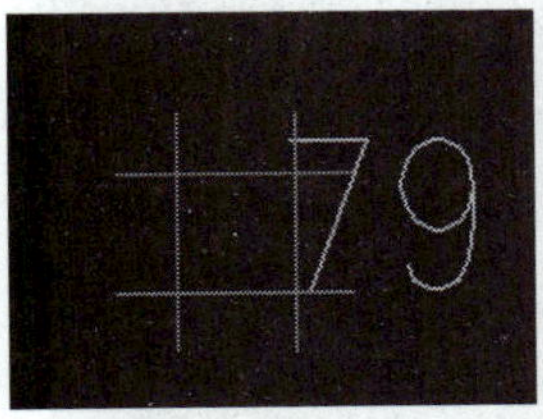

图 7-52　水井

图 7-53　埋石图根点

在“植被土质—林地—果树独立树”菜单中，用 99、100、101、102 分别绘制果树独立树［见图 7-54(a)］。

在“植被土质—耕地—菜地”菜单中，用 58、80、81、82 绘制菜地（第 82 号点之后仍要求输入点号时直接回车），要求边界不拟合，并且保留边界［见图 7-54(b)］。

在“管线设施—电力线—地面上的输电线”菜单中，用 75、83、84、85 绘制地面上的输电线（见图 7-55）。

经过上述绘制后的平面图如图 7-56 所示。

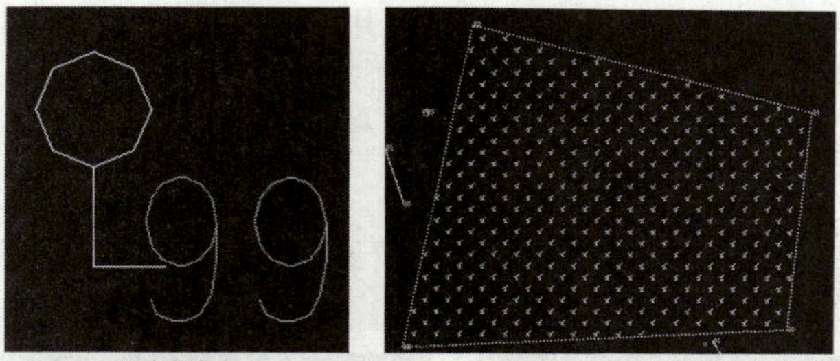

(a) 果树独立树　　(b) 菜地

图 7-54　果树独立树及菜地

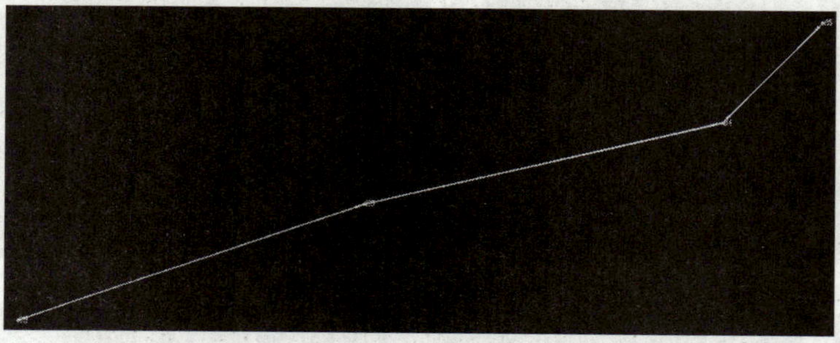

图 7-55　地面上的输电线

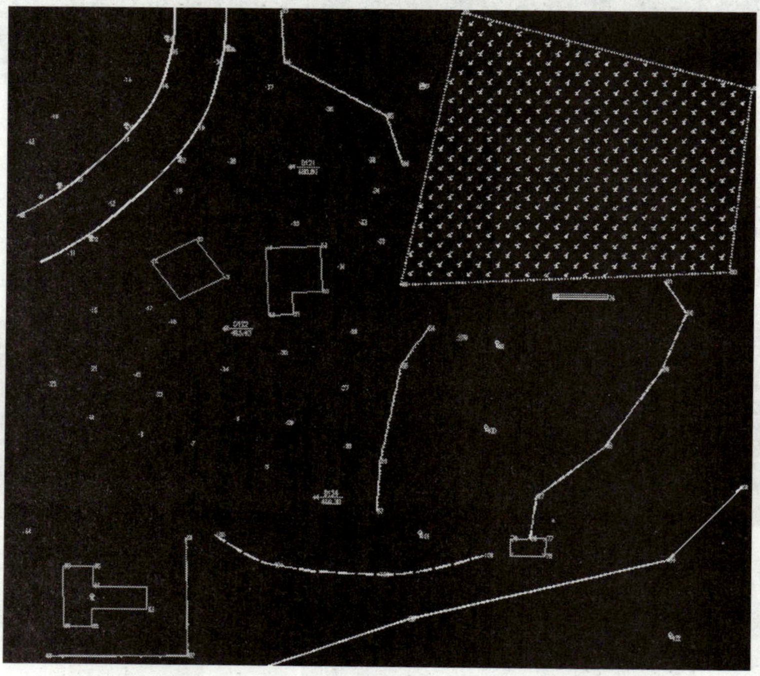

图 7-56　平面图

最后选取“编辑”菜单下的“删除”二级菜单下的“实体所在图层”(如图 7-57 所示),鼠标符号变成了一个小方框,用左键点取任何一个点号的数字注记,所展点的注记将被删除。平面图作好后效果如图 7-58 所示。

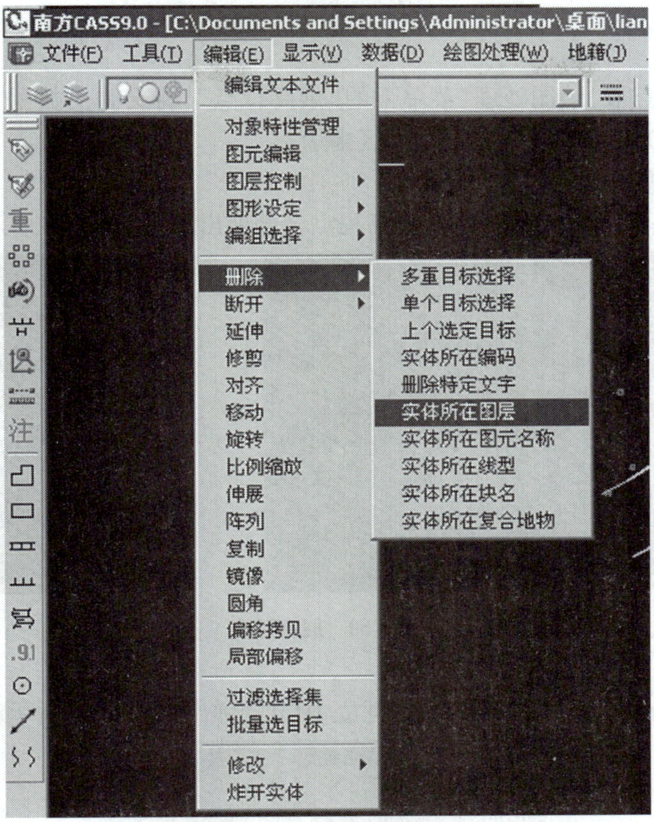

图 7-57 删除实体图层

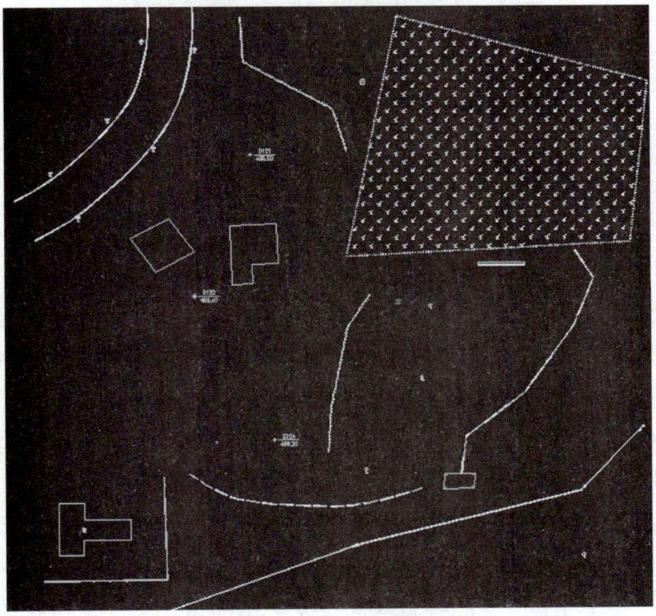

图 7-58 数字地图

5. 绘等高线

1)展高程点

用鼠标左键点取“绘图处理”菜单下的“展高程点”,将会弹出数据文件的对话框,找到文件 STUDY. DAT,选择“确定”,命令区提示:

注记高程点的距离(米):直接回车。

这表示不对高程点注记进行取舍,高程点全部展出来,如图 7-59 所示。

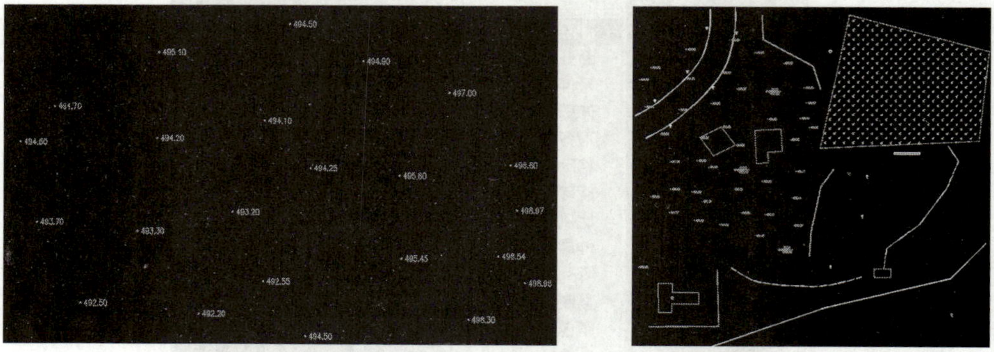

图 7-59　展高程点

2)建立 DTM 模型

用鼠标左键点取“等高线”菜单下“建立 DTM”,弹出如图 7-60 所示对话框。

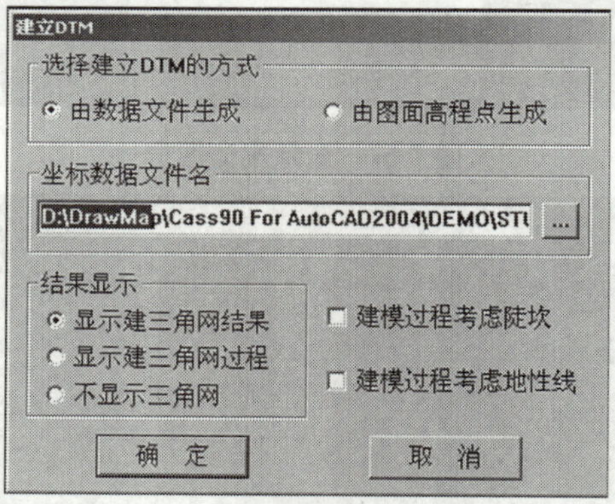

图 7-60　“建立 DTM”对话框

根据需要选择建立 DTM 的方式和坐标数据文件名,然后选择建模过程是否考虑陡坎和地性线,选择“确定”,生成如图 7-61 所示 DTM 模型,接下来就可以绘制等高线了。

3)绘制等高线

用鼠标左键点取“等高线—绘制等高线”,弹出如图 7-62 所示对话框。

输入等高距后选择拟合方式,然后按“确定”键,则系统马上绘制出如图 7-63 所示等高线,再选择“等高线”菜单下的“删三角网”,这时屏幕显示如图 7-64 所示。

4)等高线的修剪

利用“等高线”菜单下的“等高线修剪”二级菜单完成“等高线的修剪”工作,如图 7-65 所示。

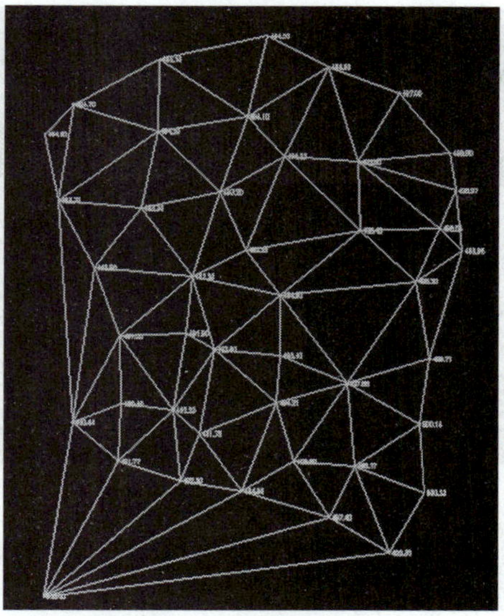

图 7-61　绘制等高线

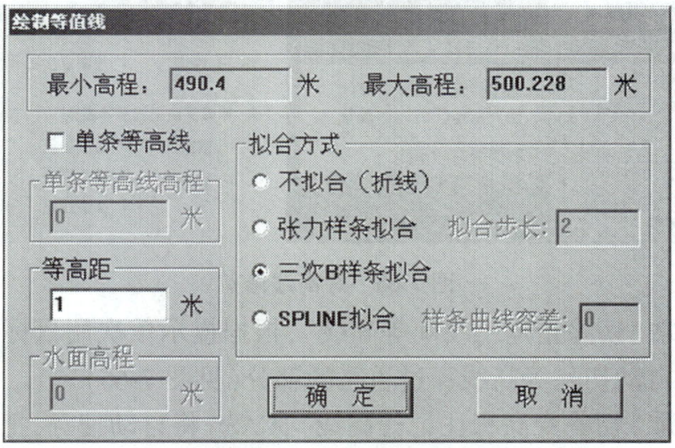

图 7-62　“绘制等高线”对话框

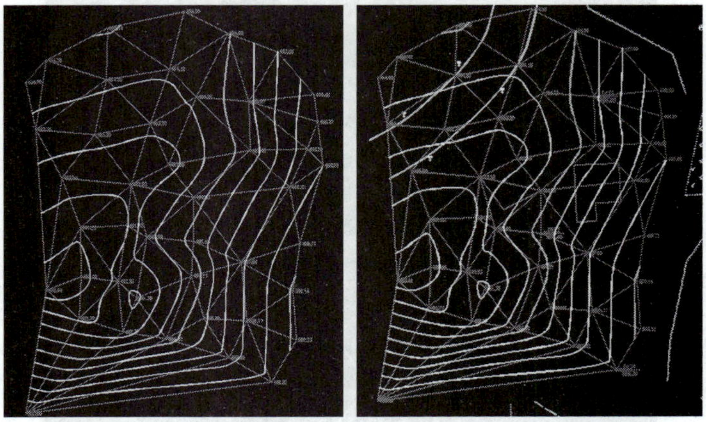

图 7-63　绘制等高线

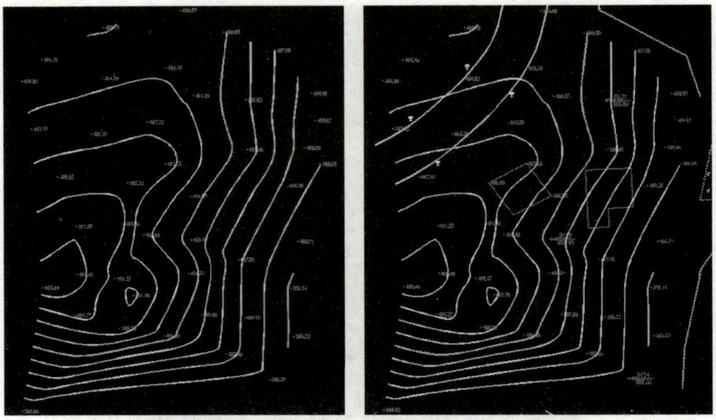

图 7-64　等高线

用鼠标左键点取“批量修剪等高线”,选择“建筑物”,软件将自动搜寻穿过建筑物的等高线并将其进行整饰(见图 7-66)。

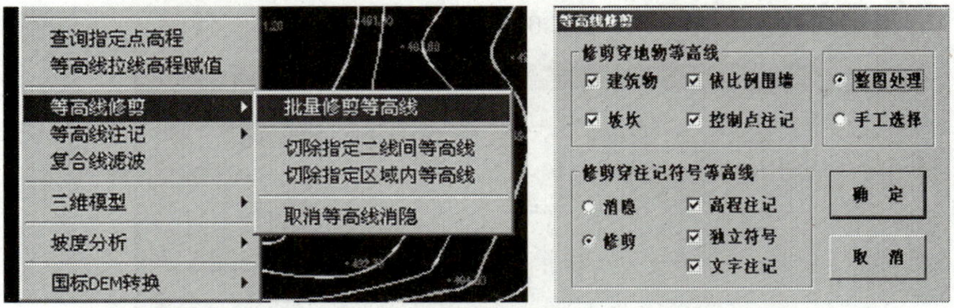

图 7-65　等高线修剪

用鼠标左键点取“切除指定二线间等高线”,根据提示依次用鼠标左键选取左上角的道路两边,CASS 将自动切除等高线穿过道路的部分(见图 7-66)。

用鼠标左键点取“切除穿高程注记等高线”,CASS 将自动搜寻,把等高线穿过注记的部分切除。

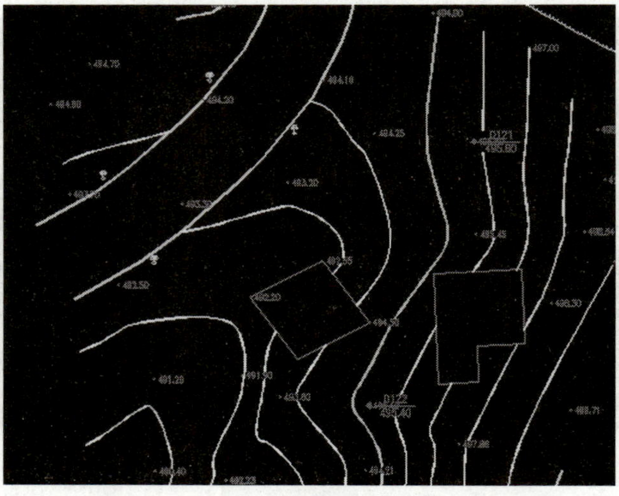

图 7-66　等高线修剪结果

6. 加注记

以下以在平行高速公路上加“沪杭高速”四个字为例说明。

用鼠标左键点取右侧屏幕菜单的“文字注记—通用注记”项，弹出如图 7-67 所示的界面。

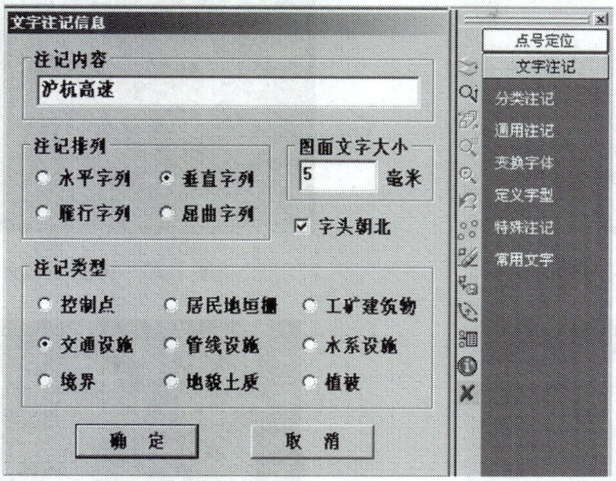

图 7-67 “文字注记信息”对话框

首先在需要添加文字注记的位置绘制一条拟合的多功能复合线，然后在注记内容中输入“沪杭高速”并选择注记排列和注记类型，输入文字大小确定后选择绘制的拟合的多功能复合线即可完成注记，如图 7-68 所示。

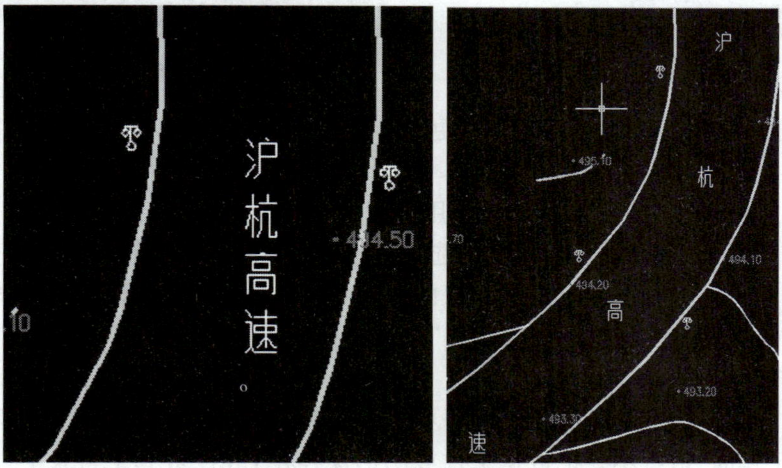

图 7-68 文字注记

7. 加图框

用鼠标左键点击“绘图处理”菜单下的“标准图幅(50×40)”，弹出如图 7-69 所示的界面。在“图名”栏里，输入“杭州下沙”(根据实际填写)；在“左下角坐标”的“东”“北”栏内分别输入“53073”“31050”；在“删除图框外实体”栏前没有打勾，按确认后则出现图 7-70 所示地图。在“删除图框外实体”栏前打勾(见图 7-71)，按确认后则出现图 7-72 所示地图。经过这样的处理，这幅图就作好了。

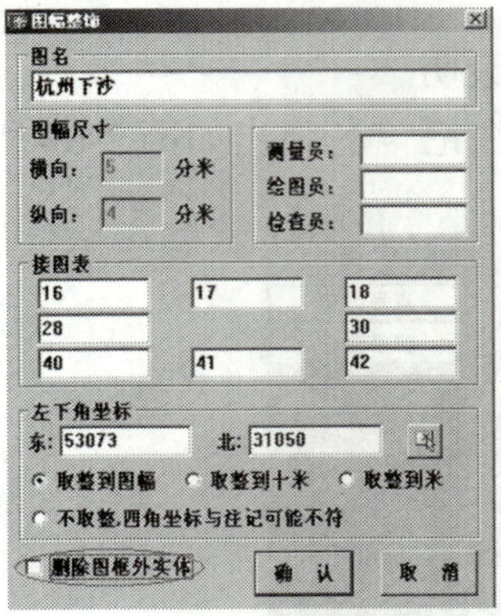

图 7-69 输入图幅信息一

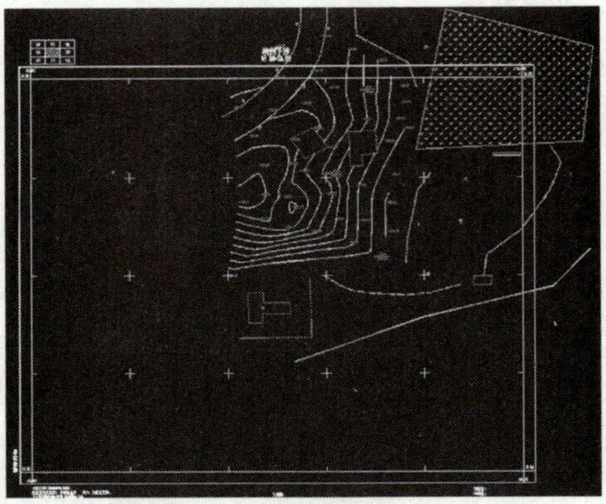

图 7-70 未删图框外实体

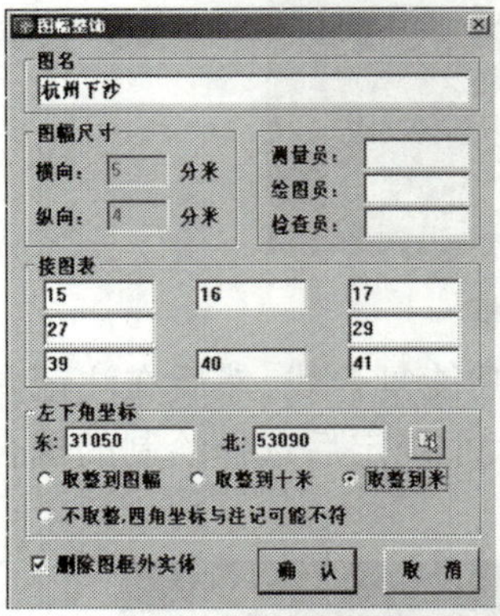

图 7-71 输入图幅信息二

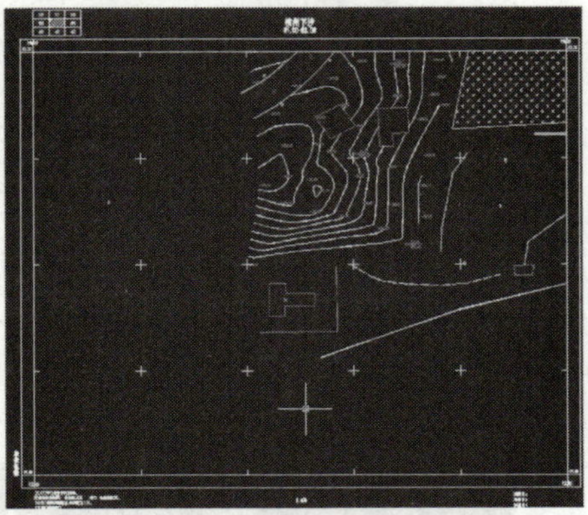

图 7-72 删图框外实体

另外,可以将图框左下角的图幅信息更改成符合需要的字样,可以将图框和图章用户化。

8. 绘图输出

用鼠标左键点取“文件”菜单下的“用绘图仪或打印机出图”进行绘图。选好图纸尺寸、图纸方向之后,用鼠标左键点击“窗选”按钮,用鼠标圈定绘图范围。将“打印比例”一项选为“2 : 1”(表示满足 1 : 500 比例尺的打印要求),通过“部分预览”和“全部预览”可以查看出图效果,满意后就可单击“确定”按钮进行绘图了。

9. 操作过程中注意事项

千万别忘了存盘(其实在操作过程中也要不断地进行存盘,以防操作不慎导致丢失)。正式工作时,最好不要把数据文件或图形保存在 CASS 或其子目录下,应该创建工作目录。比如在 D 盘根目录下创建 DATA 目录存放数据文件,在 D 盘根目录下创建 DWG 目录存放图形文件。

在执行各项命令时,每一步都要注意看下面命令区的提示,当出现“命令:”提示时,要求输入新的命令,当出现“选择对象:”提示时,要求选择对象,等等。当一个命令没执行完时最好不要执行另一个命令,若要强行终止,可按键盘左上角的“Esc”键或按“Ctrl”的同时按下“C”键,直到出现“命令:”提示。

在作图的过程中,要常常用到一些编辑功能,例如删除、移动、复制、回退等,有些命令有多种执行途径，可根据自己的喜好灵活选用快捷工具按钮、下拉菜单或在命令行输入命令。具体操作见参考手册。

任务三　地形图的识读与应用

各种工程建设都需要在图上进行规划和设计，地形图是全面、客观地反映地面情况的可靠资料，所以正确、熟练地识读和应用地形图是工程技术人员必备的素质。

一、地形图的识读

(一)地形图识读的基本原则

(1)识读地形图要从图外到图内，从整体到局部，逐步深入到要了解的内容。

(2)地形图图式是地形绘图和识图的依据。

(3)熟悉各种地物、地貌的表示方法。

(4)熟悉各要素符号之间关系的处理原则。

(5)熟悉各种注记配置及图廓的整饰要求。

(二)地形图识读的基本内容

1. 图名、图式

地形图图名通常是采用本幅图内最有代表性的地名来表示的，标注于图幅上方中央。

地形图图式是地形图上表示各种地物和地貌要素的符号、注记和颜色的规则和标准，是测绘和出版地形图必须遵守的基本依据之一，是由国家统一颁布执行的标准。统一标准的图式能够科学地反映实际场地的形态和特征，是人们识别和使用地形图的重要工具，是测图者和使用者沟通的语言。

以前颁布实施的国家地形图图式标准有 1∶500、1∶1 000、1∶2 000 地形图图式等。不同比例尺地形图所规定的图式有所不同，有些专业部门还根据具体情况补充规定了一些特殊的图式符号。使用地形图时，必须熟悉相应各种比例尺地形图图式。

2. 比例尺

通常在地形图的南图廓外正中位置注记地形图的数字比例尺，中、小比例尺图上还绘有一直线比例尺，以方便用图者测定图上两点间的实地距离。

3. 坐标系统和高程系统

我国大比例尺地形图平面一般采用国家统一规定的高斯平面直角坐标系统。城市地形测图一般采用该城市的城市坐标系统。工程建设中也有采用工矿企业独立坐标系的。

高程在 1987 年以前使用的是“1956 黄海高程系”，1987 年后开始使用“1985 国家高程基准”，两个系统之间的换算关系为 $H_{85}=H_{56}-0.029$ m，使用时应注意两者之间的换算。

4. 图的分幅与编号

测区较大时，地形图是分幅测绘的，使用时应根据拼接示意图了解每幅图上、下、左、右的相邻图幅的编号，以便拼接使用。

5. 地物的识读

地形图上所有地物都是按照地形图图式上规定的地物符号和注记符号表示的，首先要熟悉图式上的一些常用符号,在此基础上进一步了解图上符号和注记的确切含义,根据这些来了解地物的种类、特征、分布状态等,如公路铁路等级、河流分布及流向、地面植被的分布及范围等。

6. 地貌的识读

普通地貌在图上是用等高线表示的,典型地貌是用专用符号表示的,因此在正确理解等高线特征和典型地貌符号特征的基础上,结合示坡线、高程点和等高线注记等,根据图上等高线判读出山头、山脊、山谷、山坡、鞍部等普通地貌,以及陡坎、斜坡、冲沟、悬崖、绝壁、梯田等典型地貌。同时,根据等高距、等高线平距和坡度的关系,分析地面坡度变化及地形走势,从而了解地貌特征。

二、地形图的应用

(一)地形图的精度

地形图的精度是指其数学精度,即地形图上各点的平面位置和高程的精度。

《水利水电测量规范》(SL 52—2015)规定:地物点平面位置中误差,在平原、丘陵地区一般不大于图上±0.6 mm,在山区不大于图上±0.8 mm。等高线的高程中误差,在平原、丘陵地区一般不大于1/3、1/2基本等高距,在山区不大于1个基本等高距。

(二)选用地形图的若干问题

1. 水利水电工程建设各阶段的用图

对地形图的使用,首先是对图的选取。应根据工程规划设计对图纸上平面位置和高程精度的要求,结合不同地形图的精度进行分析、比较,来选取适当比例尺和等高距的地形图。

在水利水电工程的规划、设计、施工各阶段中,都要使用不同比例尺的地形图,一般来说,做流域规划时,选用1∶5万或1∶10万比例尺地形图,以计算流域面积,研究流域的综合开发利用;在修建水库时,要用1∶1万或1∶2.5万比例尺地形图,以便计算库容;对于工程布置及地质勘探,选用1∶5 000或1∶1万比例尺地形图;对于水工建筑物的设计,选用1∶1 000、1∶2 000或1∶5 000比例尺地形图;在施工阶段,一般要选用1∶100、1∶200、1∶500比例尺的施工详图。

2. 点位精度要求决定用图比例尺

地物点平面位置的精度与地形图比例尺的大小有关。设计对象的位置有一定的精度要求,若比例尺不当,就会影响设计质量。所以,设计人员应根据实际需要的平面位置精度来选用适当比例尺的地形图。

3. 根据点的高程精度要求确定等高距

在规划设计时,由地形图确定点的高程,是根据相邻两条等高线按比例内插求得的。因而,点的高程误差主要受两项误差的影响:一是等高线高程中误差,二是图解点的平面位置时产生的误差所引起的高程误差。

4. 按点位和高程的精度要求选用地形图

某些工程在选用地形图时,既要从点的平面位置精度来考虑,又要从高程精度来考虑。

(三)地形图应用的基本内容

1. 在地形图上确定图上某点的坐标和高程

图上一点的位置,通常采用量取坐标的方法来确定。大比例尺地形图上都绘有纵、横坐标方格网(或在交点处绘一十字线),图框边线上的数字就是坐标格网的坐标值,它们是量取坐标的依据。

欲求图 7-73 中 AB 线两端点 A 和 B 的坐标,可过 A 点作平行于 x 轴和 y 轴的直线 ef 和 gh,用比例尺 1 : 10 000 分别量出 $ag=739$ m,$ae=300$ m,则

$$xA=xa+ag=6\ 000+739=6\ 739(\text{m}),\ yA=ya+ae=4\ 000+300=4\ 300(\text{m})$$

此外,还应量出 gb 和 ed 的距离,作为校核。

数字地形图中量测点的坐标非常方便,能够获得精确的坐标值。应用 CAD 中的 id (identify)命令即可量测得到点的三维坐标。量测时需要用鼠标捕捉点位,捕捉方式用 snap 命令进行设置。

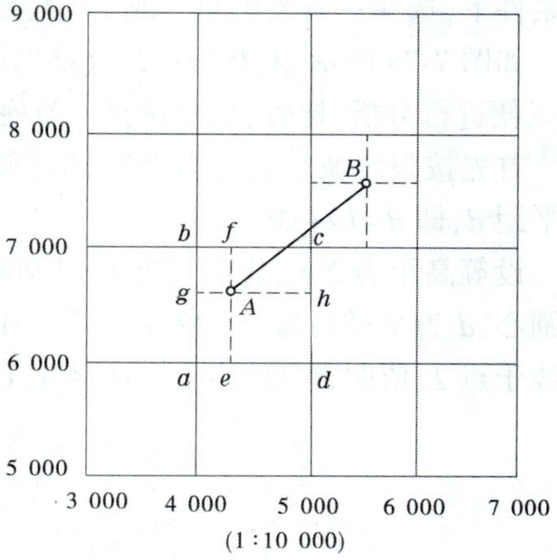

图 7-73　点的坐标量测示意图

2. 在地形图上确定某条线段的长度和方向

1)直接量取法

当所量线段较短且精度要求不高时,可用比例尺或直尺直接在图上量得实际距离,而方位角则用量角器量取。

2)坐标反算法

当所量线段很长,甚至跨越图幅或要求精度较高时,可图解得到端点坐标再反算距离和方位角。

对于数字地形图,使用 CAD 的 dist 命令即可量测指定两点间的三维坐标增量(若为平面图,则只有二维坐标增量)、水平距离和坐标方位角值。在量测距离和方位角时,也要使用鼠标捕捉功能捕捉线段的两端点。此外,由于长度和角度单位涉及表示类型和精度问题,所以量测前,使用 units 命令设置好有关的单位和表示类型。

3. 在地形图上确定某点的高程

地形图上某点的高程可以根据等高线来确定。等高线上的点,其高程均等于等高线所注的高程。当某点位于两等高线之间时,可用内插法求得。

如图 7-74 所示,从图上量出 mn 及 mB 的距离,根据等高距 h,可求得 B 点高程:

$$H_B=H_m+(mB/mn)h$$

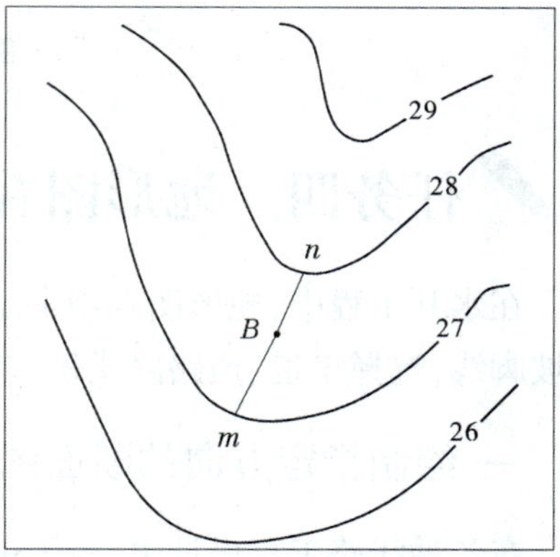

图 7-74　点的高程量测示意图

4. 在地形图上确定一直线的坡度

设斜坡上两点水平距离为 d,高差为 h,则两点连线坡度为

$$i=\tan\alpha=h/(dM)$$

式中 α——直线的倾斜角；

i——以百分数或千分数表示的坡度；

M——地形图的比例尺分母。

如果是数字地形图，在屏幕上量测两点间的水平距离时，也得到两点间的三维坐标差，因此可按下式计算两点间的地面坡度和倾角：

$$i=\tan\alpha=\Delta Z/D,\quad \alpha=\arctan(\Delta Z/D)$$

三、在地形图上按设计坡度选择最短线

在山地或丘陵地区进行道路、管线、渠道等工程设计时，都要求在不超过某一坡度 i 的条件下，选择一条最短路线或等坡度线。

如图 7-75 所示，A、B 为一段线路的两端点，要求从 A 点按 5%的坡度选两条路线到达 B，以便进行分析、比较，从中选择一条便于施工、费用低的最短路线。

首先按限定坡度 i、等高距 h、图比例尺分母 M 求得该路线通过图上相邻等高线之间的平距 d，即 $d=h/(iM)$。

设等高距为 2 m，比例尺为 1∶5 000，则 $d=2/(0.05\times5\ 000)=0.008(\mathrm{m})$。然后，以 A 为圆心、d 为半径画弧，交 48 m 等高线于点 1，再以点 1 为圆心、d 为半径画弧，交 50 m 等高线于点 2，依次直到终点 B。连接 A,1,2,…,B，便在图上得到符合限定坡度的路线。

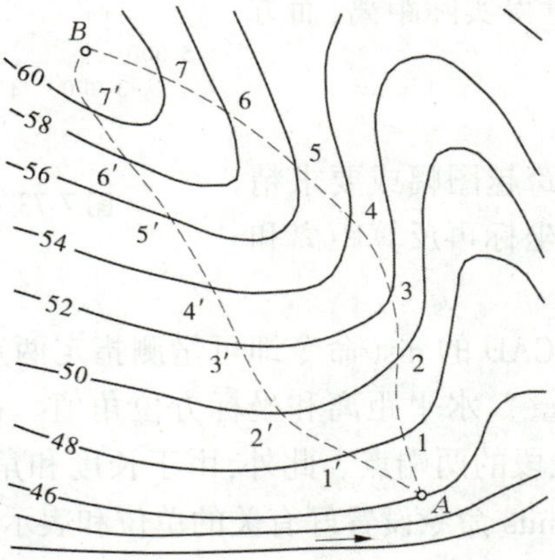

图 7-75 选择等坡度线

任务四 地形图在水利工程规划设计工作中的应用

在水利工程中，地形图常用来绘制纵横断面图、确定汇水面积、计算库容大小、确定大坝坡脚线，选择渠道、道路路线等，是进行水利工程规划的重要资料。

一、绘制指定方向的断面图

在各种线路工程设计中，为了进行填挖方量的概算，以及合理地确定线路的纵坡，都需要了解沿线路方向的地面起伏情况，所以常需利用地形图绘制沿指定方向的纵断面图。

如图 7-76 所示,欲在 *AB* 方向绘制断面图,先标出直线 *AB* 与图上各条等高线的交点 *b*,*c*,…,*p*。绘断面图时,以横坐标 *AQ* 代表水平距离,纵坐标 *AH* 代表高程,如图 7-76(b)所示。然后沿 *AB* 方向量取 *b*,*c*,…,*p*,*B* 各点至 *A* 点的水平距离;将这些距离按比例尺展绘在横坐标轴 *AQ* 线上,得 *A*、*b*、*c*…*p*、*B* 各点;通过这些点作 *AQ* 的垂线,并按高程比例尺分别截取 *A*,*b*,*c*,…*p*,*B* 各点高程。将各垂线上的高程点连接起来,就得到直线 *AB* 方向上的断面图。

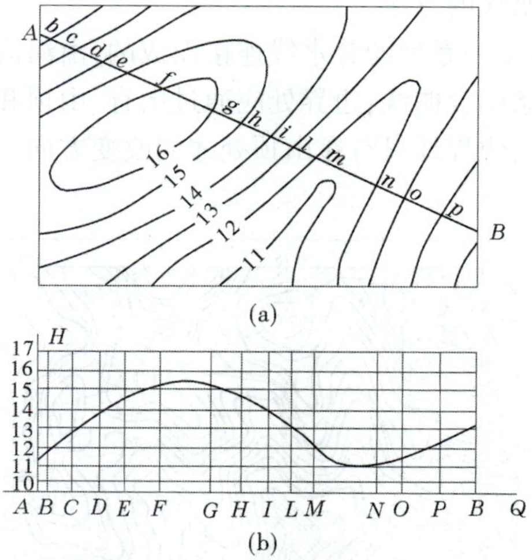

图 7-76　利用地形图绘制断面图

使用专业测绘软件,绘制断面图的方法有很多,如依据已知的坐标文件或者依据图面上的等高线都可以绘制断面图,如 CASS 软件就可以按下述方法绘制断面图。

首先用 PLINE 线在图上确定出欲绘制断面图的线路,然后选择工程应用菜单下的绘制断面图子菜单,再选择按坐标文件绘图,则弹出如图 7-77(a)所示的窗口,输入纵横比例尺等必要参数后就可以绘出如图 7-77(b)所示的断面图,图中下部的折线即为线路,上部即为该线路方向的断面图。

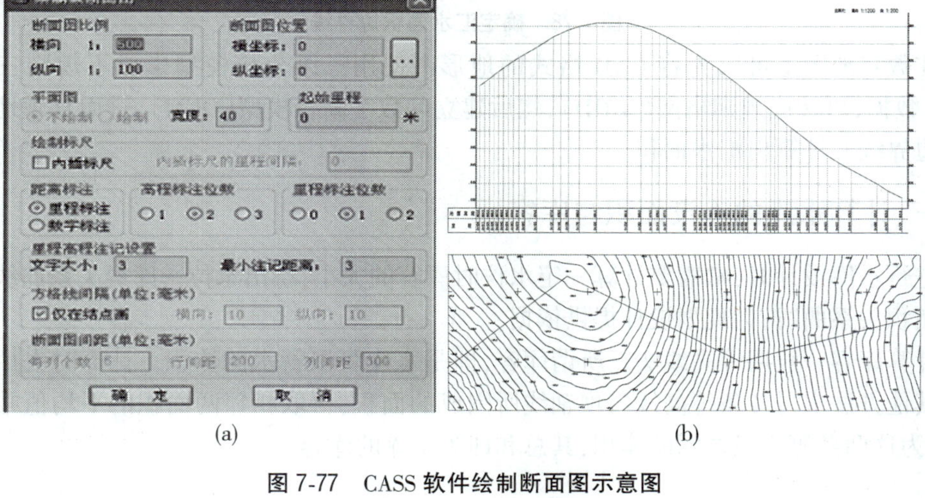

图 7-77　CASS 软件绘制断面图示意图

二、确定汇水面积

当铁路公路跨越河流或峡谷时,或者在修建水库大坝时,都需要建造桥梁或涵洞。而桥梁、涵洞孔径的大小,水坝的设计位置与坝高,水库的蓄水量等,都要根据汇集于这个地区的水流量来确定。所以,在设计时需要知道坝、桥、涵等的上游汇水面积的大小,以便确定来水量。汇水面积是指河道和河谷某断面以上分水线所包围面积。为此,要确定汇水面积,首先应掌握勾绘分水线的方法。

汇水范围的边界线是由一系列的分水线连接而成的,由河沟的指定点出发,最后又回到原来的指定点,形成一条闭合曲线;边界处应通过山脊、山顶和鞍部等部位的最高点;边界线要处处与等高线垂直;边界线只有在山顶处才能改变方向。如图 7-78 即为汇水范围边界线的确定方法。

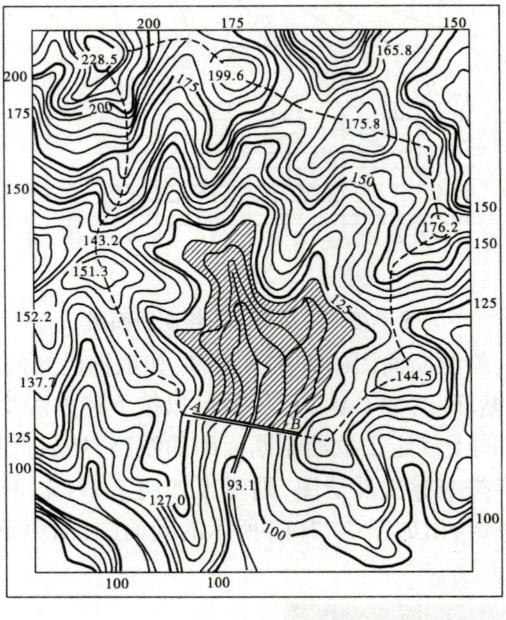

图 7-78　确定汇水面积边界线

在数字地图上可以先将 CAD 格式的地形图使用三维分析模型生成不规则三角网(TIN)数据,再转成规则格网(GRID),然后建立起数字高程模型(DEM),进而直观地分析汇水边界线并计算出汇水面积。

三、计算水库的淹没面积与库容

进行水库设计时,常需要计算一定水位时库容的大小,绘出水位—库容关系曲线或水位—面积关系曲线,为规划设计提供依据。

计算库容一般用等高线法。所谓库容,即是水库可以蓄水的体积。计算时先用求积仪或其他方法求得各条等高线与坝轴线所围成的面积,再取相邻两面积的平均值乘以高差,即为这两条等高线之间的体积,其总和即为水库的库容。

四、在图上绘坡脚线

土石坝坡脚线指土石坝坡面与地面的交线，如图 7-79 所示。先绘坝轴线和坝顶位置，再依坝顶高程、迎水面与背水面坡度，画出与地面等高线相应的坝面等高线（虚线），相同高程的等高线与坡面等高线相交，连接所有交点而得的曲线，就是土石坝的坡脚线。

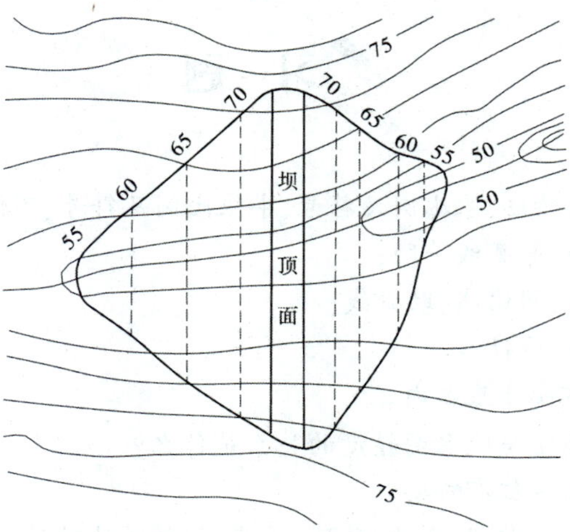

图 7-79　在地形图上确定土坝坡脚线

五、面积计算

在水利工程规划设计时，常需要测定地形图上某一区域的图形面积。例如，做流域规划时需要求流域面积；修建水库时需要求水库的汇水面积和库容；在河沟和渠道施工前需要求出各横断面的面积。下面介绍几种常用方法。

（一）透明方格纸法

要计算曲线内的面积，先将毫米透明方格纸覆盖在图形上，数出图形内完整的方格数和不完整的方格数，从而计算面积。

（二）平行线法

将绘有等距平行线的透明纸覆盖在图形上，使两条平行线与图形边缘相切，则相邻两平行线间截割的图形面积可近似视为梯形。梯形的高为相邻两平行线的间距 A，图形截割的相邻两平行线的长度即为梯形的上底长度 l 和下底长度 L，根据 $0.5(l+L)A$ 计算各梯形面积后再求和得总面积。

（三）解析法

如果图形为任意多边形，且各顶点的坐标已在图上量出或已在实地测定，可利用各点坐标以解析法计算面积。

（四）求积仪法

求积仪是一种专门供图上量算面积的仪器，其优点是操作简便、速度快、适用于任意曲线图形的面积量算，且能保证一定的精度。

对于数字地图中的房屋、道路、坑塘等的面积的量算，常用面积查询 AREA 命令，用该功能可求得由若干个点或若干线段(直线或曲线)所围成的平面图形的面积和周长。具体查询过程中有两种方法,即多边形角点捕捉法和建立面域法。前者是指依次捕捉多边形所有角点,用C闭合从而求得面积,适用于多边形角点数目较少易于捕捉的情况。后者指先将多边形用REGION命令生成面域,再用AREA命令求面积,适用于多边形角点数目太多而不便逐个捕捉的情况。

习　题

7-1　名词解释:

(1)比例尺、比例尺精度、依比例尺符号、半依比例尺符号、不依比例尺符号;

(2)等高线、等高距、等高线平距;

(3)首曲线、计曲线、间曲线、助曲线;

(4)山谷线、山脊线、地性线。

7-2　地形图识读有哪些基本内容?

7-3　比例尺和等高距与地形图精度的关系是什么?

7-4　等高线的基本特征有哪些?

7-5　简述山谷、山脊、鞍部、山头、洼地、悬崖、绝壁等地貌的等高线特征。

7-6　简述如何在数字地图上得到以下要素:某点的坐标、某条线的方位角和长度、某两点之间的高差和坡度、某个区域的面积、某两点的可通视线性。

7-7　简述如何计算水库汇水面积和库容。

7-8　在地形图上如何按照给定的坡度选定最短路线?

7-9　沈阳某地的经度和纬度分别为123°31′09″、41°57′23″,试求该地在1∶50万、1∶10万、1∶1万三种比例尺的国际分幅的图幅编号。

7-10　已知某1∶5 000比例尺地形图的国际分幅编号为J50H092084,试计算其西南图廓的经度和纬度。

7-11　已知上海某地物点的坐标为(5 332.148,-3 164.969),试求该地物在1∶1 000比例尺地形图上按基本图幅编号法的编号。

7-12　根据表7-7中的观测数据,计算测站点与碎部点之间水平距离和碎部点高程。

表7-7　碎部点观测表

观测者:______　记录者:______　$H_i=1.458$ m　测站点高程　$H=538.827$ m　$\alpha=90°-L$

点号	视距(m)	水平角	中丝读数(m)	竖盘读数	竖直角	平距(m)	高差(m)	高程(m)
1	78.2	94°23′	1.51	85°28′				
2	81.3	58°19′	1.42	83°13′				
3	45.6	195°04′	2.16	95°37′				

7-13 勾绘出图 7-80 中的等高线。图中实线表示分水线,虚线表示合水线。等高距为 1 m。

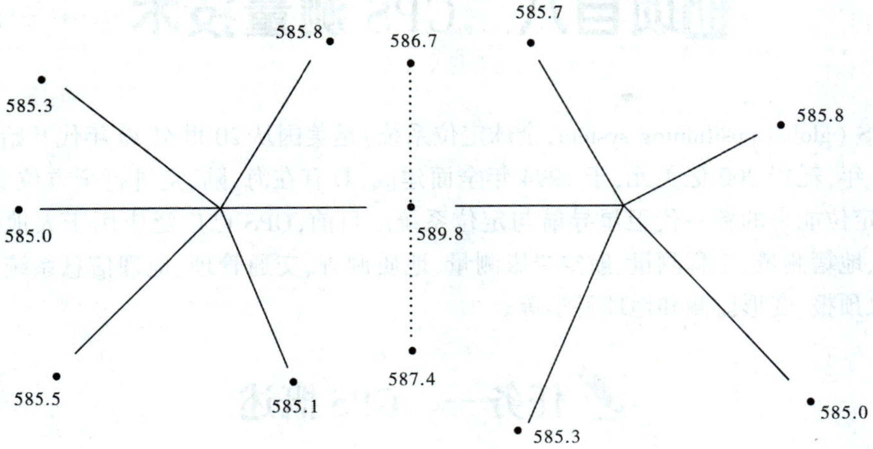

图 7-80 习题 7-13 图

项目八　GPS 测量技术

GPS（global positioning system，全球定位系统）是美国从20世纪70年代开始研制的，历时20年，耗资200亿美元，于1994年全面建成，具有在海、陆、空进行全方位实时三维导航与定位能力的新一代卫星导航与定位系统。目前，GPS已广泛应用于大地测量、地形测量、地籍测量、工程测量、航空摄影测量、地质调查、交通管理、地理信息系统、海洋测绘、气象预报、变形监测和地球科学等。

任务一　GPS 概述

一、GPS 的起源与发展

1957年10月，世界上第一颗人造地球卫星发射成功，它是人类现代科学技术发展的结晶。它的发射成功，使空间科学技术的发展迅速跨入了一个崭新的时代。多年来，人造地球卫星技术在军事、通信、气象、资源勘察、导航、遥感、大地测量、地球动力以及天文等众多学科领域得到了极其广泛的应用，从而推动了科学技术的迅速发展，也丰富了人类的科学文化生活。

1958年底，美国海军武器实验室就着手实施建立为美国军用舰艇导航服务的卫星系统，即"海军导航卫星系统"。该系统中卫星的轨道都通过地极，即卫星轨道面倾角为90°，故也称"子午卫星系统"。1964年该系统建成，并开始在美国军方启用，1967年美国政府批准该系统解密，并提供民用。子午卫星导航系统投入使用，充分显示了人造地球卫星用于导航的优越性。

由于卫星轨道面倾角为90°，卫星几乎是沿地球上的经圈运动的，故在解中，经度与高程相关，只有在已知接收机高程的情况下才能得到经度、纬度的导航解。也就是说，子午卫星导航系统只能提供二维导航解。子午卫星系统是一种"单星、低轨、测速"的卫星导航体系。

为了克服子午卫星系统的局限性，就需改变单星、低轨、测速体系。1973年，美国国防部正式批准陆海空三军共同研制国防卫星导航系统——全球定位系统（GPS）。

GPS卫星发送的导航定位信号，是一种可供无数用户共享的信息资源。可以在任何时候用GPS信号进行导航定位测量。GPS是美国第二代卫星导航系统，由24颗高度为20 000 km的卫星形成空间部分，连同设在美国本土的地面监测部分和采用伪随机码测距技术的接收机基本上满足了全球范围、时间连续、全天候、实时及三维导航的要求。因此，我们可以看到，GPS相对于普通的导航系统来说，具有以下特点：

（1）全球地面连续覆盖。

由于 GPS 卫星的数目较多且分布合理,所以在地球上任何地点均可连续同步地观测到至少 4 颗卫星,从而保障了全球、全天候连续地实时导航与定位。

(2)功能多、精度高。

GPS 可为各类用户连续提供动态目标的三维位置、三维速度和时间信息,能够满足广大用户的定位和导航要求。随着 GPS 测量技术和数据处理技术的发展,其定位、测速和测时的精度将进一步提高。

(3)实时定位速度快。

利用全球定位系统一次定位和测速工作在一秒至数秒钟内便可完成(NNSS 需 8~10 min),这对高动态用户来说尤为重要。

(4)抗干扰性好、保密性强。

由于 GPS 采用了数字通信的特殊编码技术,即伪随机噪声技术,因而 GPS 卫星所发送的信号具有良好的抗干扰性和保密性。

而相对于传统的测量方法来说,GPS 具有以下特点:

(1)观测站间无须通视。

GPS 不要求观测站之间相互通视,只需测站上空开阔即可,因而不需要建标。可节省大量的造标费用,这一优点既可大大减少测量工作的经费和时间,同时也使点位的选择变得甚为灵活。由于无须点间通视,点位位置可根据需要设定,可稀可密,使选点工作甚为灵活,也可省去经典大地网中的传算点、过渡点的测量工作。

(2)定位精度高。

目前,其单点实时定位精度可达 5~10 m,静态相对定位精度可达$(0.1\sim1)\times10^{-6}D$(D为导线长度,km),测速精度为 0.1 m/s,而测时精度约为数十纳秒。

应用实践已经证明,GPS 相对定位精度在 50 km 以内可达 10^{-6} m,100~500 km 可达 10^{-7} m ,1 000 km 以上可达 10^{-9} m。在 300~1 500 m 工程精密定位中,1 h 以上观测的解其平面位置误差小于 1 mm,与 ME-5000 电磁波测距仪测定的边长比较,其边长较差最大为 0.5 mm,较差中误差为 0.3 mm。

(3)可直接提供三维坐标。

经典大地测量将平面与高程采用不同方法分别施测。GPS 测量在精确测定观测站平面位置的同时,可以精确测定观测站的大地高程。目前,GPS 水准测量可满足四等水准测量的精度。GPS 测量的这一特点,不仅为研究大地水准面的形状和确定地面点的高程开辟了新途径,也为它在航空物探、航空摄影以及导航中的应用提供了重要的高程数据。

(4)观测时间短。

随着 GPS 系统的不断完善,软件的不断更新,目前,20 km 以内相对静态定位,仅需 15~20 min;快速静态相对定位测量时,当每个流动站与基准站相距在 15 km 以内时,流动站观测时间只需 1~2 min,然后可随时定位,每站观测仅需几秒钟。目前,完成一条基线的精密相对定位所需要的观测时间,根据要求的精度不同一般为 1~3 h。为了进一步缩短观测时间,提高作业速度,快速定位方法的研究正受到广泛的重视。近年来发展的短基线(例如不超过 20 km)快速相对定位法,其观测时间仅数分钟。

(5)操作简便。

随着 GPS 接收机的不断改进,自动化程度越来越高,有的已达“傻瓜化”的程度,在观测中测量员的主要任务只是安装并开关仪器、量取仪器高和监视仪器的工作状态,而其他观测工作如卫星的捕获、跟踪观测等均由仪器自动完成。另外,GPS 用户接收机一般都较轻、体积较小,因此携带和搬运都很方便,极大地减轻了测量工作者的工作紧张程度和劳动强度,使野外工作变得轻松愉快。

(6)全天候作业。

目前,GPS 观测可在 24 h 内的任何时间进行,在任何地点连续地进行,不受阴天黑夜、起雾刮风、下雨下雪等气候的影响。

二、GPS 系统组成

GPS 系统包括三大部分(见图 8-1):空间部分——GPS 卫星及其星座,地面控制部分——地面监控系统,用户设备部分——GPS 信号接收机。

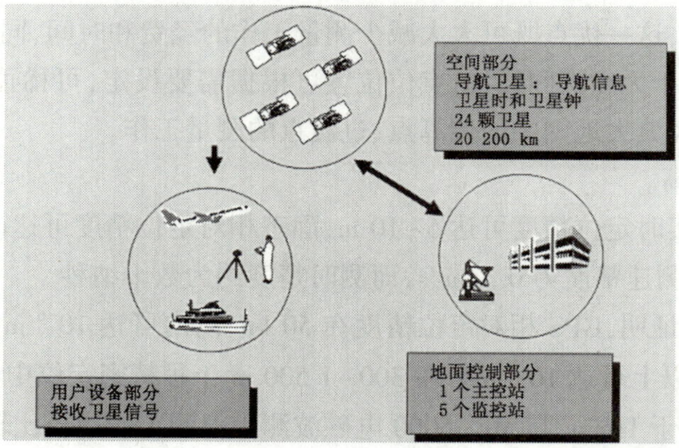

图 8-1 GPS 的组成

(一)空间部分——GPS 卫星及其星座

GPS 由 21 颗工作卫星和 3 颗备用卫星组成,它们均匀分布在 6 个相互夹角为 60°的轨道平面内,即每个轨道上有 4 颗卫星(见图 8-2)。卫星高度离地面约 20 000 km,绕地球运行一周的时间是 12 恒星时,即一天绕地球两周。GPS 卫星用 L 波段两种频率的无线电波(1 575.42 MHz 和 1 227.6 MHz)向用户发射导航定位信号,同时接收地面发送的导航电文以及调度命令。

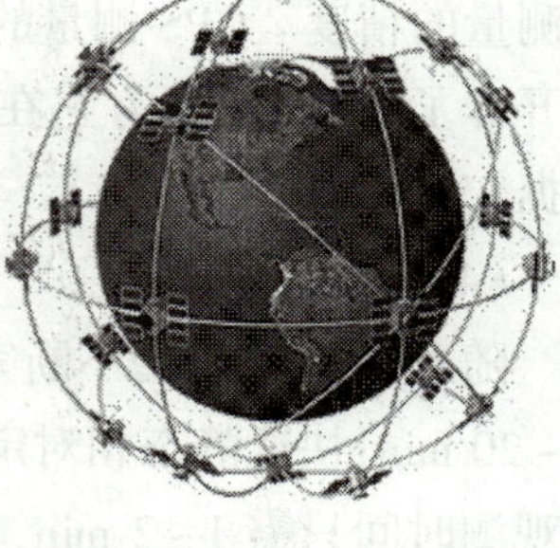

图 8-2 GPS 空间部分

(二)地面控制部分——地面监控系统

对于导航定位而言,GPS 卫星是一动态已知点,而卫星的位置是依据卫星发射的星历——描述卫星运动及其轨道的参数计算得到的。每颗 GPS 卫星播发的星历是由地面监控系统提供的,同时卫星设备的工作监测以及卫星轨道的控制,都由地面控制系统完成。

GPS 卫星的地面控制站系统由 1 个位于美国科罗拉多的主控站以及分布于全球的若干个注入站和监测站组成,实现对 GPS 卫星运行的监控(见图 8-3)。

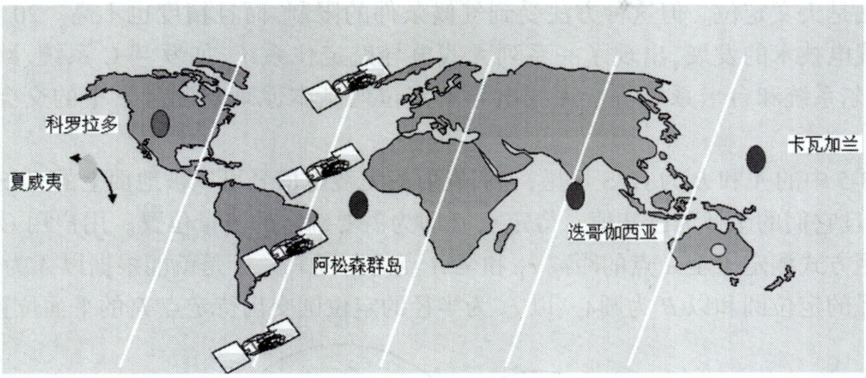

图 8-3 地面控制部分

(三)用户设备部分——GPS 信号接收机

GPS 信号接收机(见图 8-4)的任务是,捕获 GPS 卫星发射的信号,并进行处理,根据信号到达接收机的时间,确定接收机到卫星的距离。如果计算出 4 颗或者更多卫星到接收机的距离,再参照卫星的位置,就可以确定出接收机在三维空间中的位置。

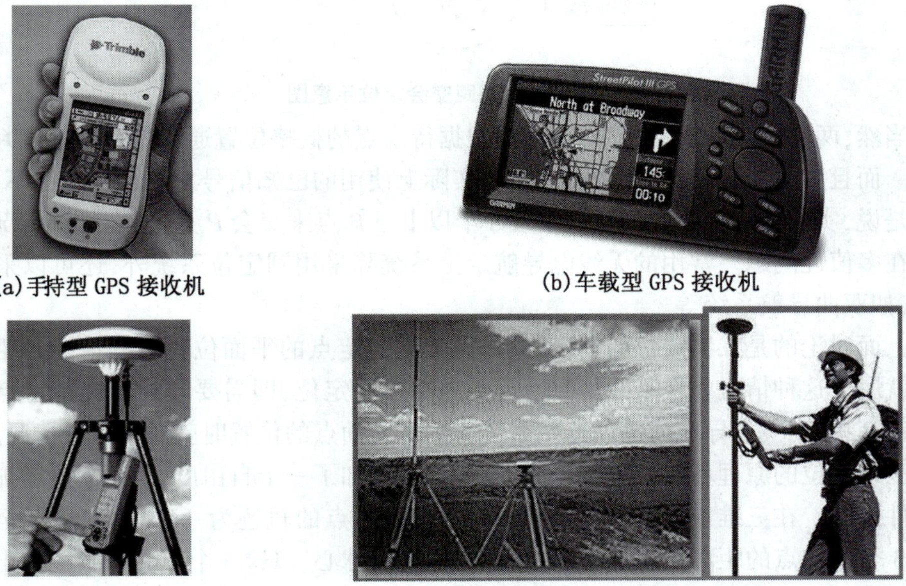

(a)手持型 GPS 接收机　(b)车载型 GPS 接收机

(c)大地型单频 GPS 接收机　(d)大地型双频 GPS 接收机

图 8-4 GPS 信号接收机

任务二 GPS 定位原理

在茫茫大海中确定船舶的位置是长期以来人们所关心的问题。早期解决这一问题的主要方法是天文定位。但这种方法受到气候条件的限制,而且精度也不高。20 世纪初,随着无线电技术的发展,出现了一系列无线电导航定位系统,如罗兰 C 系统、欧米伽系统、康索尔系统和台卡系统等。无线电导航定位的基本原理与测量学中的交会法十分相似。

图 8-5 中的 A 和 B 为 GPS 卫星,它们发射的无线电信号可以被地面上的 GPS 接收机接收到,且它们的坐标为已知值。待定点 P 即为需要确定的测量位置。用户用 GPS 接收机按测距方式测定了至 A 点的距离 r_A 和至 B 点的距离 r_B。于是就能根据以 A 为圆心、以 r_A 为半径的定位圆和以 B 为圆心、以 r_B 为半径的定位圆交出待定点 P 的平面位置。

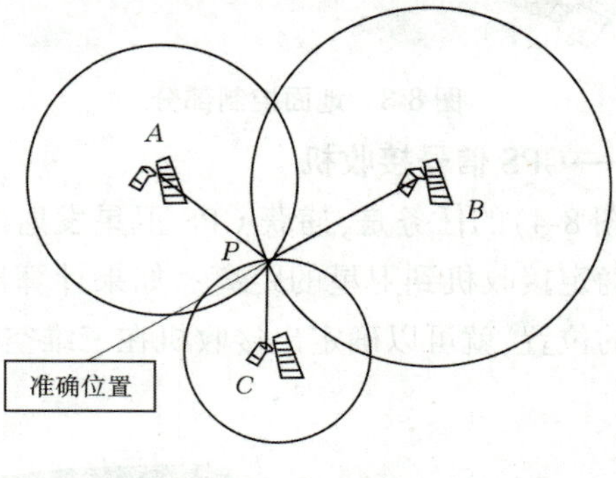

图 8-5 测距交会定位示意图

当然,两圆相交一般有两个交点,但根据待定点的概略位置通常是不难加以判断和取舍的。而且为了提高解的精度和可靠性,实际上使用的已知信号发射台也往往不止两个,也就是说,实际上我们往往是从 3 个或 3 个以上已知点来交会 P 点的,在这种情况下便不再存在多值性问题。常用的无线电导航定位系统除采用圆定位系统外,还可以采用其他系统,如双曲导航系统等。

上面讨论的是二维定位的情况,即只需确定待定点的平面位置时的情况。船舶导航一般就属于这种情况。在某些情况下需要进行三维定位,即需要同时确定待定点的平面位置和高程,当飞机导航或借助这些系统来确定地面点的位置时就属于这种情况。

三维定位的原理和二维定位相同,只是因为增加了一个自由度,因而需要增加一个约束条件而已。在三维定位中至某点的距离为定值的点的轨迹为一个球面,所以至少需测定出 3 个已知点的距离后,才能以这 3 个已知点为球心、以这 3 个距离为半径作出 3 个定位球,从而交出待定点在空间的三维位置。

$$\left.\begin{aligned}(\rho_{AP}-\delta\rho_{AP})^2=(X_A-X_P)^2+(Y_A-Y_P)^2=C(T_A-\delta t_A)\\(\rho_{BP}-\delta\rho_{BP})^2=(X_B-X_P)^2+(Y_B-Y_P)^2=C(T_B-\delta t_B)\\(\rho_{CP}-\delta\rho_{CP})^2=(X_C-X_P)^2+(Y_C-Y_P)^2=C(T_C-\delta t_C)\end{aligned}\right\}\tag{8-1}$$

对于用 GPS 进行的定位,需要知晓卫星发射信号和接收机接收到信号的准确时刻,而接收机接收到信号的准确时刻是无法得到的，因此式(8-1)中的未知数就变成了4个——X、Y、Z、T，定位就需接收4颗卫星了。当接收到信号的卫星数目多于4个时，可以优选4颗(含)以上卫星计算位置或采取平差方法求取位置。

任务三 GPS测量技术设计与作业实施

GPS测量是一项技术复杂、要求严格的工作。尽管GPS测量具有精度高、速度快等优越性，但为了得到可靠的观测成果，还必须有科学的技术设计、严谨的作业管理、统一遵行的规范。

GPS测量同常规测量工作相类似，按照GPS测量实施过程，其工作程序可分为技术设计、选点埋石、外业准备、方案设计、外业施测、成果检核、数据处理、技术总结等；按其性质主要分为外业和内业两大部分。外业工作主要包括选点(观测站址的选择)、建立观测标志、野外观测作业以及成果质量检核等，内业工作主要包括GPS测量的技术设计、测后数据处理以及技术总结等。

一、GPS测量的技术设计

GPS测量的技术设计是进行GPS测量定位的最基础性工作，它是根据国家现行的规范、规程，针对GPS控制网的用途及用户要求，提出对CPS测量的网形、精度及基准等的具体设计。应用GPS定位技术建立的测量控制网称为GPS控制网，其控制点称为GPS点。GPS网的技术设计是GPS测量工作实施的第一步，是一项基础性工作。

在GPS技术设计中应设计出一个比较实用的网形，使其既可以满足一定的精度和可靠性要求，又有较高的经济指标。因此，GPS网形设计布设应遵循一定的原则：

(1)GPS网应根据测区实际需要和交通状况进行设计。

(2)在布网设计中应考虑到原有测绘成果资料以及各种大比例尺地形图的沿用。

(3)GPS网应由一个或若干个独立观测环构成，也可采用附合线路形式。

(4)为求得GPS点在地面坐标系的坐标，应在地面坐标系中选定起算数据和联测若干个原有地方控制点。

GPS测量工程项目在进行具体的外业观测工作之前，应做好施测前的资料收集、器材准备、人员组织、外业观测计划拟订以及技术设计书的编写等工作。关键做好以下主要工作：①作业接收机数量及配置；②测区划分；③观测进程日历；④可视卫星预测；⑤最佳观测时段选择；⑥接收机调度计划。

二、GPS测量的实施

GPS外业测量的目的是通过GPS接收机的操作在控制点上采集数据后通过软件解算求得其坐标。主要工作内容包括建站(在测量点上设立标志)并标志注记和说明记录内容、根据卫星可视情况(通过卫星过顶预报)选择合适的时段在测量点上架设仪器后按设计的测量方式(作业模式)开机采集数据。由于GPS测量的特殊性和精度要求，控制点的位置选择和测量方式选择是外业工作中的重要环节，必须严格把好关。此外，在数据采集完成后应立即进行数据预处理,即检查采集的数据是否合乎解算的要求,如卫星数目情况、PDOP值情况、周跳情况等。

(一)控制点的选择

点位应选易于安置接收设备、视野开阔的位置,应远离大功率无线电发射源,以避免电磁场对GPS信号的干扰。点位附近不应有大面积水域或强烈干扰卫星信号接收的物体。点位应选交通方便、有利于其他观测手段扩展与联测的地方。点位应选在地面基础稳定、易于点保存的地点。

(二)GPS的测量定位方式选择

随着GPS定位技术的发展,GPS定位测量的外业实施已有多种测量作业方案可供选择。这些不同的测量方案也称为GPS测量的作业模式。

根据所采用的观测值来分,主要有伪距测量和载波相位测量。伪距测量的观测值是伪距,这种方法数据处理简单,但定位精度低,只有米级,一般用于导航。载波相位测量的观测值是载波相位,这种方法数据处理复杂,定位精度高,可达厘米至亚毫米级,广泛地用于测绘等行业。

(三)GPS网的测量选择

GPS网的测量需用到多台GPS接收机进行联测,根据拥有的参与联测的GPS接收机数量,在实施中可以以多种方式进行,施测的方式有会战式、多基准站式、同步图形扩展式等,合理地选择作业方式有利于GPS测量工作。

三、数据的采集和处理

(一)测量数据采集

1.天线安置

在正常点位,天线应架设在三脚架上,并安置在标志中心的上方垂线方向上直接对中,对中误差应不超过3 mm,天线基座上的圆水准气泡必须整平,天线的定向标志线应指向正北,并顾及当地磁偏角的影响,以减弱相位中心偏差的影响。天线架设不宜过低。

2.接收机操作

天线安置完成后,在离开天线适当位置的地面上安放GPS接收机,按设备使用说明书的要求接通接收机与电源、天线、控制器的连接电缆,并经过严格检查,正确安装后方可启动接收机进行观测。

3.观测记录

在外业观测工作中,所有信息资料均须妥善记录。记录形式包括测量手簿和机器记录。测量手簿可根据需要设置。

4.重测和补测

未按测量方案进行观测,外业缺测、漏测或观测值不满足相关规定时,应及时补测。复测基线的边长较差超限应重测,当测站的观测条件很差而造成多次重测后仍不能满足要求时,经主管部门批准后,可舍弃该点或变动测站位置后再进行重测。

(二)测量数据处理

GPS测量数据处理是指从对外业采集的原始观测数据的处理到最终获得测量成果

的全过程。该过程大致分为数据预处理、GPS 基线向量解算、基线向量网平差或与地面网联合平差等几个阶段，如图 8-6 所示。

图 8-6 GPS 测量数据处理基本流程

数据采集指的是 GPS 接收机的野外观测记录(同时用接收机生产厂商提供的随机软件解算出测站点的位置和运动速度，提供导航服务)。

数据传输至基线解算是用随机软件将接收机记录的数据传输到计算机特定的路径下，在计算机上进行随后的一系列处理过程。

GPS 网平差包括 GPS 基线向量网平差、GPS 网与地面网联合平差等内容。平差过程可以采用随机软件进行，也可采用国内外高校或科研机构开发的专用平差软件包来完成。经测量平差后，将计算成果归化到参考椭球面上并投影到所采用的平面上，得到点的准确位置，如图 8-7 所示。

图 8-7 GPS 测量数据处理的目的

由此可见，GPS 测量数据处理与常规测量数据处理相比具有海量的数据、复杂的处理过程、多样的数学模型、自动化程度高等显著特点。

随着计算机技术的迅猛发展和软件水平的不断提高，GPS 数据处理的自动化程度也越来越高。目前，GPS 数据处理一般均可借助相应的 GPS 数据处理软件自动完成。

四、技术总结与资料上交

(一)成果验收

外业观测及内业数据处理完成后应进行成果验收并上交有关资料。成果验收的重点包括：

(1)实施方案是否符合规范和技术设计的要求。

(2)补测、重测和数据剔除是否合理。

(3)数据处理软件是否符合要求，处理项目是否齐全，起算数据是否正确。

(4)各项技术指标是否符合要求。验收完成后应写出成果验收报告。在验收报告中，应根据有关规定对成果质量进行评定。

(二)技术总结

在 GPS 工作完成后，应按要求编写技术总结报告，作为成果验收和上交资料的重要技术文件。其具体内容包括外业和内业两大部分。

1. 外业技术总结内容

(1)测区及其位置，自然地理条件与气候特点，交通、通信及供电等情况。

(2)任务来源、项目名称、测区已有测量成果情况，本次施测的目的及基本精度要求。

(3)施工单位、施测起讫时间、技术依据、作业人员的数量及技术状况。

(4)作业仪器类型、精度、检验及使用状况。

(5)点位观测质量的评价、埋石及重合点情况。

(6)联测方法、完成各级点数量、补测与重测情况,以及作业中存在问题的说明。

(7)外业观测数据质量分析与野外数据检核情况。

2. 内业技术总结内容

(1)数据处理方案、所采用的软件、所采用的星历、起算数据、坐标系统,以及无约束、约束平差情况。

(2)误差检验及相关参数与平差结果的精度估计等。

(3)上交成果中尚存在的问题和需要说明的其他问题、建议或改进意见。

(4)综合附表与附图。

(三)资料上交

(1)测量任务书或测量合同书、技术设计书。

(2)点之记、测站环视图、测量标志委托保管书、选点资料和埋石资料。

(3)接收设备、气象仪器及其他仪器的检验资料。

(4)外业观测记录、测量手簿及其他记录。

(5)数据处理中生成的文件、资料和成果表。

(6)GPS 网展点图。

(7)技术总结和成果验收报告。

习 题

8-1 GPS 相对于传统的测量方法来说具有哪些特点?

8-2 GPS 系统主要由哪几部分组成?

8-3 简要说明 GPS 定位的原理。

8-4 布设 GPS 网应遵循的原则有哪些?

8-5 布设 GPS 控制点时应注意哪几个方面?

项目九　施工测量的基本工作

任务一　施工测量概述

施工测设是将测量工作的基本方法具体应用在工程建设的施工阶段，也就是把设计图纸上建筑物的平面位置和高程，用一定的测量仪器和方法标定到实地上的测量工作，又称为施工放样。施工测量的内容主要包括施工控制网的建立、施工放样（测设）、工程的竣工测量以及建筑物的变形观测等。

建筑物的施工放样是先定出它的主要轴线（主轴线），然后根据主轴线来标定碎部轮廓点。主轴线放样的精度主要取决于地形图的图解精度。水利工程的放样精度，一种是绝对精度，主要对整体建筑物的位置放样而言的，确定放样精度只需考虑建筑区的地形地质条件，一般精度要求不高。另一种是相对精度，这是对建筑物的碎部或有相互关联的建筑物的放样而言的，建筑物各部分之间具有一定的几何联系，所以精度要求较高。如水闸放样时其主轴线的精度要求为±1 cm，而闸门对主轴线的精度要求为±3 mm。

施工放样的精度与建筑物的大小、结构形式、建筑材料等因素有关。例如，混凝土工程的放样精度高于土石方工程，而金属结构安装的放样精度要求则要高于混凝土工程。因此，应根据不同的施工对象，选用不同精度的仪器和测量方法。

在放样之前，首先应熟悉设计图上的尺寸和高程数据，不符之处应向设计部门提出修正。在施测过程中，要随时进行必要的校核，以免发生错误。建筑物重要部位的放样，要经过专门检查以后才能施工。可见，施工放样的进度和精度，对保证施工进度和工程质量起着重要的作用。

为了保证所测设建筑物、构筑物的平面位置和高程能够满足设计要求，施工测量和测图一样，也必须遵循"从整体到局部""先控制后碎部"的原则。即先在施工现场建立统一的平面控制网和高程控制网，然后以此为基准，测设出各建筑物的平面位置和高程。对于水工建筑物而言，一般先由施工控制网测设建筑物的主轴线，用它来控制建筑物的整个位置。再根据主轴线来测设建筑物的细部，测设细部的精度往往比测设主轴线的精度要高。施工控制网与测图控制网一样，有平面控制网和高程控制网，采用分级布设的方法。

一、平面控制网

平面控制网一般布设成基本网和定线网两级。

（一）基本网

基本网有总体控制整个水利枢纽的作用，组成基本网的控制点称为基本控制点，其点位应选在地质条件好、受施工干扰少的地方，确保标石的稳定和长期保存。布设控制点时还应注意几何图形的结构,使之达到较高的精度。

(二)定线网

定线网以基本网为依据,其点位选在靠近建筑物的地方,以便直接用于施工放样。同时必须与基本控制点通视,并组成较好的测算图形。

二、高程控制网

(一)基本网

基本网与施工区域附近的国家水准点联测,布设成闭合或附合水准路线,其控制点称为水准基点。水准基点应布设在施工场地周围,且不受干扰、地质条件良好的地方。施测精度一般应在三等水准测量以上。

(二)施工网

施工网专为建筑物高程放样和直接施测高程之用,其网点称为临时作业水准点,其点位应布设在靠近建筑物的位置处,形成附合水准线路,施测精度一般采用四等水准测量。

三、测量坐标和施工坐标的转换

施工坐标系是以建筑物的主轴线作为坐标轴而建立起来的局部坐标系。施工坐标系的坐标轴通常与建筑物主轴方向一致,坐标原点设置在总平面图的西南角上,如图 9-1 所示,纵轴为 A 轴,横轴为 B 轴,用 A_i、B_i 表示建筑物各轮廓点的坐标。

在设计总平面图上,建筑物的平面位置是采用施工坐标系的坐标(A,B)表示的,而已有测量控制点的坐标是在测量坐标系中,两者往往不一致,因此在计算放样数据时,应将两个坐标系统一起来。

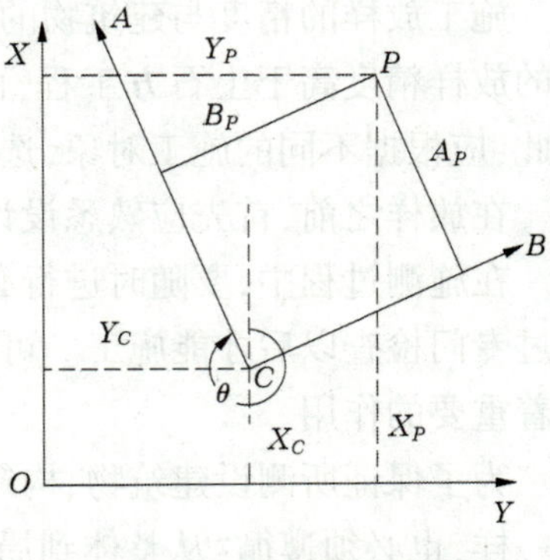

图 9-1　施工坐标和测量坐标

如图 9-1 所示,放样点 P 在施工坐标系 ACB 中的坐标为 A_P 和 B_P,在测量坐标系 XOY 中的坐标为 X_P 和 Y_P。若将 P 点的施工坐标转化为测量坐标,公式为

$$\left.\begin{aligned} X_P &= X_C + A_P\cos\theta - B_P\sin\theta \\ Y_P &= Y_C + B_P\cos\theta + A_P\sin\theta \end{aligned}\right\} \tag{9-1}$$

若将 P 点的测量坐标转化为施工坐标,公式为

$$\left.\begin{aligned} A_P &= (X_P - X_C)\cos\theta + (Y_P - Y_C)\sin\theta \\ B_P &= (Y_P - Y_C)\cos\theta - (X_P - X_C)\sin\theta \end{aligned}\right\} \tag{9-2}$$

任务二　测设的基本工作

决定一个点的地面位置,通常需要三个条件,即水平距离、方位(水平角)和高程。施工放样的基本工作就是将设计图纸上给定的距离、水平角和高程在实地标定出来。

一、已知水平距离的测设

根据一已知点,在要求的方向上测设另一点,使两点间的距离为设计长度,此工作称为已知水平距离的测设。

(一)钢尺测设

1. 一般方法

如图 9-2 所示,设 A 为地面上已知点,在地面上沿给定方向测设设计的水平距离为 D,定出另一点 B。当精度不高时,可用钢尺从已知点 A 开始,根据给定的水平距离 D,沿已知方向 AB 定出水平距离的另一端点 B',再将钢尺水平移动 10~20 cm,同法测设出一点 B'',若其相对误差小于 1/3 000,则取两点的中点为 B 点,作为最后的位置。

图 9-2　钢尺测设已知水平距离

2. 精确方法

精度要求高时,则必须使用检定过的钢尺进行测量。测设时,先按一般方法放样,再对所放样距离进行精密改正,即进行尺长、温度和倾斜三项改正。当需放样的水平距离为 D 时,经过尺长改正 Δl_d、温度改正 Δl_t 和倾斜改正 Δl_h 的计算,则根据钢尺精密量距公式,可得出地面上相应的放样距离为

$$l_{放} = D - \Delta l_d - \Delta l_t - \Delta l_h \tag{9-3}$$

【例 9-1】 欲测设设计的水平距离为 $D_{AB}=20$ m,使用钢尺的名义长度是 30 m,实际长度为 30.008 m,钢尺检定时的温度为 20 ℃,钢尺的线膨胀系数为 1.25×10^{-5}/℃,测得 $h_{AB}=0.654$ m,实测时温度为 30 ℃,求测设时在地面上应量出的 AB 长度为多少?

解: 计算改正数。

尺长改正数　$\Delta l_d=\dfrac{\Delta l}{l_0}l=\dfrac{30.008-30}{30}\times20=+0.005\,3(\text{m})$

温度改正数　$\Delta l_t=\alpha(t-t_0)l=1.25\times10^{-5}\times(30-20)\times20=+0.002\,5(\text{m})$

倾斜改正数　$\Delta l_h=-\dfrac{h_{AB}^2}{2l}=-\dfrac{0.654^2}{2\times20}=-0.010\,7(\text{m})$

则

$$l_{放}=D_{AB}-\Delta l_d-\Delta l_t-\Delta l_h=20-0.005\,3-0.002\,5-(-0.010\,7)=20.002\,9(\text{m})$$

所以,在地面上应量出的 AB 长度为 20.002 9 m。

(二)光电测距仪测设

当需测设的水平距离较长时,多采用光电测距仪。用光电测距仪测设水平距离与用钢尺测设水平距离的方式一致,安置光电测距仪于 A 点,瞄准锁定已知方向,先用跟踪测量在地上标定出另一端点 B;为了进一步提高放样精度,用光电测距仪精确测定 AB 的水平距离,并与已知值比较算出差值 ΔD;根据 ΔD 的正负情况,再用钢尺从 B 点沿 AB 方向向内或向外量 ΔD 得 B'点,则 B'点为最后的测设结果。

二、已知水平角的测设

水平角测设就是根据水平角的已知值和一个已知方向,把该水平角的另一个方向在地面上标定出来。

(一)一般方法

如图9-3所示,已知地面上 OA 方向,欲在 O 点测设另一方向线 OB,使 $\angle AOB$ 等于已知水平角 β。

将测角仪器(经纬仪或全站仪)安置在 O 点,盘左位置瞄准 A 点,将水平度盘置数为 $0°00'00''$;转动照准部,使度盘读数为 β,在视线方向定出 B' 点;在盘右位置同法定出 B'' 点;取 B'、B'' 连线的中点 B,则 OB 即为所测设的方向线,$\angle AOB$ 就是所测设的水平角 β。

(二)精确方法

如图9-4所示,先用测角仪器按一般方法测出方向线 OB_1,再用测回法采用多个测回观测 $\angle AOB_1$,得角值 β_1,计算出它与已知水平角的差值 $\Delta\beta=\beta-\beta_1$;为了精确定出正确的方向 OB,必须改正小角 $\Delta\beta$,相应的改正距离为

$$BB_1 = OB_1 \frac{\Delta\beta}{\rho} \tag{9-4}$$

式中 OB_1——测站点 O 到放样点 B_1 的距离,m;

ρ——1弧度对应的角度值,(″),$\rho=206\ 265''$。

根据改正距离,如果 $\Delta\beta$ 为正,从 B_1 点沿 OB_1 的垂直方向向外量出 BB_1,反之向内量取,定出 B 点,则 $\angle AOB$ 就是要测设的已知水平角。

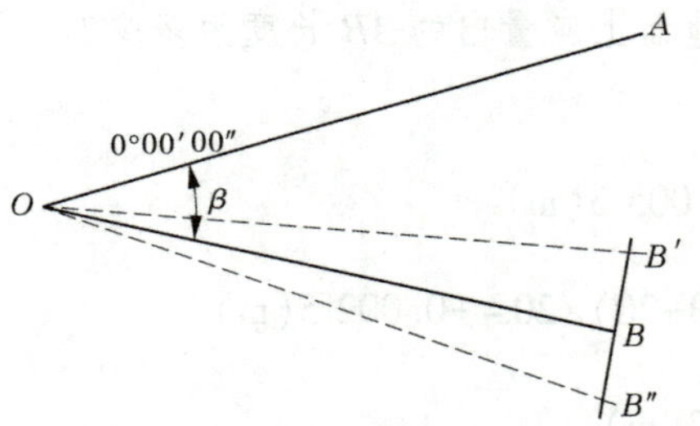

图9-3 一般方法测设水平角

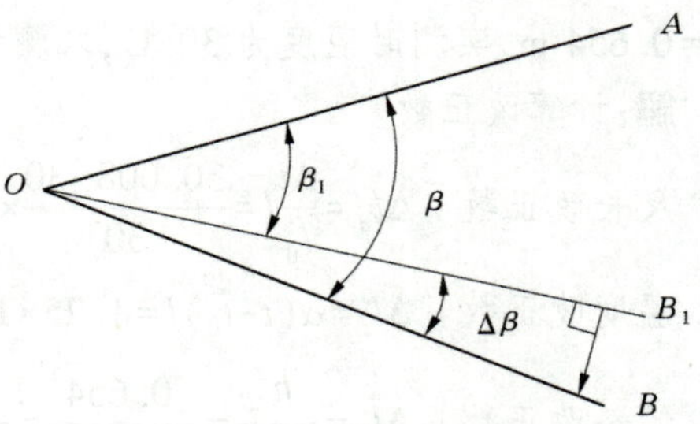

图9-4 精确方法测设水平角

【例9-2】 已知地面上 OA 方向线,欲测设直角 $\angle AOB$。

解:在 O 点安置测角仪器,利用盘左盘右取中点的方法测设直角,得中点 B_1,量得 $OB=39.568$ m,将 $\angle AOB_1$ 用测回法测了三个测回,得 $\angle AOB_1=90°00'54''$。

$$\Delta\beta=90°00'00''-90°00'54''=-54''$$

$$BB_1=OB_1\frac{\Delta\beta}{\rho}=39.568\times\frac{54''}{206\ 265''}=0.010(\text{m})$$

所以,过 B_1 点作 OB_1 的垂线 BB_1,向内量取 $BB_1=0.010$ m 定得 B 点,则 $\angle AOB$ 即为直角。

三、已知高程的测设

已知高程的测设就是利用水准测量的方法，根据施工现场已有的水准点，将已知的设计高程在现场作业面上标定出来。

如图 9-5 所示，A 点为一水准点，高程为 H_A，欲在 B 桩测设设计高程 $H_{设}$ 的位置。为此在 A、B 之间安置水准仪，在 A 点立水准尺，读取后视读数 a，计算满足设计高程 $H_{设}$ 应有的 B 点水准尺读数 b 为

$$b = H_A + a - H_{设} \tag{9-5}$$

此时，在 B 点打一木桩，将水准尺立在桩侧，直到读数等于 b 时，则水准尺底高程就等于设计高程 $H_{设}$，在桩侧用红线做标志。

在需要向低处或高处测设已知高程时，若水准尺的长度不够，这时可借助钢尺进行测设。如图 9-6 所示，设已知水准点 A 的高程为 H_A，要在基坑内侧测设出高程为 H_B 的 B 点位置。先在基坑边设置一吊杆，上面悬挂一根带重锤的钢卷尺，零点在下端。在地面上安置水准仪，后视 A 点的读数 a_1，前视钢尺读数 b_1；再在基坑内安置水准仪，后视钢尺读数 a_2，当前视尺读数恰在 b_2 时，沿钢尺底面在基坑侧面钉立木桩，则木桩顶面即为设计高程为 H_B 的 B 点位置。B 点应读的前视读数 b_2 为

$$b_2 = H_A + a_1 - b_1 + a_2 - H_B \tag{9-6}$$

然后，改变钢尺悬挂位置，再次观测，以便检核。

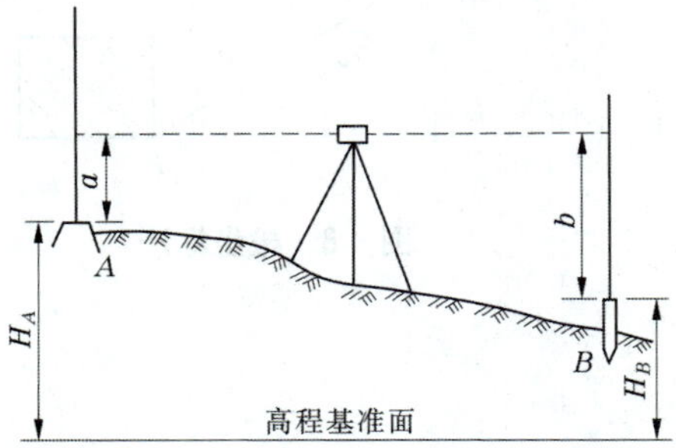

图 9-5 测设高程点

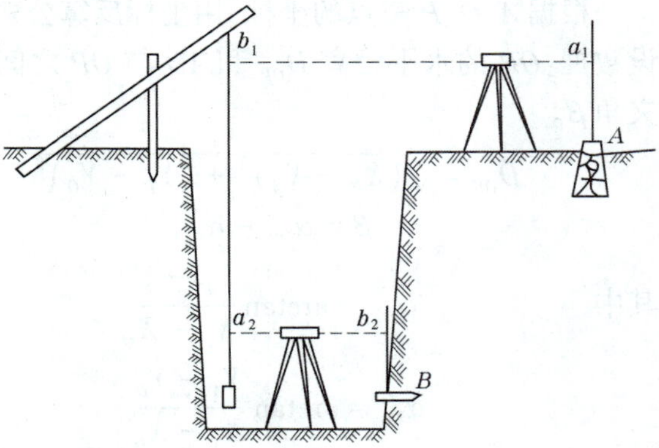

图 9-6 测设低处高程点

任务三 测设点位的方法

测设点的平面位置可用直角坐标法、极坐标法、角度交会法和距离交会法及全站仪法。可根据施工控制网的布设形式、控制点的分布、放样精度要求和施工现场条件等，选用适当的测设方法。

一、直角坐标法

当建筑物附近地面已布设了互相垂直的主轴线或建筑方格网时，可采用直角坐标原

理确定点的平面位置,这种方法称为直角坐标法。

如图 9-7 所示,A、B、C 和 D 为建筑方格网点,欲测设 P 点。

(一)计算测设数据

计算出 P 点对控制网顶点 B 的坐标增量 ΔX 和 ΔY,即为相应测设的水平距离。

$$\Delta X = X_P - X_B$$

$$\Delta Y = Y_P - Y_B$$

(二)点位测设

在 B 点安置测角仪器,照准 A 点,沿此方向自 B 点平移 ΔX 得 Q 点,再在 Q 点安置测角仪器,照准 A 点,测设直角并在此方向自 Q 平移 ΔY 得 P 点。

为了检核,也可先测设 R 点再测设 P 点。

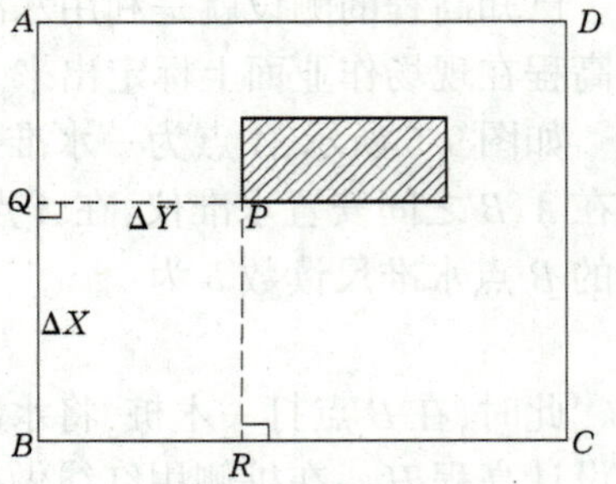

图 9-7　直角坐标法

二、极坐标法

极坐标法是根据水平角和水平距离来测设点的平面位置。

如图 9-8 所示,设 A、O 为控制点,已知坐标分别为 X_A、Y_A 和 X_O、Y_O,P 为测设点,其设计坐标为 X_P、Y_P。

(一)计算测设数据

根据 A、O、P 三点的坐标,用坐标反算公式求出测设数据:OP 的水平距离 D_{OP} 和 AO 与 OP 之间的水平夹角 β。

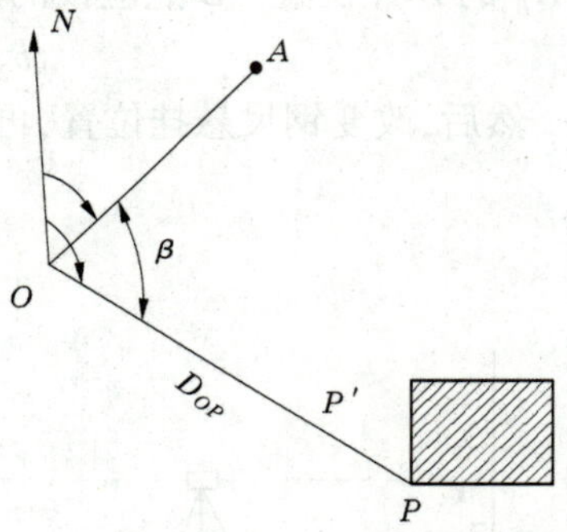

图 9-8　极坐标法

$$D_{OP} = \sqrt{(X_P - X_O)^2 + (Y_P - Y_O)^2}$$

$$\beta = \alpha_{OP} - \alpha_{OA}$$

其中

$$\alpha_{OP} = \arctan \frac{Y_P - Y_O}{X_P - X_O}$$

$$\alpha_{OA} = \arctan \frac{Y_A - Y_O}{X_A - X_O}$$

水平夹角 β 用点名描述可表示为 $\angle AOP$,因为在测设时以 AO 为起始方向,OP 为终方向,那么 β 可表述为终边的正方位角 α_{OP} 减去起始边的反方位角 α_{OA},如为负值则加 360°。例如,控制点 M、N 和测设点 P,将经纬仪安置在 M 点,则水平夹角 $\beta = \angle NMP = \alpha_{MP} - \alpha_{MN}$。

(二)点位测设

在 O 点安置测角仪器,瞄准 A 点,顺时针方向测设水平角 β,得 OP' 方向线;在 OP' 方向上自 A 点测设水平距离 D_{OP},即得 P 点的平面位置,见图 9-8。

三、角度交会法

角度交会法是在两个或多个控制点上安置测角仪器,通过测设两个或多个已知角度交会出测设点的平面位置。此方法适用于控制点与测设点距离远且量距困难的情况。

如图 9-9 所示，A、B、C 为控制点，P 为测设点。

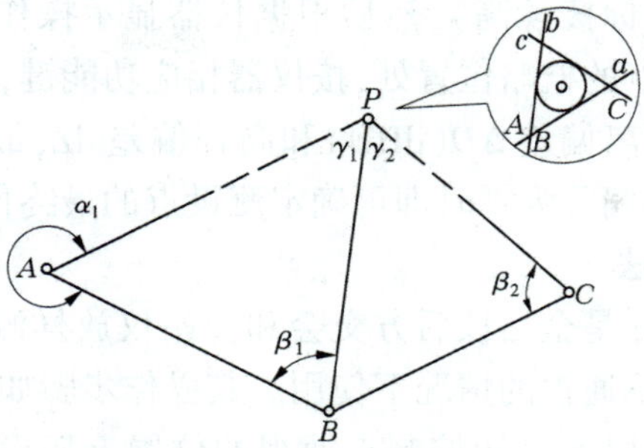

图 9-9　角度交会法

（一）计算测设数据

需计算测设数据三个水平角：α_1、β_1 和 β_2，其计算方法同极坐标法的水平夹角，即

$$\alpha_1 = \angle BAP = \alpha_{AP} - \alpha_{AB},\quad \beta_1 = \angle ABP = \alpha_{BP} - \alpha_{BA},\quad \beta_2 = \angle BCP = \alpha_{CP} - \alpha_{CB}$$

（二）点位测设

在 A 点安置测角仪器，后视 B 点，水平度盘置数为 0°00′00″，测设水平角 α_1；在 B 点安置测角仪器，后视 A 点，水平度盘置数为 0°00′00″，测设水平角 β_1；两台仪器观测者同时指挥一持花杆者，直至花杆移至两视线的交点上，打上大木桩。在桩顶面上标绘出两方向线及其交点 P 的位置；在 C 点安置测角仪器，后视 B 点，测设水平角 β_2，在 P 桩上又可绘出一条方向线。如果交会没有误差，则此方向线应通过前两方向线的交点 P；如果有误差，则形成一个示误三角形（见图 9-9），当示误三角形的最大边长不超过施工规范要求（一般为 3 cm）时，可取内切圆圆心作为 P 点的最终位置。

为提高交会点的精度，交会角 α_1、β_1 和 β_2 应不小于 30°且不大于 120°。

四、距离交会法

距离交会法是根据测设的两段距离交会出点的平面位置。这种方法在场地平坦、量距方便且控制点离测设点不超过一尺段长时，使用较多。

如图 9-10 所示，P 点的位置可由控制点 A 和 B 的水平距离来确定。先根据 A、B 和 P 点坐标，计算 D_{AP} 和 D_{BP}。

测设时，以控制点 A 和 B 为圆心，分别以 D_{AP} 和 D_{BP} 为半径在地面上画圆弧，其交点即 P 点的位置。

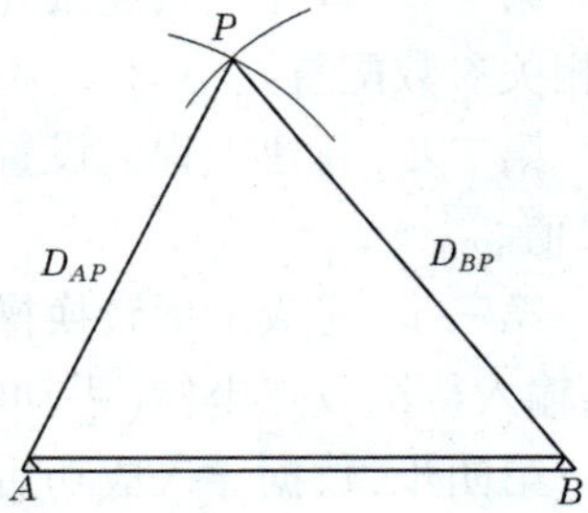

图 9-10　距离交会法

五、全站仪法

（一）全站仪放样测量法

全站仪放样测量法是利用其测量放样功能，无需计算测设数据，就可以十分便捷地确定点的平面位置。

将全站仪安置于测站点，选定放样测量模式后，首先输入测站点、后视点和测设点的坐标值(这些坐标值也可以预先存储到全站仪中,使用时从仪器中调用;当需要测设高程时,还需要输入仪器高和目标棱镜高),然后根据仪器显示操作进行定向和检查,接下来将反射棱镜竖立在待测设点的概略位置处,按仪器相应功能键,全站仪即可自动显示水平角偏差 $\Delta\beta$(dHR)和水平距离偏差 ΔD(dHD)和高程偏差 dZ;最后依照所显示的偏差值,移动反射棱镜,当仪器显示偏差为零时即可确定测设点的最终位置。

(二)全站仪后方交会法

全站仪后方交会法实际是全站仪后方交会和全站仪放样测量的综合使用,该方法一般适合控制点与待测设点不通视的情况下使用。其操作步骤如下:

第一步,在能与两个及以上已知控制点通视的位置上架设全站仪(测站与各个控制点间保持一定夹角,有利于提高测量精度),在其中一个已知控制点上架好棱镜,作为第一个后视点。

第二步,进入全站仪后方交会操作界面,选择坐标选项,输入第一个后视点坐标(不需要高程时,棱镜高、仪器高可不输入),再将其他控制点坐标输入(输入方式同第一个后视点)。

第三步,点击后方交会操作界面中相应功能键(一般是测量键),照准第一个后视点,点击测距,得到第一个点的距离(有的型号仪器上会提示是/否两个选项,选择"是");然后依次照准所有后视点(操作同第一个后视点);最后点击计算,系统会自动生成测站点坐标(仪器架设位置),点击确定(OK),再进入后方交会操作中的设置方位角确定界面,选择"是",就成功地把测站定向设置好了。

第四步,按返回键(ESC),回到程序菜单栏,选择放样测量,按照前面的(一)全站仪极坐标法进行放样即可。后方交会法与放样测量主要区别是前者与后者在测站点的建立和测站定向上不一样,其余步骤和放样测量是一样的。

六、RTK 法

RTK 技术进行工程放样,速度快,精度高,但是应用范围受接收信号强弱限制。RTK 法放样点坐标的基本步骤如下:

第一步,首先正确连接和配置基准站和流动站,直到流动站达到"固定解"且完成软件相关参数配置。

第二步,新建工程。设置相对应的坐标系统参数、投影参数和对应地区的"中央子午线"值。

第三步,完成坐标转换操作步骤并进行检核合格后就可以操作手簿,进入点放样程序,输入待测设点坐标(手动输入或文件导入)。

第四步,数据导入成功后,选择放样点名,点击手簿上"点放样",根据屏幕提示的方向和距离信息移动流动站,直到达到待测设点位,点击"保存",保存当前测量点,利用标记物进行标定。

任务四　坡度线及圆曲线的测设方法

一、坡度线测设

在场地平整、管道敷设和道路整修等工程中，有时需测设一定的坡度。如图 9-11 所示，设 A 为坡度的起点，其地面高程已知为 H_A，设计高程为 $H_{设}$；B 为坡度终点，高程待定。测设坡度线的任务，就是按照设计要求，为 A、B 间平整成 1∶m 的地面坡度而确定 B 点和中间各点的挖填深度。

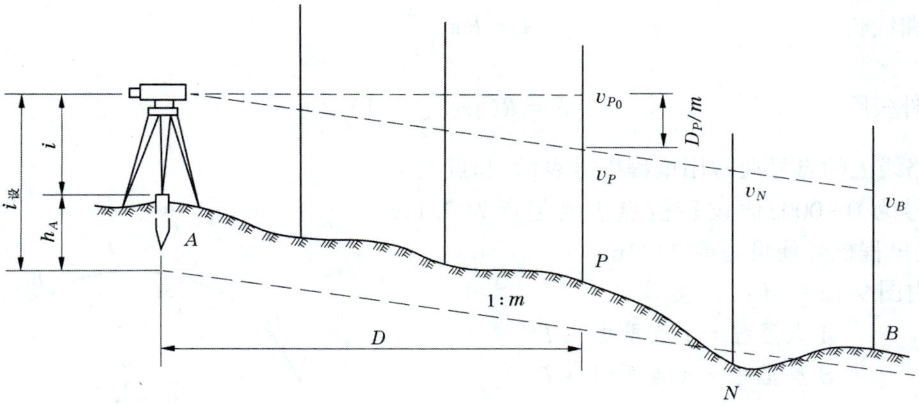

图 9-11　测设已知坡度线

用水准测量的方法测设坡度线，操作方法如下：

(1)算出 A 点的挖填深度：$h_A=H_A-H_{设}$。如果 h_A 为正，则为挖深；反之，为填高。

(2)在 A 点安置水准仪，使任意两个脚螺旋连线与 AB 方向垂直(即另一脚螺旋位于 AB 直线上)，量取仪高 i，并计算 $i_{设}$($i_{设}=i+h_A$)。

(3)在 AB 直线上能被 A 点水平视线截取读数的地面点(最好是 B 点，若 B 点太低则另选较高的一点 P)立尺，用视距法读取该点的平距 D_P 和中丝(水平视线)读数 v_{P0}。

(4)调低位于 AB 直线上的脚螺旋，使中丝对 P 点的标尺读数变为 $v_P=v_{P0}-\frac{D_P}{m}$，则此时视线的倾斜度正好等于设计坡度 1∶m。

(5)在直线 AB 上其他各点(包括 B 点)立尺，读取中丝读数 v，则各点应挖填数值 $h=i_{设}-v$，将计算结果标注在木桩侧面。这里挖填数值都是从桩号地面起算的，便于计算挖填工程量。

如果地面点低于设计坡度的高程，则在中间打长桩，采用测设已知高程点的方法来标定坡度线。当坡度较大时，也可采用经纬仪来测设。

二、圆曲线测设

线路工程从一直线方向转至另一直线方向时，常需采用圆曲线过渡，以使急弯变缓。

圆曲线的测设一般分两步进行:首先测设圆曲线的主要点(主点),然后测设细部点。测设前,必须计算圆曲线元素、主点里程和细部点测设数据,编制圆曲线测设数据表。

(一)圆曲线元素和主点里程的计算

如图 9-12 所示,A、B、M 分别为曲线的起点、终点、中点,称为圆曲线的三主点。要确定三主点的位置,必须知道五元素:转折角 α、圆曲线半径 R、切线长 T、曲线全长 L 和外矢距 E。其中,转折角 α 是实测的,圆曲线半径 R 在设计时选定。其他三元素按下式计算,即

切线长 $$T = R\tan\frac{\alpha}{2} \tag{9-7}$$

曲线长 $$L = R\pi\frac{\alpha}{180^\circ} \tag{9-8}$$

外矢距 $$E = R(\sec\frac{\alpha}{2} - 1) \tag{9-9}$$

路线上的点号通常用里程桩号表示,起点的里程桩号为 0+000,假设转折点 J 离起点为 2.116 *km*,其里程桩号便可写成 2+116。

由图 9-12 可知:

$$A\text{ 点里程} = J\text{ 点里程} - T$$
$$B\text{ 点里程} = A\text{ 点里程} + L$$
$$M\text{ 点里程} = A\text{ 点里程} + \frac{L}{2}$$

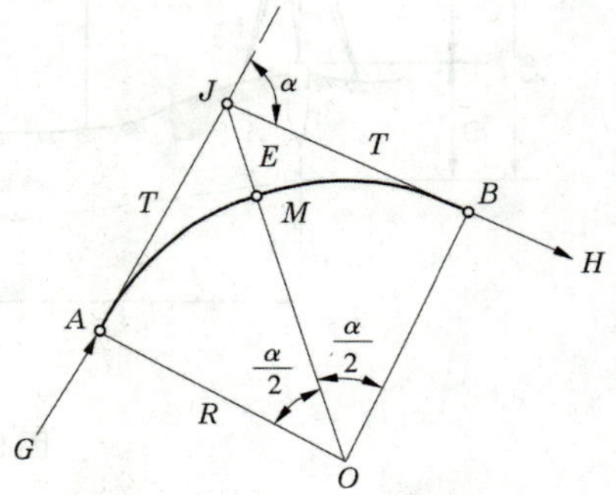

图 9-12 圆曲线主点及元素

(二)圆曲线主点的测设

(1)在 J 点安置测角仪器,以路线(切线)JG、JH 方向定向,沿两切线方向分别平量出切线长 T,即定出起点 A 和终点 B。

(2)后视 H 点,水平度盘置数为 0°00′00″,测设水平角 $\beta = 90^\circ - \frac{\alpha}{2}$,沿此方向线量出平距 E,即定出曲线中点 M 的位置。

(三)圆曲线细部点的测设

圆曲线细部点的测设方法有偏角法和弦线支距法。

1. 偏角法

根据偏角 θ 和弦长 l 测设细部点的方法称为偏角法。

1)测设数据的计算

如图 9-13 所示,所谓偏角,是从曲线起点 A 到曲线上任一点的弦线与路线直线方向(A 点处的切线)之间的夹角,以 θ_i 表示,在几何上称为弦切角,它等于该弦长 l 所对圆心角 φ 的一半,即

$$\theta_i = \frac{\varphi}{2} = \frac{l}{2R}\frac{180^\circ}{\pi} \tag{9-10}$$

(1)如果曲线上各点的间距都等于 l,则曲线上各点的偏角为第一点偏角的整数

倍,即

$$\theta_i = \frac{\varphi}{2} = \frac{l}{2R}\frac{180^\circ}{\pi} = \theta$$

$$\theta_2 = 2\theta$$

$$\vdots$$

$$\theta_n = n\theta$$

$$\theta_B = (n+1)\theta = \frac{\alpha}{2}$$

(2)如果圆曲线起止点 A、M 的桩号不是间距 l 的整倍数,则首、末两段弦长便不等于 l。设首、末两段弦长分别为 l_1 和 l_2,其对应的圆心角为 φ_1 和 φ_2,则计算式为

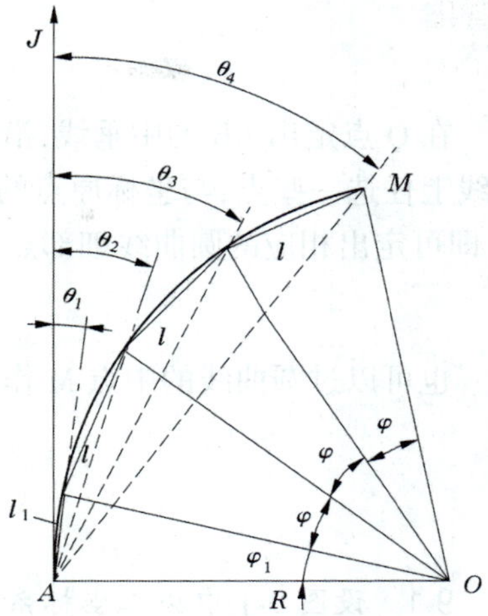

图 9-13　偏角法

$$\theta_i = \frac{\varphi_1}{2} = \frac{l_1}{2R}\frac{180^\circ}{\pi}$$

$$\theta_2 = \theta_1 + \theta$$

$$\vdots$$

$$\theta_n = \theta_1 + (n-1)\theta$$

$$\theta_B = \theta_n + \frac{\varphi_2}{2} = \theta_n + \frac{l_2}{2R}\frac{180^\circ}{\pi} = \frac{\alpha}{2}$$

2)测设方法

(1)在 A 点安置经纬仪,照准 J 点,水平度盘置数为 0°00′00″。

(2)测设水平角 θ_1,沿视线方向从 A 点量出平距 l_1,得曲线上 1 点。

(3)同法可测设其余各点。一直测设至终点 M,与 M 点校核其位置。

2. 弦线支距法

弦线支距法是一种直角坐标法,适用于测设不需按里程定桩的建筑物曲线,如水闸的翼墙。如图 9-14 所示,设圆曲线的起点为 A,终点为 B,半径为 R。测设时,量出 AB 的长度 D,取其中点 Q 作为坐标原点,则 Q 点到圆心的距离 K 为

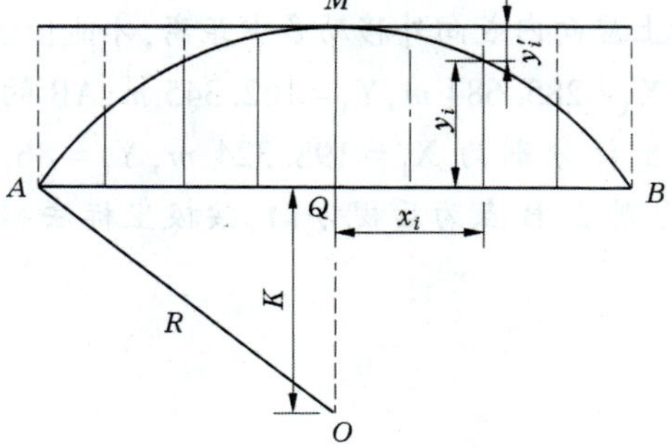

图 9-14　弦线支距法

$$K = \sqrt{R^2 - \left(\frac{D}{2}\right)^2} \tag{9-11}$$

在Q点定出AB的中垂线,沿垂线量取一段平距等于R-K,即定出曲线的中点M。在弦线上任选一些点,与坐标原点的平距为x_i,则从该点沿垂直于AB的方向量取一段平距y_i,即可定出相应的圆曲线细部点,而

$$y_i = \sqrt{R^2 - x_i^2} - K \tag{9-12}$$

也可以过圆曲线的中点M作一切线代替弦线,以M为坐标原点,则$y'_i = R - \sqrt{R^2 - x_i^2}$。

习 题

9-1 设图9-1中施工坐标系原点C的测量坐标X_C=600.000 *m*,Y_C=800.000 *m*,施工坐标系相对测量坐标系顺时针旋转30°,放样点P的施工坐标A_P=849.642 *m*,B_P=667.623 *m*,试计算该点的测量坐标。

9-2 在地面上要测设一段84.200 *m*的水平距离AB,现先用一般方法定出B′点,再精确丈量AB′为84.248 *m*,丈量所用钢尺的尺长方程式为$l_t = 30 + 0.008 + 1.25\times10^{-5}\times30\times(t-20)$,作业时温度为31 ℃,施加于钢尺的拉力与检定钢尺时相同,AB′两点的高差h=-0.96 *m*。如何改正B′点才能得到B点的准确位置?

9-3 已知水准点A的高程为24.678 *m*,待测设的B点设计高程为24.823 *m*,在A、B之间安置水准仪,读得A尺上的后视读数为1.432 *m*,问B点上标尺读数应为多少才能使其尺底位于该点的设计高程?

9-4 施工道路上有A、B、C、D、E五点,间距均为20 *m*,已知A点的地面高程H_A=21.664 *m*,设计高程$H_{A设}$=21.800 *m*,欲向E点测设一条i=-1%的坡度线,问B、C、D、E四点的设计高程是多少?用水准仪以水平视线法测设时,已知后视A桩点的标尺读数a=1.458 *m*,前视各桩点的标尺读数分别为b_B=1.623 *m*、b_C=2.584 *m*、b_D=1.369 *m*、b_E=2.257 *m*,问包括A点在内的五个桩点应下挖或上填的高度各为多少(下挖为+,上填为-)?

9-5 测设水平角∠AOB后,用经纬仪精确测其角值为89°59′08″,已知OB长为120 *m*。问B点在垂直于OB方向上应向内或向外移动多少距离,才能使∠AOB改正为90°00′00″?

9-6 已知A点坐标X_A=285.684 *m*,Y_A=162.345 *m*,AB的方位角α_{AB}=296°44′30″,又知P_1、P_2两点的设计坐标分别为X_1=198.324 *m*,Y_1=86.425 *m*;X_2=198.324 *m*,Y_2=238.265 *m*,以A点为测站,B点为后视方向,按极坐标法测设P_1、P_2两点,试分别计算测设数据。

项目十 渠道测量

渠道是水利建设中较常见的工程。农田灌溉、防洪排涝、引水发电,都需要修建渠道。在渠道的勘测、设计和施工中所要进行的测量工作称为渠道测量。渠道测量是线路测量的一种,其主要内容包括选线测量、中线测量、纵横断面测量、土方计算和渠道边坡放样。

任务一 选线测量

渠道选线是根据水利工程规划的渠道路线、引水设计高程和坡度,以及地形地质和水文等因素,在实地确定一条既经济又符合设计要求的渠道中心线位置。选线测量一般分为内业选线和外业定线。

一、内业选线

内业选线是根据任务书的要求和测绘资料的收集情况,当收集的地形图比例尺和图面精度均适用于选线测量时,可沿设计的渠道方向绘制纵、横断面图,在室内进行图上选线,无须再做外业测量工作。若无适用的地形图,一般要进行纵、横断面测量。当条件具备且有必要时,亦可沿线测绘 1∶5 000 或 1∶1万比例尺的带状地形图或实测放大图,再进行选线测量。

沿路线狭长地带测绘的地形图称为带状地形图,它是图上选线和初步设计的基本资料。可以测绘,也可以根据沿线所测的纵、横断面成果编制地形图。

二、外业定线

外业定线是根据设计的要求,将勘测或室内图上选线的结果转移到实地上。选线人员应结合实际情况,对勘测或图上选线的结果进行研究和补充修改,尤其对关键性地段或控制性点位,更应反复勘测,认真研究,从而选定合理的路线。外业定线工作包括:

(1)根据路线说明书和所附的路线平面位置设计图,在实地选定路线转折点位置。需要埋设固定点时,还应同时选定埋设标石或标志的位置。

(2)在实地选定建筑物的中心位置。

(3)确定中心导线以及纵断面水准路线的起闭点。

(4)如果大段的渠、堤中心线在水内,为便于测量工作,可以平行移开,选设辅助中心线。

(5)测设平面圆曲线。渠道转弯处,外侧常易受到冲刷,内侧易淤积,甚至产生涡流及紊流,为了减少冲刷和淤积,在转弯处一般设置平面圆曲线。

为了使所选的路线既经济又合理,应注意贯彻如下原则:路线要稳定可靠、施工方便、行水安全;合理布局、综合利用、控制灌溉面积要大;路线要顺直,尽量减少弯道;避免穿过村庄、建筑物或特高地,以减少拆迁费用和土石方的开挖数量,节约投资,提高效益。要实现以上原则,选线者应口勤、眼勤、腿勤,认真做好工作,力争选出经济、合理、稳固、适用的渠道路线。

三、标石埋设和中心线桩的编号

为便于在施工放样中寻找和恢复已选定的路线,定线测量时,应在中心线附近埋设一定数量的标石或布设标志。平面埋石点,一般每隔 1~5 km 选一条导线边,并在其两端各埋设一个标石或固定标志。拟建的主要建筑物附近,应有不少于 2 个可供定位用的标石或标志。高程埋石点,应沿中心线每隔 1~3 km 在施工范围以外埋设一个固定标石或布设临时标志。在露头岩石上及固定地物上凿刻标记,或在大树根上打入圆帽钉,均可作为临时标志。

渠道中心线的转折点、里程桩、需设站测设圆曲线的起点和终点,均应用大木桩标定。为便于计算渠道长度、绘制纵断面图,沿渠道中心线从渠首或分水建筑物的中心,或筑堤的起点,不论直线或曲线,均应用小木桩标定里程,这些木桩称为里程桩。木桩的间距一般为 100 m 或 50 m,自上游向下游累计编号。里程编号写在木桩侧面,起点里程为(0+000),加号前为千米数,加号后为米数。若终点里程编号为(24+650),即渠道总长度为 24.650 km。这种按相等间隔设置的木桩称为整桩。在实际工作中,遇到特殊情况时,还应设置加桩。整桩和加桩均属于里程桩。应设置加桩的情况一般有:

(1)中心线上地形有显著起伏的地点。

(2)圆曲线的起点、终点和必要的曲线桩。

(3)拟建建筑物的中心位置。

(4)与其他河道、沟渠、闸、坝、桥、涵的交点。

(5)穿过铁路、公路和乡村干道的交点。

(6)中心线上及其两侧的居民地、工矿企业建筑物处。

(7)由平地进入山地或峡谷处,设计断面变化的过渡段两端。

(8)为了注记地表性质和中心线经过的主要地物,必要时可绘制路线草图。如图 10-1 所示,图上还应注有加桩(0+235)、(0+362)、(0+565)、(0+676)等以及转折点 J_1、J_2…等。

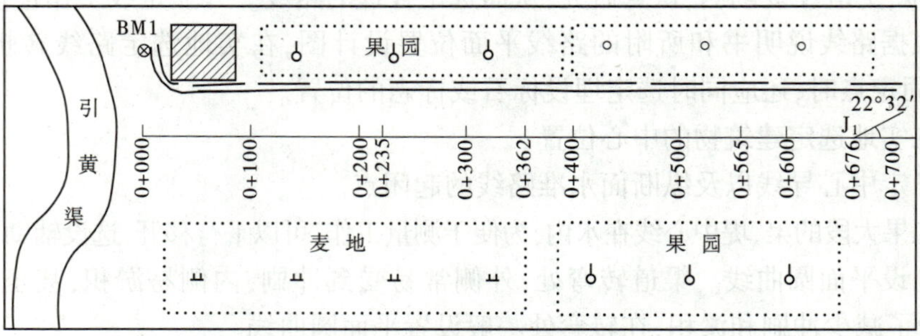

图 10-1 渠道选线测量草图

任务二 中线测量

渠道中线测量的任务主要是在渠道起点和终点间进行定线，测定渠道中心线长度，用一系列的里程桩标定渠线经过的位置。在平原区，渠道转折处需要测定转折角和测设圆曲线；在山丘区，渠道的高程位置需要进行探测确定。

一、平原区的中线测量

从渠道起点开始，朝着终点或转折点方向用花杆和皮卷尺进行定线及量距（现在多采用全站仪或 RTK 测量），按照规定间距打桩标定中线位置，以该桩到起点的距离作为桩号，标注在桩侧，即为里程桩。在相邻两里程桩之间的重要地物（如道路）和坡度突变的位置上，应加设木桩，称为加桩；加桩亦按对起点的距离进行编号，但不是规定间距的整倍数。当桩定到转折点上时，应用经纬仪测定转折角 α（即来水方向的延长线转至去水方向的角值，有左转和右转两种情况），并按设计要求测设圆曲线。

二、山丘区的中线测量

从渠首起点开始，用皮卷尺或 RTK 沿着山坡等高线向前量测，按规定要求标定里程桩和加桩，每测 50 m 或 100 m 用水准测量测定一下桩位高程，看渠线位置是否偏低或偏高。如图 10-2 所示，假设丈量到了 A 点，离渠首距离为 D，若渠首进水底板设计高程为 $H_{进}$，设计渠深（包括水深和安全超高）为 h，渠底设计坡度为 i。据此可以算得 A 点的渠岸地面高程应为

$$H_A = (H_{进} + h) - Di \tag{10-1}$$

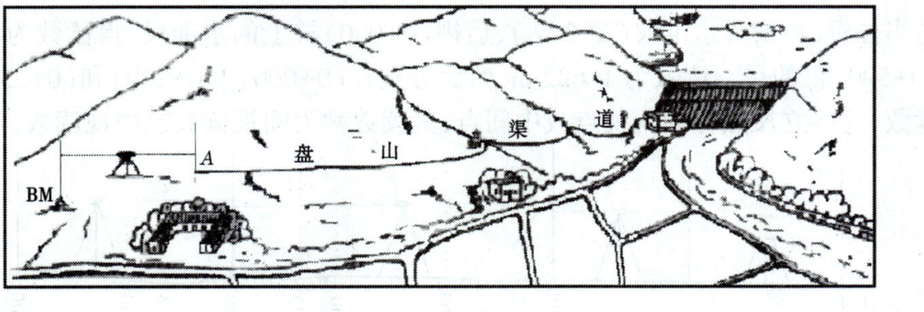

图 10-2 山丘区渠道高程位置的测定

再按照高程测设方法，根据附近的水准点 BM 引测高程标定 A 点在山坡上的位置或者用 RTK 直接在 A 点附近测定高程为 H_A 的位置。但为了保证盘山渠道外边坡的稳定性，尽量减少填方，一般应根据山坡的坡度将桩位适当提高，即将木桩打在略高于所标定 A 点的位置上。

任务三　纵断面测量

路线的平面位置和中线测量完成后,应进行纵断面高程测量,绘制纵断面图,以便进行渠道纵向坡度及闸、桥、涵和隧洞位置的设计。

一、纵断面高程测量的内容和要求

纵断面高程测量就是利用间视法测量路线中心线上里程桩和曲线控制桩的地面高程。根据施工放样的要求,还应测定沿线水准点的高程及联测沿线居民地、建筑物、水系和主要地物的关键性部位高程。

纵断面高程测量的要求如下:

(1)进行纵断面高程测量时,应起闭于基本高程控制点。用间视法观测时,应成像清晰稳定,所有埋石点和重要建筑物的高程,应作为转点纳入水准路线进行平差计算。

(2)纵断面高程测量,一般由两台水准仪同时施测,其中一台仪器测定标石点及临时水准点高程;另一台仪器观测里程桩及沿线主要地物点高程。这样做较为灵活主动,不会因一台仪器观测超限而全部重测。

(3)穿过沟道、河渠时的加桩,应联测高程,并结合横断面测量,将河床、沟槽形状展绘在纵断面图上。穿过铁路时,应测出铁轨面高程。穿过公路时,应测出路面高程,同时应测出道路宽度。

(4)木桩与地面高差小于2 cm时,可以用桩顶高代替地面高程;否则,应测出桩旁地面高程。

二、间视法测量的基本方法

如图10-3所示,从水准点BM_1开始,经过2个测站连续测出起点(0+000)桩的高程,选择适当位置,再安置水准仪(第3站),后视(0+000)桩上的水准尺,得读数为2.444 m,前视(0+300)桩的尺上读数为1.622 m,然后分别在(0+000)、(0+200)和(0+235)桩上立尺并读数,这些立尺点称为间视点或中间点,其读数称为间视读数或中视读数。由于间视

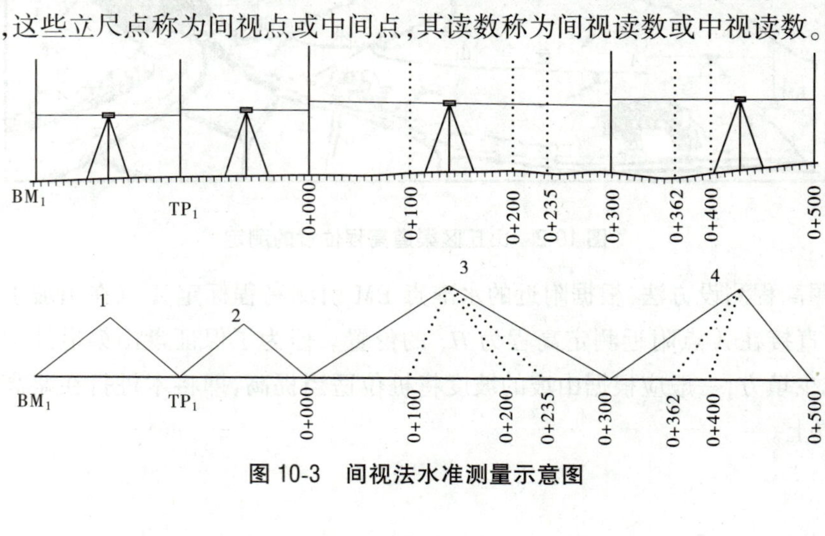

图10-3　间视法水准测量示意图

点的高程只是为了绘制纵断面图,精度要求不高,一般只读至 cm,所以间视点的读数分别为 1.95 m、1.60 m 和 1.96 m。

第 3 站观测结束后,将水准仪置于(0+300)桩和(0+500)桩之间即第 4 站,(0+300)桩的前视尺转变为后视尺,(0+000)桩的后视尺移至(0+500)桩,变为前视尺,接着观测后、前视水准尺的读数,再观测间视点(0+362)桩和(0+400)桩上水准尺上的读数,按上述方法施测,直至附合到水准点 BM_2 上。按先观测转点、后观测间视点的程序进行水准测量的方法称为间视法。以上观测的所有读数,应现场记入测量手簿,其格式如表 10-1 所示。

表 10-1 间视法水准测量记录表

名称 北扩干渠　　仪器型号 $DS_3$2058　　观测者 ×××

日期 2008 年 6 月 5 日　　天气 晴　　记录者 ×××

测站	桩号	后视点(m)	视线高程(m)	中间点(m)	前视点(m)	高程(m)	备注
1	BM_1	1.620	359.265			357.645	已知
	TP_1				0.896	358.369	
2	TP_1	1.735	360.104			358.369	
	0+000				2.014	358.090	
3	0+000	2.444	360.534			358.090	
	0+100			1.95		358.580	
	0+200			1.60		358.930	
	0+235			1.96		358.570	
	0+300				1.622	358.912	
4	0+300	2.108	361.020			358.912	
	0+362			2.85		358.170	
	0+400			2.06		358.960	
	0+500				0.925	360.095	
5	0+500	0.683	360.778			360.095	
	0+565			0.25		360.530	
	0+600			2.47		358.310	
	0+676				2.275	358.503	

续表 10-1

测站	桩号	后视点(m)	视线高程(m)	中间点(m)	前视点(m)	高程(m)	备注
6	0+676	1.916	360.419			358.503	
	0+700			2.38		358.040	
	0+800			1.96		358.460	
	0+838				0.898	359.521	
7	0+838	1.434	360.955			359.521	
	0+900			1.23		359.720	
	0+950			1.35		359.600	
	1+000				1.623	359.332	
8	1+000	1.203	360.535			359.332	
	TP_2				1.850	358.685	
9	TP_2	1.325	360.010			358.685	
	BM_2				1.662	358.348	已知 358.310
校核		14.468			13.765	358.348	
		-13.765				-357.645	
		+0.703				+0.703	

三、手簿检核与里程桩高程的计算

如表 10-1 所示,后视读数总和与前视读数总和之差,等于已知的 BM_2 高程与已知点 BM_1 高程之差,即等于+0.703 m,证明本页记录计算正确。然后,按不同方法分别计算高程,即水准埋石点或临时水准标志,应根据平差后的高差推算其高程。里程桩的高程可按水准点的高程分段推算。绘制纵断面图时,最后高程一律取至 cm。具体方法如下。

(一)高差闭合差的计算

从(0+000)至(1+000)桩水准路线附合在水准点 BM_1 与 BM_2 之间,两已知点的高差为 358.310-357.645=+0.665(m),实测高差为+0.703,故高差闭合差为 f_h=+0.703-0.665=+0.038(m)。五等水准测量限差为 $\pm40\sqrt{L}$(mm),L 为水准路线长度,以 km 为单位。本例中 L=1.5 km,故高差闭合差限差为 $\pm40\sqrt{1.5}\approx\pm49$(mm),实测闭合差小于闭合差限差,本测段符合限差规定。

(二)里程桩高程的计算

本测段只有 1.5 km(含联测段 350 m),高差闭合差为+38 mm,故高差改正数对转点的高程影响甚微,可以不进行改正,即从已知点按视线高法直接推算里程桩高程。如

表 10-1 所示，水准点 BM_1 的高程为 357.645 m，经过两测站求得（0+000）桩的高程为 358.090 m。用视线高法推算间视点高程的步骤如下。

根据间视法水准测量原理，计算视线高程与间视点高程的公式为

$$H_i = H_A + a \tag{10-2}$$

$$H_B = H_i - b \tag{10-3}$$

式中 H_i——视线高程；

H_A——后视点 A 的高程；

H_B——间视点 B 的高程；

a——后视点 A 的水准尺读数；

b——间视点 B 的水准尺读数。

由式（10-2）得第 3 站的视线高程为

$$H_i = 358.090 + 2.444 = 360.534\,(\mathrm{m})$$

由式（10-3）得 （0+100）桩高程＝358.090－1.95＝358.58（m）

（0+200）桩高程＝358.090－1.60＝358.93（m）

（0+235）桩高程＝358.090－1.96＝358.57（m）

由以上计算可知，无论一个测站上观测的间视点有多少，利用一个视线高程就很容易求出各点高程，所以测量纵断面高程时，在成像清晰、读数可靠的情况下，每个测站应尽量多观测几个间视点，以提高观测速度。

四、纵断面图的绘制

（1）图面布局合理、使用方便，应预留渠、堤设计线和高程注记位置。要做到上述要求，应根据中心线桩的高程和中线长度，按照不同的建设阶段，既要突出地面起伏，又要使地面线居于适中位置。为此，应选择恰当的绘图比例尺。一般是水平比例尺较竖直比例尺小 10 倍、20 倍，甚至 100 倍。在相同的建设阶段，长路线的水平比例尺应小些，短路线的水平比例尺可大些。在高程方面，高差大的，竖直比例尺可小些；高差小的，竖直比例尺应大些。

（2）绘制图表栏。图表栏是填写纵断面测量内、外业资料及有关设计数据的位置。应绘在图纸的左方，一般约占图纸宽度的 2/5，填写时自上而下进行，其中包括渠底坡度、里程桩号、地面高程、渠底设计高程、中线挖深和填高以及平面草图等。

（3）选择高程起始注记。渠道所经地带，高程一般较大，或者沿线地面起伏。为了使用方便，节省图纸，竖直比例尺的注记不从零开始，应尽量选择使路线最高与最低部分都能绘出的高程。如果地面高程一直增加，地面线连续绘下去将会超出图纸，此时，可从某点起，将其高程沿同一坐标纵线降低 5～10 cm，使之成一阶梯，再继续绘下去，个别点的高程有可能超出图纸时，可采用绘断裂线，并注记其高程的方法。如果地面高程不断降低，则采取相反的措施。根据表 10-1 的计算成果，绘制如图 10-4 所示的渠道纵断面图，该图渠道起始底面高程为 359.00 m。

（4）抄入资料，计算有关数据。根据选定的水平比例尺，按里程桩的间距标出各桩点；从纵断面测量成果中，抄入各点的地面高程；如果渠底比降已经确定，也可计算各点的

设计高程。例如,(0+000)桩的渠底设计高程为 359.00 m,比降 $i=1:1\ 000$,整桩间距为 100 m,故向下游每增加 100 m 距离,渠底设计高程就减少 0.1 m,所以图 10-4 中,渠底点设计高程分别为 358.90 m、358.80 m 等,(1+000)桩处的渠底设计高程为 358.00 m。

中心桩挖填数按式(10-4)计算,即

$$\Delta h = H_{地} - H_{设} \tag{10-4}$$

式中 Δh——挖填数,当 Δh 为正时,中心桩处即挖深,当 Δh 为负时,即填高;

$H_{地}$——中心桩地面高程;

$H_{设}$——中心桩的渠底设计高程。

图 10-4 中,(0+000)桩、(0+100)桩和(0+200)桩的中心挖填数按式(10-4)计算,分别为-0.91 m、-0.32 m 和+0.13 m,前两桩处为填高,(0+200)桩处为挖深。

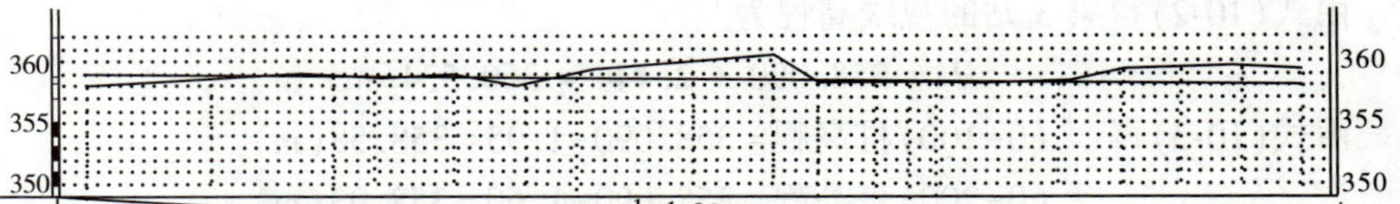

渠底坡度	1:1 000 1 000 m																
里程桩号	0+000	0+100	0+200	0+235	0+300	0+362	0+400	0+500	0+565	0+600	0+676	0+700	0+800	0+838	0+900	0+950	1+000
地面高程	358.09	358.58	358.93	358.57	358.91	358.17	358.96	360.10	360.53	358.31	358.50	358.04	358.46	359.52	359.72	359.60	359.33
渠底设计高程	359.00	358.90	358.80	358.76	358.70	358.64	358.60	358.50	358.44	358.40	358.32	358.30	358.20	358.16	358.10	358.05	358.00
中线挖深			0.13		0.21		0.36	1.60	2.09		0.18		0.26	1.36	1.62	1.55	1.33
中线填高	0.91	0.32		0.19		0.47				0.09		0.26					
平面草图	左转22°32′ R=400 m																

图 10-4 渠道纵断面图

(5)绘图。依据里程桩的间距和各桩点的地面高程,按选定的竖直比例尺,沿方格纸的纵坐标,定出各点的位置,然后连接各同名点,即得地面线。渠底设计线或水面线的画法与此相同。

路线平面图和地表性质是根据草图并参考纵断面高程测量手簿、选线记录等资料绘制的。图中(0+676)桩处左转 22°32′为路线向左的转折角,$R=400$ m 为平面圆曲线半径。

任务四 横断面测量

对垂直于路线中线方向的地面高低所进行的测量工作,称为横断面测量。路线上所有里程桩和加桩一般都应测量其横断面。横断面是确定渠道横向施工范围、计算土石方数量的必要资料。

一、横断面测量方法

横断面测量方法视仪器设备和地形条件而定,一般可采用经纬仪视距法、水准仪量距法、手持水准仪量距法和花杆置平法等。利用全站仪或 GPS 测量方法中的 RTK 进行横断面测量,方法更简单,精度更高,速度更快。

(一)花杆置平法

在丘陵地、山地横向坡度较大时,当横断面每侧宽度小于 30 m 时,可采用花杆置平法或皮尺拉平法施测横断面。断面上两地形点间的距离与高差用花杆置平或皮尺拉平读取。如图 10-5 所示,欲测里程桩(0+500)处的横断面,一人将地形尺或花杆立于测点上,另一人从中心线桩用花杆或皮尺量至测点。花杆或皮尺可用简易水准器固定或目估水平。在花杆与地形尺(或花杆)交点读出水平距离,并读出或量出交点至地面的高度即得高差。从图 10-5 中可见,当从中心桩向上坡观测时,地形尺或花杆立于中心线桩上,高差从起端地形尺上读出;下坡时,地形尺或花杆先立于测点上,然后读取距离和高差。总之,花杆或皮尺只能一端与地面相交,另一端置平在地形尺上读数。

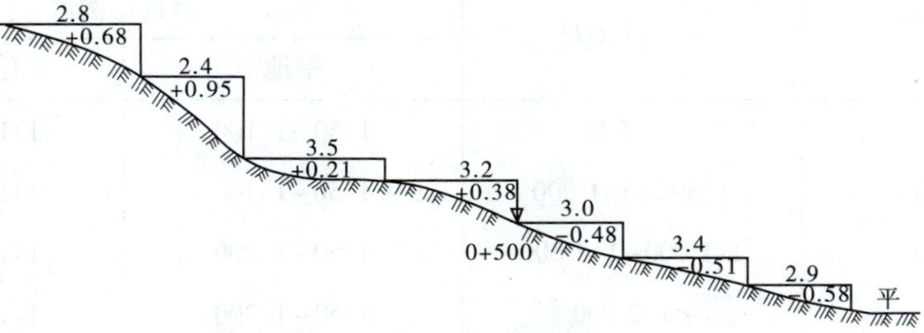

图 10-5　花杆置平法测量横断面　(单位:m)

用花杆置平法测量横断面,记录格式如表 10-2 所示,中心桩(0+500)的高程 360. 10 m 是从纵断面测量成果中抄来的,它是推算横断面地形点高程的起始数据。地形点的编号仍按中心线前进方向进行,即以观测者面向渠道下游,用左、右手划分横断面的左、右分别记录,分式的分子表示横断面测点间高差,分母表示测点间间距。表中"累计"栏,分别是地形点对中心线桩高差与距离总和。

横断面测量时可随测随绘,不做记录。测站点与断面地形点的距离读数、计算取位均为 0. 1 m;测站点高差读数、计算一般取位均为 0. 01 m,而地形点高程的计算取位则为 0. 1 m。

表 10-2　花杆置平法横断面测量记录表

左侧断面				中心桩	右侧断面			
$\frac{+0.68}{2.8}$	$\frac{+0.95}{2.4}$	$\frac{+0.21}{3.5}$	$\frac{+0.38}{3.2}$	$\frac{0+500}{360.1}$	$\frac{-0.48}{3.0}$	$\frac{-0.51}{3.4}$	$\frac{-0.58}{2.9}$	平
$\frac{+2.22}{12.1}$	$\frac{+1.54}{9.3}$	$\frac{+0.59}{6.7}$	$\frac{+0.38}{3.2}$	累计	$\frac{-0.48}{3.0}$	$\frac{-0.99}{6.4}$	$\frac{-1.57}{9.3}$	平

（二）经纬仪视距法

当横断面较宽时，可采用经纬仪视距法。测量时，经纬仪一般安置于中心桩上。当横断面一侧宽度小于 50 m 时，容许用目测标定横断面方向；当大于 50 m 时，用经纬仪标定方向。如果断面过长或视线遇到障碍必须转站，则转站点（即测站点）的平面位置和高程可以用视距法测定，其视距最大长度不得超过 200 m。视距应用正、倒镜和直、返觇观测，其往、返所测距离较差不得大于距离的 1/200；高差不符值应不大于 0.1 m，山地可放宽为 0.2 m；转站数不得超过 3 个；山地路线全长不应大于 600 m。测站至断面上地形点的最大视距应不大于 200 m，当仪器只在中心线桩上设站时，其视距长度可放宽到 300 m。

二、横断面图的绘制

横断面图的比例尺，应根据横断面宽度、地形坡度等按表 10-3 选用。绘图时，应自上游向下游按桩号顺序从左至右排列。同一列中各断面的中心线桩，应位于方格纸上的同一条粗线上。

表 10-3　横断面宽度与绘图比例尺

横断面宽度（m）	水平比例尺	竖直比例尺	
		平地	丘陵、山地
<100	>1:500	1:50~1:100	1:100~1:200
100~200	1:500~1:1 000	1:50~1:100	1:100~1:200
200~250	1:1 000~1:2 000	1:50~1:200	1:100~1:500
>500	<1:2 000	1:50~1:200	1:100~1:500

横断面图一般也可绘在透明方格纸的反面。为了便于土方计算，一般水平比例尺应与竖直比例尺相同。但是，如果地面起伏较大，为了节省图纸，也可采用不同的比例尺。图 10-6 是根据表 10-2 中（0+800）桩的资料绘制的横断面图。

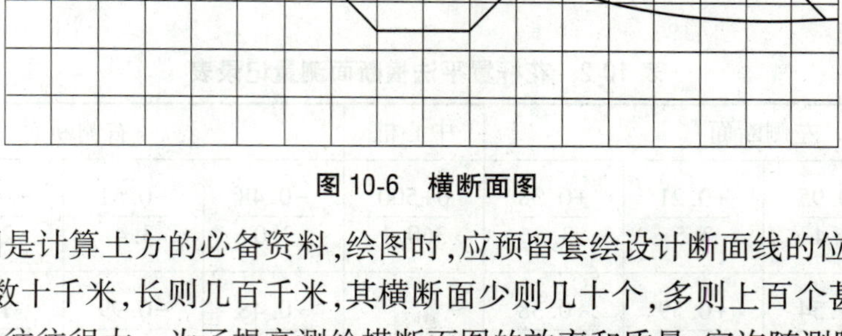

图 10-6　横断面图

横断面图是计算土方的必备资料，绘图时，应预留套绘设计断面线的位置。一条渠道短则数千米、数十千米，长则几百千米，其横断面少则几十个，多则上百个甚至以千计，所以绘图工作量往往很大。为了提高测绘横断面图的效率和质量，容许随测随绘，并且如今用计算机绘断面图已被普遍采用。

任务五　土方计算

渠道工程必须在地面上挖深、填高，使渠道断面符合设计要求。所填挖的体积，以 m^3 为单位，称为土方，习惯上又叫几方土。土方计算方法虽然较简单，但是计算工作量较大。土方的多少，往往是总工程量的重要指标。为了制订合理的施工方案，编制工程预算，必须认真做好土方计算。

土方计算通常采用分段计算，然后求总和。而各段土方采用平均断面法计算。假设相邻两个挖方（或填方）横断面的面积分别为 A_1 和 A_2，两个横断面的间距为 D，则其间的土方量为

$$V = \frac{1}{2}(A_1 + A_2)D \tag{10-5}$$

间距 D 即两桩里程之差，可从纵断面图上查取，面积 A_1、A_2 则需通过在横断面图上套绘渠道设计断面来确定。为此，应根据里程桩和加桩的挖深，先在横面图上标出设计渠底中心点的位置，再根据渠底宽度、边坡坡度、渠深和堤宽等尺寸画出设计断面，如图 10-6 所示。设计断面边线与自然地面线所包围的面积即为挖方或填方面积，面积计算方法参见项目七任务四。

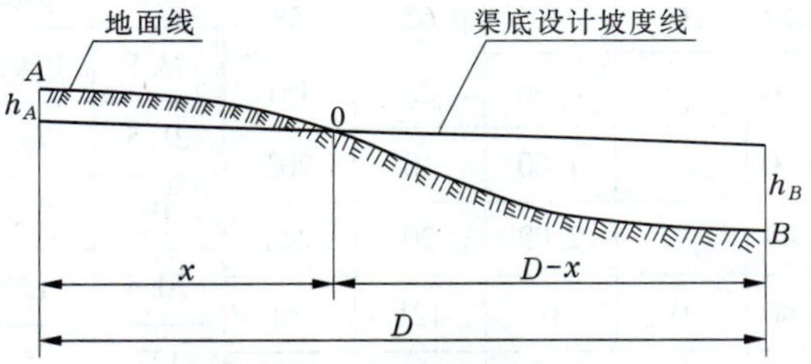

图 10-7　零点位置确定

土方计算采用表格（见表 10-4）按桩号顺序进行。表中的计算数据均从纵、横断面图上抄来。如果相邻两断面既有挖方又有填方，应分别计算挖方量和填方量。如果相邻两个中线桩，一个为挖深，另一个为填高，则中间必有一个不挖不填的"零点"。零点的挖填面积不一定为零，因为必须找到零点补测横断面。零点在渠道线上的位置可根据图 10-7 求得。设零点到邻近里程桩 A 的距离为 x，相邻两里程桩 A、B 之间的距离为 D，A 点挖深为 h_A，B 点填高为 h_B，则由图 10-7 可知

$$\frac{x}{D - x} = \frac{h_A}{h_B}$$

由此解得

$$x = \frac{h_A}{h_A + h_B}D \tag{10-6}$$

例如图 10-4 中，(0+100) 与 (0+200) 两桩之间有一个零点，该点离开桩 (0+100) 的距离为 $x = 0.32 \div (0.32 + 0.13) \times 100 = 71.1$(m)，归算至渠道起点的里程桩号为 (0+171.1)，应填入表 10-4 中，并根据补测的零点断面，将这两个里程桩间的土方分成两部分进行计算。

表 10-4 土方计算表

工程名称:夹马口北扩干渠 计算者:张×× 校核者:何×× 日期:2007年8月 共10页第1页

桩号	地面高程(m)	设计高程(m)	中心桩(m)		断面面积(m^2)		平均断面面积(m^2)		距离(m)	土方量(m^3)	
			填高	挖深	填方	挖方	填方	挖方		填方	挖方
0+000	358.09	359.00	0.91		318	0					
							250	0	100	25 000	0
0+100	358.58	358.90	0.32		182	0					
							147.5	15.5	71	10 472.5	1 100.5
0+171	358.83	358.83	0	0	113	31					
							73.5	64.5	29	2 131.5	1 870.5
0+200	358.93	358.80		0.13	34	98					
							55	80.5	14	770	1 127
0+214	358.78	358.78	0	0	76	63					
							95.5	31.5	21	2 005.5	661.5
0+235	358.57	358.76	0.19		115	0					
							84.5	32.5	31	2 619.5	1 007.5
0+266	358.74	358.74	0	0	54	65					
							39.5	93	34	1 343	3 162
0+300	358.91	358.70		0.21	25	121					
							31.5	111.5	19	598.5	2 118.5
0+319	358.68	358.68	0	0	38	102					
							28.5	51	43	1 225.5	2 193
0+362	358.17	358.64	0.47		19	0					
							40.5	29	22	891	638
0+384	358.62	358.62	0	0	62	58					
							43.5	104.5	16	696	1 672
0+400	358.96	358.60		0.36	25	151					
							21.5	176.5	100	2 150	17 650
0+500	360.10	358.50		1.60	18	202					
							19	225	65	1 235	14 625
0+565	360.53	358.44		2.09	20	248					
							70.5	129	34	2 397	4 386
0+599	358.40	358.40	0	0	121	10					
							127	5	1	127	5
0+600	358.31	358.40	0.09		133	0					
							111	21.5	25	2 775	537.5
0+625	358.38	358.38	0	0	89	43					
							96.5	32.5	51	4 921.5	1 657.5
0+676	358.50	358.32		0.18	104	22					
							95.5	29	13	1 241.5	377
0+689	358.31	358.31	0	0	87	36					
							119	18	11	1 309	198
0+700	358.04	358.30	0.26		151	0					
							124	33	50	6 200	1 650
0+750	358.25	358.25	0	0	97	66					
							96	75.5	50	4 800	3 775
0+800	358.46	358.20		0.26	95	85					
							94.5	102.5	38	3 591	3 895
0+838	359.52	358.16		1.36	94	120					
							89.5	129	62	5 549	7 998
0+900	359.72	358.10		1.62	85	138					
							91.5	131.5	50	4 575	6 575
0+950	359.60	358.05		1.55	98	125					
							86.5	142.5	50	4 325	7 125
1+000	359.33	358.00		1.33	75	160					
合计										92 949	86 004.5

任务六　渠道边坡放样

从渠道路线勘测设计完成到开始施工，要相隔一段时间，在此期间有一部分转折点、里程桩可能丢失，因此渠道边桩放样之前，应先将路线恢复起来。恢复路线的测量工作，一般包括转折点、里程桩、曲线细部测定和局部改线测量。具体工作方法与定线测量相同。

在渠道施工前，应将设计横断面与地形横断面的交点测设到地面上，并用木桩标定，作为挖深或填高的依据。测设渠道横断面上有关边桩的工作称为边坡放样。当挖、填方不是很大，而且地面较平坦时，渠道边坡的位置一般可采用简便的方法，直接套绘在断面图上，并量取中心桩至开口桩，内、外肩桩和边坡脚桩的距离。为便于放样工作，应将图解的数据填入放样数据表中。表 10-5 为夹马口北扩 3 支渠(0+000)至(0+100)桩横断面的放样数据。

表 10-5　横断面放样数据表

工程名称：夹马口北扩 3 支渠　　　　测段：0+000 至 1+000

桩号	各边桩至中心桩距离(m)							
	开口桩		堤内肩桩		堤外肩桩		外坡脚桩	
	左侧	右侧	左侧	右侧	左侧	右侧	左侧	右侧
0+000	1.61	1.02	2.24	2.25	2.73	2.75	3.05	4.37
0+100	1.53	1.22	2.65	2.56	2.93	2.80	3.35	4.63
…	…	…	…	…	…	…	…	…

按照图解的数据进行放样，先沿中心线的垂直方向，用皮尺从中心桩向一侧量出至开口桩，内、外肩桩和外坡脚桩的距离，并用木桩标定。然后，依同法再放出另一侧的边桩。最后，将相邻断面上同名木桩用白灰连接起来，即为施工边线。小型渠道，一般每隔几百米竖立一个施工坡架，以便掌握断面形状，如图 10-8 所示。大、中型渠道采用机械化施工时，可用白灰线及控制桩标定有关边线。由于机械化施工对测量标志破坏性大，应及时补测。

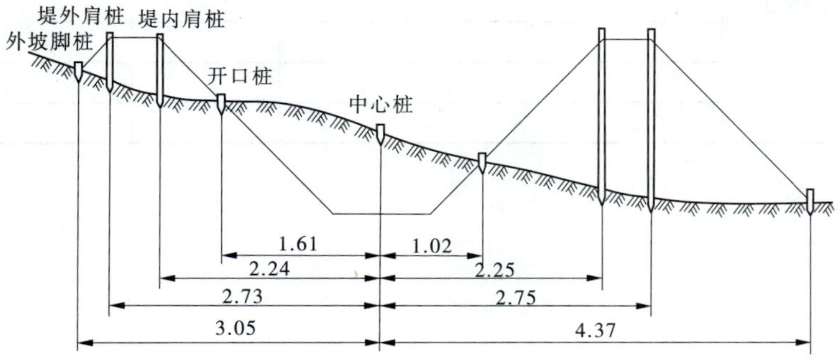

图 10-8　渠道边桩放样图

渠道测量内外业工作结束后，应整编上交的成果和资料有：各级平面、高程控制点测量手簿与计算资料，埋石标志、中心导线点成果表，曲线测设手簿与计算资料，纵横断面图与观测手簿、技术总结和检查验收报告等。各种测量记录手簿应统一编号，表头的各项内容均应填写，检查验收人员应签名等。

习 题

10-1 渠道测量包括哪些工作内容?

10-2 渠道中线测量有哪些内容?何谓里程桩?在什么情况下设置加桩?

10-3 间视法水准测量有何特点?为什么观测转点比观测间视点(中间点)的精度要求高?

10-4 纵、横断面图绘制各有何要求?它们之间有何区别?

10-5 怎样计算土方量?土方量计算时为何要补测零点处的横断面?

10-6 试完成表10-6纵断面观测手簿计算。

表 10-6 纵断面观测手簿

测站	桩号	后视点(m)	视线高程(m)	中间点(m)	前视点(m)	高程(m)	备注
1	BM_1	1.320				364.374	已知
	TP_1				0.546		
2	TP_1	1.235					
	0+000				2.014		
3	0+000	1.588					
	0+050			1.63			
	0+100			1.82			
	0+135			1.96			
	0+150			1.83			
	0+200			1.74			
	0+250			1.66			
	0+300				1.982		
4	0+300	2.108					
	0+350			2.85			
	0+400			2.06			
	0+450			2.36			
	0+500			2.77			
	0+550				2.925		
校核							

项目十一　水工建筑物施工测量

任务一　概　述

水利水电工程施工建设阶段的测量工作包括施工控制测量、测设的准备与选择测设方法、开挖工程测量、立模与填筑测设、金属结构与机电设备安装测量、地下洞室测量、辅助工程测量、施工场地地形测量、疏浚及渠堤施工测量、竣工测量、施工期间的外部变形观测等。在营运阶段，为确保工程的安全运转，对不同的工程构造及运营状况，制订出相应的观测方案，进行变形监测。

一、施工控制网的布设与精度

水利水电工程是由许多建(构)筑物组成的，结构复杂。各建筑物在平面位置及高程上等都有一定的联系，而建筑物又是分期施工，因此施工前应建立施工控制网作为施工测设的依据。由于水利枢纽多建设在山区，地形起伏大，所以应先在施工总平面图上选择通视良好和便于保存的控制网点，并在现场标定。此外，由于枢纽的多数建筑物位于水坝的下游，随着施工的进展，上、下游间的通视将受阻，因此控制点的分布应以坝下游为重点，适当照顾上游。为便于施工测设和使基本网点长久保存，施工控制网常采用分级布设，即在基本网下加密二级定线网。由于施工控制网平均边长一般在 1 km 以下，各点高差有时较大，为了提高观测精度，常采用有强制对中标志的混凝土观测墩。《水利水电工程施工测量规范》(SL 52—2015，简称规范)中按工程规划和不同结构给出了各等级控制网的适用范围。规范对平面控制网的精度标准规定：无论采用何种梯级布网，其最末级平面控制点相对于同级起始点或邻近高一级控制点的点位中误差不应大于±10 mm。因而，在选定点位后，应进行精度估算和控制网的优化设计。

高程控制网依次划分为二、三、四等。规范同样也列出了它们的适用范围。对于高程控制的精度要求，规范指出：最末级高程控制点相对于首级高程控制点的高程中误差，对于混凝土建筑物应不大于±10 mm，对于土石建筑物应不大于±20 mm。

二、施工测设数据准备与测设精度

测设前应详细查阅设计图纸，掌握施工控制成果资料。根据设计要求与现场条件，选择测设方法，计算测设数据，绘制测设草图。平面位置的测设方法主要有极坐标法、交会法、自由设站法等。

对不同的工程，施工测量的精度要求也是不同的。就精度概念而言，也有不同的含义。有的建筑物轮廓点的测设精度是相对于邻近基本控制点的，但对机电设备与金属结构安装工程的安装点，其测设精度是相对于安装轴线或相对水平度的。规范给出精度指标见表 11-1。

表 11-1　施工测设精度指标

序号	项目		精度指标			说明
			内容	平面位置中误差(mm)	高程中误差(mm)	
1	混凝土建筑物		轮廓点测设	±(20~30)	±(20~30)	相对于邻近基本控制点
2	土石料建筑物		轮廓点测设	±(30~50)	±30	相对于邻近基本控制点
3	机电设备与金属结构安装		安装点	±(1~10)	±(0.2~10)	相对于建筑物安装轴线和相对水平度
4	土石方开挖		轮廓点测设	±(50~200)	±(50~100)	相对于邻近基本控制点
5	施工期间外部变形观测		水平位移测点	±(3~5)		相对于工作基点
			垂直位移测点		±(3~5)	相对于工作基点
6	隧洞贯通	相向开挖长度小于 4 km	贯通面	横向±50 纵向±100	±25	横向、纵向相对于隧洞轴线;高程相对于洞口高程控制点
		相向开挖长度为 4~8 km	贯通面	横向±75 纵向±150	±38	

任务二　土坝的施工测量

土坝是一种较为普遍的坝型,其结构如图 11-1 所示。土坝的控制测量是根据基本网确定坝轴线,然后以坝轴线为依据布设坝身控制网,以控制坝体细部的放样。

一、坝轴线的确定

对于中小型土坝的坝轴线,一般是由工程设计人员和勘测人员组成选线小组,深入现场进行实地踏勘,根据当地的地形、地质和建筑材料等条件,经过方案比较,直接在现场选定。

对于大型土坝以及与混凝土坝衔接的土质副坝,一般经过现场踏勘、图上规划等多次调查研究和方案比较,确定建坝位置,并在坝址地形图上结合枢纽的整体布置,将坝轴线标于地形图上。为了将图上设计好的坝轴线标定在实地上,一般可根据预先建立的施工控制网用角度交会法将 M_1 和 M_2 测设到地面上。放样时,先根据控制点 A、B、C(见图 11-2)的坐标和坝轴线两端点 M_1、M_2 的设计坐标算出交会角 β_1、β_2、β_3 和 γ_1、γ_2、γ_3,然后安置经纬仪于 A、B、C 点,测设交会角,用三个方向进行交会,在实地定出 M_1、M_2。

坝轴线在现场标定后,应用永久性标志标明。为了防止施工时端点被破坏,应将坝轴线的端点延长到两面山坡上,如图 11-2 中的 M_1'、M_2'。

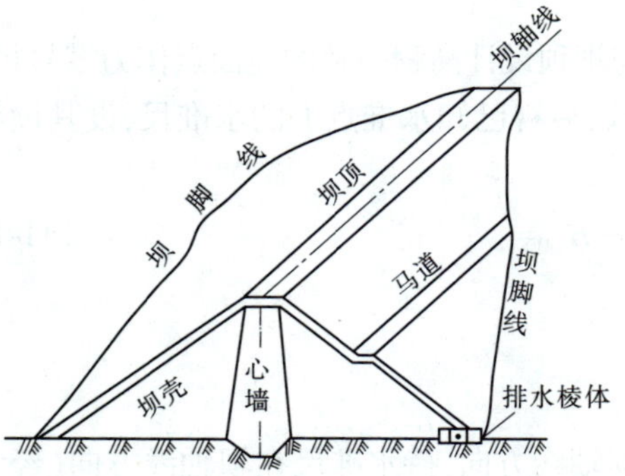

图 11-1　土坝结构示意图

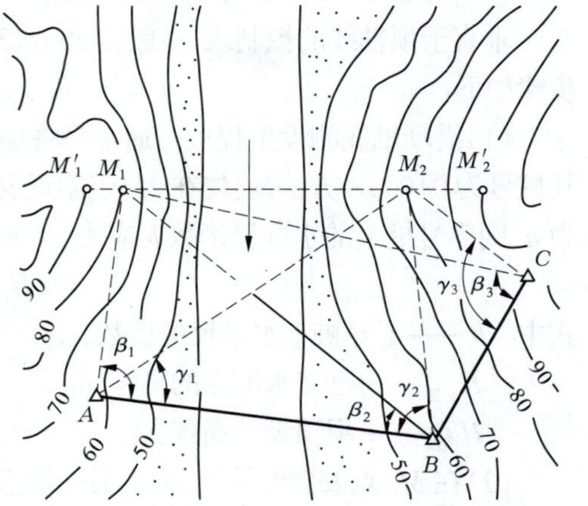

图 11-2　坝轴线测设示意图

二、坝身控制线的测设

坝身控制一般要布设与坝轴线平行和垂直的一些控制线。这项工作需在清理基础前进行。

(一)平行于坝轴线的控制线的测设

平行于坝轴线的控制线可布设在坝顶上下线、上下游坡面变化处、下游马道中线,也可按一定间隔布设(如 10 m、20 m、30 m 等),以便控制坝体的填筑和进行收方。

测设平行于坝轴线的控制线时,分别在坝轴线的端点 M_1、M_2 安置经纬仪或全站仪,用测设 90°的方法各作一条垂直于坝轴线的横向基准线(见图 11-3),然后沿此基准线量取各平行控制线到坝轴线的距离,得各平行线的位置,用方向桩在实地标定。

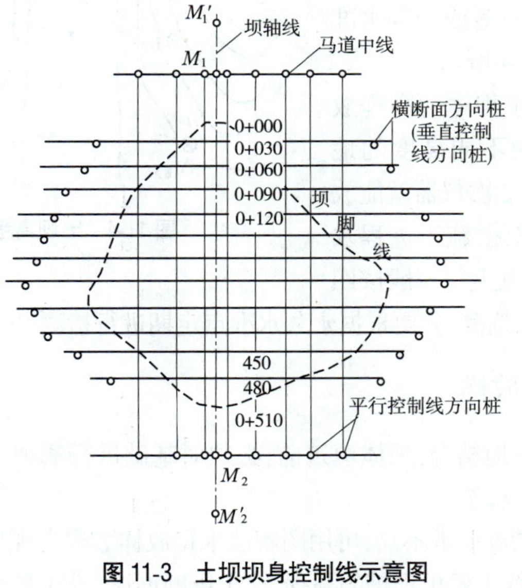

图 11-3　土坝坝身控制线示意图

(二)垂直于坝轴线的控制线的测设

垂直于坝轴线的控制线,一般按 50 m、30 m 或 20 m 的间距以里程来测设(见图 11-3),其步骤如下:

(1)沿坝轴线测设里程桩。通常是将坝轴线上与坝顶设计高程一致的地面点作为零号桩,其桩号为0+000。方法是:先在 M_1 点附近安置水准仪,后视已知水准点上的水准尺,设其读数为 a,则零号桩上的水准尺读数 b 应为

$$b = (H_{已知} + a) - H_{坝顶} \tag{11-1}$$

式中 b——零号桩上水准尺的读数,m;

$H_{已知}$——已知水准点的高程,m;

$H_{坝顶}$——坝顶设计高程,m;

(2)在 M_1 点安置经纬仪,瞄准另一端点 M_2,得坝轴线方向,持水准尺在坝轴线方向(经纬仪控制)移动,当水准仪读得读数为 b 时,立尺点即为零号桩。

然后由零号桩起,由经纬仪或全站仪定线,沿坝轴线方向按选定的间距(图 11-3 中为 30 m)丈量距离,顺序钉下 0+030,0+060,0+090,…里程桩,直至另一端坝顶与地面的交点。

(3)测设垂直于坝轴线的控制线。将经纬仪安置在里程桩上,瞄准 M_1 或 M_2,转 90°即定出垂直于坝轴线的一系列平行线,并在上下游施工范围以外用方向桩标定在实地上,作为测量横断面和放样的依据,这些桩亦称横断面方向桩(见图 11-3)。

三、高程控制网的建立

用于土坝施工放样的高程控制,可由若干永久性水准点组成基本网和临时作业水准点两级布设。基本网布设在施工范围以外,并应与国家水准点联测,组成闭合或附合水准路线,用三等或四等水准测量的方法施测,如图 11-4 所示。

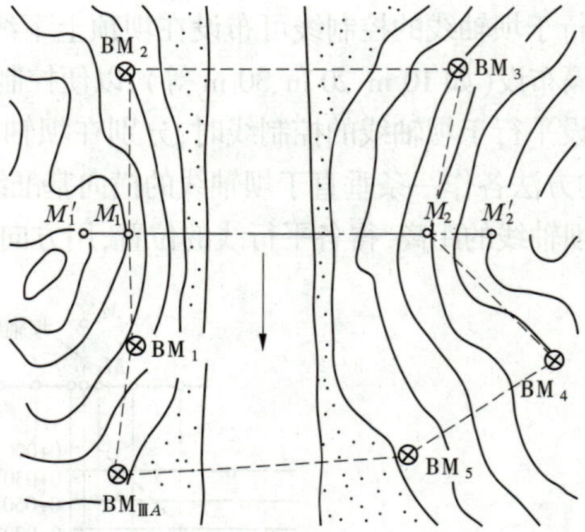

图 11-4 土坝高程基本控制网

临时水准点直接用于坝体的高程放样,布置在施工范围以内不同高度的地方,并尽可能做到安置 1~2 次仪器就能放样高程。临时水准点应根据施工进程及时设置,附合到永久水准点上。一般按四等或等外水准测量的方法施测,并要根据永久水准点定期进行检测。

四、清基开挖线的放样

为使坝体与岩基很好地结合,坝体填筑前,必须对基础进行清理。为此,应放出清基开挖线,即坝体与原地面的交线。

清基开挖线的放样精度要求不高,可用图解法求得放样数据在现场放样。为此,先沿坝轴线测量纵断面,即测定轴线上各里程桩的高程,绘出纵断面图,求出各里程桩的中心填土高度,再在每一里程桩进行横断面测量,绘出横断面图。最后根据里程桩的高程、中心填土高度与坝

面坡度，在横断面图上套绘大坝的设计断面（见图 11-5）。从图 11-5 中可以看出，R_1、R_2 为坝壳上下游清基开挖点，n_1、n_2 为心墙上下游清基开挖点，它们与坝轴线的距离分别为 d_1、d_2、d_3、d_4，可从图上量得，用这些数据即可在实地放样。但清基有一定深度，开挖时要有一定边坡，故 d_1 和 d_2 应根据深度适当加宽进行放样，用石灰连接各断面的清基开挖点，即为大坝的清基开挖线。

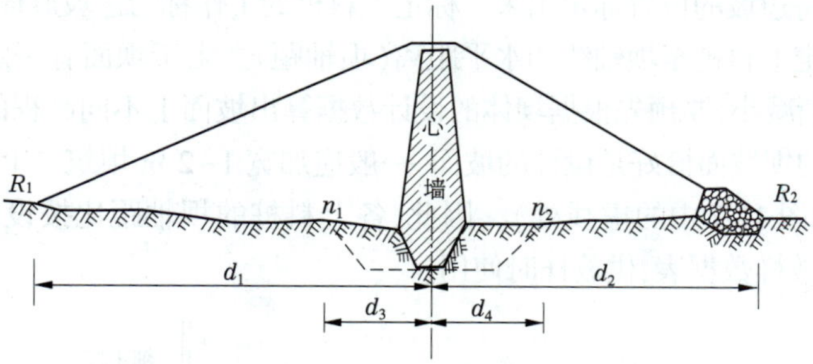

图 11-5　土坝清基测设示意图

五、坡脚线的放样

清基以后应放出坡脚线，以便填筑坝体。坝底与清基后地面的交线即为坡脚线，下面介绍两种放样方法。

（一）横断面法

仍用图解法获得放样数据。首先恢复轴线上的所有里程桩，然后进行纵、横断面测量，绘出清基后的横断面图，套绘土坝设计断面，获得类似于图 11-5 的坝体与清基后地面的交点 R_1 及 R_2（上、下游坡脚点），d_1 及 d_2 分别为该断面上、下游坡脚点的放样数据。在实地将这些点标定出来，分别连接上、下游坡脚点即得上、下游坡脚线，如图 11-6 虚线所示。

（二）平行线法

这种方法以不同高程坝坡面与地面的交点获得坡脚线。在地形图的应用中，介绍的在地形图上确定土坝的坡脚线，是用已知高程的坝坡面（为一条平行于坝轴线的直线），求得它与坝轴线间的距离，获得坡脚点。平行线法测设坡脚线的原理与此相同，不同的是由距离（平行控制线与坝轴线的间距为已知）求高程（坝坡面的高程），而后在平行控制线方向上用高程放样的方法，定出坡脚点。如图 11-6 所示，AA'为坝身平行控制线，距坝顶边线 25 m，若坝顶高程为 80 m，边坡为 1:2.5，则 AA'控制线与坝坡面相交的高程为

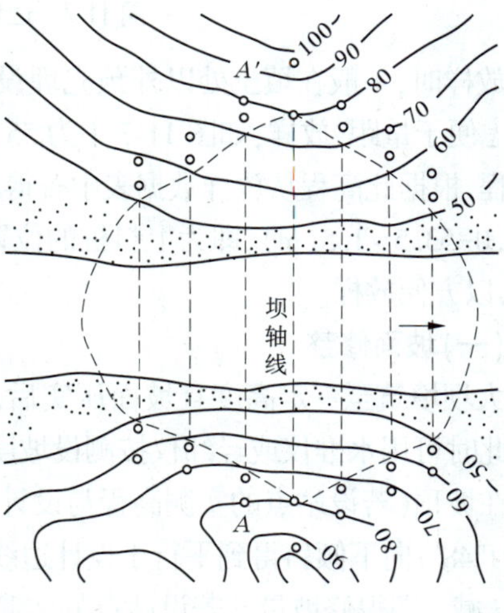

图 11-6　平行线法

$$H = 80 - 25 \times \frac{1}{2.5} = 70(\mathrm{m})$$

放样时在 A 点安置经纬仪,瞄准定出 A'控制线方向,用水准仪在经纬仪视线内探测高程为 70 m 的地面点,就是所求的坡脚点。连接各坡脚点即得坡脚线。

六、边坡放样

坝体坡脚放出后,就可填土筑坝,为了标明上料填土的界线,每当坝体升高 1 m 左右,就要用桩(称为上料桩)将边坡的位置标定出来。标定上料桩的工作称为边坡放样。

放样前先要确定上料桩至坝轴线的水平距离(坝轴距)。由于坝面有一定坡度,随着坝体的升高坝轴距将逐渐减小,要预先根据坝体的设计数据算出坡面上不同高程的坝轴距,为了使经过压实和修理后的坝坡面恰好是设计的坡面,一般应加宽 1~2 m 填筑。上料桩就应标定在加宽的边坡线上(见图 11-7 中的虚线处)。因此,各上料桩的坝轴距比按设计所算数值要大 1~2 m,并将其编成放样数据表,供放样时使用。

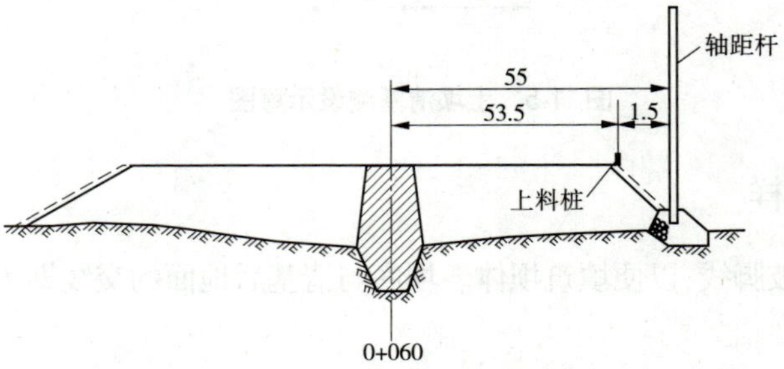

图 11-7　边坡放样示意图　(单位:m)

放样时,一般在填土处以外预先埋设轴距杆,如图 11-7 所示。轴距杆距坝轴线的距离主要考虑便于量距、放样,如图 11-7 中为 55 m。为了放出上料桩,则先用水准仪测出坡面边沿处的高程,根据此高程从放样数据表中查得坝轴距,设为 53.5 m,此时从坝轴杆向坝轴线方向量取 55.0−53.5=1.5(m),即为上料桩的位置。当坝体逐渐升高,轴距杆不便应用时,可将其向里移动,以方便放样。

(一)坡面修整

大坝填筑至一定高度且坡面压实后,还要进行坡面的修整(见图 11-8),使其符合设计要求。此时可用水准仪或经纬仪按测设坡度线的方法求得修坡量(削坡或回填度)。如将经纬仪安置在坡顶(若设站点的实测高程与设计高程相等),依据坝坡比(1∶2.5)算出的边坡倾角口(即 21°48′)向下倾斜得到平行于设计边线的视线,然后沿斜坡竖立标尺,读取中丝读数 s,用仪器高 i 减 s 即得修坡量。若设站点的实测高程 $H_{测}$ 与设计高程 $H_{设}$ 不等,则按下式计算修坡量 Δh,即

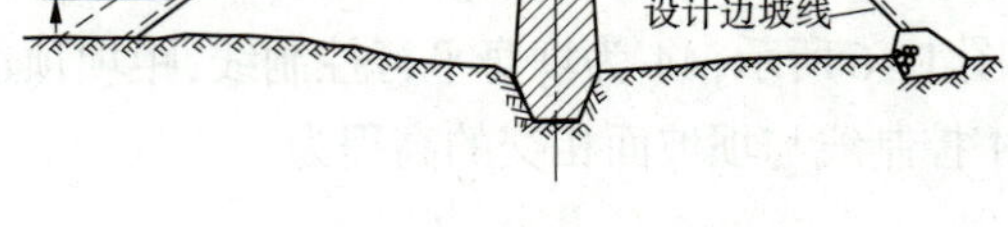

图 11-8　坡面修整示意图

$$\Delta h = (i - s) + (H_{测} - H_{设}) \tag{11-2}$$

为便于对坡面进行修整,一般沿斜坡观测 3~4 个点,求得修坡量,以此作为修坡的依据。

(二)护坡桩的测设

坝坡面修整后,为使坡面符合设计要求,需用草皮或石块进行护坡,为此标定护坡桩位置的工作称为护坡桩的测设。

护坡桩从坝脚线开始,沿坝坡面高差每隔 5 m 布设一排,每排都与坝轴线平行。在一排中每隔 10 m 定一木桩,使木桩在坝面上构成方格网状,按设计高程测设于木桩上。然后,在设计高程处钉一小钉,称为高程钉。在大坝的横断面方向的高程钉上拴一根线绳,以控制坡面的横向坡度;在平行于坝轴线方向系一活动线,当活动线沿横断面线的绳子上、下移动时,其轨迹就是设计的坝坡面。因此,可将活动线作为砌筑护坡的依据。如果是草皮护坡,高程钉一般高出坝坡面 5 cm;如果是石块护坡,应根据设计要求预留铺盖厚度。

任务三　水闸的施工放样

水闸具有挡水和泄水的作用,一般由闸室段和上、下游连接段三部分组成,如图 11-9 所示。闸室是水闸的主体,这一部分包括底板、闸墩、闸门、工作桥和交通桥等。上、下游连接段有防冲槽、消力池、翼墙、护坦、海漫、护坡等防冲设施。水闸的施工放样,应先放出主轴线和整体基础开挖线;在基础浇筑时,为了在底板上预留闸墩和翼墙的连接钢筋,应放出闸墩和翼墙的位置;最后是水闸细部放样。

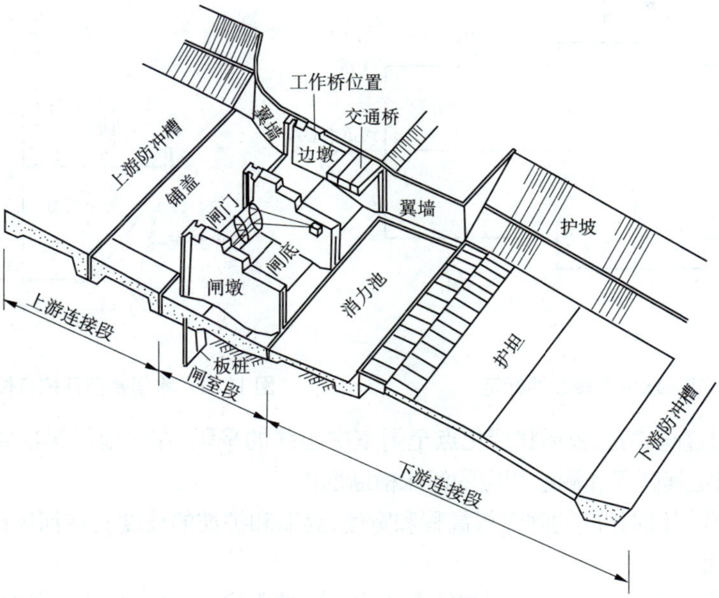

图 11-9　水闸结构示意图

一、主轴线的测设

水闸主轴线由闸室中心线和河道中心线两条互相垂直的直线组成。如图 11-10 所示,从水闸设计图上可以定出两轴交点和各端点的坐标。根据坐标反算出它们与邻近测量控制点的方位角,用前方交会法定出它们的实地位置。主轴线定出后,应在交点检测它们是否相互垂直;若误差超过±10″,应以闸室中心线为基准,重新测设一条与它垂直的直线作为纵向主轴线。主轴线测定后,应向两端延长至施工影响范围之外,每端各埋设两个固定标志(如闸室中心线的 A、A'和 B、B')以表示方向和检查轴线位置。

二、高程控制测量

高程控制采用三等或四等水准测量方法测定。水准基点布设在河流两岸不受施工干扰的地方,临时水准点尽量靠近水闸位置,见图 11-10,可以布设在河滩上,其高程要随时检测,另外尽可能达到安置 1~2 次仪器就能测出水闸上各部位的高程。

三、基础开挖线放样

水闸基坑开挖线是由水闸底板的周界以及翼墙、护坡等与地面的交线决定的。如图 11-11 所示,测设步骤如下:

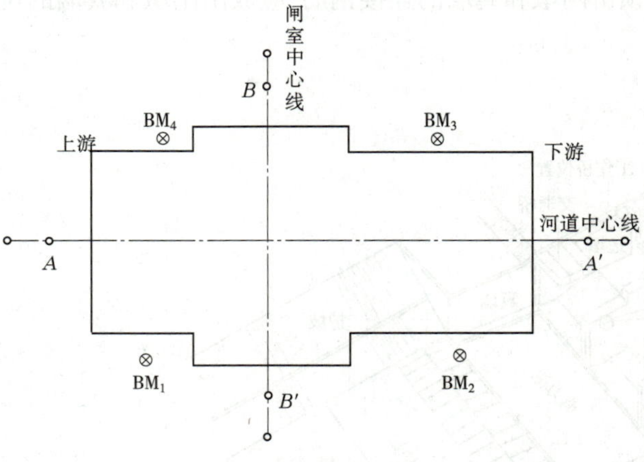

图 11-10　水闸主轴线的标定

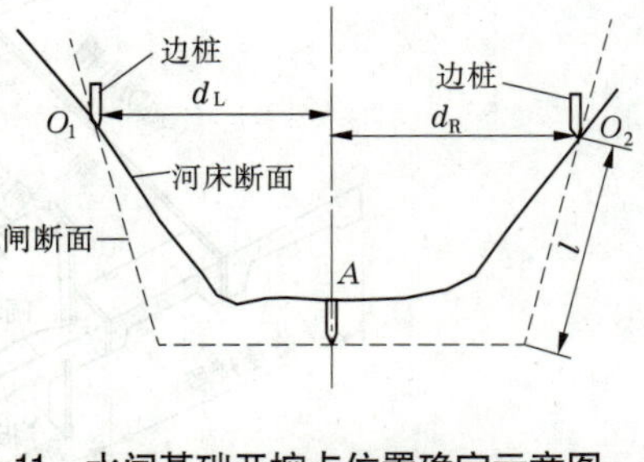

图 11-11　水闸基础开挖点位置确定示意图

从设计图上查取闸底板形状变化点至闸室中心线的平距,在实地沿纵向主轴线标出这些点的位置,并测定其高程和测绘相应的河床横断面图。

根据设计数据(即相应的闸底板高程和宽度,翼墙和护坡的坡度),在河床横断面图上套绘相应的水闸断面。

量取两横断面线交点 O_1、O_2 到测站点 A(纵轴)的距离 d_L、d_R,即可在实地放出这些交点,连成开挖边线。

为了控制开挖高程,可将斜高 l 标注在开挖边桩上。当挖到接近底板高程时,一般应预留 0.3 m 左右的保护层,待底板浇筑时再挖去,以免间隙时间过长,清理后的地基受雨水冲刷而变化。当挖去保护层时,要用水准仪测定底面高程,测定误差不能超过±10 mm。

四、闸底板的测设

闸底板是闸室和上、下游翼墙的基础。闸孔较多的大中型水闸底板是分块浇筑的。底板放样的目的首先是测设出每块底板立模线的位置,以便装置模板进行浇筑。底板浇筑完后,要在底板上定出主轴线、各闸孔中心线和门槽控制线,并弹墨标明。然后以这些轴线为基准标出闸墩和翼墙的立模线,以便安装模板。

(一)底板立模线的标定和底板浇筑高程的控制

为了定出立模线,先应在清基后的地面上恢复主轴线及其交点的位置,于是必须在原轴线两端的标桩上安置经纬仪进行投测。轴线恢复后,从设计图上量取底板四角的施工坐标(即至主轴线的距离),便可在实地上标出立模线的位置。

模板装完后,用水准测量在模板内侧标出底板浇筑高程的位置,并弹出墨线标明。

(二)翼墙和闸墩位置及其立模线的标定

由于翼墙与闸墩是和底板结成一个整体的,因此它们的主筋必须一道结扎。于是在标定底板立模线时,还应标定翼墙和闸墩的位置,以便竖立连接钢筋。翼墙、闸墩的中心位置及其轮廓线,也是根据它们的施工坐标进行放样的,并在地基上打桩标明。

底板浇筑完后,应在底板上再恢复主轴线,然后以主轴线为依据,根据其他轴线对主轴线的距离定出这些轴线(包括闸孔和闸墩中心线以及门槽控制线等),且弹墨标明。因为墨线容易脱落,故必须每隔 2~3 m 用红漆画一圈点表示轴线位置。各轴线应按不同的方式进行编号。根据墩、墙的尺寸和已标明的轴线,再放出立模线的位置。

五、上层建筑物的轴线测设和高程控制

当闸墩浇筑到一定高度时,应在墩墙上测定一条高程为整米数的水平线,用弹墨表示出来,作为继续往上浇筑时量算高程的依据。当闸墩浇筑完工后,应在闸墩上标出闸的主轴线,再根据主轴线定出工作桥和交通桥中心线。

值得注意的是,在闸墩上立模浇筑最后一层(即盖顶)时,为了保证各墩顶高程相等,并符合设计要求,应用水准测量检查和校正模板内的标高线。在浇筑闸墩的整个过程中,应随时注意检查模板是否装正,两墩间门槽的方向和间距是否一致。

任务四 水工建筑物的变形观测

对于水工建筑物在其施工和运行期间,受地基的工程地质条件、地基处理方法、建筑物上部结构的荷载等因素的综合影响,会产生变形。这些变形在一定限度之内,应认为是正常的现象,但如果超过了规定的限度,就会影响建筑物的正常使用,严重时还会危及建筑物的安全。因此,在水工建筑物的施工和运行期间需要对它们进行监视观测,即变形观测。通过变形观测所获得的数据,可分析和监视建筑物的变形情况,以及时发现问题,采取措施,保证建筑物的正常使用。

水工建筑物变形监测是指用仪器和设备对水工建筑物受内、外荷载和各种影响因素作用下产生的结构位置、总体形状变化所进行的测量,分为外部变形监测和内部变形监测。外部变

形监测是将监测仪器和设备设置于水工建筑物的表面或廊道、孔口表面,用以量测结构表面测点的宏观变形量。内部变形监测是将监测仪器和设备埋设在建筑物或地基内,用以量测内部测点的宏观变形或微观变形。外部变形监测通常使用光学测量仪器,部分监测项目使用电子遥测仪器;内部变形监测主要利用各种类型的电子遥测仪器,也有用水、气传动或机械结构的人工监测仪器。本任务主要介绍外部变形监测的内容及方法。

一、沉降观测

沉降观测是采用水准测量的方法,连续观测设置在建筑物上的观测点与周围水准点之间的高差变化值,来确定建筑物在垂直方向上的位移量的工作。

(一)观测点的设置

建筑物的沉陷观测点,通常是由设计部门提出方案,在施工期间进行埋设。观测点应有足够的数量和代表性,并牢固地与建筑物结合在一起;要便于观测,并尽量使之在整个变形观测期不受损坏。

土石坝的观测点布设在坝面上,一般与坝轴线平行,在坝顶以及迎水面和背水面的正常水位以上,在背水面相应于正常水位变化区和浸水区,各埋设一排观测点,并保证每一排都在合拢段、坝内泄水底孔处、坝基地质不良及坝底地形变化较大的地方有观测点,点位的平均间距为30~50 m。土石坝的沉陷观测点通常与水平位移观测点合二为一,应当埋设混凝土观测标墩。

(二)水准点的设置

(1)水准基点。它作为测定工作基点的依据,必须远离建筑物,布设在沉陷影响范围之外。对于水利枢纽,水准基点应埋设在河流下游两岸离坝址较远的完整新鲜的基岩上。当覆盖层很厚时,应采用钻孔穿过土层和风化层达到基岩,埋设钢管标志。

(2)工作基点。它作为直接测定沉陷观测点的依据,应尽量靠近建筑物。一般采用地表岩石标;当建筑物附近土层覆盖较深时,也可采用土中标,但标石的基座应适当加大。

水准基点与工作基点之间采用精密水准联测,闭合差应不超过$\pm 0.5\sqrt{n}$ mm(n为测站数)。

(三)沉降观测的方法

根据水准点的位置与整个观测点布设情况,详细拟订观测路线、仪器架设位置、转点位置。对于一般精度要求的沉降观测,采用DS_3型水准仪,以三等水准测量的方法进行观测。

观测过程中要重视第一次观测的成果,因为首次观测的高程值是以后各次观测用以进行比较的根据,若初次测量精度低,会造成后续观测数据上的矛盾。为了保证初测精度,首次观测宜进行两次,每次均布设成闭合水准路线或附合水准路线,以闭合差来评定观测精度。

(四)沉降观测的精度

为保证沉降观测的精度,减少仪器工具、设站等方面的误差,一般采用同一台仪器、同一副标尺,每次在固定位置架设仪器,固定观测几个观测点和固定转点位置的方法。同时应注意使前后视距相等,以减少 i 角误差的影响。对于一般水工建筑物,沉降观测闭合差不得大于 $\pm 1.4\sqrt{n}$ mm(n 为测站数)。

二、水平位移观测

水平位移观测是水工建筑物变形观测的主要内容之一。根据建筑物的形式不同,可分别采用基准线法或前方交会法。

(一)基准线法

基准线法适用于直线建筑物(如混凝土重力坝和土石坝)。其原理是以坝轴线或平行于坝轴线的固定直线作为基准线,并沿着基准线布设一些位移观测点,周期性地观测这些点偏离基准线的情况,将每次观测结果进行比较,以确定水平位移的大小,如图 11-12 所示。

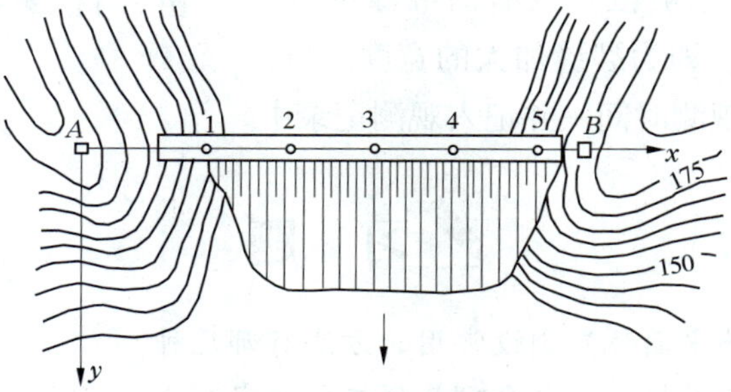

图 11-12　基准线法

若是采用经纬仪观测,则可称为视准线法。在坝轴线两端山坡的基岩上设置基点 A、B,并建造具有经纬仪强制对中的钢筋混凝土观测墩;沿 AB 方向的各坝段上埋设位移观测点 1,2,3,…,n。在一个基点观测墩上安置经纬仪,照准另一个基点观测墩的中心标志,即可获得一条视准线,它的方向可认为是固定不变的;定期测量位移观测点偏离视准线的距离,即可求得大坝的水平位移值。

(二)前方交会法

对于非直线型水工建筑物,采用前方交会法观测。基点一般布设在视线开阔的地方。观测时,选用与观测点交会角较好的基点,用 DJ_2 以上的经纬仪或全站仪进行定期测量,每次至少观测两个测回,测回差不应超过±3″。根据基点的已知坐标和测得的交会角可计算出观测点的坐标,从而可计算出各次观测之间纵、横坐标的增量,即水平位移。

三、裂缝观测

当发现水工建筑物有裂缝时,除要增加沉降观测次数外,还应立即检查水工建筑物裂缝的分布情况,对裂缝进行编号,并对每条裂缝定期进行观测。观测周期视裂缝大小、性质、开裂速度而定。

为了观测裂缝的发展情况,要在裂缝处设置标志。常用的标志有石膏板标志、白铁片标志。

(一)石膏板标志

石膏板厚 10 mm,宽 50~80 mm,长度视裂缝宽度而定,在裂缝两边牢固固定。当裂缝继续发展时,石膏板也随之开裂,这可直接反映出裂缝的发展情况。

(二)白铁片标志

用两块白铁片,一片为 150 mm×150 mm 的正方形,固定在裂缝一侧,使其一边与裂缝边缘对齐;另一片为 50 mm×200 mm 的长方形,固定在裂缝的另一侧,并使其中一部分与正方形白铁片相叠,如图 11-13 所示,然后在两块白铁片表面涂上红漆,如裂缝继续发展,两块白铁片将逐渐拉开,露出正方形白铁片上原被覆盖没有涂红漆的部分,用尺子量出其宽度,即为裂缝加大的宽度。将裂缝加大的宽度连同观测时间一并记入观测记录中。

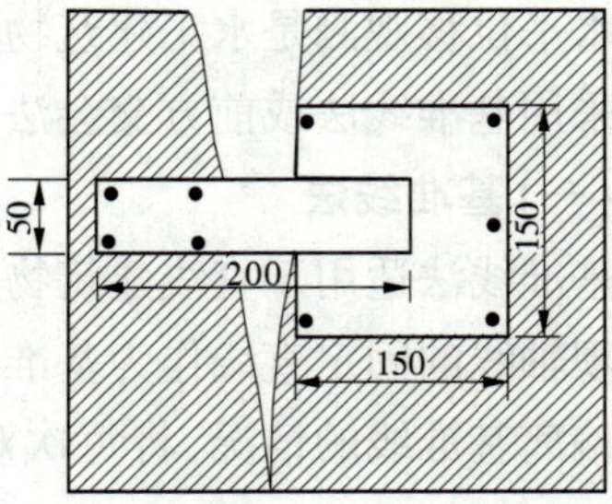

图 11-13 裂缝观测 (单位:mm)

习 题

11-1 水工建筑物平面位置测设常用的方法有哪几种?

11-2 水闸的施工放样主要包含哪几项工作内容?

11-3 水工建筑物变形监测的含义是什么?

11-4 水工建筑物变形监测的主要测量工作有哪些?

11-5 水工建筑物水平位移观测的方法主要有哪几种?

项目十二　隧洞施工测量

任务一　概　述

隧洞是公路、铁路等线路工程穿越山体等障碍物的通道，或是为地下工程施工所做的地面与地下联系的通道。隧洞施工测量与隧洞的结构形式、施工方法密切相关，一般情况下隧洞由两端相向开挖，有时为了加快工程进度，采取多井开挖以增加工作面的办法，如图 12-1 所示，a、b、d 为平硐，c 为竖井，e 为斜井。

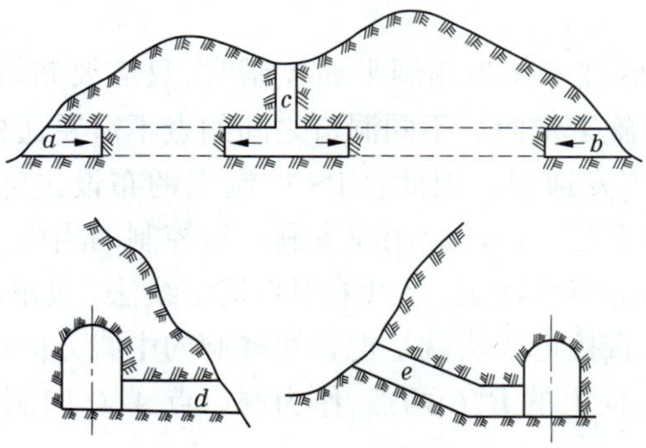

图 12-1　竖井、斜井和平硐示意图

隧洞开挖过程中需要严格控制开挖方向和高程，保证隧洞的正确贯通。因此，隧洞施工测量的主要任务是：标定隧洞中心线和腰线，以控制掘进中线的方向和坡度，确保按设计要求贯通。另外，要随时控制掘进断面的形状和尺寸。因此，隧洞施工测量的工作一般包括洞外控制测量、洞内定线测量、洞内高程测量和断面放样等。

在对向开挖的隧洞贯通面上，中线不能吻合，这种偏差称为贯通误差。贯通误差包括纵向误差、横向误差、高程误差。其中，纵向误差只影响隧洞的中线长度，容易满足设计要求。所以，根据具体工程性质、隧洞长度和施工方法的不同，一般只规定贯通面上的横向误差及高程误差的限差：横向误差不超过 10 cm，高程误差不超过 5 cm。在隧洞施工过程中，需要利用测量技术指定隧洞的开挖井位、开挖方向，控制隧洞的贯通误差等。

任务二　洞外控制测量

隧洞开挖之前，首先要进行洞外控制测量，其目的是确定隧洞洞口的位置，并为确定中线掘进方向和高程放样提供依据，它包括平面控制和高程控制两部分。

一、平面控制测量

隧洞工程平面控制测量的主要任务是测定各洞口控制点的平面位置,以便根据洞口控制点将设计方向导向地下,指引隧洞开挖,并能按规定的精度进行贯通。因此,平面控制网中应包括隧洞的洞口控制点。隧洞平面控制网可以采用三角锁、导线、GPS 网等形式。三角锁是以前常用的形式,特别是地形复杂的山岭地区的长隧洞比较适用,但目前已经很少使用,所以不再赘述,这里只介绍导线和 GPS 网两种方法。

(一)导线测量

连接两隧洞口布设一条导线或大致平行的两条导线,导线的转折角和边长用全站仪观测,或者用经纬仪观测角度,用光电测距仪观测距离。可以根据隧洞长度、施工方法及精度要求布设成相应级别的导线,其测角的测回数、测距的测回数、角度闭合差、测距误差、全长相对闭合差等都应满足相应规范要求。

(二)GPS 测量

用全球定位系统 GPS 技术作为隧洞平面控制时,只需要布设洞口控制点和定向点,两者要求相互通视,以便施工定向。不同洞口之间的点不需要通视,与国家控制点或城市控制点之间的联测也不需要通视。因此,GPS 控制点的布设灵活方便,且定位精度目前已优于常规控制方法,因而已经广泛应用在隧洞首级控制网当中。

此外,对于长度较短的直线隧洞,可以采用直接定线法。如图 12-2 所示,A、D 两点是设计的直线隧洞洞口点,直接定线法就是把直线隧洞的中线方向在地面标定出来,即在地面测设出位于 AD 直线方向上的 B、C 两点,作为洞口点 A、D 向洞内引测中线方向时的定向点。

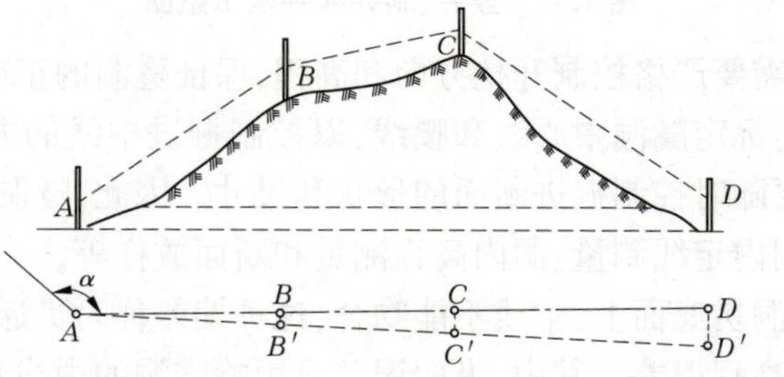

图 12-2 直接定线法进行洞外控制测量

隧洞洞外平面控制测量的等级,应根据隧洞的长度按表 12-1 的规定;隧洞控制测量对贯通中误差的影响值,不应大于表 12-2 的规定。

二、高程控制测量

高程控制测量的任务是按规定的精度施测隧洞洞口(包括隧洞的进出口、竖井口、斜井口和平硐口)附近水准点的高程,作为高程引测进洞的依据。高程控制通常采用三、四等水准测量的方法,按往返或闭合路线施测,即可以满足高程贯通误差的要求。隧洞洞外、洞内高程控制网的等级如表 12-3 所示。

表 12-1　隧洞洞外平面控制测量的等级

洞外平面控制网类别	洞外平面控制网等级	测角中误差(″)	隧洞长度 L(km)
GPS 网	二等	—	$L>5$
	三等	—	$L\leqslant5$
三角形网	二等	1.0	$L>5$
	三等	1.8	$2<L\leqslant5$
	四等	2.5	$0.5<L\leqslant2$
	一级	5	$L\leqslant0.5$
导线网	三等	1.8	$2<L\leqslant5$
	四等	2.5	$0.5<L\leqslant2$
	一级	3	$L\leqslant0.5$

表 12-2　隧洞控制测量对贯通中误差影响值的限值

<table>
<tr><th rowspan="3">两开挖洞口间的长度(km)</th><th colspan="4">横向贯通中误差(mm)</th><th colspan="2">高超贯通中误差(mm)</th></tr>
<tr><th rowspan="2">洞外控制测量</th><th colspan="2">洞内控制测量</th><th rowspan="2">竖井联系测量</th><th rowspan="2">洞外</th><th rowspan="2">洞内</th></tr>
<tr><th>无竖井的</th><th>有竖井的</th></tr>
<tr><td>$L<4$</td><td>25</td><td>45</td><td>35</td><td>25</td><td rowspan="3">25</td><td rowspan="3">25</td></tr>
<tr><td>$4\leqslant L<8$</td><td>35</td><td>65</td><td>55</td><td>35</td></tr>
<tr><td>$8\leqslant L<10$</td><td>50</td><td>85</td><td>70</td><td>50</td></tr>
</table>

表 12-3　隧洞洞外、洞内高程控制测量的等级

高程控制网类别	等级	每千米高差全中误差(mm)	洞外水准路线长度或两开挖洞口间长度 S(km)
水准网	二等	2	$S>5$
	三等	6	$6<S\leqslant16$
	四等	10	$S\leqslant6$

建立水准网时，基本水准点应该选择在开挖爆破区域以外地基比较稳固的地方，作业水准点布设在洞口附近，每个洞口应该有两个以上水准点，以便校核。两端洞口之间的距离大于 1 km 时，应在中间增设临时水准点。水准测量应选择连接洞口最平坦和最短的线路，以期达到设站少、观测快、精度高的要求。

任务三　洞内施工测量

一、隧洞掘进方向、坡度及里程的测设

洞外平面及高程控制测量结束后，就可得到洞口控制点(简称洞口点，各洞口至少有

两个)的坐标和高程,此时即可根据隧洞设计参数计算洞内中线点的设计坐标和高程。坐标反算得到测设数据,即洞内中线点与洞口点之间的距离、角度和高差关系。

(一)洞口掘进方向标定

隧洞贯通的主要误差为横向误差和高程误差,而横向误差主要由隧洞中线方向的测设精度所决定,所以进洞时的初始方向更加重要。因此,在隧洞口要埋设若干个固定点,并将隧洞中线方向标定于地面,作为开始掘进的依据,同时也作为以后与洞内控制点联测的依据。如图12-3所示,用1、2、3、4标定掘进方向,再在洞口点A与中线垂直的方向上埋设5、6、7、8桩,并测定A点至2、3、6、7点的平距。这样,在施工过程中可以随时检查或恢复洞口控制点的位置和进洞中线的方向及里程。所有固定点应埋设在不易受施工影响的地方。

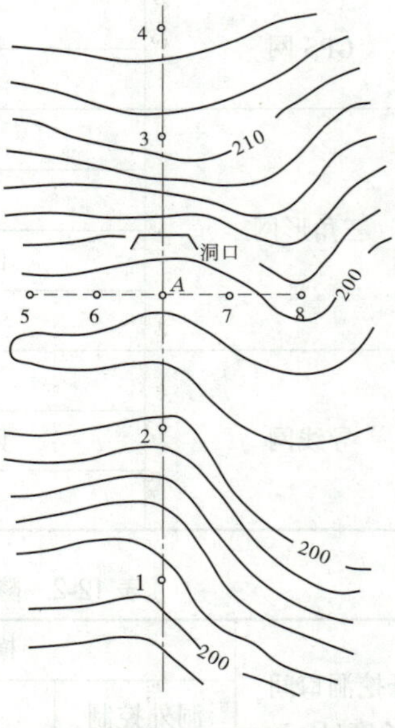

图12-3 隧洞洞口及掘进方向的标定

在隧洞口劈坡完成后,就要在劈坡面上标定出隧洞中线,以指示掘进方向,如图12-4所示,将仪器安置在洞口点A上,分别用盘左和盘右瞄准掘进方向指示桩3、4,在劈坡面上标定出隧洞开挖方向,用另一侧的1、2点进行检核。

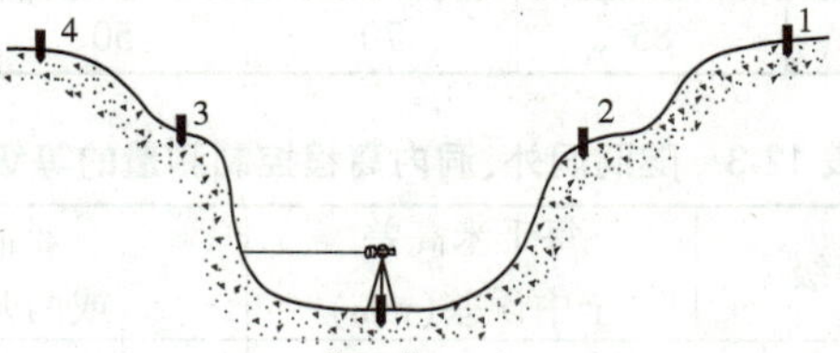

图12-4 隧洞劈坡面掘进方向示意图

(二)隧洞洞内中线和腰线的测设

隧洞掘进中的主要测量工作是精确标定中线方向和腰线方向,中线控制隧洞的方向,而腰线控制其坡度。

1. 隧洞中线测设

根据隧洞洞口中线控制桩和中线方向桩,在洞口开挖面上测设开挖中线,并逐步往洞内引测中线上的里程桩。

在隧洞掘进过程中需要将中心线逐渐向前延伸,每隔一定距离(如20 m),在隧洞底部设置中线桩。施工中为了便于目测确定掘进方向,还需要在隧洞顶部设置3个吊桩(各自相距1~2 m),分别悬挂垂球,如图12-5所示。中线桩通常用木桩或钢筋头制作,用混凝土浇筑于隧洞底部,桩顶应低于地面10 cm,上加护盖,四周挖排水小沟,防止破坏。吊桩通常用钻头在洞顶打孔,再将木桩打入,挂上垂球。隧洞底部中线桩和顶部吊桩应在同一铅垂线上，如图 12-6 所示。

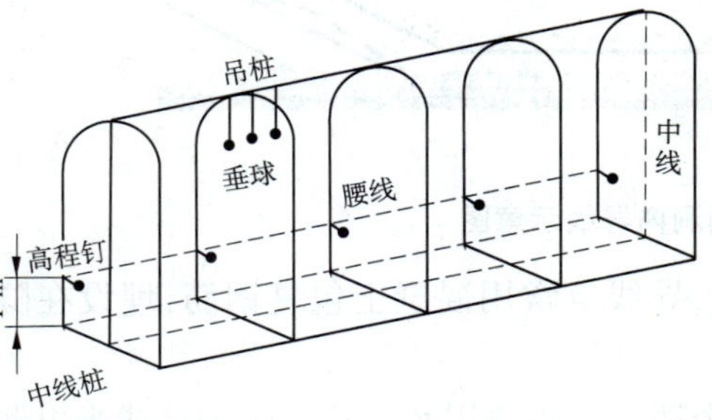

图 12-5　隧洞中线及腰线示意图

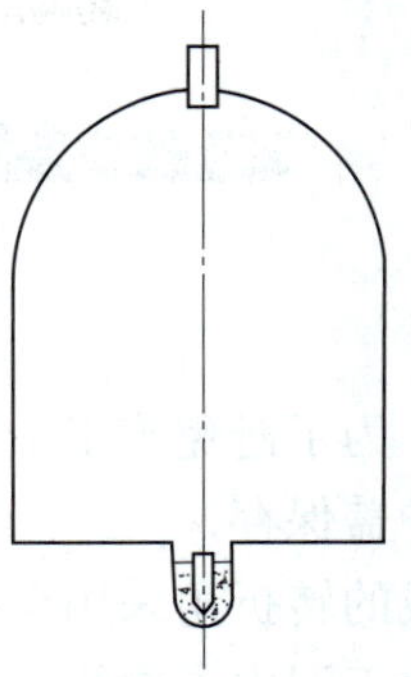

图 12-6　隧洞底部中线桩和顶部吊桩示意图

2. 隧洞腰线测设

在隧洞施工过程中，为了确保隧洞按设计要求的高程和坡度开挖，由洞口水准点向洞内引测高程，在洞内每隔 20～30 m 设一临时水准点，每隔 200 m 左右设一固定水准点，可与中线桩同时埋设，用四等水准测量方法往返观测，求得各点高程。

腰线的高程由引入洞内的施工水准点进行测设。为了控制开挖高程和坡度，先要根据洞口的设计高程、隧洞的设计坡度和洞内各点的掘进里程，求出各里程处隧洞底部的设计高程，然后依洞内水准点放样。放样时，在隧洞岩壁上每隔一定距离（通常为 5～10 m）测设出比洞底设计地坪高出 1 m 的标高线，称为腰线，如图 12-5 所示。腰线的高程按设计坡度随中线的里程而变化，它与隧洞的设计地坪高程线是平行的。

（三）掘进方向指示方式

隧洞开挖掘进时洞内光线暗淡、工作空间相对狭小，传统的掘进方向指示方式难以满足现代大规模快速施工的需要，因此现代隧洞工程主要使用激光准直仪或激光指向仪，来指示隧洞的中线和腰线方向。激光指向仪能发出带色光束，具有直观、对其他工序影响小、便于实现自动控制等优点。例如，采用盾构机械化掘进设备，用固定在一定位置上的激光指向仪，配以装在掘进机上的光电接收靶，在掘进机向前推进中，方向如果偏离了指向仪发出的激光束，则光电接收靶会自动指出偏移方向及偏移值，为掘进机提供自动控制的信息。

二、洞内施工导线和水准测量

（一）洞内导线测量

对于较长的隧洞，为了减少洞内中线测设时的误差积累，应布设洞内导线来控制掘进方向的精度。隧洞洞内的平面控制网多采用导线形式，并以洞口点为起始点沿隧洞中线或两侧布设成逐步向前延伸的支导线，如图 12-7 所示。根据导线点的坐标来检查和调整中线的位置。注意区分洞内导线点和中线点的区别。

隧洞每掘进至一定长度（直线隧洞约每隔 100 m，曲线隧洞导线边长将受限制，应尽可能增大边长）布设一个导线点，有时也可以利用埋设的中线桩作为导线点，布设洞内施

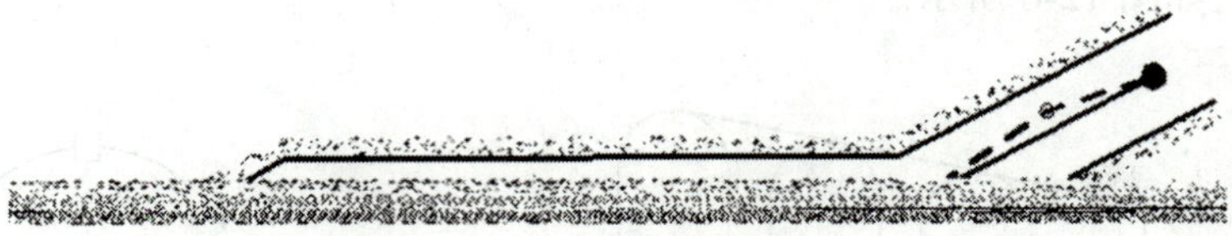

图 12-7 隧洞洞内导线示意图

工导线。为了避免施工干扰,保证点位稳定,导线点常用混凝土包裹钢筋,埋设在隧洞底部并加护盖保存。

导线的转折角采用全站仪至少观测两个测回。距离用经过检定的钢尺或光电测距仪测定。由于洞内支导线缺少检核条件,所以观测应特别注意,转折角应观测左角和右角,边长应往返测量,转折角圆周角闭合差和距离相对中误差应满足相应规范要求。随着隧洞的掘进,导线测量必须及时跟上,以确保贯通精度。洞内导线点是随隧洞掘进而逐步布设观测的,中间要隔一段时间,测定新点时,必须对已经设置的导线点进行检测。

隧洞洞内平面控制测量的等级,应根据隧洞两开挖洞口间长度按表 12-4 的规定,隧洞工程的相向施工中线在贯通面上的贯通误差应符合表 12-5 的规定。

表 12-4 隧洞洞内平面控制测量的等级

洞内平面控制网类别	洞内平面控制网等级	导线测角中误差(″)	两开挖洞口间长度 L(km)
导线网	三等	1.8	$L \geqslant 5$
	四等	2.5	$2 \leqslant L < 5$
	一级	5	$L < 2$

表 12-5 隧洞工程的贯通限差

类别	两开挖洞口间长度(km)	贯通误差限差(km)
横向	$L < 4$	100
	$4 \leqslant L < 8$	150
	$8 \leqslant L < 10$	200
高程	不限	70

注:作业时可依据隧洞用途和施工方法的不同,当贯通误差的调整不会显著影响隧洞中线几何形状和工程性能时,其横向贯通限差可适当放宽 1~1.5 倍。

(二)洞内水准测量

洞内水准路线的布设也是逐步向前的,所以随着隧洞向前掘进,每隔 200 m 应设置一个洞内水准点,并据此测设腰线。通常情况下可利用导线点作为水准点,也可将水准点埋设在洞顶或洞壁上,但都应力求稳固和便于观测。洞内水准线路也是支水准线路,除应往返观测外,还须经常进行复测。

洞内由于轨道上钢枕太多,轨道下的泥水经常溢到钢枕之上,立尺很不方便,用水准仪配水准尺测量非常不便。而采用全站仪三角高程测高差的办法传递高程就很方便。当然此时一定要保证前后视的棱镜高不变。由于不需要量仪器高，而是通过测量前后两个点的高差来传递高程，所以往返观测取平均值精度可以满足施工的需要。

三、盾构施工测量

盾构法是隧洞工程施工中运用的一项新型施工技术，它是将隧洞的掘进、运输、衬砌、安装等各工作综合为一体的施工方法，具有自动化程度高、工作效率高、施工精度高、不受地面交通和建筑物影响等优点，目前在国内外的大中型隧洞施工测量中已经广泛应用，特别是在城市地铁隧洞和穿越水域的隧洞施工中应用广泛。

盾构设备的标准外形是圆筒形，也有半圆形、矩形等与隧洞断面相近的特殊形状。图 12-8 所示为圆筒形盾构及隧洞衬砌管片的纵剖面示意图。切口环是盾构掘进的前沿部分，利用沿盾构圆环四周均匀布置的推进千斤顶，顶住已拼装完成的衬砌管片（钢筋混凝土预制），使盾构向前推进。

盾构施工测量主要是控制盾构的位置和推进方向。利用洞内导线点测定盾构的位置（当前空间位置和轴线方向），用激光经纬仪或激光定向仪指示推进方向，用千斤顶编组施以不同的推力，进行纠偏，即调整盾构的位置和推进方向。

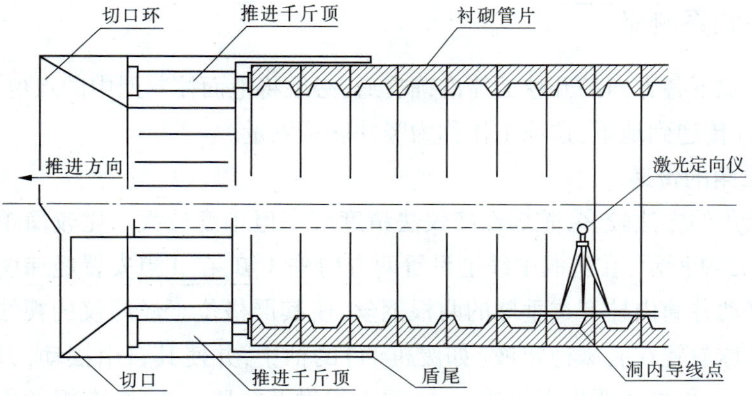

图 12-8　隧洞盾构掘进及衬砌示意图

任务四　竖井和旁洞的测量

一、竖井、平硐及斜井的定位与定线

如图 12-1 所示，隧洞施工中为了加快掘进速度并控制贯通方向，需要从地表向下掘进若干个洞口以增加开挖工作面，根据地质条件和施工工艺不同，通常采用竖井、平硐和斜井三种方法。本任务主要讲述洞口位置确定和方向及高程的传递方法。平硐和斜井合称旁洞 。

(一)竖井的定位

竖井是在隧洞地面中心线上某点竖直向下开挖至隧洞洞底,以增加对向开挖工作面。竖井施工中的测量工作包括确定竖井开挖位置、测定竖井开挖深度、将地面方向和高程导入洞内等。

竖井开挖位置的确定主要是依据设计的竖井位置,用全站仪或经纬仪依据洞外平面控制点放样出竖井的开挖位置。同时测出放样的竖井井口位置的高程,减去竖井对应位置的隧洞洞底设计高程,得出竖井开挖深度。

(二)平硐的定位及定线

平硐是在隧洞某一侧掘进并与隧洞中心线相交后,沿隧洞中心线对向开挖以增加工作面。平硐洞底设计高程和隧洞洞底设计高程一致,所以平硐定位先用高程放样方法找到洞底设计高程位置,再用平面放样方法确定旁洞开挖点。

(三)斜井的定位及定线

斜井是指从地面某点倾斜向下掘进到达隧洞中线及高程位置,从而增加工作面。先依据设计放样斜井平面位置,再测定洞口高程。斜井开挖的是倾斜长度,所以根据设计的水平距离及洞口与隧洞设计高程求得的高差,计算斜距及开挖坡度进行开挖。

二、竖井联系测量

为了保证地下各方向的开挖面能准确贯通,必须将地面控制网中的点位坐标、方位和高程,通过竖井传递到地下,这项工作称为竖井联系测量。

(一)方位角的传递

传递方位角的方法较多,陀螺经纬仪法精度较高但难度较大。比较简单的方法是方向线法,如图12-9所示,在隧洞中线上设置两方向桩A、B,在A点安置经纬仪,照准B点,用绞车仔细移动井筒内挂有重垂球的两根钢丝,使其严格位于经纬仪的视线上。将两根钢丝下端的垂球放置在装满稳定液(如废机油)的桶中,并使其自由摆动,直至稳定。为使定向精度更高,尽量使两根钢丝远一些,但不得触及井壁。为此,在钢丝稳定之后从井口沿钢丝放信号圈(小铅丝圈),检验其是否能够顺利滑至钢丝底部。同时,用钢尺在井口和井底测量两根钢丝的距离,差值不大于2 mm,则满足要求。然后在井底某侧安置一台经纬仪,用逐渐趋近的方法,使仪器中心位于两悬垂线的方向上,此时根据视线方向即可在洞内标定出隧洞中线方向,如1、2、3的连线,以此控制开挖方向。

(二)高程的传递

如图12-10所示,高程的传递是在竖井顶部用支架和绞车悬挂一根经过检验的钢尺,分划零点在下,钢尺的下端悬挂重锤,浸入稳定液。在井上A点和井下B点竖立水准标尺,观测时两台水准仪同时读取标尺上的读数a_1、b_1、a_2、b_2,再按下式求B点高程:

$$H_B = H_A + a_1 - (b_1 - a_2) - b_2 \tag{12-1}$$

为了提高精度,应改变仪器高进行3次观测,各次所求高程的互差值若不超过5 mm,则取其平均值作为B点高程。

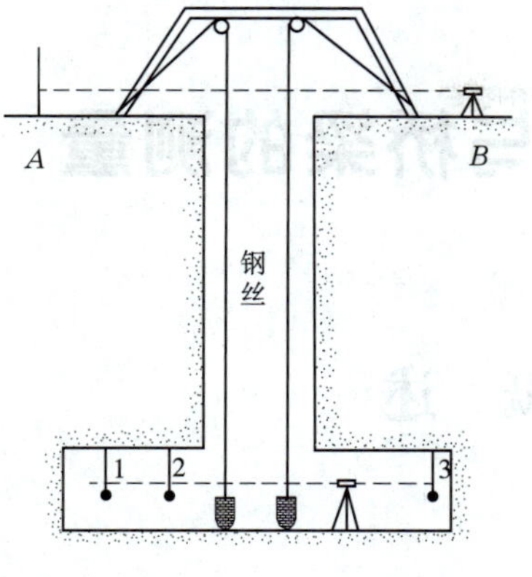

图 12-9　竖井方位角传递示示意图

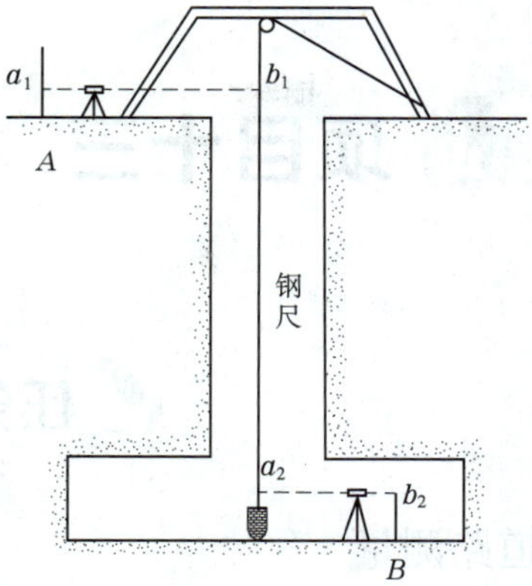

图 12-10　竖井高程传递示意图

习　题

12-1　隧洞施工测量工作包括哪几个方面的内容?

12-2　如何通过竖井传递开挖方向和高程?

12-3　洞外控制测量的作用是什么?

12-4　如何进行竖井联系测量?

12-5　名词解释:中线、腰线、竖井、平硐、贯通误差。

项目十三 道路与桥梁的测量

任务一 概 述

一、道路测量

道路工程分为城市道路、联系城市之间的公路、工矿企业的专用道路以及为农业生产服务的农村道路,由此组成全国道路网。

道路测量的主要内容有控制测量、带状地形图测绘、中线测量、纵横断面测量和施工测量。控制测量是沿可能延伸的方向布设测量平面控制点和高程控制点,作为其他各项测量工作的依据;带状地形图测绘是测绘道路两侧一定范围内的地形图,为道路选线和道路设计提供资料;中线测量是按设计要求将道路中心线测设于实地上;纵、横断面测量是测定道路中线方向和垂直于中线方向的地面高低起伏情况,并绘制纵、横断面图,为道路纵坡设计、边坡设计以及土石方工程量计算提供资料;道路施工测量是根据道路工程施工进度,在实地测设道路的平面位置和高程,为施工提供依据,主要包括恢复道路中线测量、施工控制桩测设、路基边桩测设和竖曲线测设等。本项目主要介绍道路中线测量、纵横断面测量和施工测量。

道路测量的精度要求与道路的类别有关。对于平面控制,高速公路和一级公路要求采用一级导线或小三角测量,二级及二级以下公路采用二级导线或小三角测量;对于高程控制,高速公路和一级公路要求采用四等水准测量,二级及二级以下公路采用五等水准测量。

二、桥梁测量

桥梁分为铁路桥梁、公路桥梁、铁路公路两用桥梁和陆地上的立交桥、高架道路等结构。桥梁按其轴线长度一般分为特大桥(>500 m)、大桥(100~500 m)、中桥(30~100 m)和小桥(<30 m)四类。

桥梁测量在桥梁勘测设计、建造施工和运营管理期间都起着重要作用。在勘测设计阶段,需要测绘岸上地形图、水下地形图和河床断面图;在施工阶段,要进行桥梁平面控制测量、高程控制测量、桥墩与桥台定位测量、梁的架设等施工测量;在建成后的运营管理阶段,一些重要桥梁需要定期进行变形观测,监测桥梁的安全运营,充分发挥其效益。本项目主要介绍桥梁在勘测与施工阶段的测量工作。

桥梁因为结构复杂,安装定位要求高,对施工测量精度要求较高,特别是大中型桥梁,对轴线测设、墩台定位要求高,要按照相应的精度等级进行平面控制测量和高程控制测量,并用较精密的方法进行墩台定位和架设梁板结构。

任务二　道路中线测量

道路中线测量的任务是根据道路设计平面位置,将道路中心线测设在实地上。如图 13-1 所示,道路的中线在平面上由一系列方向不同的直线段组合而成。为了保证改变方向时行车的平稳性,在方向发生转折的两条直线之间,需要用平面曲线相连接。平面曲线又有圆曲线和缓和曲线之分。根据平面设计,将道路中线分解为一系列的特征点,这些特征点包括中线的起点、终点、相邻直线方向发生转折处的交点(JD),以及当相邻交点互不通视时需要在其连线上加测的转点(ZD)。

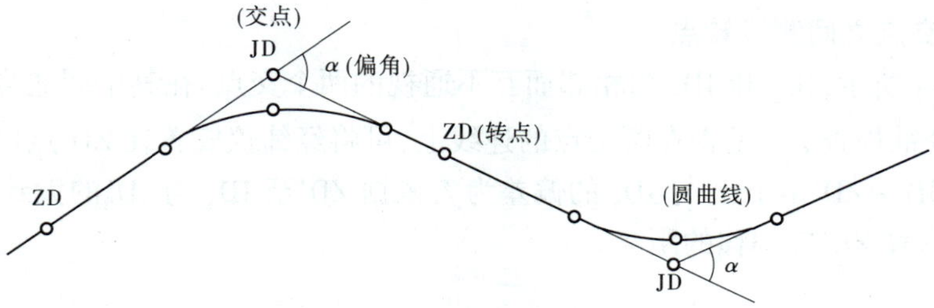

图 13-1　道路中线

中线测量的主要内容有测设中线交点和转点、测定转折角、测设里程桩和加桩、测设曲线等,其中曲线测量见项目九任务四。

一、交点测设

交点是道路中心直线方向发生转折的点,是确定线路走向的关键点,一般用"JD"加编号表示,如"JD_4"表示第 4 号交点。对于等级较低的道路,其交点直接在现场标定和测量其位置;对于等级较高的道路,交点的位置一般先在带状地形图上选定,然后随现场条件和情况的不同,分别采用以下两种测设方法。

(一)根据平面控制点测设交点

按平面控制点的坐标和交点的设计坐标,计算测设数据,用极坐标法、角度交会法、距离交会法或全站仪法测设交点,其中全站仪法可达到很高的定位精度,并且方便灵活,工作效率高,是现代道路工程中测设交点的主要方法,如图 13-2 所示。

(二)根据地物测设交点

如图 13-3 所示,交点 JD_4 的位置已在地形图上选定,图上交点附近有房屋、电杆等地物,可先在图上量出 JD_4 至两房角和电杆的距离,然后在现场找到相应的地物,经复核无误后,用距离交会法测设出该交点。这种方法适合于定位精度要求不高的道路,而且交点周围有定位特征明显的地物作为参照。

二、转点测设

当相邻两交点互不通视时,需要在其连线上加测转点(ZD),随现场条件和情况的不同,分别采用以下两种测设方法。

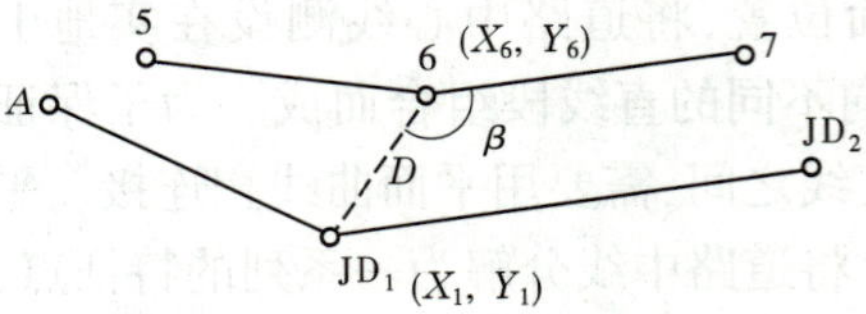

图 13-2 根据平面控制点测设交点

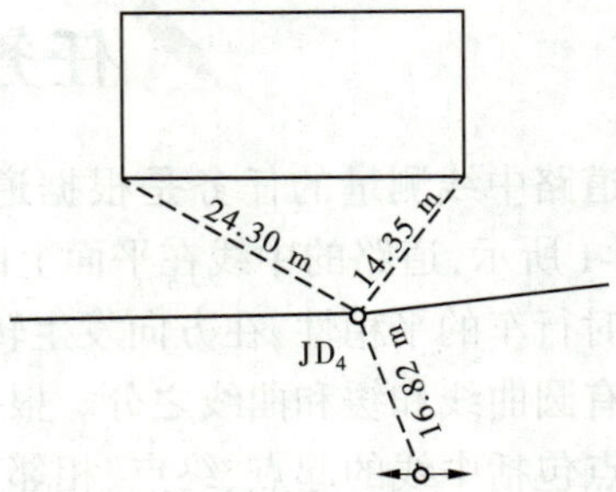

图 13-3 根据地物测设交点

(一) 两交点之间测设转点

如图 13-4 所示，JD_5 和 JD_6 为相邻而互不通视的两个交点，在其中间适当位置先初定转点 ZD′。今欲检查 ZD′是否在两交点的连线上，可将经纬仪安置在 ZD′点以正倒镜分中法延长直线 JD_5 ~ ZD′至 JD_6'，与 JD_6 的偏差为 f，依据 ZD′至 JD_5 与 JD_6'的大致距离 a 和 b，按式(13-1)计算 ZD′应偏移的距离 e

$$e = \frac{a}{a+b} f \tag{13-1}$$

将 ZD′按 e 值移至 ZD 后，再在 ZD 点安置经纬仪，按上述方法检查 ZD 是否在两交点的连线上，如有偏差，再进行调整，直至满足要求。

(二) 两交点延长线上测设转点

如图 13-5 所示，JD_8 和 JD_9 为相邻而互不通视的两个交点，在其延长线上先初定转点 ZD′，再将经纬仪安置在 ZD′点以正倒镜照准 JD_8 点，以该方向俯视 JD_9 点，盘左、盘右分中后的 JD_9'点与 JD_9 的偏差为 f，同样依据 ZD′至 JD_8 与 JD_9 的大致距离 a 和 b，按下式计算 ZD′应偏移的距离 e

$$e = \frac{a}{a-b} f \tag{13-2}$$

将 ZD′按 e 值移至 ZD 后，再在 ZD 点安置经纬仪进行检查，直至满足要求。

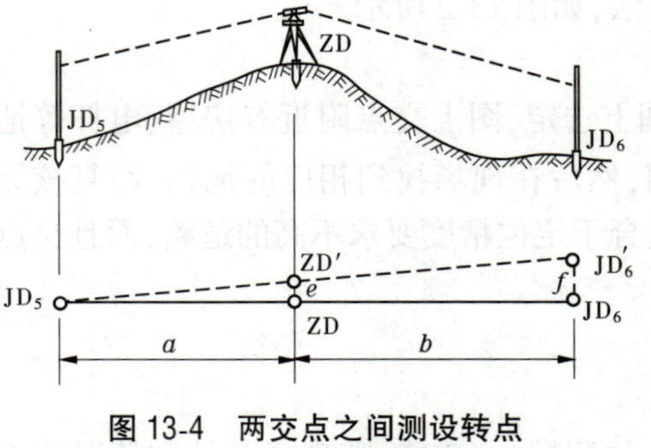

图 13-4 两交点之间测设转点

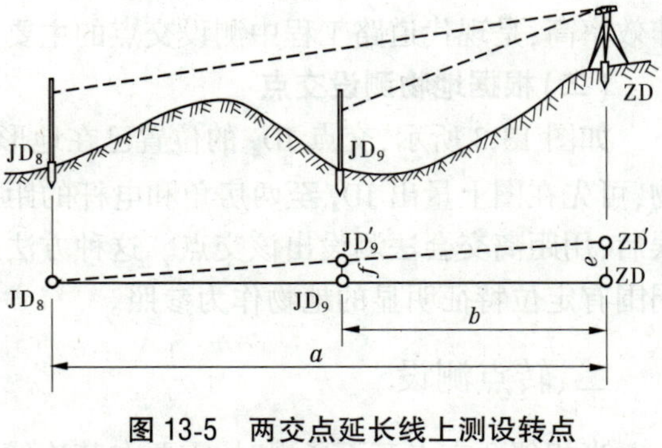

图 13-5 两交点延长线上测设转点

三、转角测定

在测设好中线交点和转点后，即可测量各交点处的偏转角，以便测设曲线。偏转角是道路中线在交点处由一个方向转到另一个方向时，转变后的方向与原方向延长线的夹角，用 α 表示。当偏转后的方向位于原方向左侧时，为左转角，记为 $\alpha_{左}$；当偏转后的方向位于原方向右侧时，为右转角，记为 $\alpha_{右}$，如图 13-6 所示。

偏转角 α 一般根据道路前进方向右侧的水平角 β 来计算，当 $\beta<180°$ 时为右转角，当 $\beta>180°$ 时为左转角，其计算公式分别为

$$\alpha_{右} = 180° - \beta \tag{13-3}$$

$$\alpha_{左} = \beta - 180° \tag{13-4}$$

在测定 β 角后，测设其分角线方向，定出 C 点，如图 13-7 所示，打桩标定，以便以后测设道路曲线的中点。

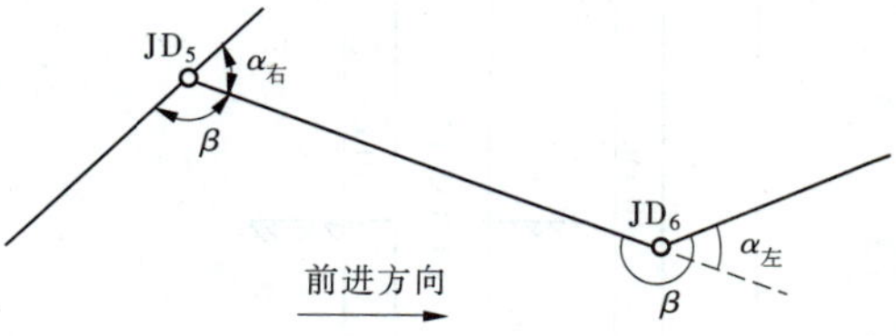

图 13-6　道路左转角和右转角

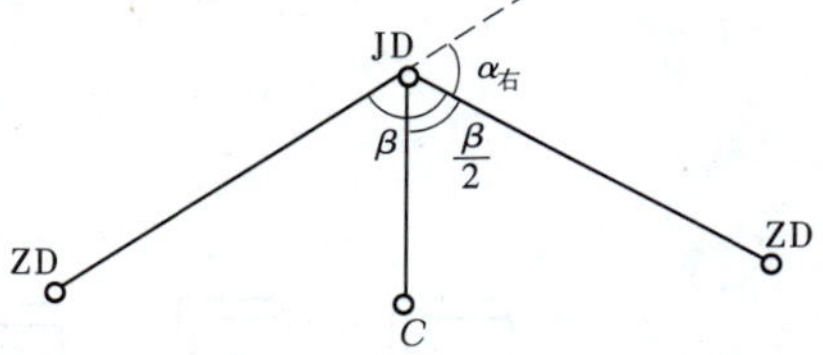

图 13-7　道路的分角线

四、中桩测设

中桩测设就是从道路的起点开始，沿中线设置里程桩。里程桩既标定了道路中线的位置和长度，又是施测道路纵、横断面的依据。中桩测设的工作主要是定线、量距和打桩。

里程桩分为整桩和加桩两种。整桩是按规定桩距每隔一定距离设置桩号为整数的里程桩，通常直线段桩距为 20 m 或 50 m，而曲线段为 5 m、10 m 或 20 m。

加桩分为地形加桩、地物加桩、曲线加桩和关系加桩。

地形加桩是指沿中线地面起伏突变处、横向坡度变化处以及天然河沟处等加设的里程桩，桩号精确至米。

地物加桩是指沿中线有人工构筑物如桥梁、涵洞处，线路与其他公路、铁路、渠道等交叉处，拆迁建筑物处，以及土壤地质变化处加设的里程桩，桩号精确至米或分米。

曲线加桩是指曲线上设置的主点桩，如圆曲线起点、中点和终点，桩号精确至厘米。

关系加桩是指路线上的转点和交点桩，桩号精确至厘米。

所有里程桩均按起点至该桩的距离进行编号，并用红油漆标于木桩侧面。如某桩号为 K2+345.65，即表示该桩距起点的距离为 2 345.65 m。关系加桩、重要地物加桩、曲线加桩等桩号前应加写相关点名或工程名的缩写，如图 13-8(a)、(b)、(c)所示。

道路发生局部地段改线或分段测量，距离衔接有误时，有可能造成道路里程桩的不连续，称为断链，桩号重叠的称长链，桩号间断的称短链。发生断链时，为了不致使全线原有桩号发生改变，除在有关设计、测量文件中予以说明外，应在实地打断链桩。桩上应以等

式形式注明线路来向里程(等式左端)和去向里程(等式右端),由该等式可知该桩处的长链(即前进方向应增加)或短链(即前进方向应减少)的长度,如 K1+890.24=K1+900.00,即表示此处短链为 9.76 m。

测设直线段里程桩时,按工程的不同精度要求,可用经纬仪法或目测法确定中线方向,用钢尺往返丈量或光电测距进行距离测量。根据道路等级的不同,其纵向精度不应低于 1/1 000~1/3 000,横向偏差不应超过±(2.5~5)cm。

对于距路线起点每隔 500 m 处的整桩、交点桩、转点桩、重要地物加桩以及曲线主点桩,用方桩标定[见图 13-8(d)],其旁边还应再打一板桩作为指示桩[见图 13-8(e)]。交点桩的指示桩应钉在曲线圆心和交点连线外距交点 20 cm 处,字面朝向交点,曲线主点的指示桩字面朝向圆心。其余的里程桩的桩号应露出地面,字面一律背向线路前进方向。

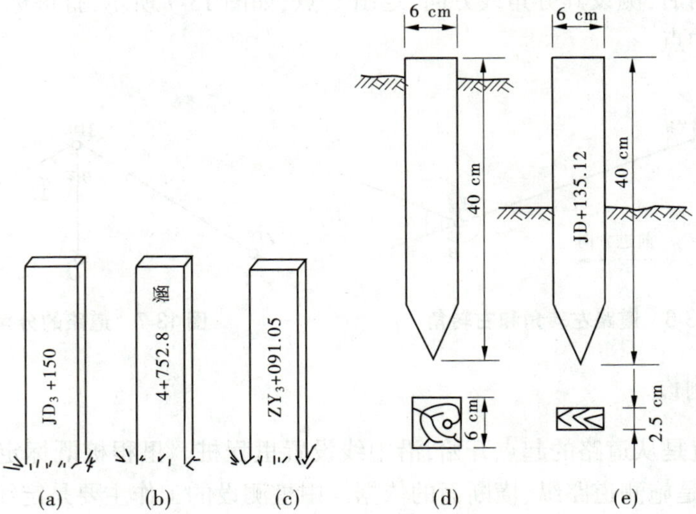

图 13-8 里程桩

任务三 道路纵、横断面测量

一、道路纵断面测量

纵断面测量主要用水准测量(或光电测距三角高程测量)测定道路中线各里程桩的地面高程,根据里程桩的桩号和地面高程按一定比例绘制整个线路的纵断面图,用于表示线路纵向地面高低起伏变化,为线路的纵坡设计提供依据。

道路水准测量首先进行的是基平测量,也就是高程控制测量,即测定沿线水准点的高程;然后进行的是中平测量,也就是中桩高程测量,即以沿线水准点为依据,测定中线各里程桩的高程。

(一)基平测量

1. 水准点布设

沿道路两侧 30~50 m 范围内,每隔 2~3 km 或河道、隧洞等重要地物附近埋设一个永久水准点,作为全线高程的主要控制点,其间每隔 300~500 m 或桥涵、通道附近埋设一个临时水准点,作为断面测量分段附合和施工引测高程的依据。

2. 基平测量

依据道路附近的国家高级水准点,按四等水准测量方法测定所有水准点的高程。

(二)中平测量

在相邻水准点之间,以附合路线或闭合路线,按普通水准测量测定线路所有中桩的高程,路线高差闭合差的限差 $f_{h允}=\pm30\sqrt{L}$ mm(高速公路和一级公路)和 $f_{h允}=\pm50\sqrt{L}$ mm(二级及二级以下公路),L 为附合路线或闭合路线的长度,以 km 计。中平测量中,由于中桩较多,桩距较长,一般相隔几个桩位设一个测站。如图 13-9 所示,水准仪置于 1 站,后视水准点 BM_1,前视转点 TP_1,将观测结果分别记入手簿中"后视"和"前视"栏内,前后视读数应至毫米;然后观测 BM_1 与 TP_1 间的各个中桩(K0+000~K0+060),将其读数记入"中视"栏内,中视读数至厘米即可。每一测站的各项计算依次按下列公式进行:

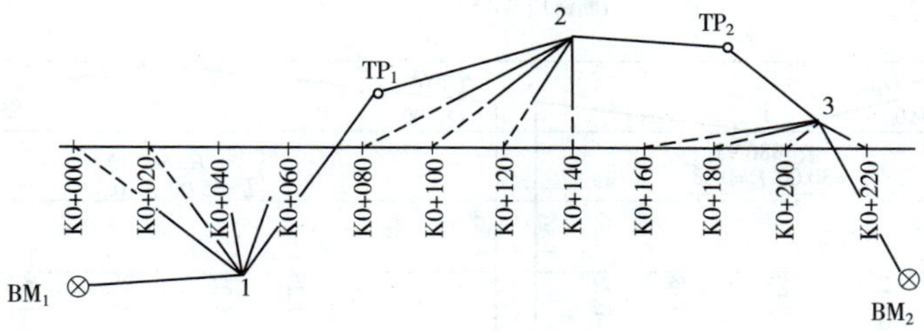

图 13-9 中平测量

视线高程=后视点高程+后视读数

转点高程=视线高程-前视读数

中桩高程=视线高程-中视读数

再将水准仪搬至下一站,按与 1 站相同的方法进行观测,直至附合于另一个水准点 BM_2,完成了这个测段的观测工作。每一测段观测完后,应计算高差闭合差 f_h,若 $f_h \leq f_{h允}$,则符合要求,可不进行高差闭合差的调整,以原计算的各中桩点高程作为绘制纵断面图的数据。

采用光电测距三角高程测量时,中平测量可与中桩测设同时进行,也可以与基平测量同时进行。

中平测量过程中,遇道路穿越河流、涵管或架空线时,除应测量交会处的高程外,还应测量河道的宽度、水深及水位,涵管的直径和架空线至地面的净高等。

(三)纵断面图绘制

纵断面图是进行线路竖向设计的主要依据,可以形象、直观地反映中线方向的高低起伏。

纵断面图包括图头、注记、展线和图尾四部分。如图 13-10 所示为某一道路工程的纵断面图。在图的上半部,从左至右绘有两条贯穿全图的线,一条是细线,表示中线方向的地面线,是以中桩的里程为横坐标,以中桩的地面高程为纵向坐标绘制的。横向比例尺一般与线路带状地形图的比例尺一致,为了更明显地表示地面的起伏情况,一般将纵向比例尺取横向比例尺的10倍,如横向比例尺为1∶1 000或1∶2 000,则纵向比例尺采用1∶100或1∶200。另一条是粗线,表示带有竖曲线在内的纵坡设计线,是根据设计要求绘制的。

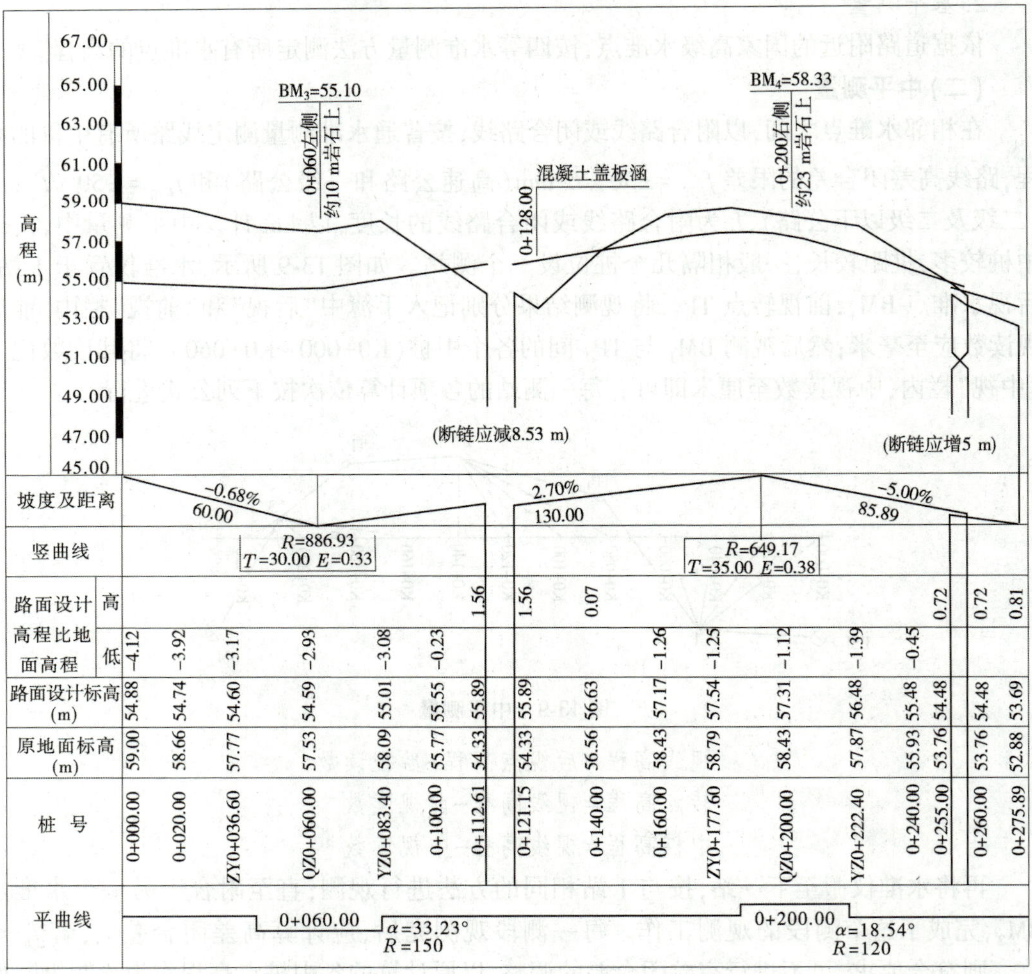

图13-10 道路纵断面图

在图的顶部是一些标注,例如水准点位置、编号及其高程,桥涵的类型、孔径、跨数、长度、里程桩号及其设计水位,与公路、铁路交叉点的位置、里程及其说明等,根据实际情况进行标注。

图的下部绘有七栏表格,注记有关测量和纵坡设计的资料,自下而上分别是平曲线、桩号、地面高程、设计高程、设计与地面的高差、竖曲线、坡度及距离。其中,平曲线是中线的示意图,其曲线部分用呈直角的折线表示,上凸的表示曲线右偏,下凸的表示曲线左偏,并注明交点编号和曲线半径,带有缓和曲线的应注明其长度,在不设曲线的交点位置,用锐角折线表示;里程栏按横坐标比例尺标注里程桩号,一般标注百米桩和千米桩;地面高程栏按中平测量成果填写各里程桩的地面高程;设计高程栏填写设计的路面高程;设计与地面的高差栏填写各里程桩处的设计高程与地面高程的高差;竖曲线栏标绘竖曲线的示意图及其曲线元素;坡度栏用斜线表示设计纵坡,从左至右向上斜的表示上坡,向下斜的表示下坡,并在斜线上以百分数注记坡度的大小,在斜线下注记坡长。

二、道路横断面测量

横断面测量是在每个中桩左右两侧一定宽度内垂直于中线的方向上,选择坡度变化明显的地形点,用水准测量或视距测量的方法测定这些地形点与中桩的距离和高差,然后根据所测距离及高差绘制各个桩位处的横断面图,供路基设计、计算土石方量以及施工放边桩之用。根据工程的实际要求和地形情况,一般横断面在中线两侧的宽度各为 15~50 m,距离测量和高差测量分别精确至 0.1 m 和 0.05 m。

(一)横断面方向的测设

横断面测量开始,需测设每个中桩处横断面的方向,即直线段与线路中线垂直的方向,或曲线段与其切线相垂直的方向。横断面的方向通常采用方向架进行测设。

1. 直线段横断面方向测设

如图 13-11 所示,在直线段的中桩 *A* 点直立一根杆头带有十字形木条的方向架,将架上的 1—1′方向对准交点 JD 或直线段上相邻的转点 ZD,则 2—2′所指即为 *A* 点的横断面方向。

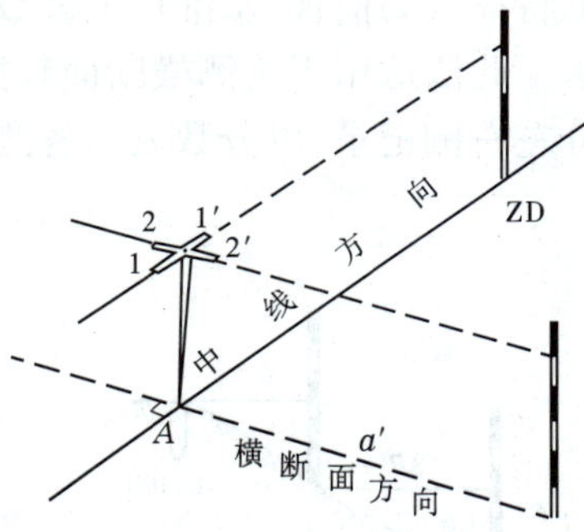

图 13-11 测设直线段横断面方向

2. 曲线段横断面方向测设

曲线段的横断面方向为指向圆心的方向,即与中线在该桩处的切线方向垂直。测设时,可在方向架上加一根可转动的定向杆 3—3′,如图 13-12 所示。如需确定图 13-13 中 P_1 点的横断面方向,先将方向架立于 ZY 点上,以 1—1′方向对准交点 JD,转动定向杆 3—3′对准 P_1 点后将其拧紧固定,再将方向架移至 P_1 点,以 2—2′对准 ZY,根据同一弧段两端弦切角相等的原理,3—3′所指即为 P_1 点处的横断面方向。

在 P_1 点的横断面方向定出之后,为了测定下一点 P_2 的横断面方向,不动方向架,以 2—2′对准 P_1 点的横断面方向,转动定向杆 3—3′对准 P_2 点后将其拧紧固定,再将方向架移至 P_2 点,以 2—2′对准 P_1 点,同理可知 3—3′所指即为 P_2 点处的横断面方向。同法可测设其他曲线段中桩的横断面方向。

(二)横断面的测量

1. 标杆皮尺法

如图 13-14 所示,*A*,*B*,*C*…为横断面方向上所选定的边坡点,将标杆立于 *A* 点,从中桩处地面将皮尺拉平量至 *A* 点的距离,并测出皮尺截于标杆位置的高度,即 *A* 点相对于中桩地面的高差,同法可测得 *A*—*B*,*B*—*C*…的距离和高差,直至规定的横断面宽度位置。中桩一侧测完后再测另一侧。

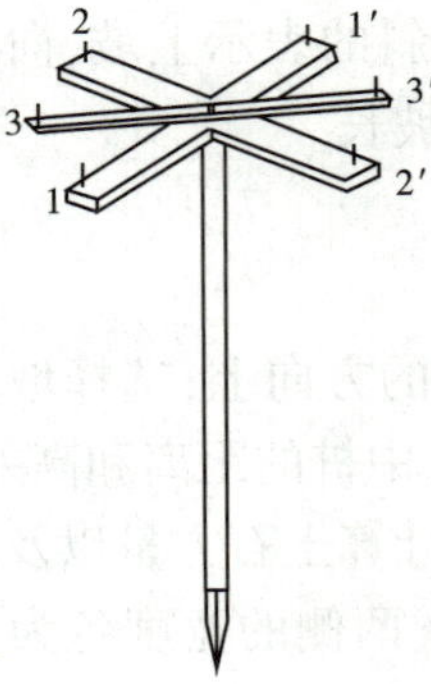

图 13-12 方向架

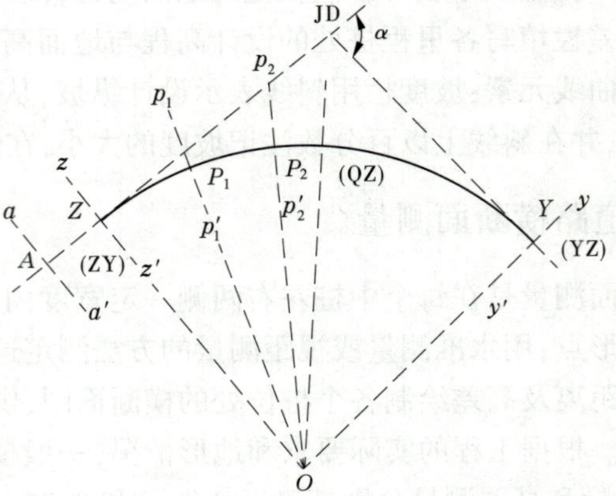

图 13-13 测设曲线段横断面方向

2. 水准仪皮尺法

如图 13-15 所示,在中桩附近安置水准仪,以中桩地面点为后视,以中桩两侧横断面方向地形特征点为前视,水准尺上读数至厘米。用皮尺分别丈量中桩到各地形点的平距,量至分米。此法适用于施测横断面较宽的平坦地区。记录格式见表 13-1,表中按路线前进方向分左右侧记录,以分数表示各测段的前视读数和平距。

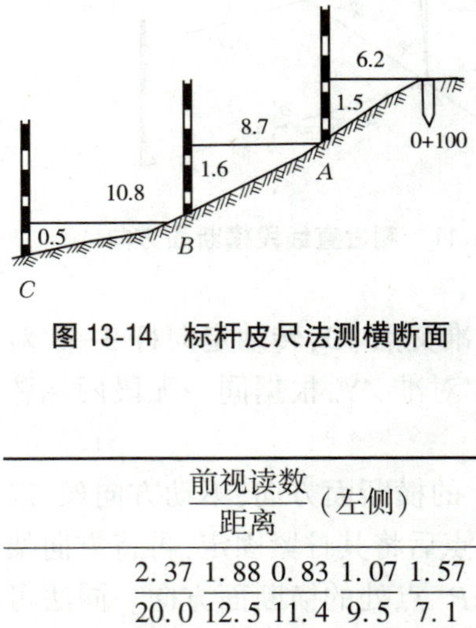

图 13-14 标杆皮尺法测横断面

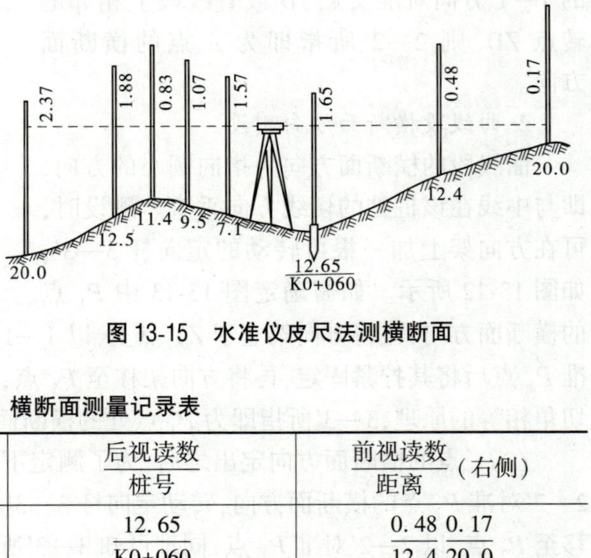

图 13-15 水准仪皮尺法测横断面

表 13-1 横断面测量记录表

前视读数/距离 (左侧)	后视读数/桩号	前视读数/距离 (右侧)
$\frac{2.37}{20.0}$ $\frac{1.88}{12.5}$ $\frac{0.83}{11.4}$ $\frac{1.07}{9.5}$ $\frac{1.57}{7.1}$	$\frac{12.65}{K0+060}$	$\frac{0.48}{12.4}$ $\frac{0.17}{20.0}$

3. 经纬仪视距法

将经纬仪安置于中桩上,量取仪器高,依次在其横断面方向的地形点上竖立标尺,用视距法分别测出中桩与各地形点的平距和高差。此法适用于地形困难、山坡陡峻的路线横断面测量。

4. 全站仪法

利用全站仪的对边测量功能,可直接测得各横断面上各地形点相对中桩的平距和高差，有的全站仪有横断面测量功能，其操作、记录与成图更为方便。

（三）横断面图绘制

一般采用 1∶100 或 1∶200 的比例尺绘制横断面图。由横断面测量中得到的各地形点间的平距和高差，在纸上绘制各中桩的横断面图。如图 13-16 所示，先在图中标定中桩的位置，将中桩两侧的地形点逐一展绘在图纸上，然后以直线连接相邻点，即可绘制出横断面的地面线。

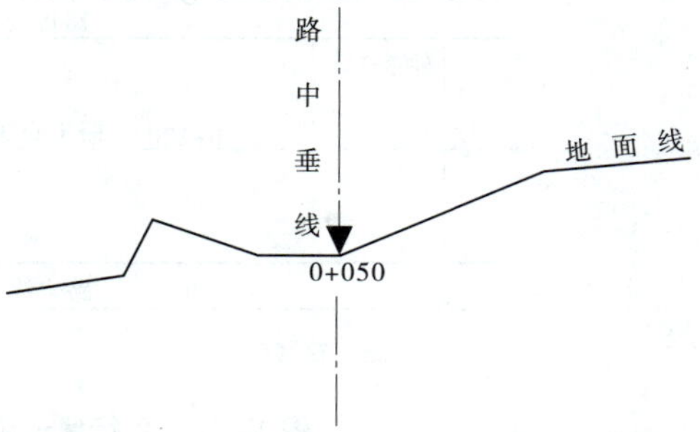

图 13-16　横断面图

任务四　道路施工测量

道路施工测量主要包括恢复中线测量、施工控制桩测设、路基边坡桩以及边坡测设和竖曲线测设。

一、恢复中线测量

道路勘测完成到开始施工这一时间内，部分中线桩有可能遭到破坏或丢失，施工前应根据原勘测资料或设计图纸对全线的中桩进行核查，将遭到破坏或丢失的中桩进行恢复，恢复中线的测量方法与线路中线测量方法相同。在恢复中线时，应将道路附属物，如涵洞、检查井和挡土墙等的位置一并定出。对于部分改线地段，应重新定线，并测绘相应的纵、横断面图。

二、施工控制桩测设

在施工过程中，道路的中线桩被挖去或填埋，为了在施工中控制中线位置，需要在不易受施工破坏、便于引测、易于保存桩位的地方测设施工控制桩。测设方法主要有平行线法和延长线法两种，可根据实际情况互相配合使用。

（一）平行线法

平行线法是在设计的路基宽度以外，测设两排平行于中线的施工控制桩，如图 13-17 所示。为了方便施工，控制桩的间距一般取 10~20 m。平行线法多用于地势平坦、直线段较长的道路。

（二）延长线法

延长线法是在道路转折处的中线延长线上，以及曲线中点至交点的延长线上测设施工控制桩，如图 13-18 所示。每条延长线上应设置两个以上的控制桩，丈量出其间距及与交点的距离，做好记录，恢复中线交点。延长线法多用于地势起伏较大、直线段较短的道路。

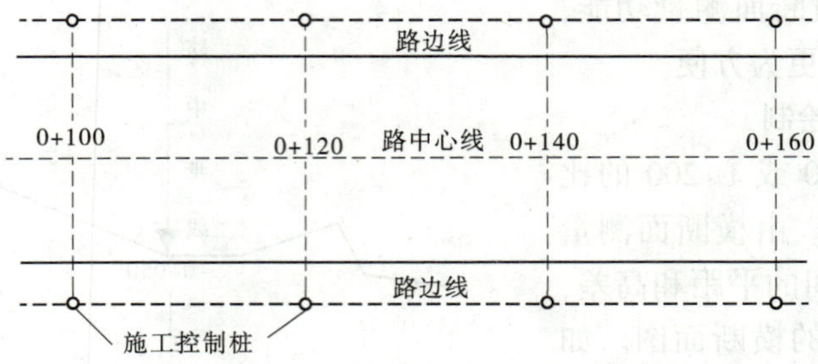

图 13-17 平行线法测设施工控制桩

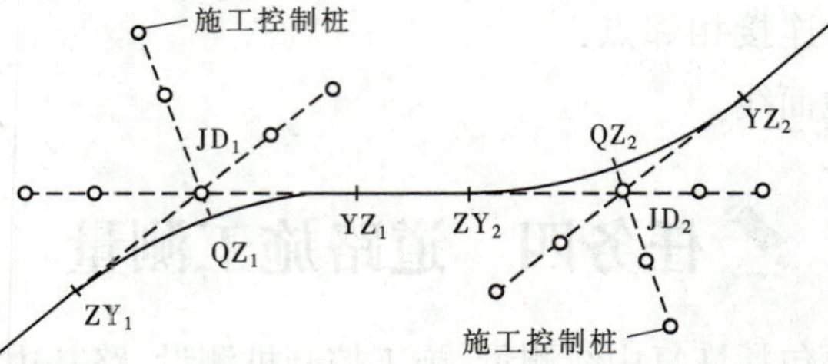

图 13-18 延长线法测设施工控制桩

三、路基边坡桩测设

路基的形式一般分为三种,即全部由填方而成的路堤、全部由挖方而成的路堑,以及半填半挖而成的路基。在平坦地面和倾斜地面,不同形式路基的测设方法有所不同。

(一)平坦地面边坡桩测设

1. 路堤边坡桩测设

如图 13-19(a)所示,路堤边坡桩至中线桩的距离按下列公式计算

$$D_{左} = D_{右} = \frac{B}{2} + mh \tag{13-5}$$

式中 $D_{左}$、$D_{右}$——道路中桩至左、右边桩的平距;

B——路基的宽度;

m——路基边坡的坡度;

h——填土高度或挖土深度。

2. 路堑边坡桩测设

如图 13-19(b)所示,路堑边坡桩至中线桩的距离按下列公式计算

$$D_{左} = D_{右} = \frac{B}{2} + mh + S \tag{13-6}$$

式中 S——路堑边沟顶宽。

(二)倾斜地面边坡桩测设

1. 路堤边坡桩测设

如图 13-20(a)所示,设地面为左边低、右边高,则路堤边坡桩至中线桩的距离按下列

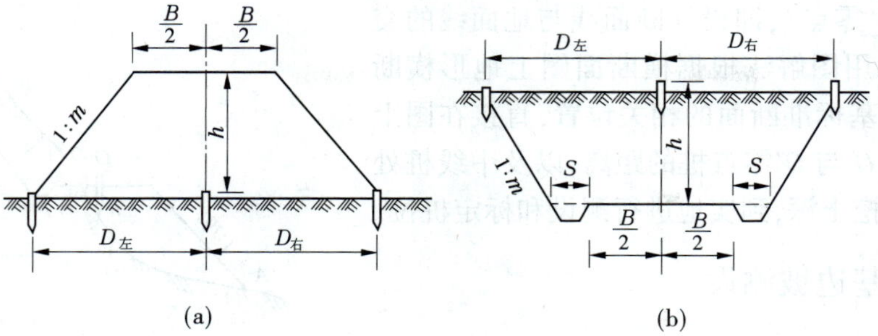

图 13-19　平坦地面边坡桩测设

公式计算

$$D_{左} = \frac{B}{2} + mh_{左} \tag{13-7}$$

$$D_{右} = \frac{B}{2} + mh_{右} \tag{13-8}$$

式中　$h_{左}$、$h_{右}$——左、右两侧边坡填土高度。

2. 路堑边坡桩测设

如图 13-20(b)所示，设地面为左边低、右边高，路堑边坡桩至中线桩的距离按下列公式计算

$$D_{左} = \frac{B}{2} + S + mh_{左} \tag{13-9}$$

$$D_{右} = \frac{B}{2} + S + mh_{右} \tag{13-10}$$

式中　$h_{左}$、$h_{右}$——左、右两侧边坡挖土深度。

需要注意的是，在倾斜地面边坡桩位置尚未确定时，左、右两侧的高差 $h_{左}$、$h_{右}$ 不能确定，但先根据其大致位置测定出 $h_{左}$、$h_{右}$，依据式(13-7)～式(13-10)计算中线桩至左、右两侧边坡桩的距离，再用逐渐趋近的方法定出边坡桩的确切位置。

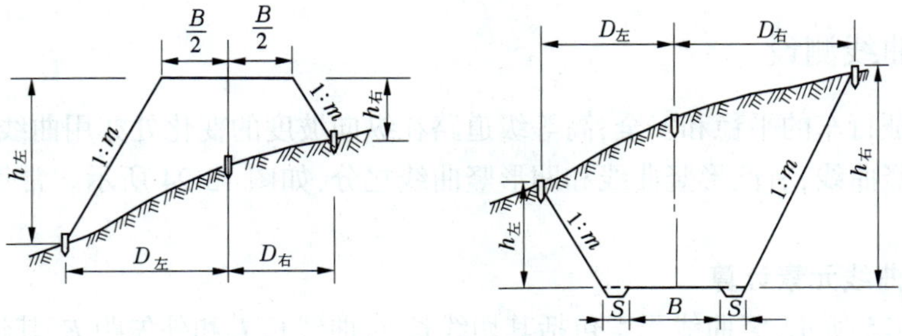

图 13-20　倾斜地面边坡桩测设

3. 半填半挖断面边坡桩测设

如图 13-21 所示，除应用上述方法确定填方坡脚 A 和挖方坡顶 B 的位置外，还应确定

不填不挖的“零点”,即设计断面线与地面线的交点 O'。可采用图解法根据横断面图上地形横断面与设计路基标准断面的相关位置,直接在图上量取中线桩 O 与 O'零点桩的距离,以及中线桩处的填土高和挖土深,到实地进行测设和标定桩位。

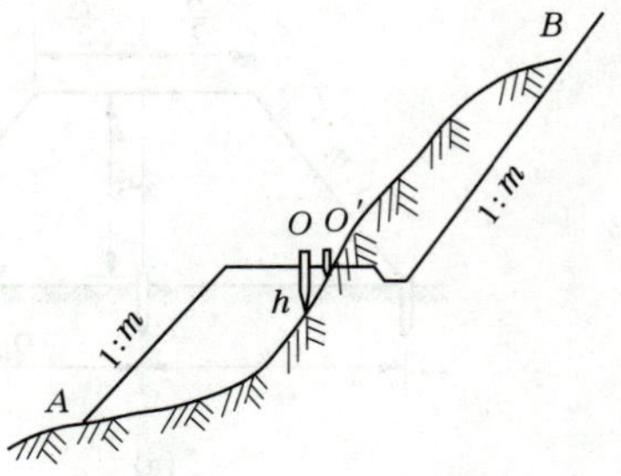

图 13-21 半填半挖断面边坡桩测设

四、路基边坡测设

边坡桩位确定后,应根据施工的要求,分层将路基的设计边坡在实地标定出来。

(一)边坡样板法

对于路堤,按设计坡度事先制作边坡样板[如图 13-22(a)所示],在现场令样板顶面水准气泡居中,则其斜边所指示的坡度就是边坡的设计坡度;对于路堑,在开挖前于坡顶边桩外侧按设计坡度设立固定的边坡样板[如图 13-22(b)所示],据此指导边坡的施工。

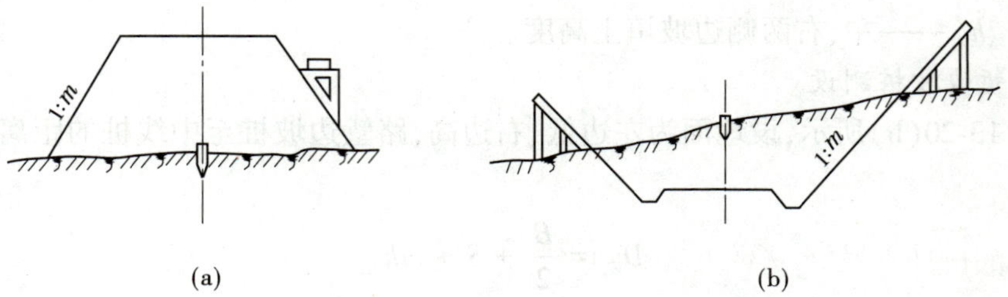

图 13-22 样板法测设边坡

(二)分层拉线法

对于填土较高、分层施工的路基,可采用分层拉线法测设边坡。如图 13-23 所示,根据边坡的坡度和各层设计的施工高度事先设定某层顶面左右两侧边坡桩在该层地面上的投影点,并在投影点上各竖立一根测杆,在该层设计的施工高度和该层底面边缘之间拉线即可定出路基的设计边坡。

五、竖曲线测设

为了保证行车的平稳和安全,高等级道路在纵向坡度的变化处亦用曲线加以连接,这种曲线称为竖曲线,有凸形竖曲线和凹形竖曲线之分,如图 13-24 所示。常用的竖曲线为圆曲线。

(一)竖曲线元素计算

如图 13-25 所示,竖曲线元素包括其切线长 T、曲线长 L 和外矢距 E,其计算公式与平面曲线相同。

切线长
$$T = R\tan\frac{\alpha}{2} \tag{13-11}$$

曲线长
$$L = R\pi\frac{\alpha}{180^\circ} \tag{13-12}$$

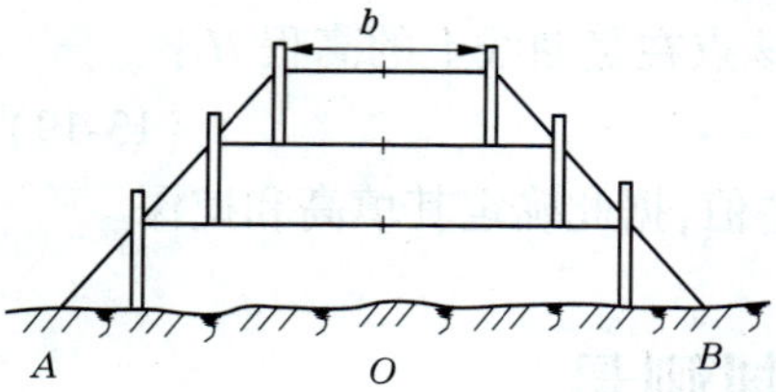

图 13-23　分层拉线法测设边坡

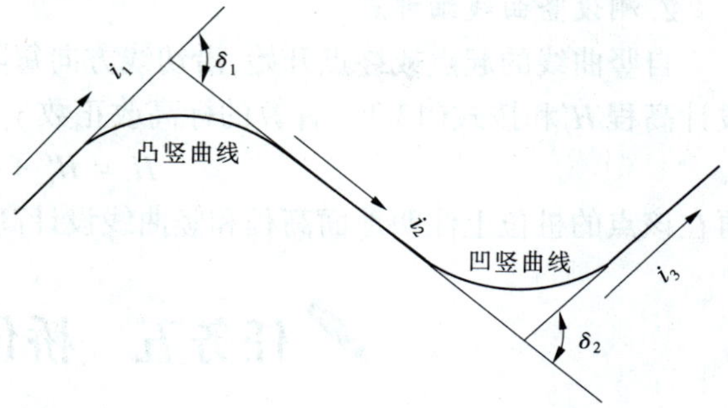

图 13-24　竖曲线

外矢距

$$E = R(\sec\frac{\alpha}{2} - 1) \tag{13-13}$$

式中　R——竖曲线的设计半径；

α——竖曲线的竖向转折角。

设竖曲线上坡的坡度为 i_1，下坡的坡度为 i_2，因竖曲线的转折角 α 很小，所以其近似为

$$\pi\frac{\alpha}{180°} = i_1 - i_2 \tag{13-14}$$

而竖曲线的设计半径 R 又较大，因此竖曲线元素可用下列近似公式计算：

$$T = \frac{1}{2}R(i_1 - i_2) \tag{13-15}$$

$$L = R(i_1 - i_2) = 2T \tag{13-16}$$

$$E = \frac{T^2}{2R} \tag{13-17}$$

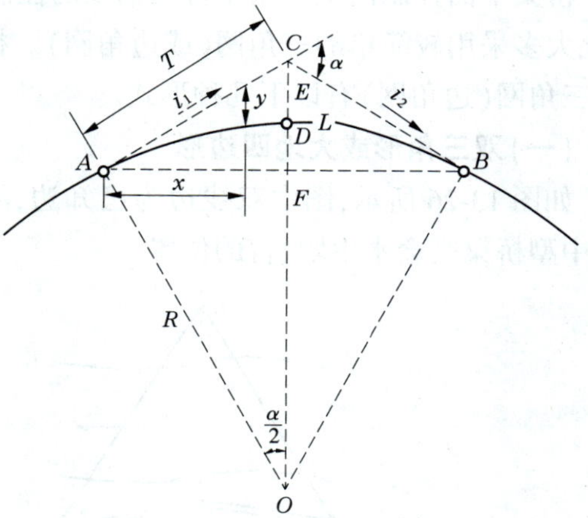

图 13-25　竖曲线元素

（二）竖曲线细部点标高改正数计算

设某点离曲线起点或终点的平距为 x_i，该点按坡度线中桩的标高改正数为 y_i（凸形竖曲线 y_i 为负，凹形竖曲线 y_i 为正），参照式（13-17）可得标高改正数计算公式

$$y_i = \frac{x_i^2}{2R} \tag{13-18}$$

（三）竖曲线测设

1. 测设竖曲线的起点和终点

从变坡点沿道路方向向前、向后测设切线长 T，得竖曲线的起点和终点，再根据设计的变坡点桩号按下式推算竖曲线上各点的桩号：

曲线起点桩号 = 变坡点桩号 − 竖曲线切线长

曲线终点桩号 = 变坡点桩号 + 竖曲线切线长

2. 测设竖曲线细部点

自竖曲线的起点或终点开始,沿切线方向每隔 5 m 定一细部点,根据坡度线上 i 点的设计高程 H_i' 和按式(13-18)计算的标高改正数 y_i,计算该点在竖曲线上的高程 H_i:

$$H_i = H_i' + y_i \tag{13-19}$$

再在该点的桩位上注明地面高程和竖曲线设计高程的差值,据此确定其填高和挖深。

任务五　桥位控制测量

建筑大、中型桥梁时,因河道宽阔,桥墩要在水中建造。桥墩台较高、基础较深、墩间跨距大、梁板结构复杂,因此对桥轴线测设、墩台定位等要求精度较高。为此,需要在施工前布设平面控制网和高程控制网。

一、平面控制网

桥梁平面控制网主要用于桥梁轴线的控制及桥墩、桥台的定位,作用范围比较集中,因此大多采用较简单的三角网(或边角网)。根据桥梁的大小、精度要求和地形条件的不同,三角网(边角网)有以下几种形式。

(一)双三角形或大地四边形

如图 13-26 所示,图中双线边为已知边,A、B 是桥梁的轴线点。这种控制网适用于大、中型桥梁交会水中墩、台的位置。

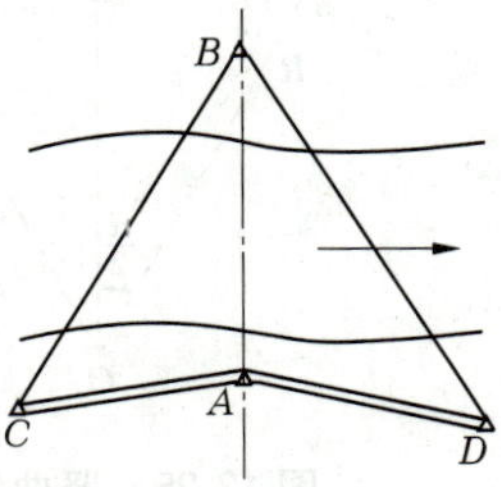

(a)双三角形

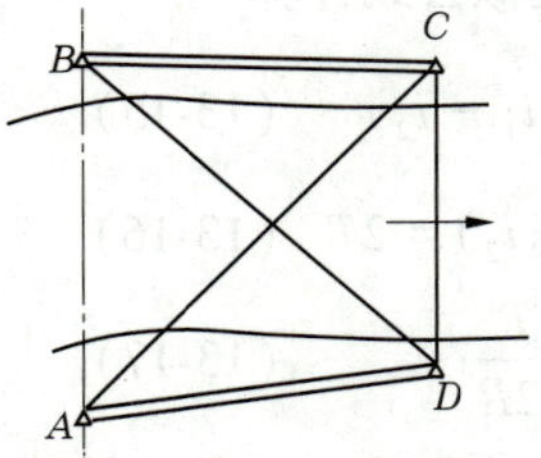

(b)大地四边形

图 13-26　大、中型桥梁平面控制网

(二)双大地四边形或单三角形与大地四边形的组合

如图 13-27 所示,A、B 是桥梁的轴线点。这种控制网适用于特大型桥梁桥轴线上不同位置的桥墩定位。

(三)GPS 控制网

如图 13-28 所示,图中 A、B、C、D、E、F 均为用等级较高的 GPS 测量建立的控制点,A、B 是桥梁的轴线点,整个网形仍为双大地四边形,但控制网的测量更加方便。

桥梁平面控制测量的等级,应满足桥梁中线长度相对中误差的规定,当桥长小于 200 m 时,相对中误差不应大于 1/10 000;当桥长为 200 ~ 500 m 时,相对中误差不应大于 1/20 000。

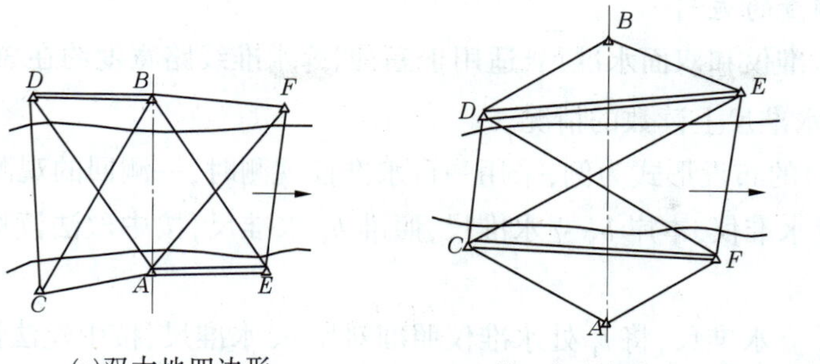

(a)双大地四边形　　(b)单三角形与大地四边形组合

图 13-27　特大型桥梁平面控制网

二、高程控制网

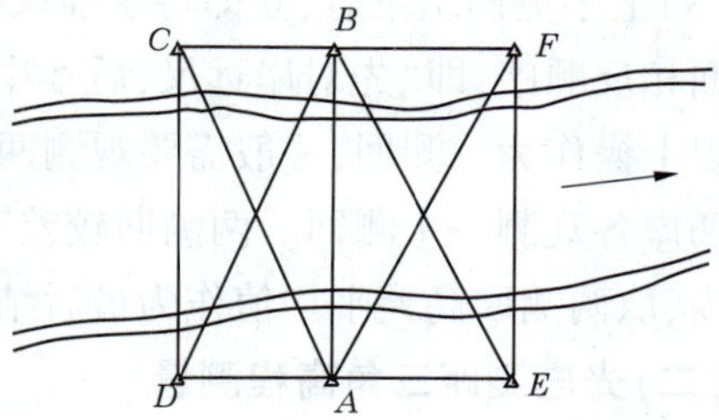

图 13-28　GPS 平面控制网

桥梁高程控制点应沿桥轴线两侧以 400 m 左右的间距均匀布设，组成环形网状，可以采用水准测量或 GPS 测量，并与附近的国家等级水准点进行联测，以保证桥梁与相邻道路高程的正确衔接。当水准测量在从河的一岸测到对岸，视线长度超过 200 m 时，应采用跨河水准测量方法或光电测距三角高程测量方法。

(一) 跨河水准测量

1. 跨河水准测量的场地布设

为了消除或减弱水准仪的视准轴不平行于水准管轴的误差和地球曲率的影响，跨河水准测量应将仪器与水准尺在两岸的布置点位布设成图 13-29 所示的形式。

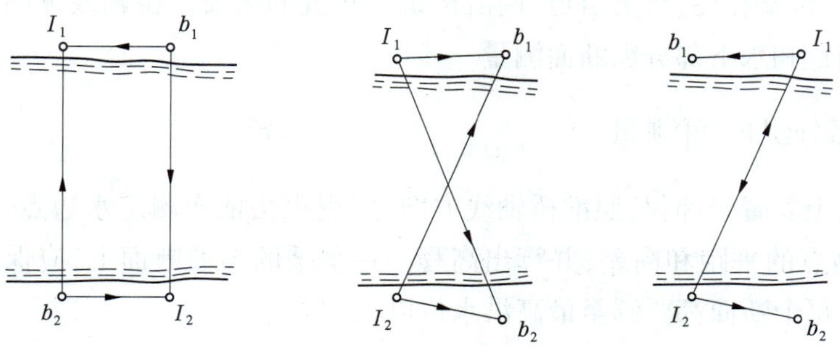

图 13-29　跨河水准测量测站和立尺点布设

图 13-29 中，I_1、I_2 和 b_1、b_2 分别为两岸架仪器点和立尺点。过河视线应尽量相等，且视线距水面的高度应符合规范要求；岸上视线不得小于 10 m，且应彼此相等；各立尺点均应设置木桩，木桩不应短于 0.3 m，桩顶应与地面平齐，并钉上圆铆钉。

2. 跨河水准测量的施测

采用DS_3型水准仪和双面水准尺,适用于三、四等水准线路宽度约在300 m以下的河流,并且能直接在水准尺上读数的情况。

以图13-29(b)的布设形式为例,采用一台水准仪观测时,一测回的观测步骤如下:

(1)在I_1安置水准仪,本岸b_1立水准尺,照准b_1水准尺,按中丝法读取黑、红面读数各一次。

(2)在对岸b_2立水准尺,将I_1处水准仪照准对岸b_2水准尺,按中丝法读取黑、红面读数各一次。

以上(1)、(2)两步操作为上半测回。

(3)上半测回结束后,立即将水准仪移至对岸I_2处,同时将b_1、b_2点水准尺对调,按上半测回相反顺序,即"先对岸远尺,后本岸近尺"进行操作,完成下半测回。

以上操作为一测回,一般需要观测两个测回。在两台仪器作业的情况下,两台仪器同时从两岸各观测一个测回。两测回较差三等不超过8 mm,四等不超过16 mm。如在限差范围内,取两测回高差平均值作为最后结果。

(二)光电测距三角高程测量

河的两岸有A、B两高程控制点,在A点安置全站仪,量取仪器高;在B点安置棱镜,量取棱镜高,将测站点A的高程、仪器高和棱镜高一并输入到全站仪,全站仪瞄准棱镜中心进行测量,测得A、B点间的高差。再采用对向观测,测得B、A两点间的高差。

任务六　桥轴线纵断面测量

桥轴线纵断面测量是桥梁勘测设计阶段的主要工作,其测绘范围应测至最高洪水位以上,应满足设计桥梁孔径、桥头引道、调治构筑物布置的需要。桥轴线纵断面测量分陆上部分纵断面测量和水下部分纵断面测量。

一、陆上部分纵断面测量

在桥轴线点上安置经纬仪,照准桥轴线方向,用视距法依次测定水边点、地形变换点和地物点至测站点的平距和高差,并算出高程。在平缓的匀坡断面上,应保证图上1~3 cm有一断面点,每个断面都要测至最高洪水位以上。

二、水下部分纵断面测量

桥轴纵断面的水下部分,需要进行水深测量,根据水深和水面高程计算断面点的高程。

(一)测深工具

水深即水面至水底的垂直距离。为了求得水下断面点的高程,须进行水深测量。水深测量常用的工具有测深杆、测深锤和回声测深仪等。

1. 测深杆

一般用长 6~8 m、直径 5 cm 左右的竹杆制成，从杆的底端起，以不同颜色相间标出每分米分划，每 1 m 处都有注记。底部有一直径 10~15 cm 的铁制底盘，用以防止测深时测杆下陷而影响测深精度[见图 13-30(a)]。测深杆宜在水深 5 m 以内、流速小于 1.0 m/s 的水域。测深中误差为±0.10 m。测深时，将测杆斜向上游插入水中，当杆端到达河底且与水面成垂直时读取水面所截杆上读数，即为水深。

2. 测深锤

由重 4~8 kg 的铅锤和长约 10 m 的测绳组成[见图 13-30(b)]。铅锤底部通常有一凹槽，测深时在槽内涂上牛油，可以粘取水底泥沙，借以判明水底泥沙性质，验证测锤是否到水底。测绳由纤维制成，以分米为间隔，系有不同颜色的分米标记；在整米处扎以皮条，注记米数。测深锤适用于水深 10 m 以内、流速小于 1 m/s 的水域，测深中误差为±0.15 m。

3. 回声测深仪

1）构造和工作原理

回声测深仪是根据超声波能在均匀介质中匀速直线传播，遇到不同介质面则产生反射的特性设计制造的一种测深仪器，主要由激发器、换能器、放大器、记录显示设备和电源等部件组成(见图 13-31)。由激发器产生的电脉冲经换能器转换为超声波发射到水底，声波从水底反射回来又被换能器接收转换为电脉冲。从声波发射到接收这段时间 t，由发声脉冲信号和收声脉冲信号推动记录器进行记录，并根据声波在水中的传播速度 v 自动转换为水深 h，以数字形式或图像形式显示出来。声速 v、往返时间 t 与水深 h 的关系为

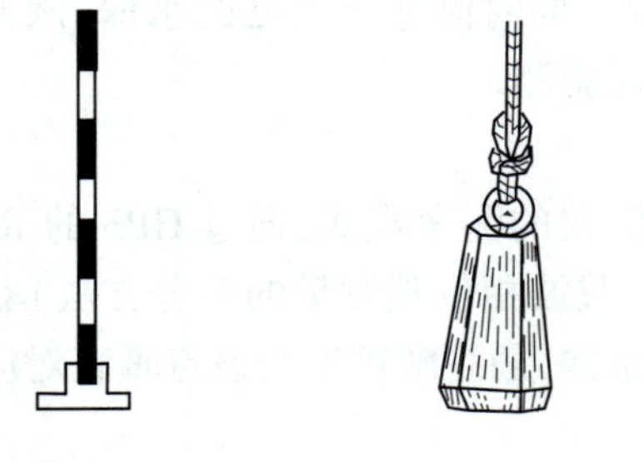

(a)测深杆　　(b)测深锤

图 13-30　测深杆和测深锤

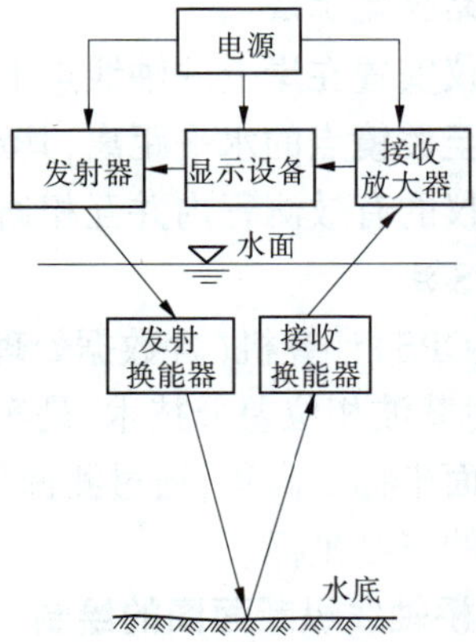

图 13-31　回声测深仪原理

$$h=\frac{1}{2}vt \tag{13-20}$$

声波在水中的传播速度随水的温度、盐度和压力而变化。常温时，淡水中的声速为 1 450 m/s，海水中声速的典型值为 1 500 m/s。在施测前要对仪器进行率定，计算时做必要的修正。回声测深仪适用于水深大于 3 m、流速较大、水域面积宽阔的地区，测深中误

差为±0.20 m。

2)回声测深仪的类型

回声测深仪的类型很多,通常分为记录式和数字式两类。

记录式回声测深仪利用记录笔按设定的速度恒速旋转,当笔尖转至零点位置时,发射声脉冲;当此脉冲从水底反射回到接收换能器时,记录笔呈现高电位,使电敏记录纸出现黑迹点。随测船连续航行,记录纸上绘出深度的断面图形,深度可按记录的时间加改正值求得。

数字式回声测深仪利用计数脉冲记录从声脉冲发射至返回这段时间的脉冲数,按公式计算深度并用数码管显示。

(二)测量方法

水下断面点(水深点)的密度视河面宽度和设计要求而定,通常应保证图上0.5~1.5 cm有一点。这些点的平面位置可用下述方法测定。

1. 断面索法

先在桥纵轴线方向靠两岸水边打下定位桩,在两桩间水平地拉一条断面索,以一个定位桩作为断面索的零点,从零点起每隔一定间距系一布条,在布条上注明至零点的距离。根据索上的距离加上定位桩至断面基点的距离即得水深点至基点的距离,或用经纬仪测得在断面索上标定的各点位置;测深船沿断面索测深。

2. 经纬仪视距法

当测船沿桥纵轴线方向驶到一定位置需测水深时,即将船稳住,竖立水准尺,用视距测量方法测定其距离,同时测量该点处的水深,严格控制视距长度,而且要求水流平缓、船速较慢,才能读准位于测船上的标尺。

3. 全站仪定位法

全站仪安置在岸上的轴线点上,跟踪安装在测量船上的棱镜得到棱镜点的坐标和岸上轴线点至棱镜点的水平距离,其定位精度大为提高,同时测量该点处的水深,该方法只要在测距仪的有效测程内并互相通视的情形下,就可施测。

4. GPS法

采用GPS+计算机(含数据处理软件)+数字测深仪的测量模式,通过GPS的RTK功能(即实时载波相位差分技术,是实时处理两个测点载波相位观测量的差分方法)获得水面点的平面坐标及高程,通过测深仪获得该点处的水深,最终解算出与该点垂直对应的水下地形点的三维坐标。

(三)桥轴线纵断面图的绘制

根据测得的平距和高程绘制桥轴线纵断面图,其绘制方法与道路横断面图的绘制方法相同。横向表示平距,比例尺一般为1:1 000或1:2 000;纵向表示高程,比例尺一般为1:100或1:200。绘制时应当注意左岸必须绘在左边,右岸必须绘在右边。因此,绘图时通常以左岸的轴线点作为平距的起算点,标绘在最左边,再将其他各点依次展绘,见图13-32。

在断面图上应绘出工作水面(即实测水位)线,调查了洪水位的地方应绘出洪水位线。

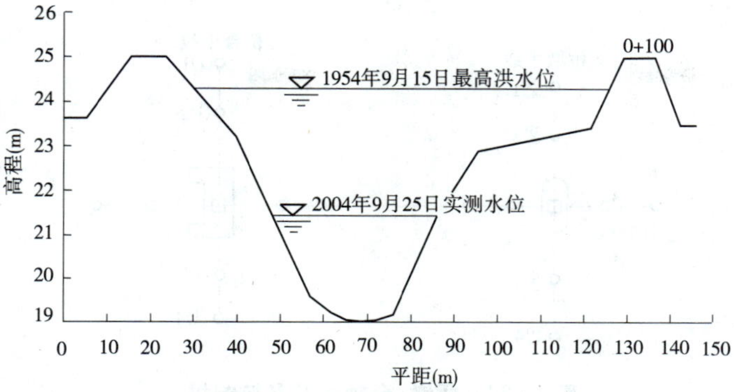

图 13-32　桥轴线纵断面图

任务七　桥台、桥墩施工测量

一、桥台、桥墩定位测量

桥台、桥墩的准确定位是桥梁施工测量的主要内容。桥台、桥墩的定位对于小型桥梁，可采用依据桥端的轴线控制点直接丈量距离的方法；对于大、中型桥梁，应利用桥梁施工控制点采用交会法或极坐标法进行测设。

(一)直接量距法

建造小型桥梁，一般用临时筑坝截断河流或选在枯水季节进行，如图 13-33 所示，根据设计图上各桥台、桥墩的中心的里程，计算出桥端轴线控制桩与各墩、台的水平距离。沿桥梁轴线方向用钢尺测设各段水平距离，定出各墩台的中心位置，然后在这些点上安置经纬仪，测设墩、台与桥轴线相重合的纵向轴线和与桥轴线相垂直的横向轴线，并将纵横轴线引测至两端基坑开挖线 5 m 以外的轴线控制桩上，如图 13-34 所示。

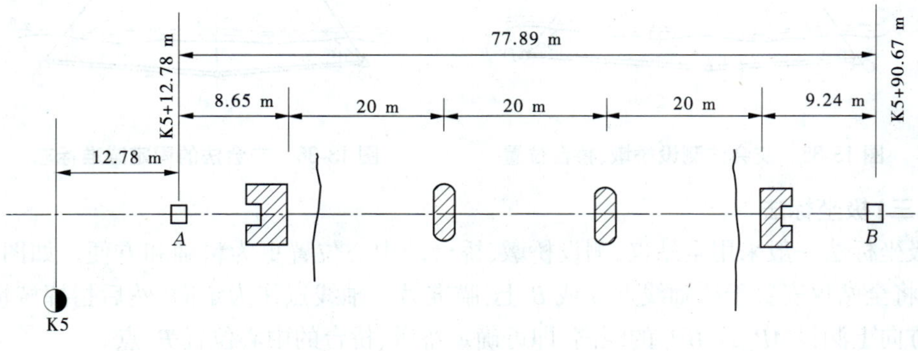

图 13-33　直接量距法测设桥墩、台的中心位置

(二)交会法

大、中型桥梁水中桥墩、桥台中心位置的测设一般在同岸的三个控制点上设站进行。如图 13-35 所示，AB 为桥轴线，C、D 为桥梁平面控制网中的控制点，P_i 点为第 i 个桥墩设计的中心位置(待测设的点)。在 A、B、C 三点各安置一台经纬仪。A 点的经纬仪瞄准 B

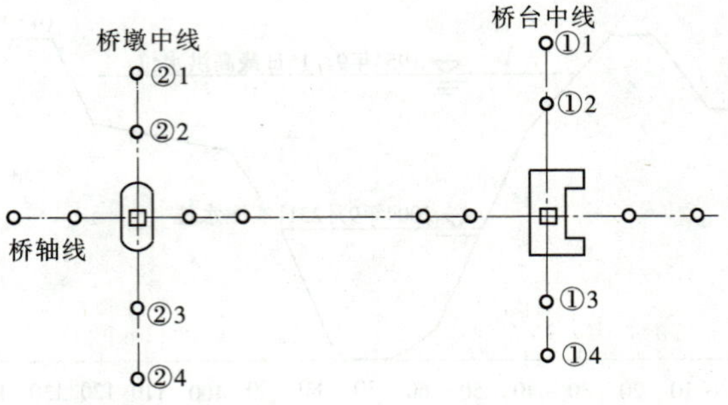

图 13-34　桥墩、台轴线及其控制桩

点,定出桥轴线方向;C、D 两点上的经纬仪均先瞄准 A 点,并分别测设根据 P_i 点的设计坐标和控制点坐标计算的 α、β 角,以正倒镜分中法定出交会方向线。

由于测量误差的影响,从 C、A、D 三点指来的三条方向线一般不可能正好交会于一点,而构成误差三角形 $\triangle P_1P_2P_3$,如图 13-35 所示。如果误差三角形在桥轴上的边长 P_1P_3 在墩底中心定位时不大于 2.5 cm,墩顶中心定位时不大于 1.5 cm,则取两侧方向线的交点 P_2 在桥轴线上的投影 P_i 作为桥墩、桥台中心位置。

在桥墩施工中,随着桥墩的逐渐加高,中心位置的测设工作需要重复进行,且要求迅速和准确。为此,在第一次确定桥墩中心位置 P_i 以后,将 CP_i 和 DP_i 方向线延长到对岸,设立固定的瞄准标志 C'、D',如图 13-36 所示。此后每次用交会法定位时,从 C、D 点直接瞄准 C'、D' 点,即可恢复对 P_i 点的交会方向。

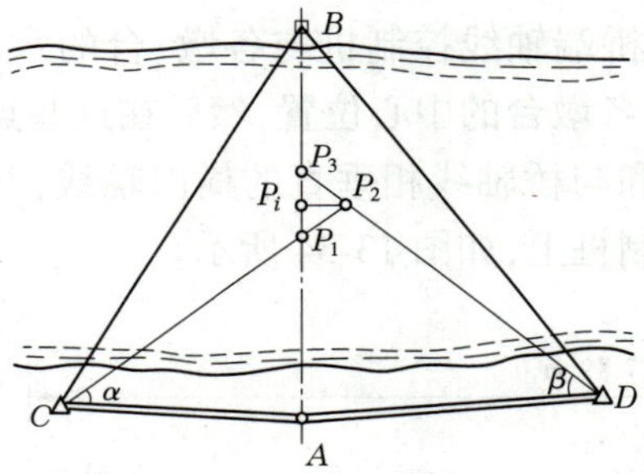

图 13-35　交会法测设桥墩、桥台位置

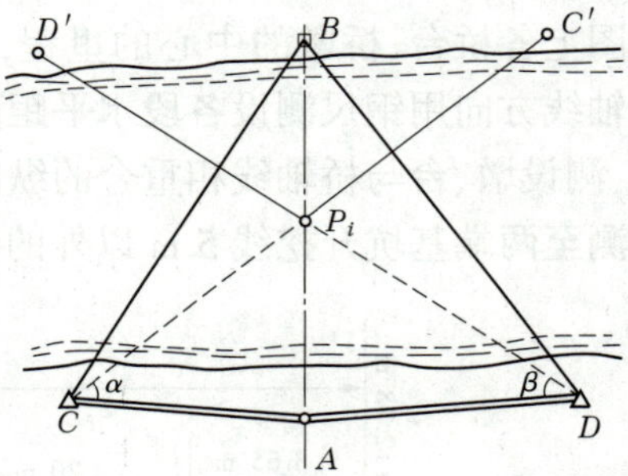

图 13-36　交会法的固定瞄准标志

(三)极坐标法

极坐标法一般采用全站仪,测设桥墩、桥台的中心位置更为精确和方便。如图 13-36 所示,将全站仪安置于桥轴线点 A 或 B 上,瞄准另一轴线点作为定向,然后指挥棱镜安置在该方向上测设 AP_i 或 BP_i 的距离,即可确定桥墩、桥台的中心位置 P_i 点。

二、桥台、桥墩细部放样

(一)基础施工测量

1. 基坑放样

根据桥墩、桥台纵轴线控制桩,按施工图中基坑的挖深、坡度及土质等条件计算基坑上口尺寸，定出基坑开挖边界线。

2. 测设水平桩

当基坑开挖到一定深度后，应根据水准点高程在坑壁上测设距基底设计面为一定高差的水平桩，作为控制挖深及基础施工高程的依据。

3. 投测桥墩、桥台中心线

基础完工后，应根据桥墩、桥台纵横轴线控制桩，用经纬仪在基础面上测设桥墩、桥台中心线，作为砌筑桥墩、桥台的依据。

（二）桥墩、桥台施工测量

在墩台砌筑出基础面后，应将基础面上的纵横轴线投测到墩台身上，以控制墩台主体的垂直度以及轴线的向上传递。一般砌筑高度不大或无风的情况下，可用吊垂法，否则用经纬仪盘左、盘右分中法进行投测。

（三）桥墩、桥台顶部施工测量

1. 墩帽、台帽位置测设

桥墩、桥台砌筑接近顶部时，应根据水准点在墩、台身的每侧测设一条距设计高程为一定高差的水平线，以控制砌筑高度；墩帽、台帽施工时，应采用水准测量控制其高程，偏差不超过±10 mm，再根据其纵、横轴线桩用经纬仪控制两个方向的平面位置，偏差亦应不超过±10 mm。同时，用钢尺或光电测距仪检查墩、台间的距离或跨度，相对误差不超过1/5 000。

2. T形梁安装测量

T形梁支座钢垫板的中心线与桥墩、桥台纵向轴线相互平行。如图13-37所示，根据墩台中心线与T形梁支座钢垫板中心线的设计间距，以及支座钢垫板中心的间距，即可在墩台上定出T形梁各支座钢垫板的中心位置，其偏差应不超过±2 mm。钢垫板的高程用水准仪校测，其偏差应不超过±5 mm。

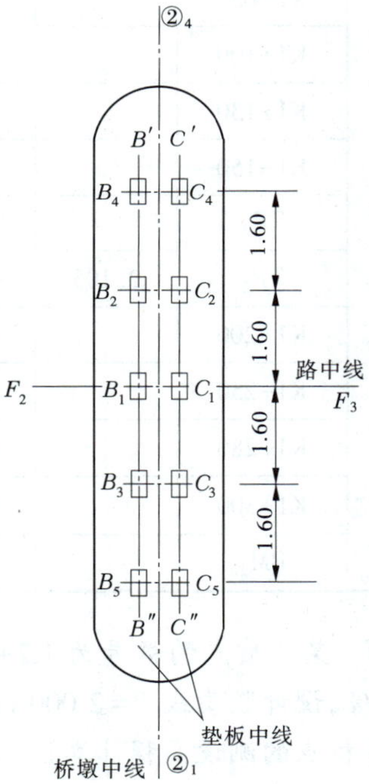

图13-37　桥墩台中心线　（单位：m）

T形梁安装时，梁两端的中心线与支座中心线应相互吻合，并与钢垫板中心线对准，初步就位后对T形梁的间距及梁两端的高程进行核查。

习　题

13-1　道路施工测量和桥梁施工测量各包含哪些内容？

13-2　道路中线测量的任务是什么？包括哪些内容？如何进行？

13-3　道路纵、横断面测量各有什么作用？包括哪些内容？

13-4　如何进行桥墩、桥台中心的中线测量和定位测量？

13-5　桥墩、桥台施工的细部放样包括哪些内容？如何进行？

13-6　某段道路中平水准测量观测数据列于表13-2，计算各桩点高程，并按横向比例尺1∶1 000、纵向比例尺1∶100绘制K1+100至K1+300桩处的纵断面图。

表13-2　道路中平水准测量计算表

测站	桩号	水准尺读数(m)			视线高程(m)	高程(m)	备注
		后视	中视	前视			
1	BM_1	2.378					
	K1+000		2.134				
	TP_1			2.067			
2	TP_1	2.554					
	K1+050		1.26				
	K1+100		0.97				
	K1+130		1.45				
	K1+150		0.76				
	TP_2			0.376			
3	TP_2	2.105					
	K1+200		0.76				
	K1+250		0.53				
	K1+280		0.23				
	K1+300		0.87				
	BM_2			1.677			

13-7　某变坡点的桩号为K2+680，高程为24.88 m，其相邻直线的坡度 $i_1=1.4\%$，$i_2=-1.6\%$，设计竖曲线 $R=2\ 000$ m，要求每10 m设一桩位，完成表13-3内该竖曲线要素及其上各桩点的测设高程计算。

表13-3　竖曲线桩位高程计算

桩号	至竖曲线起点或终点平距 x(m)	高程改正数 y(m)	坡度设计高程(m)	竖曲线高程(m)	备注
竖曲线要素					

项目十四　3S 技术集成

3S 是卫星定位系统(GPS)、地理信息系统(GIS)和遥感(RS)的统称。3S 技术是目前对地观测系统中空间信息获取、存储管理、更新、分析和应用的三大支撑技术,是现代社会持续发展、资源合理规划利用、城乡规划与管理、自然灾害动态监测与防治等的重要技术手段。本项目主要介绍 GIS、RS 及 3S 技术集成应用技术,GNSS 技术参见项目八。

任务一　GIS 技术概述

一、什么是 GIS

为了让大家明白什么是 GIS,这里提出一个问题:相公镇在哪儿？针对这个问题,可以有以下三个答案。

答案 1:在纸质地图上查找。图 14-1 为一纸质地图,我们可以尝试在图 14-1 中查找目标位置,这可能要花费几分钟的时间。

图 14-1　纸质地图

答案 2:在数据库中查找。如果我们把包含对象位置的信息输入到一般数据库中,所有的目标相关的信息将以表格的形式存在数据库中,如“乡镇名称数据库”。数据库中的表包含“乡镇名称”等我们关心的信息,图 14-2 为该数据库的一部分,当我们要查找“相公镇”时,只需输入以下 SQL 语句:Select ＊ from 乡镇名称数据库 where 乡镇名称=‘相公镇’。

在图 14-2 中,数据库软件会把查询结果高亮显示出来,可以非常方便地得到有关的信息,但仍然不能直观地查询目标的具体位置。

答案 3:用 GIS 的方法查找。首先要有临沂乡镇的 GIS 信息库,在 GIS 软件中通过查找工具,查询“相公镇”,将得到以下结果,如图 14-3 所示,即不仅在数据库中可以查到关于目标的各种信息,而且可以在图上显示出查询目标的具体位置。这是因为图形存储在图形文件中,而属性信息存储在相应的属性数据库中,图形数据和属性数据通过ID(关键字)连接起来。当我们利用GIS软件的查询工具或语句查询地物时,图形和属性数据就会同时展现出来。

通过上面这个问题,相信大家对什么是GIS应该有了一个大致的了解。现在,可以对GIS下一个定义:GIS是在计算机软硬件支持下,以采集、存储、管理、处理、检索、分析和显示空间物体的地理分布数据及与之相关的属性,并以回答用户问题等为主要任务的计算机系统。

图 14-2 数据库显示查询结果

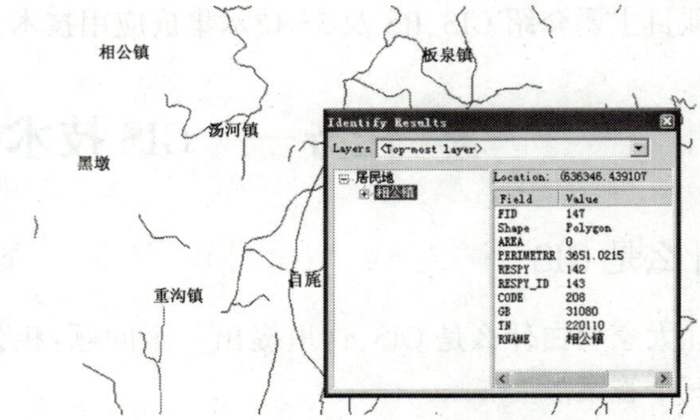

图 14-3 GIS 软件显示查询结果

二、GIS 的组成

根据上面的定义,一个完整的GIS一般由以下四个部分组成:系统硬件、系统软件、空间数据和应用人员。它们之间的关系如图14-4所示。

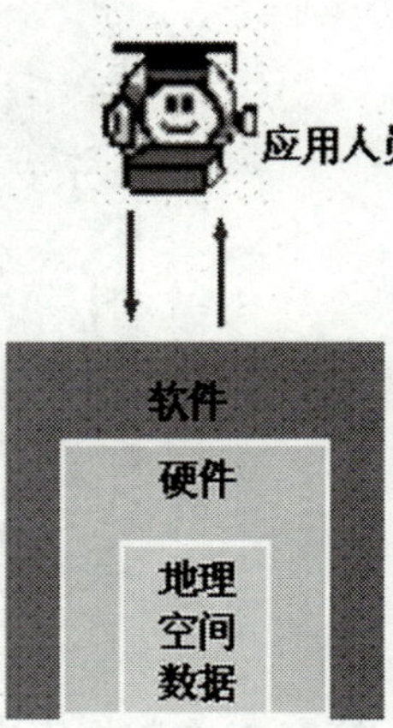

图 14-4 GIS 的组成

(一)硬件系统

计算机与一些外部设备及网络设备的联接构成GIS的硬件系统,用以存储、处理、传输和显示地理信息或空间数据。硬件系统是GIS的物理外壳。GIS硬件系统一般包括以下五个部分:

(1)计算机主机。

(2)数据输入设备:图形数字化仪、图像扫描仪、键盘、通信端口等。

(3)数据存储设备:软盘、硬盘、磁带、光盘及相应的驱动程序。

(4)数据输出设备:图形/图像显示器、矢量/点阵打印机等。

(5)网络设备:布线系统、网桥、路由器和交换机等,具体的网络设备根据网络计算的体系结构来确定。

(二)软件系统

软件系统指GIS运行所必需的各种程序,通常包括系统软件、GIS专业软件及数据库软件。

1. 系统软件

系统软件是由计算机厂家提供的、为用户开发和使用计算机提供方便的操作系统，目前使用的有 UNIX 及 Windows 2000/XP、Windows NT、Vista 等。

2. GIS 专业软件

GIS 专业软件一般指具有强大功能的通用 GIS 软件，它包含了处理地理信息的各种高级功能，可作为其他应用系统建设的平台。其代表产品有 ARC/INFO、MapInfo、MapGIS、SuperMap 等。

3. 数据库软件

数据库软件除在 GIS 专业软件中用于支持复杂空间数据的管理软件外，还包括服务于以非空间属性数据为主的数据库软件，这类软件有 Oracle、SQL Server、DB2 等。

(三) 空间数据

空间数据是地理信息系统操作的对象，它具体描述空间实体的空间特征、属性特征和时间特征。空间特征是指地理实体的空间位置及其相互关系，属性特征表示空间实体的名称、类型和数量等，时间特征指实体随时间而发生的相关变化。

(四) 系统开发、管理与应用人员

人是 GIS 中的重要构成因素，GIS 不同于一幅地图，而是一个动态的地理模型。仅有系统软硬件和数据还不能构成完整的地理信息系统，需要人进行系统组织、管理、维护和数据更新、系统扩充完善、应用程序开发，并灵活采用地理分析模型提取多种信息，为研究和决策服务。因此，系统的管理、维护和使用人员是地理信息系统中的重要构成因素。

三、GIS 的基本功能

(一) 数据采集与输入

数据采集与输入，即将系统外部原始数据传输到 GIS 系统内部，并将这些数据由外部格式转化为便于系统处理的内部格式的过程。

(二) 数据编辑与更新

数据编辑主要包括图形编辑和属性编辑。图形编辑主要包括拓扑关系的建立、图形编辑、图形整饰、图幅拼接、图形变换、投影变换、误差校正等功能。属性编辑主要与数据库管理结合在一起。

数据更新是指以新的数据项或记录来替换数据文件或数据库中相对应的数据项或记录，它是通过删除、修改、插入等一系列操作来实现的。由于空间实体总是处于发展变化中，人们获取的数据只反映某一瞬间或一定时间段内的特征，随着时间的推移，数据也会发生变化。数据更新可以满足动态分析的需要，对自然现象的发生和发展做出合乎规律的预测预报。

(三) 存储与管理

数据存储，即将数据以某种格式记录在计算机内部或外部存储设备上。空间数据存储与管理是 GIS 数据管理的核心，各种图形或图像信息都以严密的逻辑结构存放于空间数据库中，属性数据的管理一般直接利用商用关系数据库软件，如 Oracle、SQL Server 等。

(四)空间查询与分析

空间查询与分析是GIS的核心功能,也是GIS区别于其他信息系统的本质特征。空间查询属于数据库的范畴,一般定义为从数据库中找出所有满足属性约束条件和空间约束条件的地理对象,一般包括图形查询、属性查询、图形和属性互查、地址匹配等。空间分析是对空间数据的分析技术,可以实现缓冲区分析、叠加分析、网络分析、空间插值、统计分析等功能,来解决用户的实际问题。

(五)数据显示与输出

数据显示是将中间处理过程和最终结果显示在屏幕上,通过人机交互方式来选择显示的对象与形式,对于图形数据,根据要素的信息量和密集程度,可选择放大或缩小显示。数据输出是指经系统处理分析,可以直接提供给用户各种地图、图表、数据报表或文字报告等。

(六)二次开发与编程

为使GIS技术广泛应用于各个领域,满足不同用户应用需求,它必须具备的另一个重要基本功能是二次开发环境,包括提供专用语言的开发环境、用户可以在自己的编程环境内调用GIS的命令和函数,或者系统将某些功能做出专门的控件供用户的开发语言(VB、VC、Delphi、Java、C#……)调用等。这样,用户可以非常方便地编制自己的菜单和程序,生成可视化的用户应用系统,完成GIS应用功能的开发。

四、GIS的应用

地理信息系统凭借以上基本功能,能解决多种多样的实际问题,包括:

(1)某一现象或实体的地理位置。

(2)位于某一地点的某一现象或实体的特性。

(3)某一现象或实体的空间布局。

(4)某一现象或实体分布的时空变化。

(5)多种现象或实体在地理位置上的相对关系。

(6)多种现象或实体在某一地点的组合。

(7)多种现象或实体在功能或过程上的联系。

(8)最佳路径。

(9)某一现象的分布趋势。

(10)某一现象的发展趋势。

(11)某一现象的发展所带来的影响和后果。

以上问题中有些可以通过传统的地图阅读和手工量测的方法解决,但其中许多问题由于涉及大量的数据和计算,传统的方法不能或不能有效地给以解决。下面通过一个应用实例来说明GIS解决问题、辅助决策的能力。

【例14-1】 道路拓宽改建过程中的拆迁指标计算。

1.明确分析的目的和标准。

目的:计算由于道路拓宽而需拆迁的建筑物的面积和房产价值。

道路拓宽改建的标准是:

(1)道路从原有的20 m拓宽至60 m。

(2)拓宽道路应尽量保持直线。

(3)部分位于拆迁区内的10层以上的建筑不拆除。

2. 准备进行分析的数据。

涉及两类信息:一类是现状道路图,另一类是分析区域内建筑物分布图及相关的信息。

3. 进行空间操作。

(1)选择拟拓宽的道路,根据拓宽半径,建立道路的缓冲区,如图14-5所示。

(2)将此缓冲区与建筑物层数据进行拓扑叠加,产生一幅新图,此图包括所有部分或全部位于缓冲区内的建筑物信息。

4. 进行统计分析。

(1)对全部或部分位于拆迁区内的建筑物进行选择,凡部分落入拆迁区且楼层高于10层的建筑物,将其从选择组中去除,并对道路的拓宽边界进行局部调整。

(2)对所有需拆迁的建筑物进行拆迁指标计算。

5. 将分析结果以地图或表格的形式打印输出。

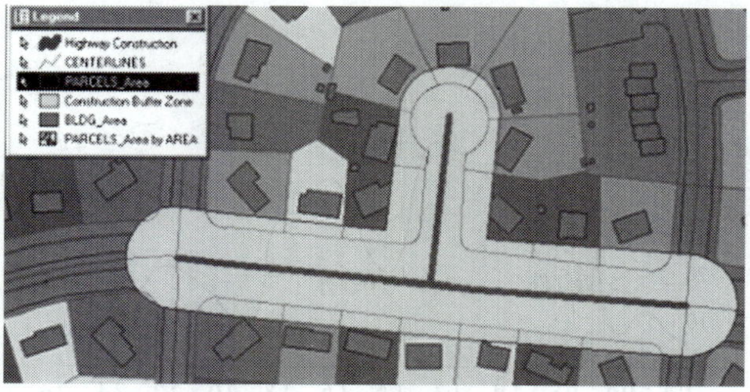

图14-5 道路拓宽改建分析结果

以上所列举的只是一个应用实例,并不足以展示GIS的应用领域及它所能解决的各种实际问题。表14-1列出了目前GIS在政府部门、国防、公共事业、公共卫生、商业与服务业、资源与环境管理领域中有代表性的应用。

表14-1 GIS在各领域中的典型应用

领域	典型应用
地方政府	地籍管理,税务管理,交通规划与交通基础设施管理,土地利用规划与管理,紧急意外事故的预防与管理,公园与公共娱乐场所的规划与管理
国防	军事目标的识别,情报资料的收集
公共事业	电力网络的管理与维护,通信网络的管理与维护,水、气管道的管理与维护
公共卫生	地方病分布,职业病分布,流行病分布
商业与服务业	市场分析,零售点选址,送货或上门服务路线的规划,保险项目的评估,房地产投资、开发项目的规划与管理
资源与环境管理	环境污染监测,环境质量评价,自然灾害(如洪水)的预测预报,灾情评价,土地资源的合理利用与规划,土地利用变化的监测、分析与评价,水土流失的预报和控制,矿产资源的探测与评估,野生动物的管理与保护,森林资源的规划与管理

任务二　RS 技术

遥感(Remote Sensing)通常是指通过某种传感器装置,在不与研究对象直接接触的情况下,获得其特征信息,并对这些信息进行提取、加工、表达和应用的一门科学技术。

作为一个术语,遥感出现于 1962 年,而遥感技术在世界范围内迅速发展和广泛使用,是在 1972 年美国第一颗地球资源技术卫星(LANDSAT-1)成功发射并获取了大量的卫星图像之后。近年来,随着地理信息系统技术的发展,遥感技术与之紧密结合,发展更加迅猛。

遥感技术的基础,是通过观测电磁波,从而判读和分析地表的目标以及现象,其中利用了地物的电磁波特性,即“一切物体,由于其种类及环境条件不同,因而具有反射或辐射不同波长电磁波的特性”(见图 14-6),所以遥感也可以说是一种利用物体反射或辐射电磁波的固有特性,通过观测电磁波,识别物体以及物体存在环境条件的技术。

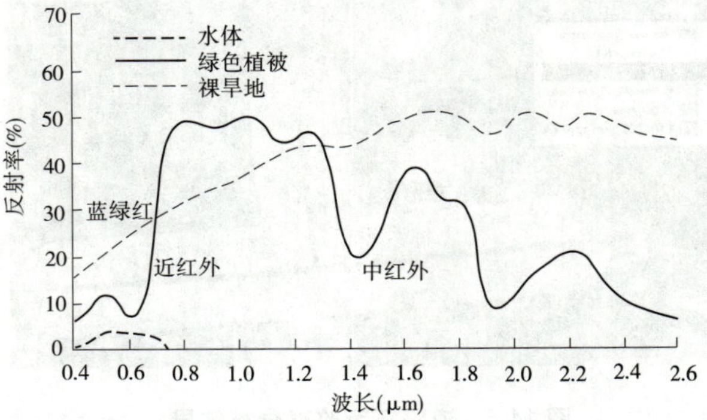

图 14-6　几种常见地物(水体、绿色植被、裸旱地)的电磁波反射曲线

在遥感技术中,接收从目标反射或辐射电磁波的装置称为遥感器(Remote Sensor),而搭载这些遥感器的移动体称为遥感平台(Platform),包括飞机、人造卫星等,甚至地面观测车也属于遥感平台。通常称用机载平台的为航空遥感(Aerial Remote Sensing),而用星载平台的称为航天遥感。

从遥感的定义中可以看出,首先,遥感器不与研究对象直接接触,也就是说,这里的“遥”并非指“遥远”;其次,遥感的目的是得到研究对象的特征信息;最后,通过传感器装置得到的数据,在被使用之前,还要经过一个处理过程。图 14-7 描述了从获取遥感数据到应用的过程。

遥感数据的处理——通常是图像形式的遥感数据的处理,主要包括纠正(包括辐射纠正和几何纠正)、增强、变换、滤波、分类等功能,其目的主要是提取各种专题信息,如土地建设情况、植被覆盖率、农作物产量和水深等(见图 14-8)。遥感图像处理可以采取光学处理和数字处理两种方式。数字图像处理由于其可重复性好、便于与 GIS 结合等特点,目前被广泛采用。

遥感的出现,扩展了人类对其生存环境的认识能力,较之于传统的野外测量和野外观

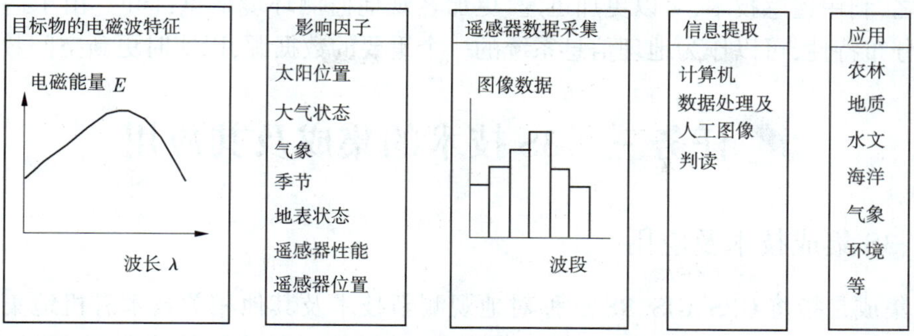

图 14-7 获取遥感数据到应用的过程

图 14-8 TM 合成图像

（合成方案：R=TM7，G=TM4，B=TM2，经增强处理）

测得到的数据，遥感技术具有以下优点：

(1)增大了观测范围。

(2)能够提供大范围的瞬间静态图像，用于监测动态变化的现象。

(3)能够进行大面积重复观测，即使是人类难以到达的偏远地区。

(4)大大“加宽”了人眼所能观察的光谱范围，遥感使用的电磁波波段从 X 光到微波，远远超出了可见光范围；而雷达遥感由于使用微波，可以不受制于昼夜、天气变化，进行全天候的观测。

(5)空间详细程度高，航空相片的空间分辨率可以高达厘米级甚至毫米级。

与航空遥感相比，航天遥感能够进行连续的、全天候的工作，提供更大范围的数据，其成本更低，是获取遥感数据的主要方式；而航空遥感主要应用于临时性的、紧急的观测任务，以获得高精度数据。目前，世界上许多国家都已经发射了服务于不同目的的各种遥感卫星，其遥感器的空间分辨率和光谱分辨率也都各异，形成了从粗到细的对地观测数据源系列，可以用于监测土地利用、农作物生长、植被覆盖，以及洪水、森林火灾、污染等现象的信息以及其动态变化。

总之,利用遥感技术,可以更加迅速、更加客观地监测环境信息;同时,由于遥感数据的空间分布特性,可以作为地理信息系统的一个重要的数据源,以实时更新空间数据库。

任务三 3S技术的集成及其应用

一、3S集成技术及应用

3S集成是指将GPS、GIS、RS三种对地观测新技术及其他相关技术有机地集成在一起。这里所说的集成,是英文Integration的中译文,是指一种有机的结合、在线的连接、实时的处理和系统的整体性。在3S集成应用中,GPS主要用于实时、快速地提供目标,包括各类传感器和运载平台(车、船、飞机、卫星等)的空间位置;RS用于实时地提供目标及其环境的语义或非语义信息,发现地球表面上的各种变化,及时地对GIS进行数据更新;GIS则是对多种来源的时空数据进行综合处理、集成管理、动态存取,作为新的集成系统的基础平台,并为智能化数据采集提供地学知识。

在实际的应用中,较为常见的是3S两两之间的集成,如GIS/RS集成、GIS/GPS集成或者RS/GPS集成等,但是同时集成并使用3S技术的应用实例则较少。美国Ohio大学与公路管理部门合作研制的测绘车是一个典型的3S集成应用,它将GPS接收机结合一台立体视觉系统载于车上,在公路上行驶以取得公路以及两旁的环境数据并立即自动整理存储于GIS数据库中。测绘车上安装的立体视觉系统包括两个CCD摄像机,在行进时,每秒曝光一次,获取并存储一对影像,并做实时自动处理。

3S集成的方式可以在不同的技术水平上实现,最简单的办法是三种系统分开而由用户综合使用,进一步使三者有共同的界面,做到表面上无缝的集成,数据传输则在内部通过特征码相结合;最好的办法是整体的集成,成为统一的系统。

二、GIS与RS的结合

简而言之,地理信息系统是用于分析和显示空间数据的系统,而遥感影像是空间数据的一种形式,类似于GIS中的栅格数据。因而,很容易在数据层次上实现地理信息系统与遥感的集成,但是实际上,遥感图像的处理和GIS中栅格数据的分析具有较大的差异,遥感图像处理的目的是提取各种专题信息,其中的一些处理功能,如图像增强、滤波、分类以及一些特定的变换处理(如陆地卫星影像的KT变换)等,并不适用于GIS中的栅格空间数据分析,目前大多数GIS软件也没有提供完善的遥感数据处理功能,而遥感图像处理软件又不能很好地处理GIS数据,这需要实现集成的GIS。

在软件实现上,GIS与遥感的集成,可以有以下三个不同的层次:

(1)分离的数据库,通过文件转换工具在不同系统之间传输文件。

(2)两个软件模块具有一致的用户界面和同步显示。

(3)集成的最高目的是实现单一的、提供了图像处理功能的GIS软件系统。

在一个遥感和地理信息系统的集成系统中,遥感数据是GIS的重要信息来源,而GIS则可以作为遥感图像解译的强有力的辅助工具。具体而言,有以下的应用方面。

(一)GIS 作为图像处理工具

将 GIS 作为遥感图像的处理工具,可以在以下几个方面增强标准的图像处理功能。

1. 几何纠正和辐射纠正

在遥感图像的实际应用中,需要首先将其转换到某个地理坐标系下,即进行几何纠正。通常几何纠正的方法是利用采集地面控制点建立多项式拟合公式,它们可以从 GIS 的矢量数据库中抽取出来,然后确定每个点在图像上对应的坐标,并建立纠正公式。在纠正完成后,可以将矢量点叠加在图像上,以判断纠正的效果。为了完成上述功能,需要系统能够综合处理栅格和矢量数据。

一些遥感影像,会因为地形的影响而产生几何畸变,如侧视雷达(Dideways-looking radar)图像的叠掩(Layover)、阴影(Shadow)、前向压缩(Foreshortening)等,进行纠正、解译时需要使用 DEM 数据以消除畸变。此外,地形起伏引起光照的变化,也会在遥感图像上表现出来,如阴坡和阳坡的亮度差别,可以利用 DEM 进行辐射纠正,提高图像分类的精度。

2. 图像分类

对于遥感图像分类,与 GIS 集成最明显的好处是训练区的选择,通过矢量/栅格的综合查询,可以计算多边形区域的图像统计特征,评判分类效果,进而改善分类方法。

此外,在图像分类中,可以将矢量数据栅格化,并作为“遥感影像”参与分类,可以提高分类精度,例如考虑到植被的垂直分带特性,在进行山区的植被分类时,可以结合 DEM,将其作为一个分类变量。

3. 感兴趣区域的选取

在一些遥感图像处理中,常常需要只对某一区域进行运算,以提取某些特征,这需要栅格数据和矢量数据之间的相交运算。

(二)遥感数据作为 GIS 的信息来源

数据是 GIS 中最为重要的成分,而遥感提供了廉价的、准确的、实时的数据,目前如何从遥感数据中自动获取地理信息依然是一个重要的研究课题,包括以下几个方面。

1. 线以及其他地物要素的提取

在图像处理中,有许多边缘检测(Edge Detection)滤波算子,可以用于提取区域的边界(如水陆边界)以及线形地物(如道路、断层等),其结果可以用于更新现有的 GIS 数据库,该过程类似于扫描图像的矢量化。

2. DEM 数据的生成

利用航空立体像对(Stereo Images)以及雷达影像,可以生成较高精度的 DEM 数据。

3. 土地利用变化以及地图更新

利用遥感数据更新空间数据库,最直接的方式就是将纠正后遥感图像作为背景底图,并根据它进行矢量数据的编辑、修改。而对遥感图像数据进行分类,得到的结果可以添加到 GIS 数据库中。因为图像分类结果是栅格数据,所以通常要进行栅格转矢量运算;如果不进行转换,可以直接利用栅格数据进行进一步的分析,则需要系统提供栅格/矢量相交检索功能。

因为遥感图像可以视为一种特殊的栅格数据,所以不难实现遥感和 GIS 集成的工具软件——关键是提供非常方便的栅格/矢量数据相互操作和相互转换功能,但是要注意的是,由于各种因素的影响,从遥感数据中提取的信息不是绝对准确的,在通常的土地利用分类中,90%的分类精度就是相当可观的结果,因而需要野外实际的考察验证——在这个过程中可以使用GPS进行定位。此外,还要考虑尺度问题,即遥感影像空间分辨率和GIS数据比例尺的对应关系。例如在实践中,一个常见的问题是:地面分辨率为30 m的TM数据,进行几何纠正时,需要多大比例尺的地形图以采集地面控制点坐标,而其分类结果可以用来更新多大比例尺的土地利用数据。根据经验,合适的比例尺为1:5万~1:10万,比例尺太大则遥感数据精度不够,比例尺过小则是对遥感数据的"浪费"。

三、GIS与GPS的结合

作为实时提供空间定位数据的技术,GPS可以与地理信息系统进行集成,以实现不同的具体应用目标。

(一)定位

定位主要在诸如旅游、探险等需要室外动态定位信息的活动中使用。如果不与GIS集成,利用GPS接收机和纸质地形图也可以实现空间定位。但是通过将GPS接收机连接在安装GIS软件和该地区空间数据的便携式计算机上,可以方便地显示GPS接收机所在位置并实时显示其运动轨迹,进而可以利用GIS提供的空间检索功能,得到定位点周围的信息,从而实现决策支持。

(二)测量

测量主要应用于土地管理、城市规划等领域,利用GPS和GIS的集成,可以测量区域的面积或者路径的长度。该过程类似于利用数字化仪进行数据录入,需要跟踪多边形边界或路径,采集抽样后的顶点坐标,并将坐标数据通过GIS记录,然后计算相关的面积或长度数据。

在进行GPS测量时,要注意以下一些问题:首先,要确定GPS的定位精度是否满足测量的精度要求,如对宅基地的测量,精度需要达到厘米级,而要在野外测量一个较大区域的面积,米级甚至几十米级的精度就可以满足要求;其次,对不规则区域或者路径的测量,需要确定采样原则,采样点选取不同,会影响到最后的测量结果。

(三)监控导航

监控导航用于车辆、船只的动态监控,在接收到车辆、船只发回的位置数据后,监控中心可以确定车船的运行轨迹,进而利用GIS空间分析工具,判断其运行是否正常,如是否偏离预定的路线,速度是否异常(静止)等。在出现异常时,监控中心可以提出相应的处理措施,其中包括向车船发布导航指令。

图14-9描述了GIS与GPS集成的系统结构模型。为了实现与GPS的集成,GIS系统必须能够接收GPS接收机发送的GPS数据(一般是通过串口通信),然后对数据进行处理,如通过投影变换将经纬度坐标转换为GIS数据所采用的参照系中的坐标,最后进行各种分析运算,其中坐标数据的动态显示以及数据存储是其基本功能。

四、GPS与RS的集成

遥感中的目标定位一直依赖于地面控制点,如果要实时地实现无地面控制的遥感目

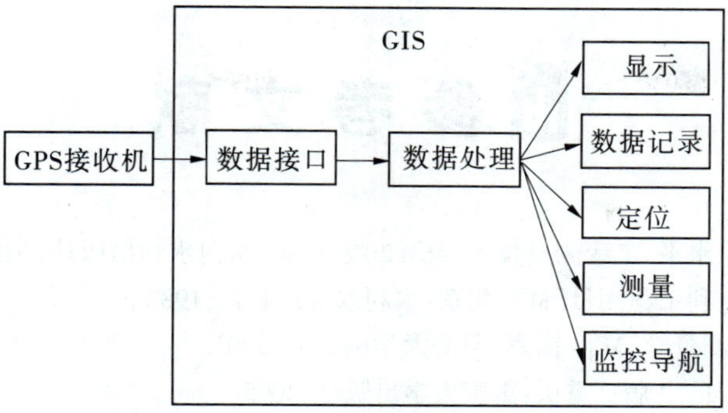

图 14-9 GIS 与 GPS 集成的系统结构模型

标定位，则需要将遥感影像获取瞬间的空间位置(X_S,Y_S,Z_S)和传感器的姿态(φ,ω,κ)用 GPS/INS 方法同步记录下来。对于中低精度定位，可用伪距法；对于高精度定位，则要用相位差分法。

目前，GPS 动态相位差分已用于航空/航天摄影测量进行无地面三角测量，并称为 GPS 摄影测量，它虽不是实时的，但经事后处理可达到米至厘米级精度，已用于生产。可提高效率，缩短周期一年以上，节省外业工作量 90%，节省成本 70%左右。

习 题

14-1 GIS 主要由哪几部分组成？

14-2 目前常用的 GIS 工具软件有哪些？

14-3 GIS 有哪些基本功能？

14-4 遥感是如何定义的？

14-5 3S 技术指的是什么？

参考文献

[1] 黄文彬,王建华,徐水平. 工程测量技术[M]. 2版. 郑州:黄河水利出版社,2012.

[2] 张慕良,叶泽荣. 水利工程测量[M]. 北京:水利水电出版社,1983.

[3] 田林亚,华锡生. 测量学[M]. 南京:河海大学出版社,2001.

[4] 梁盛智. 测量学[M]. 2版. 重庆:重庆大学出版社,2005.

[5] 李峰. 工程测量[M]. 北京:中国电力出版社,2006.

[6] 赵雪云. 工程测量[M]. 北京:中国电力出版社,2007.

[7] 李井永. 建筑工程测量[M]. 北京:清华大学出版社,2005.

[8] 牛爱民,郭宗河. 土木工程测量[M]. 北京:机械工业出版社,2005.

[9] 许能生. 工程测量学[M]. 北京:科学出版社,2004.

[10] 赵红. 水利工程测量[M]. 北京:科学出版社,2008.

[11] 郭宗河. 测量学实用教程[M]. 北京:中国电力出版社,2001.

[12] 张剑锋,邵黎霞. 测量学[M]. 北京:中国水利水电出版社,2009.

[13] 刘仁钊. 工程测量技术[M]. 郑州:黄河水利出版社,2008.

[14] 靳祥升. 水利工程测量[M]. 郑州:黄河水利出版社,2008.

[15] 何习平,张鑫. 工程测量[M]. 郑州:黄河水利出版社,2008.

[16] 齐锐,屈韶琳,阳柽赟. 用MapX开发地理信息系统[M]. 北京:清华大学出版社,2003.

[17] 李洪涛,许国昌,薛鸿印,等. GPS应用程序设计[M]. 北京:科学出版社,1999.

[18] 付新启. 测量学[M]. 北京:北京理工大学出版社,2008.

全国水利行业精品规划教材　高职高专水利水电类
中国水利教育协会策划组织

工程测量技术实训

（第3版·修订版）

王玉振　等编写

黄河水利出版社
·郑州·

前 言

本书是贯彻落实《国家职业教育改革实施方案》(国发〔2019〕4 号)、《国务院关于加快发展现代职业教育的决定》(国发〔2014〕19 号)和《水利部 教育部关于进一步推进水利职业教育改革发展的意见》(水人事〔2013〕121 号)等文件精神,在中国水利教育协会指导下,由中国水利教育协会职业技术教育分会高等职业教育教学研究会组织编写的第四轮水利水电类专业规划教材。第四轮教材以学生能力培养为主线,体现出实用性、实践性、创新性的教材特色,是一套理论联系实际、教学面向生产的高职教育精品规划教材。

为了不断提高教材质量,编者于 2025 年 9 月,根据近年来国家及行业最新颁布的规范、标准、规定等,以及在教学实践中发现的问题和错误,对全书进行了修订完善。本次修订补充了课程思政内容,将党的二十大精神融入教学实践中。

本书第 1 版、第 2 版分别于 2009 年 8 月、2012 年 6 月出版。该书出版以来,因其通俗易懂、全面系统、应用性知识突出、实用性强等特点,受到全国高职高专院校水利类专业师生及广大水利从业人员的喜爱。随着近年来测绘科学技术的飞速发展,在测绘工作中使用数字水准仪、全站仪、激光扫描仪(测量机器人)、GNSS 接收机、无人机等现代化的测量设备已成为常态,地理信息的自动采集、计算机绘制数字地图已成为常规的测绘方法,“工程测量技术”作为工程测量水利工程、土木工程、道路与桥梁工程、城市规划等专业的基础课,对测绘科技的新进展应有及时的反应。为进一步满足教学需要,并使教材内容符合新的行业要求,编者在第 2 版的基础上对原教材内容进行了全面修订、补充和完善。此次修订的内容着重点在于测绘新技术及其应用补充和已过时技术的弱化,增加了 GNSS 导航定位技术、计算机数字化成图等内容,并力求使教材能反映测绘科技的最新成果在工程测量中的应用,在原理阐述、概念说明、公式推导方法介绍等方面注意逻辑性与实用性结合。在内容编排上,既不失原有的连续性,又拓展了现在的新颖性,考虑了学习的系统性,前后呼应、深入浅出,有利于读者掌握工程测量课程的基本理论、基础知识、基本技能、基本方法。此外,在体例上也做了修改,以项目引导、任务引领编排教学内容,在每个学习项目后附有习题,以有助于学生职业能力的培养。

本实训紧扣《工程测量技术(第 3 版)》每个教学项目的核心内容编写,方便学生课后练习及使用各类测绘仪器室外操作,巩固学生课堂学习的理论知识,培养学生的实际动手操作能力。共包含如下实训内容:课间实验、习题、实习。

课间实验部分选取了十八个必不可少的、操作性强的实验项目。每个项目均指明了实验目的、实验内容、实验器具、实验步骤、注意事项等,并针对部分实验提出了一定数量的问答,可以进一步帮助学生理解和巩固实验内容。

习题部分精选了一定数量的习题,以提高学生的理解能力和计算能力。

实习部分将实习分为地形图测绘和工程测量两项内容。地形图测绘能够锻炼学生理论联系实际的能力,提高学生从事测绘实际工作的能力;工程测量是测量的基本理论的应用,须采用模拟实习或生产实习巩固书本知识。

由于编者水平有限,书中难免有不足之处,热忱希望广大读者对书中缺点错误给予批评指正。

编　者

2025 年 9 月

目 录

第一部分 课间实验

课间实验的基本要求

理论教学、课间实验教学、习题强化教学及综合实习教学是学习本课程的四个重要环节，只有坚持理论与实践的密切结合，通过亲自操作仪器、了解仪器的结构和使用方法，认真进行仪器的安装、观测、记录、计算，才能巩固基本理论知识，掌握工程测量的基本原理和基本技术方法。

一、课间实验课的目的

(1)巩固和检验课堂上所学的基本理论知识，加深理论知识的记忆和理解。

(2)初步掌握测量仪器的构造、性能和操作方法。

(3)正确掌握观测、记录和计算的基本方法，求出正确的测量结果。

(4)加强实践技能训练，提高动手能力，使理论知识与实践技能密切结合。

(5)培养学生扎实的专业素质、严谨的科学素养、吃苦耐劳的坚韧品格、和谐向上的团队精神。

二、课间实验课的要求

(1)在测量实验开始之前，应复习教材中的有关内容，认真仔细地预习实训或实训指导书，明确目的与要求，熟悉实验步骤，注意有关事项，并准备好所需文具用品，以保证按时完成实验任务。

(2)实验分小组进行，组长负责组织协调工作，办理所用仪器和工具的借领与归还手续。

(3)实验应在规定的时间进行，不得无故缺席或迟到早退；应在指定的场地进行，不得擅自改变地点或离开现场。

(4)必须认真仔细按照测量程序和测量规范进行测量的记录与计算，遵守纪律，保证完成课程任务。

(5)严格遵守本书列出的仪器借用规则、仪器和工具的操作规程、记录计算规则。

(6)服从教师的指导，认真、仔细地操作，培养独立工作能力和严谨的科学态度，同时要发扬互相协作精神。

(7)每项实验都应取得合格的成果并提交书写工整规范的实验报告，经指导教师审阅签字后，方可交还测量仪器和工具，结束实验。

(8)实验过程中，应遵守纪律，爱护现场的环境，爱护周围的各种公共设施。

三、仪器借用规则

(1)实验所借用仪器应按实验指导书和指导教师的要求借领,以小组为单位到仪器室领取实验仪器和工具,听从实验管理人员的指挥,遵守实验室规定。

(2)各组组长借领仪器时,应核对仪器借用明细表,清点仪器及附件数目,若无问题须在借用单上签字,方可将仪器借出实验室。

(3)借出的仪器、工具,未经指导教师同意,不得与其他小组调换或转借。

(4)实验结束后,应立即将仪器归还,管理人员验收核实后方可离开。

(5)仪器及工具如有遗失或损坏,应写出书面报告说明情况,进行登记,并按有关规定赔偿。

四、仪器工具的操作规范

(一)测量仪器使用注意事项

(1)领取仪器时,必须锁好仪器箱并捆扎好各种工具,检查提手或背带是否牢固,搬运时,必须轻拿轻放,避免由于剧烈震动而损坏仪器。

(2)开箱前应将仪器放在平稳处。开箱后,看清仪器及附件在箱内的位置,便于用毕后各部件稳妥地放回原处。装好仪器之后,注意随即关闭仪器箱盖,防止灰尘和湿气进入箱内。

(3)仪器架设时,保持一手握住仪器,一手去拧连接螺旋,最后旋紧连接螺旋,使仪器与三脚架连接牢固。

(4)仪器安置后,无论是否操作,必须有专人看护,防止无关人员摆弄或行人、车辆碾压损坏。爱护仪器,避免仪器受到强烈的碰撞和挤压,不准用花杆或水准尺打闹、抬东西。

(5)仪器出现故障,如发现仪器转动失灵或听到有异样的声音,应停止工作,严禁私自拆卸,并请示管理人员或指导教师进行处理。

(6)转动仪器时,应先松制动螺旋,再平稳转动。使用微动螺旋时,应先旋紧制动螺旋。制动螺旋应松紧适度,微动螺旋或脚螺旋不要旋到极端。

(7)远距离搬动仪器时,必须将仪器取下,装回仪器箱中进行搬动;近距离搬动仪器时可以松开制动螺旋,使仪器保持直立向上,三脚架与仪器的连接螺旋应拧紧,收拢三脚架,连同三脚架一并夹于腋下,一手托住仪器,一手抱住三脚架,并使仪器在三脚架上呈倾斜向上状态进行搬迁,切不可将仪器扛在肩上进行搬动。

(8)勿使仪器淋雨或暴晒,以避免降低仪器的精度。应做到有人看守,防止风吹伞动撞坏仪器。

(9)实训结束后,仪器装箱应保持原来的放置位置。如果仪器盒子不能盖严,应检查位置放置是否正确,不可强行关箱。箱内仪器各制动螺旋应适度锁紧,以免仪器在箱内晃动。

(10)实验结束后,应清点仪器、用具,避免丢失,尤其注意清点零星物件。

(二)测量工具使用注意事项

(1)水准尺、标杆禁止横向受力,以防弯曲变形。作业时,水准尺、标杆应由专人认真扶直,不准贴靠树上、墙上或电线杆上,不能磨损尺面分划和漆皮。塔尺的使用,还应注意接口处的正确连接,用后及时收尺。

(2)测图板的使用,应注意保护板面,不得乱写乱扎,不能施以重压。

(3)皮尺要严防潮湿,如不慎受潮、打湿,应晾干后再收入尺盒内。

(4)钢尺的使用,应防止扭曲、打结和折断,防止行人踩踏或车辆碾压,尽量避免尺身着水。用完钢尺,应擦净、涂油,以防生锈。

(5)小件工具如垂球、测钎、尺垫等的使用,应用完即收,防止遗失。

(6)测距仪或全站仪使用的反光镜,若发现反光镜表面有灰尘或其他污物,应先用软毛刷轻轻拂去,再用镜头纸擦拭。严禁用手帕、粗布或其他纸张擦拭,以免损坏镜面。

五、测量的记录计算规则

(一)测量记录

(1)所有观测成果均要使用硬性(2H 或 3H)铅笔记录,同时熟悉表上各项内容及填写、计算方法。记录观测数据之前,应将仪器型号、日期、天气、测站、观测者及记录者姓名等无一遗漏地填写齐全。

(2)观测者读数后,记录者应随即在测量手簿上的相应栏内填写,并复诵回报,以防听错、记错。不得另纸记录事后转抄。

(3)记录时要求字体端正清晰,字体的大小一般占格宽的一半左右,留出空隙作改正错误用。

(4)观测数据应体现其精度及真实性,如水准尺读数 1.300 m,不能记成 1.3 m。

(5)水平角观测,秒值读记错误应重新观测,度、分读记错误可在现场更正,但同一方向盘左、盘右不得同时更改相关数字。竖直角观测中,分的读数在各测回中不得连环更改。

(6)距离测量和水准测量中,厘米及以下数值不得更改,米和分米的读记错误,在同一距离、同一高差的往、返测或两次测量的相关数字不得连环更改。

(7)更正错误,均应将错误数字、文字整齐划去,在上方另记正确数字和文字。划改的数字和超限划去的成果,均应注明原因和重测结果的所在页数。

(8)严禁伪造观测记录数据,否则全部测量结果作废,并重新进行测量。

(二)测量计算

(1)每站观测结束后,必须在现场完成规定的计算和校核,确认无误后方可进行下一站的测量。

(2)测量计算时,数字进位应按照"四舍六入、奇进偶不进"的原则,如数据 1.324 4 m、1.323 6 m、1.323 5 m、1.324 5 m,若取至毫米位,按四舍六入则 1.324 4 m 和 1.323 6 m 均应记为 1.324 m。按奇进偶不进 1.323 5 m 和 1.324 5 m 均应记为 1.324 m。

(3)测量计算时,数字的取位规定:水准测量视距应取位至 0.1 m,视距总和取位至 0.01 km,高差中数取位至 0.1 mm,高差总和取位至 0.001 m,角度测量中角度取位至 1″。

(4)观测手簿中,对于有正负意义的量,记录计算时,一定要带上"+""-"号,即使是"+"号,也不能省略。

(5)简单计算,如平均值、方向值、高差(程)等,应边记录边计算,以便超限时能及时发现问题并立即重测。较为复杂的计算,可在观测结束后及时算出。

(6)所有的观测与记录手簿不准另行誊抄。

实验一 DS_3 微倾水准仪的认识及使用

一、实验目的与要求

(1)了解 DS_3 微倾水准仪的基本构造、仪器各部件的名称和作用。

(2)练习并初步掌握水准仪的基本操作步骤,包括安置仪器、粗略整平、瞄准目标、消除视差、精确整平和正确读数。

(3)了解各种水准尺的形式并熟悉水准尺的刻划,掌握水准尺及尺垫的正确使用方法。

二、实验计划及内容

(1)实验时间:基本学时2学时,建议4学时。

(2)实验人员:实习小组人员原则上4~6人,设组长一人。

(3)实验内容:①熟悉仪器各部件的名称和作用;②练习安置仪器、粗略整平、瞄准目标、消除视差、精确整平和正确读数,要求每位同学至少操作仪器一次。

三、实验器具

每个小组领取下列实验器具:

(1) DS_3 微倾水准仪一台。

(2)水准仪专用脚架一个。

(3)水准尺一对。

(4)记录板一个。

(5)自备铅笔、记录本、计算器等。

四、实验场地

实验场地原则上以各院校专用实训场地为宜,如无专用实训场地,可在操场等较为平坦地域实施。

五、实验步骤

(一)安置仪器

(1)首先选一处平坦地面将水准仪专用脚架三个固紧螺旋松开,并拢三条架腿使脚架升高至肩膀高度再拧紧固紧螺旋,然后把三条架腿张开立于地面,此时应注意使三条架腿与地面的接触点大致成一等边三角形,且接触点之间的距离以70~90 cm为宜,以保证脚架能较稳定地立于地面。完成该步骤后,架头应处于大致水平的状态。

(2)把仪器箱放于地面一干净稳妥处打开,观察并记下仪器在箱内的安放位置后,双手分握住仪器的基座和望远镜取出仪器,并安放于架头正中央,迅速把中心连接螺旋插入仪器基座底部中央圆形旋入口内,顺时针方向拧紧,此时应注意力度合适,不能太紧亦不能太松。

(二)熟悉仪器和认识水准尺、尺垫

对照图 1-1 认识本组所用仪器各部件名称,记下其位置和形状,了解其作用并动手操作仪器以熟悉其使用方法。

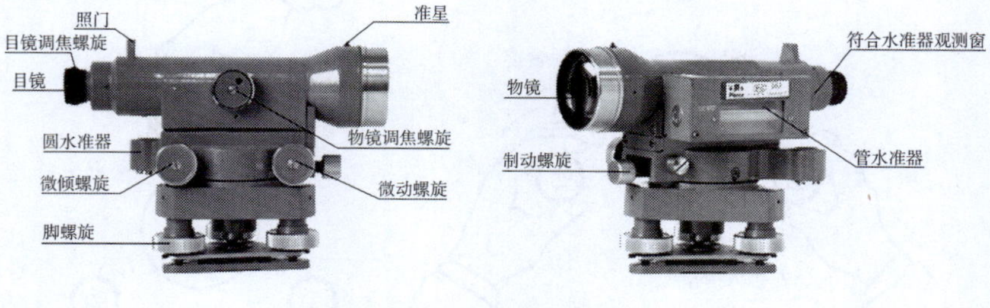

图 1-1　DS_3 微倾水准仪各部件名称

了解尺垫的形状和用途(见图 1-2)。

图 1-2　尺垫的形状

找一对水准尺进行对比观察,了解其刻划和注记,并掌握其读数方法、使用方法(其他类型的水准尺见图 1-3)。

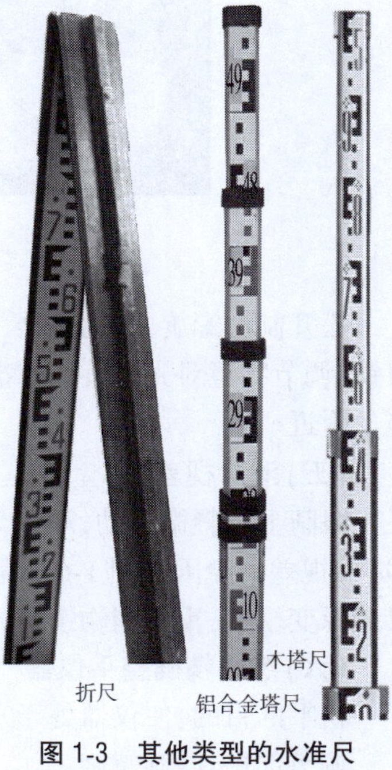

图 1-3　其他类型的水准尺

(三)练习粗略整平仪器

粗平的目的:使仪器大致处于水平状态。

调节部件:脚螺旋。

目标部件:圆水准器。

脚螺旋调节规律:顺时针升高,逆时针降低。

圆水准器气泡移动规律:与左手拇指或右手食指移动方向一致。

具体方法、过程:首先观察圆水准器气泡所处位置,然后确定调节方案。如图 1-4(a)所示,气泡靠近脚螺旋①,说明该部位较高,可用左手捏住脚螺旋①逆时针旋转,同时右手捏住脚螺旋②顺时针旋转,这时气泡沿①、②脚螺旋的连线方向平行移动,如气泡进入圆水准器中央圆圈内即完成粗平;若气泡未进入圆圈内而是如图 1-4(b)所示,可用左手或右手捏住脚螺旋③顺时针旋转使气泡进入圆圈中央。若一次不能完成,可反复进行。

技巧:气泡离哪个脚螺旋近,即先调节哪个脚螺旋。

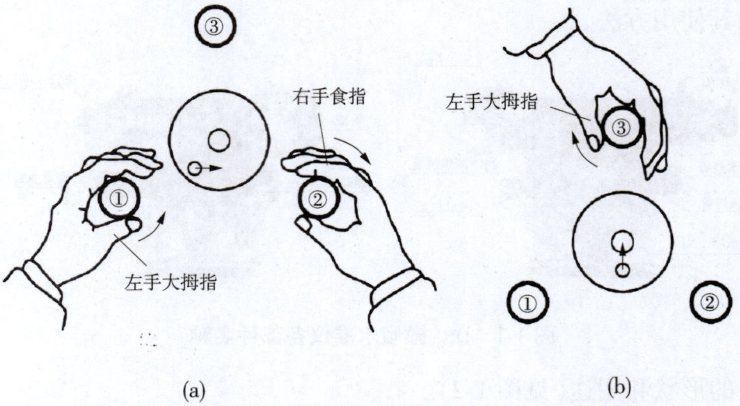

图 1-4 粗略整平仪器

(四)瞄准练习

首先转动望远镜使物镜对准天空或一面明亮的墙体观察十字丝是否清晰,如不清晰可顺时针或逆时针调节目镜使之清晰。如图 1-5 所示。

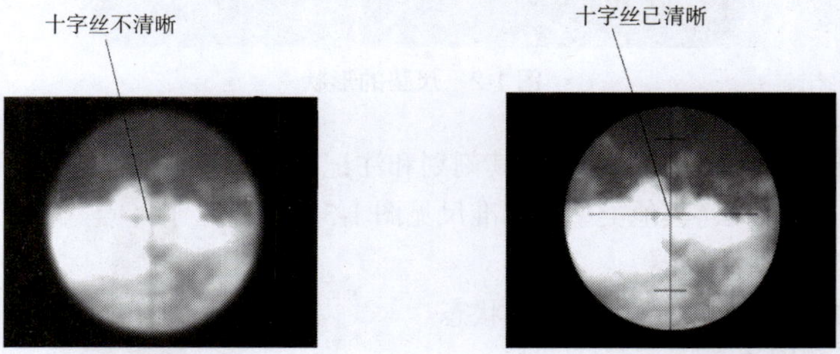

图 1-5 目镜的调节

松开制动螺旋,转动仪器,眼睛通过照门和准星瞄准水准尺,拧紧制动螺旋,眼睛观察目镜,调节物镜对光螺旋使水准尺成像清晰,调节水平微动螺旋使水准尺成像位于十字丝竖丝附近。

(五)消除视差

眼睛上下轻微移动,观察十字丝是否在水准尺上做上下移动,如有此现象表明有视差(造成视差的原因见图 1-6),需消除视差。方法:先调节目镜使十字丝更清晰,此时水准尺成像变模糊,重新调物镜对光螺旋使水准尺清晰。反复进行,直至无视差。

(六)练习精确整平仪器

精平的目的:使仪器处于水平状态。

调节部件:微倾螺旋。

目标部件:符合水准器。

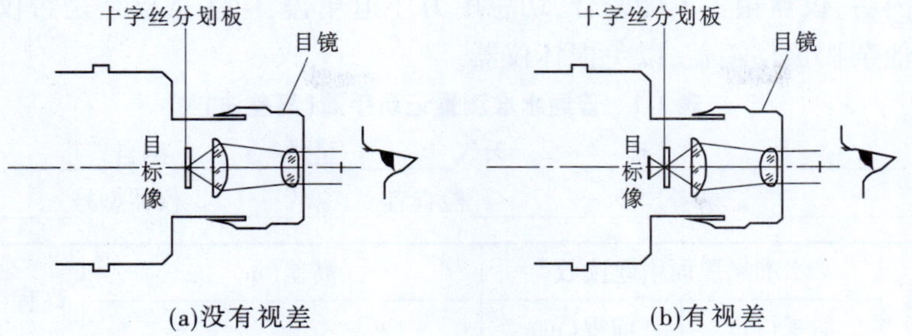

图 1-6　造成视差的原因

微倾螺旋调节规律：顺时针升高，逆时针降低。

符合水准器气泡移动规律：左端气泡与右手拇指移动方向一致。

具体方法：首先观察符合水准器玻璃窗口，看气泡在哪个位置，转动微倾螺旋，同时通过观察窗看两剪刀泡是否符合成抛物线形。如图 1-7 所示。

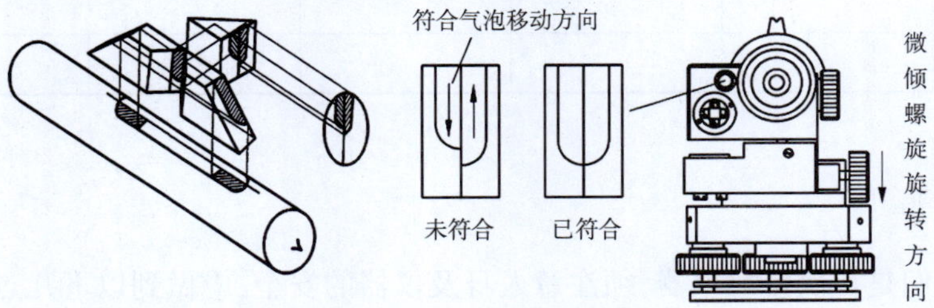

图 1-7　符合水准器调节方法

（七）练习正确读数

熟悉水准尺读数后可用仪器瞄准水准尺（见图 1-8），精平后观察中丝在水准尺上的位置，依次读出米、分米、厘米，最后估读出毫米，共四位数。读数及记录时可以米或毫米为单位。

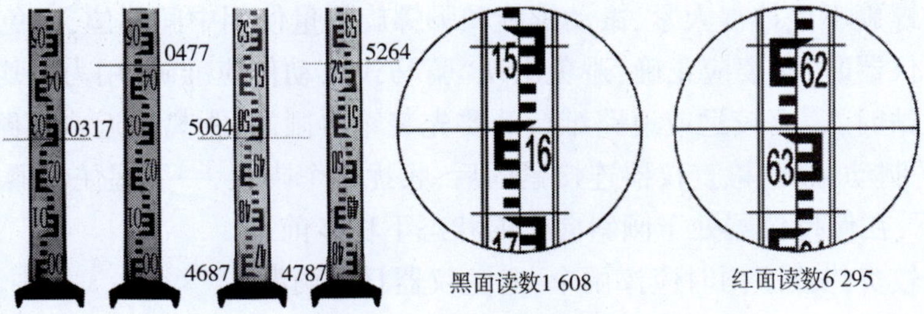

图 1-8　仪器瞄准水准尺

（八）测站观测练习

在仪器两侧二三十米处各立一根水准尺，分别观测、读数、记录并计算，求出两立尺点间高差。组内成员间所得高差应相等，如不等其差值应小于 5 mm。观测数据记入表 1-1 并计算两立尺点的高差。

（九）仪器装箱

实验完成后，按正确方法把仪器放回箱内。装箱时注意按取出时的位置原样放回，如仪器放进箱内后,仪器箱盖不能密合,切忌用力压迫箱盖,应注意检查是否仪器放置位置不当或有其他杂物顶住箱盖,以免损坏仪器。

表 1-1　普通水准测量记录手簿(高差法)

______年______月______日　　天气______呈像______测自______至______

观测者________记录者________检查者________仪器型号________

测站	点名	水准尺黑面中丝读数		高差(m)		高程(m)	备注
		后视(m)	前视(m)	+	−		

六、注意事项

由于同学们是初次接触仪器,须注意人身及仪器的安全,应做到以下几点:

(1)测站点应选在远离交通要道、运动场地和施工场地,人员活动较少的地方。

(2)在安置仪器时须注意三脚架安置是否稳妥,连接螺旋连接是否紧固。

(3)取出仪器之前应注意仪器在箱内的摆放位置,以免装箱困难。

(4)严禁无人看管仪器,不可将仪器、水准尺靠在树上或墙上。

(5)旋转仪器前应先松开制动螺旋,切忌直接用力旋转仪器,以免损坏制动装置。

(6)制动螺旋不能拧得太紧,微动螺旋和脚螺旋尽量使用中间部位,以免失灵。

(7)操作仪器时,站姿应正确,避免出现“骑马式”,动作应准确,用力要均匀。

(8)需搬站时,距离较远或道路难行的要先装箱再搬站;距离较近或道路平坦地区可直接松开水平制动螺旋,检查仪器连接紧固后,收拢三个脚架,一手握住仪器基座,一手将脚架抱于肋下,在保持仪器处于倾斜向上的状态下稳步前进。

(9)天气较炎热或下雨时应撑雨伞,避免仪器日晒雨淋。

(10)仪器装箱前要先把脚螺旋调至大致同高的中间位置,水平微动螺旋、微倾螺旋旋至中间位置,清除仪器上的灰尘,然后一手握住仪器、一手松开连接螺旋,双手取下仪器按正确位置放入箱内,拧紧制动螺旋后合上箱盖并锁紧。最后清除脚架上的泥土并收拢锁紧。

七、练习题

(一)填空

(1)水准仪主要由________、________、________构成。

(2)转动望远镜瞄准目标时,首先打开__________螺旋,当目标呈现在望远镜内后,转动__________螺旋,精确瞄准。

(3)转动微动螺旋瞄准目标时,必须首先拧紧__________螺旋。

(4)视准轴是________________和________________的连线。

(5)看不清十字丝时转动__________螺旋,看不清目标时转动__________螺旋。

(6)水准管气泡不居中时,转动__________螺旋使符合气泡严密吻合。

(二)简答

(1)我们说水准管气泡居中,视线就水平,先决条件是什么?

(2)水准仪为什么要安装两种水准器?

(3)尺垫上为什么要有半球凸起?

(4)水准尺按构造来说有哪几种形式?以哪一种为好?

(5)高差为正或为负各表示什么?

(6)水准仪的使用操作分哪几步进行?

实验二　普通水准测量

一、实验目的与要求

(1)了解水准测量校核路线的三种布设形式。

(2)进一步巩固仪器的操作方法、要领。

(3)掌握等外水准测量的观测、记录、计算、高差闭合差的计算和调整。

(4)熟练运用视线高法和高差法计算高程。

(5)理解转点的含义和作用,掌握用尺垫做转点的方法。

(6)了解并掌握测量记录的规则,并逐渐养成回报数据的习惯。

(7)要求每位同学完成闭合水准路线一条或附合水准路线一个测段(至少3个测站)的观测、记录和计算。

二、实验计划及内容

(1)实验时间:基本学时4学时,建议6学时。

(2)实验人员:实习小组人员原则上4~6人,其中观测员、记录员及扶尺员由组长负责统一安排。

(3)实验内容:等外水准测量。每位同学从一个已知高程点出发完成闭合水准路线一条或附合水准路线一个测段(至少3个测站)的观测、记录和计算。

三、实验器具

每个小组领取下列实验器具:

(1)DS_3微倾水准仪一台。

(2)水准仪专用脚架一个。

(3)水准尺一对。

(4)记录板一个。

(5)自备铅笔、计算器等。

四、实验场地

实验场地原则上以各院校专用实训场地为宜,如无专用实训场地,可在操场等较为平坦地域实施。

五、实验步骤

(1)在室内或实习场地上规划好施测路线,建议布设成一条闭合水准路线。

(2)选择场地内一已知高程的水准点作为起始点,在点上立水准尺,距该点约30 m处安置水准仪,在线路前进方向距仪器约30 m处放置一尺垫作为转点1,记为TP_1,在尺垫上立另一根水准尺。如图1-9所示。

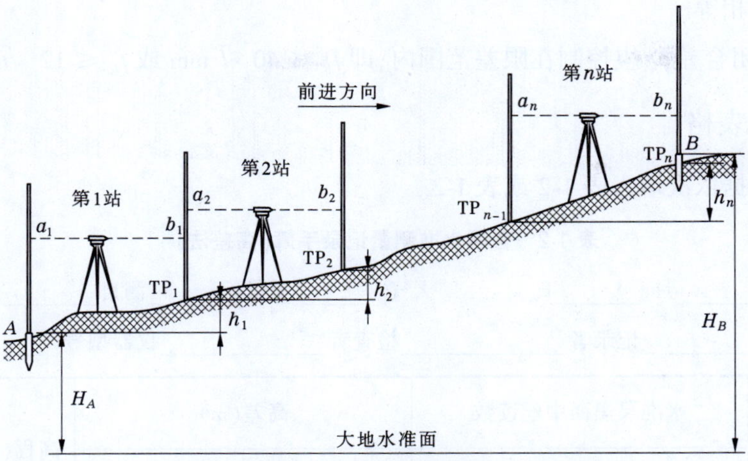

图 1-9 水准测量测站的设置

(3)观测员瞄准水准点上的水准尺精平水准仪后读取后视读数 a 报于记录员，记录员回报数据，确认无误后记入记录手簿。如按视线高法计算高程，记录员应迅速用已知点高程 H_A 和后视读数 a 计算出视线高 H_i，$H_i=H_A+a$。

(4)观测员旋转仪器瞄准转点(尺垫)上所立水准尺，精平后读取前视读数 b 报于记录员，记录员回报数据，确认无误后记入记录手簿，并迅速用视线高 H_i 和前视读数 b 计算转点高程；如采用高差法计算高程，则用后视读数 a 和前视读数 b 计算出已知点和转点的高差 h，$h=a-b$。完成一个测站。

(5)在 TP_1 的前进方向 60~100 m 处放另一尺垫作为转点 2，记为 TP_2，把立在后视点上的水准尺移至 TP_2 上，TP_1 上的水准尺不动。在 TP_1 与 TP_2 之间约等距处安置仪器，重复上述(3)、(4)步。完成第二测站。

(6)依同法继续进行测量，经过若干测站，把指导教师指定的待定点高程测出后回到原起始水准点上(如果是附合水准路线则附合在另一水准点上)。

(7)计算检核：高差之和 $\sum h$ = 后视读数总和 $\sum a$ − 前视读数总和 $\sum b$。

(8)组内轮换工作。

六、注意事项

(1)由于普通水准测量通常不做测站校核，很难在测站中发现错误，故应避免读数时出现粗差，并尽可能减少读数误差。

(2)读数时应让扶尺员把水准尺立直，每次读数前符合水准器应精确整平；报数据时应快速、准确、口齿清晰，避免误报误记。

(3)记录时养成良好习惯，做到字体端庄清晰、数位对齐、数字齐全(前后视读数均为 4 位数，不足的用 0 占位)、大小合适，高度以不超过每行的 1/2 为宜；字迹工整清晰；字脚靠底线书写。

(4)转点必须放尺垫，而已知点和待定点则不能放尺垫。

(5)高程计算采用视线高法或高差法均可。

(6)普通水准测量对前后视的距离要求稍低，但是原则上最大视距应不超过 150 m，前后视应基本相等。

(7)高差闭合差f_h应控制在限差范围内,即$f_h \leqslant 40\sqrt{l}$ mm 或$f_h \leqslant 12\sqrt{n}$ mm。

七、记录表格

将观测数据依次填入表1-2或表1-3。

表1-2 普通水准测量记录手簿(高差法)

____年____月____日　天气____　呈像____　测自____至____

观测者____　记录者____　检查者____　仪器型号____

测站	点名	水准尺黑面中丝读数		高差(m)		高程(m)	备注
		后视(m)	前视(m)	+	−		
计算校核		$\sum a=$	$\sum b=$				
		$\sum a-\sum b=$		$\sum h=$			

表 1-3　普通水准测量记录手簿(视线高法)

________年________月________日　　天气________呈像________测自________至________

观测者____________记录者____________检查者____________仪器型号____________

测站	点名	后视读数(m)	视线高程(m)	前视读数(m)	高程(m)

八、练习题

(1)水准路线有哪几种布设形式？各适用于什么场合？

(2)整平仪器时,为什么按相反方向转动基座螺旋？

(3)已知某水准管分划值为20″,当仪器距尺子20 m时,要使气泡不居中而产生的读数误差不超过2 mm,问气泡可能偏中央几格？

实验三　水准仪的检验和校正

一、实验目的与要求

(1)通过实验使学生进一步了解 DS_3 水准仪的基本构造原理,各轴线之间应满足的几何关系及检校的方法步骤。

(2)要求在了解检验校正基本理论方法的基础上,耐心细致地进行检验校正,学会检验校正的技能。

二、实验计划及内容

(1)实验时间:基本学时 2 学时。

(2)实验人员:实验小组人员 4 人,其中观测员、记录员、扶尺员由组长负责统一安排。

(3)实验内容:选定检验场地,每位同学完成 DS_3 水准仪是否满足条件。

三、实验器具

(1)DS_3 水准仪一台。

(2)水准尺一对(带尺垫)。

(3)木桩、校正针各一个。

(4)皮尺一盒。

四、实验步骤

(一)一般检查

先进行一般检查。

1. 水准仪

(1)在水准仪安装以后,先转动各部分螺旋(制动、微动、对光、基座等螺旋)看是否灵活有效,检查望远镜转动是否灵活。

(2)检查三角架是否稳固,架头螺旋是否松动,架腿螺旋是否有效。

2. 水准尺

检查水准尺是否平直,有无弯扭状态,刻划是否清楚、均匀、正确。

(二)水准仪的检验和校正

1. 圆水准器的检验和校正

1)目的

使圆水准器轴平行于仪器竖轴。

2)检验

(1)将仪器安装于地面。

(2)松开制动螺旋,旋转仪器,使圆水准器位于两基座螺旋中央后拧紧制动螺旋。

(3)转动制动螺旋,将仪器旋转180°,若气泡居中,表示条件满足,否则就要校正。

3)校正

(1)转动基座螺旋(先用两个基座螺旋,再用气泡所对的一个基座螺旋),使气泡向中间移动偏离的一半。

(2)用校正针拨动圆水准器底下的三个校正螺丝,使气泡完全居中。检验校正应反复进行,直至圆水准器转至任何位置气泡始终居中。

2. 望远镜十字丝横丝的检验和校正

1)目的

使十字丝处于水平位置并垂直于仪器竖轴。

2)检验

(1)在距墙壁或其他固定物体约30 m处安置水准仪,并在墙壁上瞄准一固定点(用横丝的一端)。

(2)转动水平微动螺旋,使望远镜作水平方向移动,如果固定点始终在横丝上移动,表示条件满足,否则需要校正。

3)校正

校正时先打开护盖,用校正针或扳手松开十字丝校正螺丝,微微转动十字丝环,使横丝端点移动偏离固定点的1/2距离,然后拧紧校正螺丝,如此反复进行检校,直至满足条件。

3. 水准管的检验和校正

1)目的

使水准管轴平行于视准轴,即符合水准器气泡符合时,视线就水平。

2)检验

(1)地面上相距80 m选定A、B两点,各打一桩(或稳固放尺垫),在A、B两点40 m的中点安置仪器。

(2)在A、B两点立水准尺,水准仪以A点(或B点)为后视,读数为a_1,以B点(或A点)为前视,读数为b_1。

(3)计算$a_1-b_1=h_1$,为了确保高差正确,保持仪器在中点位置不变,改变仪器高再读得a_2、b_2得h_2,若h_1与h_2之差小于3 mm,则计算$h_{正}=\frac{1}{2}(h_1+h_2)$为正确高差。

(4)将仪器移至距A点(或B点)3 m处,分别读取a_3、b_3',计算$b_3=a_3-h_{正}$,若$\Delta=b_3'-b_3\leqslant 3$ mm,或$i=\frac{\Delta}{D_{AB}}\times\rho''\leqslant 10''$,符合要求,否则需校正。式中$\Delta$为远距读数差;$D_{AB}$为$AB$间距离;$\rho''$为206 265″。

(5)转动微倾螺旋,使远尺读数b_3'等于b_3,此时视线水平,水准管轴不平行。

(6)利用校正针拨动校正螺旋,使符合气泡吻合。

此项检校应反复进行,直至远尺读数与计算之差的角度$i\leqslant\pm 10''$。

五、注意事项

(1)检验校正是一项细致、要求严格的工作,必须按照操作方法和次序进行。

(2)仪器各部分的关系正确与否将影响仪器的作用,有时较复杂。所以,检验校正往往不能一次完成,必须反复进行。

(3)检验校正时,前后各项互相影响,顺序不能颠倒。

(4)校正针粗细适当,与校正孔大小相等。校正时不能粗暴用力。

(5)拨动校正螺丝时,应先松后紧,松紧适当,校正完毕后,校正螺丝应处于稍紧状态。

六、练习题

(一)简答

(1)水准管轴、视准轴、圆水准器轴、竖轴应满足什么条件?

(2)水准测量时为什么要求前后视距离相等?绘图说明。

(3)水准管轴不平行视准轴的原因是什么?

(二)填空

按检验各项目的情况填写下列各题。

(1)圆水准轴平行于竖轴的检验校正中,请在图 1-10 中用虚圆绘出下列情况下气泡的位置:

(a)仪器整平后;(b)仪器转 180°后;(c)校正时,用__________调整气泡偏离的__________后;(d)用__________调整气泡偏离的__________后;(e)仪器转 180°再检验时__________。

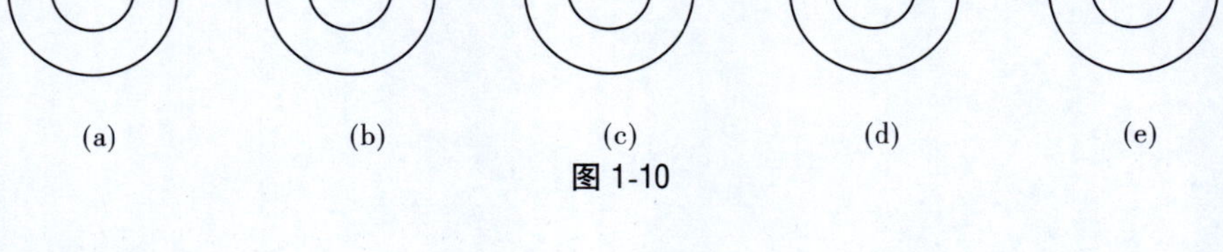

图 1-10

(2)十字丝横丝垂直于竖轴检校过程中,请在图 1-11 中绘出十字丝横丝与目标点的位置关系。

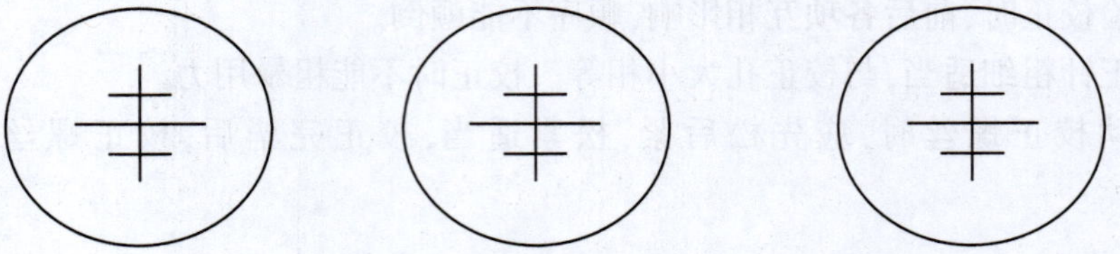

图 1-11

(3)完成如表 1-4 所示水准管轴的检验记录。

表 1-4　水准管轴的检验记录

仪器位置	项目	第一次	第二次
在中点测高差	A 点尺上读取 a_1		
	B 点尺上读取 b_1		
	$h_{ab}=a_1-b_1$		
在 A 点附近检校	A 点尺上读取 a_2		
	B 点尺上读取 b_2'		
	$b_2=a_2-h_{ab}$		
	偏差 $\Delta=b_2'-b_2$		
	$i=\dfrac{\|\Delta\|}{D_{AB}}\times\rho''$		
检校示意图			

实验四　四等水准测量——一个测站工作

一、实验目的与要求

(1)了解并掌握四等水准测量的观测顺序、观测方法,记录顺序、记录格式,计算方法。

(2)了解并掌握四等水准测量的测站校核方法。

二、实验计划及内容

(1)实验时间:基本学时2学时,建议4学时。

(2)实验人员:实习小组人员原则上4~6人,其中观测员、记录员及扶尺员由组长负责统一安排。

(3)实验内容:四等水准测量一个测站的工作。每位同学完成一个测站的观测、记录和计算。

三、实验器具

每个小组领取下列实验器具:

(1)DS_3微倾水准仪一台。

(2)水准仪专用脚架一个。

(3)水准尺一对。

(4)记录板一个。

(5)自备铅笔、计算器等。

四、实验场地

实验场地原则上以各院校专用实训场地为宜,如无专用实训场地,可在操场等较为平坦地域实施。

五、实验步骤

(1)选择场地内一个已知高程的水准点作为起始点,在点上立水准尺,距该点约30 m处安置水准仪,在线路前进方向距仪器约30 m处放置一尺垫作为转点1,记为TP_1,在尺垫上立另一根水准尺。为使前后距基本相等,可采用步量的方法来确定TP_1的位置。如可让扶后尺的同学从后视点开始步量至仪器,再从仪器处步量相同距离至转点处。

(2)观测员瞄准水准点上的水准尺黑面并精平水准仪,先后读取后尺下丝、上丝报于记录员,记录员回报数据,确认无误后记入记录手簿,此时记录员应迅速用下丝读数和上丝读数计算出后距。接着观测员读取后尺黑面中丝读数,记录。然后指挥扶尺员将水准尺换成红面,读取红面中丝,记录。记录员计算后尺黑红面读数差值,如不超过±3 mm,即完成后尺读数;否则,应重读黑红面中丝直至满足要求。

(3)观测员旋转仪器瞄准转点(尺垫)上所立水准尺并精平,先后读取前尺下丝、上丝报于记录员,记录员回报数据,确认无误后记入记录手簿,此时记录员应迅速用下丝读数和上丝读数计算出前距并计算出前后距之差,如前后距差值不超过±3 m,则可让观测员继续读数,否则应调整前视尺垫的位置或者仪器的位置。如只调整尺垫位置,则只需重读前尺的上下丝即可;如前视点为待定点需移动仪器,则后尺的全部数据需重读。

(4)接着观测员读取前尺黑面中丝读数,记录。然后指挥扶尺员将水准尺换成红面,读取红面中丝,记录并计算前尺黑红面读数差值和黑红面高差之差,如前者不超过±3 mm,后者不超过±5 mm,即完成一个测站观测,否则应重读黑红面中丝,直至满足要求。

(5)记录员根据数据先后计算距离累积差、黑面高差、红面高差和高差中数。

六、注意事项

(1)四等水准测量的观测顺序为后(黑面:下丝、上丝)—后(红面:中丝)—前(黑面:下丝、上丝)—前(红面:中丝),初学者容易弄错。

(2)前后视距离差要求不超过±3 m,初学者往往不容易控制,应采用步量或用皮尺丈量。

(3)在观测中为提高效率,记录员要边记录边计算,以免重复观测,但不可预先算出数值报于观测者,以免影响其读数。如不可根据黑面读数算出红面读数而告知观测者。

(4)扶尺员立尺时要认真负责,读数时必须使水准尺保持竖直状态。

(5)记录应工整规范,严禁捏造或涂改数据。

七、记录表格

将观测数据填入表1-5。

表 1-5　四等水准测量手簿

______年______月______日　天气______呈像______测自______至______

观测者______记录者______检查者______仪器型号______

测站编号	点号	后尺 下丝 / 上丝	前尺 下丝 / 上丝	方向及尺号	标尺读数		K+黑-红	高差中数	高程
		后距	前距		黑面（中丝）	红面（中丝）			
		视距差 d	$\sum d$						
		（1）	（5）	后	（3）	（4）	（13）		
		（2）	（6）	前	（7）	（8）	（14）		
		（9）	（10）	后-前	（15）	（16）	（17）	（18）	
		（11）	（12）						
				后					
				前					
				后-前					
				后					
				前					
				后-前					
				后					
				前					
				后-前					
				后					
				前					
				后-前					

实验五 四等水准路线测量

一、实验目的与要求

(1)了解四等水准测量线路的三种布设形式、技术要求。

(2)进一步熟悉和掌握四等水准测量的观测方法、记录格式、计算方法及校核方法。

(3)掌握四等水准测量的数据处理,主要是高差闭合差的计算、调整及高程推算。

(4)进行四等水准测量应按规定的操作程序,国家测绘部门发布的《国家三、四等水准测量规范》(GB/T 12898—2009)规定了四等水准测量主要技术要求,如表1-6所示。

表1-6 四等水准测量主要技术要求

等级	视线高度	视距长度(m)	前后视距差(m)	前后视距累积差(m)	黑红面读数差(mm)	黑红面高差之差(mm)	精度要求(mm)
四等	三丝读数	≤100	≤3.0	≤10.0	≤3.0	≤5.0	$\leqslant \pm 20\sqrt{L}$

二、实验计划及内容

(1)实验时间:基本学时4学时,建议6学时。

(2)实验人员:实习小组人员原则上4~6人,其中观测员、记录员及扶尺员由组长负责统一安排。

(3)实验内容:四等水准测量。每位同学从一个已知高程点出发完成闭合水准路线一条或附合水准路线一个测段(至少4个测站)的观测、记录和计算。

三、实验器具

每个小组领取下列实验器具:

(1)DS_3 微倾水准仪一台。

(2)水准仪专用脚架一个。

(3)水准尺一对。

(4)记录板一个。

(5)自备铅笔、计算器等。

四、实验场地

实验场地原则上以各院校专用实训场地为宜,如无专用实训场地,可在操场等较为平坦地域实施。

五、实验步骤

(1)在室内或实习场地上规划好施测路线,建议布设成一条闭合水准路线。

(2)选择场地内一已知高程的水准点作为起始点,在点上立水准尺,距该点约 30 m 处安置水准仪,在线路前进方向距仪器约 30 m 处放置一尺垫作为转点 1,记为 TP_1,在尺垫上立另一根水准尺。选择转点时应采用步量或用皮尺丈量控制距离。

(3)观测员瞄准水准点上的水准尺黑面并精平水准仪,先后读取后尺下丝、上丝、中丝,记录并计算后距。然后读取红面中丝,记录并计算黑红面读数差,其差值不超过±3 mm 时可继续进行观测,否则应重读后尺黑红面中丝直至满足要求。完成后尺读数。

(4)观测员旋转仪器瞄准转点(尺垫)上所立水准尺黑面,精平后读取前尺下丝、上丝,记录并计算前距、前后距离差值,其差值不超过±3 m 时可读取黑面中丝;否则应调整转点位置并重读前尺下丝、上丝、中丝。然后读取前尺红面中丝,记录并计算黑红面读数差,其差值不超过±3 mm 时可继续进行观测,否则应重读前尺黑红面中丝直至满足要求。完成一个测站。

(5)在 TP_1 的前进方向 60~100 m 处放另一尺垫作为转点 2,记为 TP_2,把立在后视点上的水准尺移至 TP_2 上,TP_1 上的水准尺不动。在 TP_1 与 TP_2 之间约等距处安置仪器,重复上述(3)、(4)步。完成第二站。

(6)依同法继续进行测量,经过若干测站,把指导教师指定的待定点高程测出后回到原起始水准点上(如果是附合水准路线则附合在另一水准点上)。

(7)计算检核。

(8)组内轮换工作。

六、注意事项

(1)作为后视的转点,其尺垫只有在读完前视且测站校核完成确认无误后才能随仪器一起移动。

(2)测站校核必须现场完成,不得只测数据不校核。

(3)水准测量中记录员是技术把关者,记录员在测站校核未完成前不能下令搬动仪器;观测员更不能擅自搬动仪器。

(4)搬站时应按正确步骤进行,以免损坏仪器。

(5)扶尺员立尺时要认真负责,读数时必须使水准尺保持竖直状态。

(6)水准尺在移动时要交叉前进,不能同时向前移,移动水准尺时切忌带动尺垫。

七、记录表格

观测结果记入表 1-7,高差闭合差调整数据填入表 1-8。

表 1-7 四等水准测量记录手簿

____年____月____日 天气____ 呈像____ 测自____至____

观测者____ 记录者____ 检查者____ 仪器型号____

测站编号	点号	后尺 下丝 / 上丝 / 后距 / 视距差 d	前尺 下丝 / 上丝 / 前距 / $\sum d$	方向及尺号	标尺读数 黑面(中丝)	标尺读数 红面(中丝)	K+黑-红	高差中数	高程
				后					
				前					
				后-前					
				后					
				前					
				后-前					
				后					
				前					
				后-前					
				后					
				前					
				后-前					
				后					
				前					
				后-前					

表 1-8　四等水准测量高差闭合差调整表

点名	测段长度(km)	高差(m)			高程(m)	备注
		实测高差	改正数	改正后高差		

八、练习题

(1)四等水准测量和普通水准测量有哪些区别?

(2)三、四等水准测量为什么要限制前后视距差不等值?为什么要限制不等值的累积值?

实验六　经纬仪的认识与使用

角度测量是测量的基本工作之一，经纬仪是测定角度的仪器。通过本实验可使同学们了解光学经纬仪的组成、构造，经纬仪上各螺旋的名称、功能，以及经纬仪的特点。

一、实验目的与要求

(1)了解 DJ_6 光学经纬仪的基本构造、各部件的名称及作用，并学会其使用方法。

(2)练习 DJ_6 光学经纬仪对中、整平、调焦和照准、读数及置数等基本操作。

(3)练习测量两个方向间的水平角，计算角度互差值。

二、实验仪器与工具

(1)每组借领：DJ_6 光学经纬仪 1 台(套)、照准标志 2 个、测伞 1 把。

(2)自备：记录板、铅笔、计算器。

三、实验内容

(1)认识和了解经纬仪各部分构造及作用。

(2)经纬仪的对中、整平、瞄准和读数。

(3)每人轮流安置仪器(对中、整平)于测站上，瞄准左、右目标，读出水平度盘读数。然后重新安置仪器于同一测站上，重复观测。算出每次角值，求出角值之差。

(4)实验时间计划 2 学时。

四、实验步骤

(一)认识经纬仪

1. 安置经纬仪

打开三脚架，将其支在地面上，并使高度适当(与胸口平齐)，目估使架头大致水平，检查脚架腿是否安置稳固，脚架伸缩螺旋是否拧紧，然后打开仪器箱取出经纬仪，置于三脚架头上并用中心连接螺旋将仪器牢固地固连在三脚架头上。

2. 认识经纬仪

了解经纬仪各部分构造及作用、使用方法，熟悉读数窗内度盘和分微尺里影像的刻划及注记。

(二)使用经纬仪的方法与步骤

1. 对中与整平

对中常用的方法有两种：垂球对中、光学对中器对中。

1)垂球对中与整平

调节三脚架三架腿的长度使其大致等长，然后张开三脚架并架在测站点上，架设时应注意使高度适宜，架头大致水平。然后挂上垂球，两只手分别握住三脚架的一条腿，平移三脚架使垂球尖基本对准测站点，将三脚架三条腿踩实，使其稳定。装上仪器，旋上连接螺旋，检查对中情况。若相差不大（1~2 cm），稍松开连接螺旋，双手扶基座，在架头上平移仪器，使垂球尖精确对准测站点（注意及时调整垂球线的长度，使垂球尖尽量靠近测站点，但不得与测站点接触）。对中误差一般应小于3 mm，若满足要求，旋紧连接螺旋即可。

整平时，松开水平制动螺旋，转动照准部，使照准部水准管大致平行于任意两个脚螺旋1、2的连线，如图1-12（a）所示，两手同时向内或向外旋转这两个脚螺旋使气泡居中（气泡移动的方向与左手大拇指移动的方向一致）。再将照准部旋转90°，如图1-12（b）所示，使水准管大约处于1、2两脚螺旋连线的垂线上，转动第3个脚螺旋，使水准管气泡居中。再转回原来的位置，检查气泡是否居中，若不居中，则按上述步骤反复进行，直至照准部转到任何位置气泡都居中。

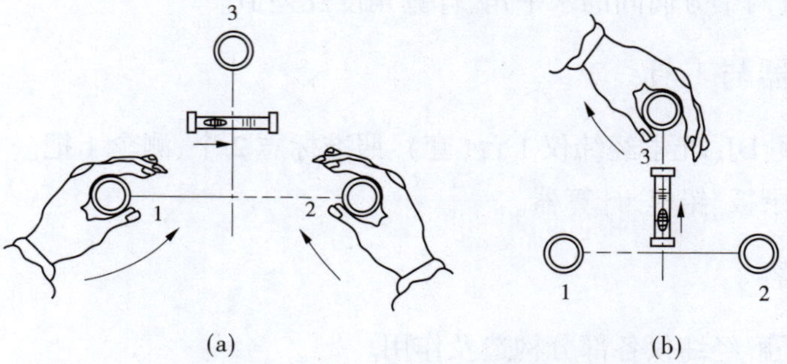

图1-12　整平

2）光学对中器对中与整平

垂球对中容易受风力等外界因素的影响，对中精度不高。目前生产的光学经纬仪均装有光学对中器，其对中精度可达1~2 mm，高于垂球的对中精度，因此实际工作中一般采用光学对中器对中。使用光学对中器时，对中与整平的操作步骤如下：

（1）调节光学对中器。光学对中器是一个小型外调焦望远镜，使用前，应先转动光学对中器目镜调焦螺旋使对中器分划板十分清晰，再通过拉伸光学对中器看清地面上的测点标志。

（2）初步对中。保持三脚架的一条腿固定不动，双手分别握紧三角架的另两条腿，眼睛观察光学对中器，移动三脚架使对中器分划板上的对中标志基本对准测站点的中心（应注意保持三角架头基本水平），然后将三脚架的脚尖踩实。

（3）精确对中。稍微旋松架头连接螺旋，在架头上平移仪器，眼睛观察光学对中器，使对中标志准确对准测站点的中心，然后旋紧连接螺旋。

（4）粗略整平。调节三脚架腿的伸缩连接处，利用圆水准器使经纬仪大致水平。

（5）精确整平。按前述整平方法，通过旋转脚螺旋，使照准部水准管气泡严格居中。精平操作会略微破坏前已完成的对中关系。

（6）再次精确对中、整平。精确对中与精确整平应反复进行，直到对中和整平都达到要求。

2. 瞄准与读数

瞄准：取下望远镜的镜盖，将望远镜对准天空（或远处明亮背景），转动望远镜的目镜调焦螺旋,使十字丝最清晰;然后用望远镜上的照门和准星瞄准被测目标,旋紧望远镜和照准部的制动螺旋,转动对光螺旋(物镜调焦螺旋),使目标影像清晰,消除视差;再转动望远镜和照准部的微动螺旋,使目标被十字丝的纵向单丝平分,或被纵向双丝夹在中央。

读数:瞄准目标后,调节反光镜的位置,使读数显微镜读数窗亮度适当,旋转显微镜的目镜调焦螺旋,使度盘及分微尺的刻划线清晰,读取落在分微尺上的度盘刻划线所示的度数,然后读出分微尺上 0 刻划线到这条度盘刻划线之间的分数,最后估读至 1′的 0.1 位(如图 1-13 所示,水平度盘读数为 117°01′09″,竖盘读数为 90°36′02″)。

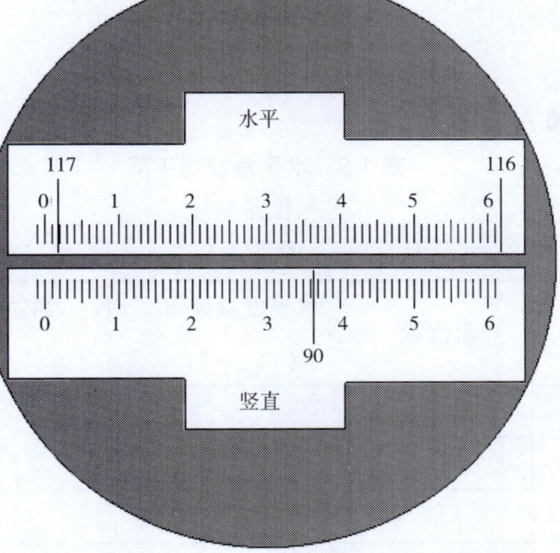

图 1-13 DJ_6 光学经纬仪读数窗

(三)测量两个方向间的水平角

练习安置仪器(对中、整平)于测站上,瞄准左、右目标,读出水平度盘读数。重复观测,算出每次角值,求出角值之差。步骤如下。

(1)安置好仪器。按顺时针方向选定好 A、B 两目标。调整望远镜为盘左位置,精确照准左边的目标 A,读取水平度盘读数 a,记入手簿。

(2)松开制动螺旋,顺时针转动照准部,精确照准右边的目标 B,读取水平度盘读数 b,记入手簿。

(3)计算水平角值 $\beta=b-a$,如果 $b<a$,$\beta=b+360°-a$。

五、注意事项

(1)仪器从箱中取出时,要看清并记住仪器在箱中的安放位置,避免以后装箱困难。

(2)提取仪器之前,应注意先松开制动螺旋,再用双手握住支架或基座轻轻取出仪器,放在三脚架上,保持一手握住仪器,一手去拧连接螺旋,最后旋紧连接螺旋使仪器与脚架连接牢固,以防仪器跌落。

(3)装好仪器之后,注意随即关闭仪器箱盖,防止灰尘和湿气进入箱内。仪器箱上严禁坐人。

(4)转动仪器时,应先松开制动螺旋,再平衡转动。使用微动螺旋时,应先旋紧制动螺旋。动作要准确、轻捷,用力要均匀。

(5)各制动螺旋勿扭过紧,微动螺旋和脚螺旋不要旋到顶端。使用各种螺旋都应均匀用力,以免损伤螺纹。

(6)使用仪器时,对仪器性能尚未了解的部件,未经指导教师许可不得擅自操作。人不离仪器,必须有人看护,以防跌损。

(7)实验结束后,仪器装箱时,要放松各制动螺旋,装入箱后先试关一次,在确认安放稳妥后,再拧紧各制动螺旋,以免仪器在箱内晃动、受损。最后关箱上锁。

六、观测记录

水平角观测数据填入表1-9。

表1-9 水平角观测手簿

仪器型号________ 观测者________

______年______月______日 天 气________ 记录者________

测站	目标	竖盘位置	水平度盘读数(° ′ ″)	角值(° ′ ″)	角值之差(° ′ ″)	备 注

七、练习题

(一)填空

(1)DJ_6光学经纬仪基本构造由______、______、______三个主要部分组成。

(2)仪器装到三脚架上时,须将三脚架头上的________螺旋旋入基座底板,使之紧固。

(3)DJ_6光学经纬仪的分微尺可读到________,估读到________。

(4)经纬仪的使用包括________、________、________、________及置数等基本操作。

(5)对中的目的是____。

(6)整平的目的是____。

(7)照准目标和读数时要消除____________________________。

(8)在 O 点安置仪器，观测 $\angle AOB$ 水平角，照准左方目标 A，读数为 $300°30'30''$，右方目标 B 读数为 $10°30'30''$，则 $\angle AOB$ 水平角值为________。

(9)控制照准部水平方向转动是用________和________；控制望远镜竖直方向转动是用________和________；使十字丝清晰，应旋转________。

(10)望远镜的旋转轴称为__________，通过__________螺旋和__________螺旋可调节望远镜在竖直面内转动。

(11)整平仪器时，使照准部水准管轴________两个脚螺旋的连线，转动这两个脚螺旋使水准管气泡居中，将照准部旋转________，转动另一脚螺旋使水准管气泡居中，反复进行这两个步骤数次，直到气泡在任何方向都居中。

(12)经纬仪照准目标时，应先松开________螺旋和________螺旋，通过准星粗略对准目标，固定照准部和望远镜，通过________调焦、________调焦使十字丝、目标清晰，再用水平微动和竖直微动螺旋，精确照准目标。

(13)角度测量时，眼睛在目镜处微微晃动，若十字丝与目标相对移动，则调焦不正确，此现象称为________，它将对角度测量产生影响。

(14)角度测量中常用的 DJ_6 光学经纬仪“D”“J”分别为大地测量和经纬仪的汉语拼音第一个字母，后面的数字代表该仪器的________。

(15)光学经纬仪物镜中心与十字丝交点的连线称为________。

(二)解答下列问题

(1)瞄准目标时为什么要瞄准目标下部中央？

(2)如图 1-14 所示，测出 $\angle ABC$(近于 $90°$)对中误差在 CB 延长线上偏离 B 点 10 mm，也就是仪器中心位于 B' 点上，因对中误差引起的角度误差为多大？

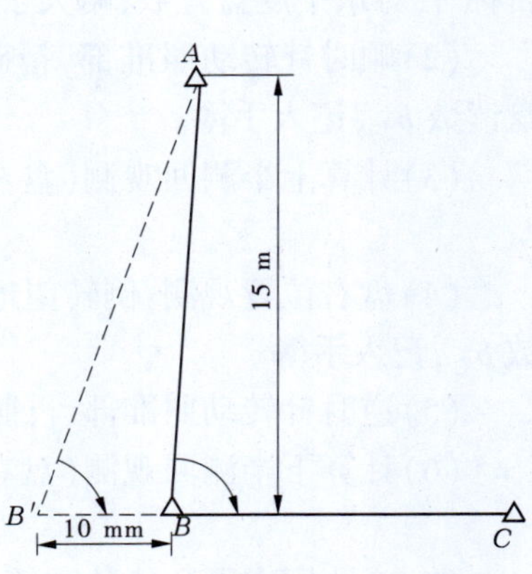

图 1-14

实验七　测回法观测水平角

一、实验目的与要求

(1)进一步熟悉 DJ_6 经纬仪的使用。

(2)学会测回法测水平角的观测方法和记录计算。

(3)对中误差小于 3 mm,水准管气泡偏离不超过 1 格。

(4)第一测回对 0°附近,其他测回应改变 180°/n。

(5)各测回角度值限差符合规范要求。

二、实验仪器与工具

(1)每组借领:DJ_6 光学经纬仪 1 台(套)、照准标志 2 个、测伞 1 把。

(2)自备:记录板、铅笔、计算器。

三、实验内容

(1)进一步练习安置仪器(对中、整平)。

(2)练习用测回法观测水平角,每人至少测两个测回。

(3)实验时间计划 2 学时。

四、实验步骤

如图 1-15 所示,设要观测水平角∠AOB,首先在角顶点 O 安置经纬仪(对中、整平),分别照准 A、B 两点的目标并进行读数,两读数之差即为要观测的水平角值。具体操作步骤如下:

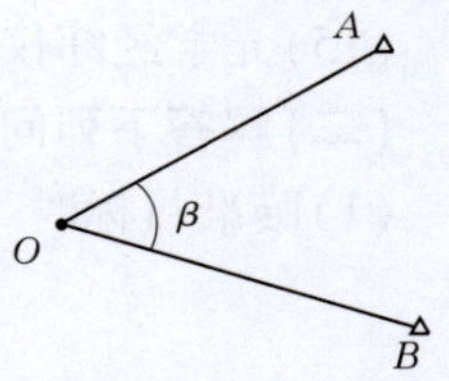

图 1-15　测量两方向间水平角

(1)盘左位置观测。调整望远镜为盘左位置,精确照准左边的目标 A,对水平度盘置数,略大于 0°,将读数 $a_左$ 记入手簿。

(2)顺时针转动照准部,精确照准右边的目标 B,读取水平度盘读数 $b_左$,记入手簿。

(3)计算上半测回观测(盘左观测)的水平角值:

$$\beta_左 = b_左 - a_左$$

(4)盘右位置观测:倒转望远镜变为盘右位置,先照准右边的目标 B,读取水平度盘读数 $b_右$,记入手簿。

(5)逆时针转动照准部,再照准目标 A,读取水平度盘的读数 $a_右$,记入手簿。

(6)计算下半测回观测(盘右观测)的水平角值:

$$\beta_右 = b_右 - a_右$$

(7)一测回水平角值的计算:当盘左、盘右两个半测回角值之差不超过限差时,取两半测回角值的平均值作为一测回观测的水平角值,即

$$\beta = (\beta_左 + \beta_右)/2$$

为了提高观测精度、减少度盘分划误差的影响,水平角需要观测多个测回,每测回应改变起始度盘的位置,其改变值为 180°/n(n 为测回数)。但应注意,不论观测多少个测回,第一测回的置数均应当为 0°。例如,要观测 2 个测回,第一测回起始方向的置数应为 0°(略大于 0°),则第二测回起始方向的置数应为 90°(略大于 90°)。当各测回角值之差不超过限差时,取各测回的平均值作为最后结果。半测回差值±36″和测回差值±24″若超限,则应重测。

五、观测记录

(1)观测 2 测回的记录与计算示例见表 1-10。

表 1-10 测回法观测手簿

日期________ 仪器型号________ 观测者________

时间________ 天　气________ 记录者________

测站(测回)	目标	竖盘位置	水平度盘读数(° ′ ″)	半测回角值(° ′ ″)	一测回角值(° ′ ″)	各测回平均角值(° ′ ″)	备注
O(1)	A	左	0 02 30	95 18 18	95 18 24	95 18 20	
	B		95 20 48				
	A	右	180 02 42	95 18 30			
	B		275 21 12				
O(2)	A	左	90 03 06	95 18 30	95 18 15		
	B		185 21 36				
	A	右	270 20 54	95 18 00			
	B		5 20 54				
		左					
		右					
		左					
		右					
		左					
		右					
		左					
		右					

(2)实验所测数据记录在表1-11中。

表1-11 测回法观测手簿

日期＿＿＿＿＿＿ 仪器型号＿＿＿＿＿＿ 观测者＿＿＿＿＿＿

时间＿＿＿＿＿＿ 天　气＿＿＿＿＿＿ 记录者＿＿＿＿＿＿

测站(测回)	目标	竖盘位置	水平度盘读数(° ′ ″)	半测回角值(° ′ ″)	一测回角值(° ′ ″)	各测回平均角值(° ′ ″)	备注
		左					
		右					
		左					
		右					
		左					
		右					
		左					
		右					
		左					
		右					
		左					
		右					

六、注意事项

(1)要严格对中和整平仪器,对中误差在3 mm以内,照准部水准管气泡偏差在1格内。

(2)照准目标时,应尽量照准目标的底部,盘左、盘右照准目标的位置(高度)要尽量相同。

(3)由于水平度盘的刻划注记是按顺时针方向增加的,因此在计算角值时,无论是盘左还是盘右,均用右边目标的读数减去左边目标的读数,如果右边目标读数不够减,则应加上 360°后再减。

(4)各项记录要完整、清楚、正确,不能涂改,因读错、记错需要改动时,要按照记录的有关规定进行改正。

(5)由于度盘变换方式的不同,置数方法也不相同。对于采用度盘变换手轮的仪器,应先照准目标,然后打开变换手轮护盖,转动变换手轮进行置数,最后关闭护盖,以免碰动度盘。

(6)观测过程中,若发现水准管气泡偏离超过 1 格,应重新整平仪器,本测回重测。

(7)半测回差、测回差超限时,不得改动数据,应重测。

(8)若观测结果符合要求,整理观测数据,上交实验报告。

七、练习题

(一)填空

(1)只适用于观测两个方向之间的单个角度的测角方法称为__________。

(2)水平角的取值范围为__________。

(3)经纬仪竖盘位于望远镜的左边称为______,竖盘位于望远镜的右边称为______。

(4)对中误差不能超过__________,一测回观测过程中,水准管气泡偏离值不能超过__________格,若超过该测回应__________。

(5)水平角观测时,是用________丝来照准目标的。

(6)在同一竖直面内,不同高度的点在水平度盘上的读数是________。

(7)观测水平角时,有时要测几个测回,主要是减少________误差的影响。

(8)水平角观测时,DJ_6 经纬仪变换水平度盘不同位置的计算公式是________。

(9)用 DJ_6 经纬仪测量水平角时,各测回角差的限差为________。

(10)用 DJ_6 经纬仪观测水平角,要求观测 3 个测回,第 3 测回起始方向置数应当是________。

(11)完成表 1-12 的计算。

表 1-12　测回法观测手簿

测回	度盘位置	目标	水平度盘读数 (°　′　″)	半测回角值 (°　′　″)	一测回角值 (°　′　″)	各测回平均值 (°　′　″)
第一测回	左	*A*	0　02　24			
		B	116　20　38			
	右	*A*	180　02　36			
		B	296　20　54			
第二测回	左	*A*	90　03　06			
		B	206　21　18			
	右	*A*	270　02　54			
		B	26　21　18			

(二)简答

(1)测回法测量水平角的步骤是什么?

(2)在一个测回中照准部水准管气泡偏高一格是由哪些因素造成的?用盘左盘右观测就能消除这些因素而造成的影响,这样的判断对吗?为什么?

实验八　全圆测回法观测水平角

一、实验目的与要求

(1)进一步熟悉 DJ_6 经纬仪的操作使用。

(2)掌握用全圆测回法观测水平角的方法(包括记录、计算)。

(3)对中误差小于 3 mm,长水准管气泡偏离不超过 1 格。

(4)半测回归零差、2C 互差、各测回归零方向值之差应符合规范要求。

二、实验仪器与工具

(1)每组借领:DJ_6 光学经纬仪 1 台(套)、照准标志 4 个、测伞 1 把。

(2)自备:记录板、铅笔、计算器。

三、实验内容

(1)练习用测回法观测水平角。各组至少瞄准四个方向目标,每人至少观测一个测回,换人可以不重新安置仪器,但起始目标度盘,配置数要改变 $180°/n$。

(2)实验时间计划 2 学时。

四、实验步骤

如图 1-16 所示,设在 *O* 点安置经纬仪,观测 *A*、*B*、*C*、*D* 四个方向间的水平角。对中整平后,用全圆观测法观测,操作程序如下:

(1)选定一个距离适中、目标清晰的方向 *A* 作为起始方向(又称为零方向),以正镜照准 *A* 点,水平度盘置数略大于 0°。将读数记入手簿。

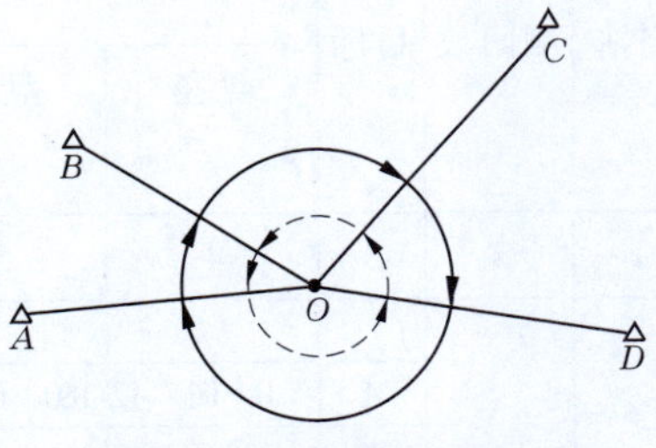

图 1-16　全圆观测法

(2)按顺时针方向旋转照准部,依次照准 *B*、*C*、*D* 和 *A*,读数、记录。

(3)以倒镜照准目标 *A*,读数、记录。

(4)按逆时针方向旋转照准部(如图中虚线箭头所示),依次照准 *D*、*C*、*B* 和 *A*,读数、记录。

至此,一个测回的观测完毕。同样,为了削弱度盘分划误差的影响,提高测角精度,可变换水平度盘位置观测若干个测回。

五、全圆方向法的记录、计算示例

全圆方向法的记录手簿如表 1-13 所示。盘左观测时,由上往下记录;盘右观测时,由下往上记录。计算方法和有关要求分述如下:

(1)半测回作业中,最后再次观测起始方向的操作称为归零。归零的目的是检核观测中仪器是否发生了变动。半测回的归零差应不超过±24″。

(2)$2C$ 即正倒镜照准同一目标时水平度盘读数之差,称为二倍照准差,按下式计算:

$$2C=\text{盘左读数 } L-(\text{盘右读数 } R\pm180^\circ)$$

在没有水平度盘偏心差影响的情况下,$2C$ 值的大小和稳定性反映了望远镜视准轴与横轴是否垂直以及照准和读数是否精确。DJ_6 经纬仪采用单指标读数,按上式算得的 $2C$ 中包含了水平度盘可能出现的偏心差,已不能真实反映视准轴与横轴的关系以及照准和读数的质量,故不必计算 $2C$ 值。

(3)同一方向盘左、盘右读数的平均值按下式计算:

$$\text{平均值}=[L+(R\pm180^\circ)]/2$$

在一测回中,起始方向盘左、盘右读数的平均值有两个,应再取这两个平均值的中数写在第一个平均值上方的括号内,然后将各个方向盘左、盘右读数的平均值减去此中数,算得各方向的一测回归零方向值。各个测回同一方向的归零方向值较差应不超过±24″。

(4)取各测回归零方向值的平均值,填入手簿相应栏中;由相邻两方向值相减即可求相应的水平角值,如表 1-13 中备注栏内简图所示。

表 1-13 全圆方向法观测手簿

日期＿＿＿＿＿＿＿ 仪器型号＿＿＿＿＿＿＿ 观测者＿＿＿＿＿＿＿

时间＿＿＿＿＿＿＿ 天　气＿＿＿＿＿＿＿ 记录者＿＿＿＿＿＿＿

测站	测回数	目标	水平度盘读数		2C=左−(右±180°)	平均数=[左+(右±180°)]/2	归零后方向值	各测回归零后方向平均值	备注
			盘左	盘右					
			(° ′ ″)	(° ′ ″)	(″)	(° ′ ″)	(° ′ ″)	(° ′ ″)	
1	2	3	4	5	6	7	8	9	10
O	1					(0 01 03)			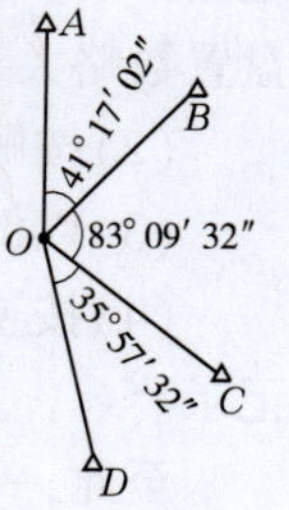
		A	0 01 12	180 01 00	+12	0 01 06	0 00 00	0 00 00	
		B	41 18 18	221 18 00	+18	41 18 09	41 17 06	41 17 02	
		C	124 27 36	304 27 30	+6	124 27 33	124 26 30	124 26 34	
		D	160 25 18	340 25 00	+18	160 25 09	160 24 06	160 24 06	
		A	0 01 06	180 00 54	+12	0 01 00			
	2					(90 03 09)			
		A	90 03 18	270 03 12	+6	90 03 15	0 00 00		
		B	131 20 12	311 20 00	+12	131 20 06	41 16 57		
		C	214 29 54	34 29 42	+12	214 29 48	124 26 39		
		D	250 27 24	70 27 06	+18	250 27 15	160 24 06		
		A	90 03 06	270 03 00	+6	90 03 03			

六、注意事项

(1)要严格对中和整平仪器,对中误差在 3 mm 以内,照准部水准管气泡偏差在 1 格内。

(2)照准目标时,应尽量照准目标的底部,盘左、盘右照准目标的位置(高度)要尽量相同。

(3)由于水平度盘的刻划注记是按顺时针方向增加的,因此在计算角值时,无论是盘左还是盘右,均用右边目标的读数减去左边目标的读数,如果右边目标读数不够减,则应加上360°后再减。

(4)各项记录要完整、清楚、正确,不能涂改,因读错、记错需要改动时,要按照记录的有关规定进行改正。

(5)由于度盘变换方式的不同,置数方法也不相同。对于采用度盘变换手轮的仪器,应先照准目标,然后打开变换手轮护盖,转动变换手轮进行置数,最后关闭护盖,以免碰动度盘。

(6)若半测回归零差、2*C* 互差、各测回归零方向值之差超限,则按规定重测。

七、实验观测记录表

观测数据填入表1-14。

八、练习题

(一)填空

(1)在一个测站上当观测方向超过两个时,可将这些方向合为一组,通过观测各个方向的方向值(水平度盘读数值),然后计算出相应角值,这种观测方法称为________。当方向数超过____个时,自起始方向起,观测完所有方向后,应再次观测起始方向,这种观测方法称为________。

(2)全圆方法观测时,零方向应选定一个距离________、目标清晰的方向。

(3)测站上有4个观测目标*A*、*B*、*C*、*D*,如果将*A*作为起始方向,盘左依次照准的顺序是______________,盘右依次照准的顺序是______________。

(4)半测回作业中,最后再次观测起始方向的操作称为________,其目的是检核观测中仪器是否发生了变动。半测回的归零差应不超过________。

(5)二倍照准差(2*C*)是正倒镜照准同一目标时水平度盘读数之差,计算公式为______。

(6)DJ_6光学经纬仪各个测回同一方向的归零方向值较差应不超________。

(二)简答

(1)为什么测量水平角下半测回时按逆时针方向观测各目标?

(2)为什么两次照准起始方向的读数不一样?主要原因是什么?

(3)根据测量水平角原理,解释用盘左、盘右观测的道理。

(4)为什么要规定二倍照准差(2*C*)变动范围?

表 1-14　全圆方向法观测手簿

日期________　　仪器型号________　　观测者________

时间________　　天　气________　　记录者________

测站	测回数	目标	水平度盘读数		2C=左-(右±180°)	平均数=[左+(右±180°)]/2	归零后方向值	各测回归零后方向平均值	备注
			盘左 (° ′ ″)	盘右 (° ′ ″)	(″)	(° ′ ″)	(° ′ ″)	(° ′ ″)	
1	2	3	4	5	6	7	8	9	10

实验九　竖直角观测

一、实验目的与要求

(1)了解经纬仪竖直度盘的构造特点、注记形式,能确定竖直角计算公式。

(2)掌握竖直角的观测、计算以及竖盘指标差计算。

(3)对中误差小于 3 mm,长水准管气泡偏离不超过 1 格。

(4)竖盘指标差、各测回角值之差应符合规范要求。

二、实验仪器与工具

(1)每组借领:DJ_6 光学经纬仪 1 台(套)、照准标志 2 个、测伞 1 把。

(2)自备:记录板、铅笔、计算器。

三、实验内容

(1)每位学生轮流观测竖直角。要求分别观测高、低目标,各目标至少观测两个测回。

(2)实验时间计划 2 学时。

四、实验步骤

在 O 点安置经纬仪,选定一个高目标 A 和一个低目标 B。对中整平后进行竖直角观测,操作程序如下:

(1)盘左精确照准目标 A,使十字丝的中丝切准目标的某一位置。调节指标水准管微动螺旋,使指标水准管气泡居中,读取竖盘读数 L,并记入记录手簿,即为上半测回。

(2)倒转望远镜,盘右位置精确照准原目标位置,调节指标水准管微动螺旋,使指标水准管气泡居中,读取竖盘读数 R,记入手簿,即为下半测回,至此一测回观测结束。

(3)旋转仪器照准目标 B,用上述方法进行观测。

以上完成了两目标各一测回的观测。

竖直角观测手簿如表 1-15 所示。观测完毕后,先根据预先确定的竖直角计算公式计算出盘左、盘右半测回竖直角值,记入表中相应栏中。

五、记录与计算示例

常用的 DJ_6 光学经纬仪的竖盘采用顺时针注记形式。盘左位置,视线水平时竖盘读数为 90°,当望远镜逐渐仰起时,读数逐渐减少;盘右位置,视线水平时竖盘读数为 270°,当望远镜逐渐仰起时,读数逐渐增加。竖直角计算公式可写成

$$\text{盘左}\quad \alpha_L = 90° - L$$

$$\text{盘右}\quad \alpha_R = R - 270°$$

平均竖直角角值为

$$\alpha = (\alpha_L + \alpha_R)/2 = (R - L - 180°)/2$$

竖盘指标差 x(竖盘指标偏离正确位置的差值称为竖盘指标差)计算:

$$x = \frac{1}{2}[(L + R) - 360°] = \frac{1}{2}(\alpha_R - \alpha_L)$$

竖直角观测手簿如表 1-15 所示。

表 1-15　竖直角观测手簿

日期________　　仪器型号________　　观测者________

时间________　　天　　气________　　记录者________

测站	目标	竖盘位置	竖盘读数(° ′ ″)	半测回竖直角(° ′ ″)	指标差(″)	一测回竖直角(° ′ ″)	备注
O	A	左	81　34　00	+8　26　00	−6	+8　25　54	
		右	278　25　48	+8　25　48			
O	B	左	94　33　24	−4　33　24	−18	−4　33　42	
		右	265　26　00	−4　34　00			

六、注意事项

(1)要严格对中和整平仪器,对中误差在 3 mm 以内,照准部水准管气泡偏差在 1 格内。

(2)照准目标时,盘左、盘右照准目标的位置(高度)要一致。

(3)每次读数之前都要使指标水准管气泡居中。

(4)各项记录要完整、清楚、正确,不能涂改,因读错、记错需要改动时,要按照记录的有关规定进行改正。

(5)若指标差之差、各测回角值之差超限,则按规定重测。

七、实验观测记录表

观测数据填入表 1-16。

表 1-16　竖直角观测手簿

日期________　　仪器型号________　　观测者________

时间________　　天　气________　　记录者________

测站	目标	竖盘位置	竖盘读数 (°　′　″)	半测回竖直角 (°　′　″)	指标差 (″)	一测回竖直角 (°　′　″)	备注

八、练习题

(1) 在同一竖直面内,地面某点至目标的方向线与水平线的夹角,称为________。它的取值范围为________。

(2) 竖直角测量时,精确照准是用________丝切准目标。

(3) 竖直角测量时,若目标方向线在水平线之上,该角称为仰角,其值为________;若目标方向线在水平线之下,该角称为俯角,其值为________。

(4) 常用的 DJ_6 经纬仪竖盘注记形式为:盘左位置视线水平时读数为 90°、盘右位置视线水平时读数为 270°,竖直角计算公式为盘左:__________,盘右:____________,指标差 x______。

(5) DJ_6 经纬仪在竖直角测量时,竖盘读数前应使________气泡居中。

(6)根据竖直角观测手簿(表1-17)中的观测数据,计算竖直角。

表1-17　竖直角观测手簿

测站	目标	竖盘位置	竖盘读数 (°　′　″)	半测回竖直角 (°　′　″)	指标差 (″)	一测回竖直角 (°　′　″)	备注
O	A	左	81　15　18				
		右	278　45　12				
	B	左	113　03　42				
		右	246　56　54				

实验十　经纬仪检查校正

一、实验目的与要求

(1)通过实验使学生了解经纬仪各轴线间正确关系、位置,以及不满足条件时所产生的误差对测角的影响。

(2)基本掌握经纬仪检校的方法和步骤。

二、实验计划及内容

(1)实验时间:2 学时。

(2)实验人员:实验小组人员 4 人,其中观测员、记录员、画点员由组长负责统一安排。

(3)实验内容:选定场地,每位同学完成 DJ_6 经纬仪是否满足条件。

三、实验器具

每小组 DJ_6 经纬仪一台、校正针一个。

四、实验方法步骤

(一)照准部水准管的检校

1. 检验目的

使照准部水准管轴垂直于仪器竖轴(水准管轴平行于度盘平面)。

2. 不垂直的原因

水准管两端支柱不等距,使水准管轴不在正确位置。

3. 检验步骤

(1)将仪器安置于一点,转动仪器使照准部水准管平行于一对脚螺旋,转动脚螺旋使气泡居中。

(2)打开水平制动螺旋,使照准部水准管旋转 180°,如气泡居中说明条件满足,否则就需要校正。

(3)旋转两个脚螺旋,使气泡向中央移动偏移格数的一半。

(4)用校正针拨动水准管一端的校正螺旋(抬高或放低),使气泡居中。

此项检验校正需反复进行,直至水准转到任何位置气泡都能居中。

(二)十字丝竖丝垂直于横轴的检验校正

1. 检验目的

使竖丝处于竖直位置。

2. 竖丝不竖直的原因

十字丝环转动使竖丝离开了竖直位置。

3. 检验步骤

整平仪器后,打开望远镜制动,用十字丝竖丝上端照准固定之后,拧紧制动螺旋,转动微动螺旋使望远镜上下转动,如固定点始终不离开竖丝,表示条件满足(或者利用竖丝照准一垂线,如竖丝与垂线重合,表示条件满足),否则就需要校正。

4. 校正

打开目镜护罩,松开四个十字丝校正螺丝(一般相邻两个校正螺丝),转动十字丝环使竖丝再转到固定点上(或使竖丝与垂线重合),拧紧校正螺丝。

(三)视准轴的检验和校正

1. 检验目的

使视准轴垂直于横轴,当望远镜上下转动时,视准轴运动的转迹是一个竖直面,改正圆锥面的现象。

2. 不垂直的原因

十字丝环松动使十字丝中心离开了正确的位置。

3. 检验步骤

(1)安置经纬仪于一点,整平后用望远镜盘左位置瞄准远方 30 m 与仪器同高一点 A,读取水平度盘读数 M_1。

(2)倒转望远镜,松开制动,以盘右位置瞄准目标 A 点,同前读数设为 M_2。若 $M_1 = M_2 \pm 180°$,则条件满足,否则就需要校正。

(3)计算正确盘左、盘右的平均值 $M = 1/2(M_1 + M_2 \pm 180°)$。

(4)在盘右位置转动水平微动,使水平度盘读取 M_2 移动到 M,此时十字丝中心偏离 A 点。

(5)拨动十字丝环左右两个校正螺丝,松一个紧一个移动十字丝环,使十字丝环中心对准目相 A 点为止。

此项检校应反复进行,直至 $2C = M_1 + M_2 \pm 180° \leqslant \pm 40°$。

(四)横轴的检验校正

1. 检验校正的目的

使横轴垂直于竖轴,当望远镜绕横轴旋转时,视准轴移动的转迹是一个竖直面,改正倾斜面的现象。

2. 二轴不垂直的原因

横轴左右支架不等高。

3. 检验步骤

(1)安置仪器于距离墙壁 20~30 m 的一处。

(2)打开望远镜制动螺旋,用望远镜瞄准墙壁高处一固定点 P,下旋望远镜到大致水平位置,在墙壁贴纸处标出十字丝中心对着的一点 M_1。

(3)倒转望远镜再照准高处 P 之后,下旋望远镜到大致水平位置,同前在墙上标出另一点 M_2,若 M_1 与 M_2 重合,说明此项条件是满足的,否则就需要校正。

(4)校正步骤:在墙上取 M_1、M_2 的中点为 M,转动使望远镜十字丝中点对准 M 后,上旋望远镜至 P 点,此时十字丝中心将不对准 P 点,打开支架封盖转动偏心即抬高或降低望远镜横轴的一端,使十字丝中心对准 P 点。

光学经纬仪的横轴是密封的,仪器没有受到很大震动,一般能保证横轴与竖轴的垂直关系。如需校正,最好由检收人员进行。

(五)竖盘水准管的检验校正

1. 检验目的

当视线水平,竖盘水准管气泡居中时,竖盘指标线起始读数应为 90°或 270°,此时读数比起始读数大或小 3 个数值,此数值称为指标差 X,检校的目的就是要消除指标差 X。

2. 发生指标差的原因

竖盘水准管(轴)变动位置不与光轴垂直。

3. 检验步骤

(1)用盘左位置找准高处目标 P 点位置,转动望远镜水准管微动螺旋使竖盘水准管气泡居中,读数为 L。

(2)用盘右位置,同样方法读数为 R,若 $X=\dfrac{(L+R)-360°}{2}\leqslant \pm 30''$,说明条件满足,否则就需要校正。

4. 校正步骤

(1)盘右位置照准原目标 P 点,转动竖盘水准微动螺旋,使读数为 $R-X$ 值。

(2)此时水准管气泡不居中,用校正针拨动水准管上下校正螺丝,使气泡直接居中。

此项检校反复进行,直至 $X\leqslant \pm 30''$。

(六)光学对中器的检验和校正

1. 检校目的

当仪器整平时,光学对中器的视准轴应通过水平度盘中心的铅垂线重合。

2. 检验方法

选择一平坦地面并精确整平,在脚架中央地面粘贴一张白纸,将对中器的分划板中心投至白纸描点,然后将照准部旋转 180°,并同样投至白纸描点,若两次投至描点重合,说明条件满足,否则就需要校正。

3. 校正方法

校正时先在白纸上标定出两点的中点,然后打开对中器护盖,调整对中器的直角棱或对中器的分划板,使对中器对准中点,此项检校也应反复进行直到条件满足。

五、练习题

(一)填空(检校现场填写)

(1)照准部水准管轴应垂直于竖轴的检校中,整平仪器转动照准部 180°时,气泡偏离正确位置__________格,校正时拨动水准管校正螺丝,使气泡退回__________格;再动__________使气泡居中。

(2)视准轴检校:仪器整平瞄准 20~30 m 处与仪器同高的一点 A。盘左、盘右观测水平度盘读数分别为 α_L __________,α_R __________,$2C$ __________。校正时,盘右位置水平读数应为 α_R __________。校正方法是:____________________

____

____

____。

(3)竖盘水准管的检校:竖盘水准检验时 L 是__________,R 是__________,$X=$__________,产生指标差的原因__________________。转动竖盘水准管微动,使读数__________后,拨动__________。

(二)简答

(1)水准管轴不垂直于竖轴对测量水平角有何影响?为什么在视线倾斜角大的地区进行水平角观测时要特别注意整平?

(2)叙述二倍照准差($2C$)是否为常数?为什么?

(3)在视准轴检校时为什么要照准与仪器同高的 A 点?在横轴检校时为什么要照准高处的 P 点?

(4)横轴不水平的误差由哪些因素构成?当观测水平方向目标时,横轴倾斜对测角有无影响?

实验十一 视距测量

一、实验目的

(1)掌握经纬仪视距测量的观测、记录和计算方法。

(2)掌握视距测量不同操作方法的观测过程。

(3)熟悉视距测量的计算器操作,体验不同操作方法观测结果之间的差异。

二、实验器具

DJ_6 经纬仪 1 台,视距尺(水准尺)1 根,小钢卷尺 1 把,自备铅笔、计算器等。

三、实验要求

(1)同一个点位用四种不同的操作方法进行观测,分别进行计算,并比较不同方法观测结果之间的差异。

(2)水平距离取位至 0.1 m,高差取位至 0.1 m(平地取位至 0.01 m);不同方法水平距离差异不超过 0.1 m,高差差异不超过 0.1 m。

四、实验步骤

(1)测站点上安置仪器,对中整平,量取仪器高 i(精确至厘米),假定测站点高程 H_O。

(2)选择立尺点,竖立视距尺。

(3)以经纬仪的盘左位置照准视距尺,采用不同的操作方法对同一根视距尺进行观测。对于天顶距式注记的经纬仪,在忽略指标差的情况下,盘左竖盘读数即天顶距。根据不同的仪器,竖盘读数前,或者打开竖盘指标补偿器开关,或者使竖盘指标水准管气泡居中。

①任意法:望远镜十字丝照准尺面,高度使三丝均能读数即可。

读取上丝读数、下丝读数、中丝读数 v、竖盘读数 Z,分别记入手簿。

计算:水平距离 $D=Kl\sin^2 Z$, 高差 $h=D/\tan Z+i-v$,高程 $H=H_O+h$。

②等仪器高法:望远镜照准视距尺,使中丝读数等于仪器高,即 $i=v$。

读取上丝读数、下丝读数、竖盘读数 L,分别记入手簿。

计算:水平距离 $D=Kl\sin^2 Z$,高差 $h=D/\tan Z$,高程 $H=H_O+h$。

③直读视距法:望远镜照准视距尺,调节望远镜高度,使下丝对准视距尺上整米读数,且三丝均能读数。

读取视距 Kl、中丝读数 v、竖盘读数 Z,分别记入手簿。

计算:水平距离 $D=Kl\sin^2 Z$,高差 $h=D/\tan Z+i-v$,高程 $H=H_O+h$。

④平截法(经纬仪水准法):望远镜照准视距尺,调节望远镜高度,使竖盘读数 Z 等于 90°。

读取上丝读数、下丝读数、中丝读数 v,分别记入手簿。

计算:水平距离 $D=Kl$,高差 $h=i-v$,高程 $H=H_O+h$。

五、注意事项

(1)视距测量只用盘左观测半个测回,所以实验所用经纬仪事先应进行检验校正,使竖盘指标差不超过1′。

(2)视距尺应竖直。

(3)四种不同的方法观测时,立尺点位不要改变。

(4)对于有竖盘指标补偿器的仪器,用毕归箱时应关闭其开关。

六、练习题

(一)填空

(1)视距测量是一项同时测定测站点至立尺点的________和________的测量工作。

(2)写出视距测量计算公式:水平距离____________,高差__________。

(3)视距测量方法有________、________、________、________。

(二)简答

平坦地区为了作业方便,经常采用平截法(经纬仪水准法)。简述平截法(经纬仪水准法)的操作步骤。

七、记录表格

视距测量数据填入表1-18。

表1-18　视距测量记录手簿

日期________　　小组________　　仪器号______

测站名称________　　测站高程________　　仪器高______

测号	读数		视距 Kl (m)	中丝	竖盘读数 (° ′ ″)	水平距离 (m)	高差 (m)	高程 (m)
	上丝	下丝						

实验十二　导线测量

一、实验目的与要求

控制测量是进行数字地形图测绘的前提和基础，控制点的精度决定了数字地形图成果的精度，通过全站仪三维导线布设和施测实训，熟练掌握图根导线的布设及外业导线测量，提高实际操作水平。

二、实验计划及内容

(1)图根导线的布设。

(2)图根点的标定。

(3)使用全站仪进行三维图根导线测量。

三、实验器具

每个小组领取下列实验器具：

(1)全站仪1台。

(2)三脚架3个。

(3)棱镜2个。

(4)小钢尺1把。

(5)记录板一个。

(6)自备铅笔、计算器等。

四、实验场地

实验场地原则上以各院校专用实训场地为宜，如无专用实训场地，可在操场等较为平坦地域实施。

五、实验步骤

根据全站仪的数量分组进行，建议4人一组，2人分别架设前后视棱镜，1人观测，1人记录。

(1)在测区内选定由6~7个导线点组成的闭合导线或附合导线，并标定点位，绘出导线略图。

(2)图根导线测量(三联脚架法)。这是一种提高导线测角和测距精度的导线测量方法，常用于精密短边导线的测角和测距中。为了减弱仪器对中误差和目标偏心误差对测角及测距的影响，一般使用三个既能安置全站仪又能安置带有觇牌(反射棱镜)的基座和脚架，基座具有通用光学对中器。

(3)施测时将全站仪安置在第 i 站的基座中,棱镜分别安置在后视点 $i-1$ 和前视点 $i+1$ 的基座中。导线测量时,分别读取五种观测值:水平角 β,距离 S,竖角 α,仪器高、目标高。当测完一站,向下一站迁站时,导线点 i 和点 $i+1$ 上的脚架和基座不动,只是从基座上取下全站仪和带有觇牌的反射棱镜,将全站仪安置在第 $i+1$ 站的基座上,第 i 站上则安置棱镜,再将第 $i-1$ 站的仪器迁到第 $i+2$ 站,随后再像前一站那样观测,直到整条导线测量完毕。

水平角观测数据记入表 1-19(一)、(二)中,导线近似平差计算记入表 1-20 中,高程测量数据记入表 1-21 中。

表 1-19 水平角观测(一)

观测日期:________年____月____日　　　　测站________________

	觇点	读数		2C	半测回方向	一测回方向	各测回平均方向	附注
		盘左	盘右					
水平角观测								

边长	平距观测值		平距中数	边长	平距观测值		平距中数
	1				1		
	2				2		
	3				3		
	4				4		

表 1-19(二)

观测日期：________年____月____日　　　测站________

	觇点	读数		2C	半测回方向	一测回方向	各测回平均方向	附注
		盘左	盘右					
水平角观测								

边长	平距观测值		平距中数	边长	平距观测值		平距中数
	1				1		
	2				2		
	3				3		
	4				4		

表 1-20　导线近似平差计算

序号	点名	观测角	方位角	边长	v_x ΔX_i	X_i	v_y ΔY_i	Y_i
A								
B								
1								
2								
C								
D								
$\Sigma\beta$			Σ					
$K=1/$		f_β =　"	f_x =			f_y =		
$f_{\beta允}$ =±　″			导线略图					

表 1-21　高程测量记录表

测站点	仪器高	水平角	距离	竖角	目标高	测站高程

实验十三　GNSS-RTK 图根控制测量

一、实验目的与要求

控制测量是进行数字地形图测绘的前提和基础,控制点的精度决定了数字地形图成果的精度,通过 GNSS-RTK 导线布设和施测实训,熟练掌握 GNSS-RTK 使用方法,能够利用 GNSS-RTK 完成图根控制点数据的采集。

二、实验计划及内容

(1)图根导线的布设。
(2)图根点的标定。
(3)使用 GNSS-RTK 进行图根导线测量。

三、实验器具

每个小组领取下列实验器具:
(1)GNSS-RTK 1 台。
(2)基座 2 个、手簿 1 个、对中杆 1 个。
(3)三脚架 2 个。
(4)小钢尺 1 把。
(5)记录板一个,自备铅笔、计算器等。

四、实验场地

实验场地原则上以各院校专用实训场地为宜,如无专用实训场地,可在操场等较为平坦地域实施。

五、实验步骤

根据 GNSS-RTK 的数量分组进行,建议 3 人一组,1 人架设对中杆,1 人操作手簿,1 人记录。

根据差分信号传播方式的不同,RTK 分为电台模式和网络模式两种。

(一)RTK 作业(电台模式)

1. 架设基准站

基准站一定要架设在视野比较开阔,周围环境比较空旷,地势比较高的地方;避免架在高压输变电设备附近、无线电通信设备收发天线旁边、树下及水边,这些都会对 GNSS 信号的接收以及无线电信号的发射产生不同程度的影响。

(1)将接收机设置为基准站外置模式。

(2)架好三脚架,放电台天线的三脚架最好放到高一些的位置,两个三脚架之间保持至少 3 m 的距离。

(3)固定好机座和基准站接收机(如果架在已知点上,要做严格的对中整平),打开基准站接收机。

(4)安装好电台发射天线,把电台挂在三脚架上,将蓄电池放在电台的下方。

(5)用多用途电缆线连接好电台、主机和蓄电池。多用途电缆是一条"Y"形的连接线,用来连接基准站主机(五针红色插口)、发射电台(黑色插口)和外挂蓄电池(红黑色夹子)。具有供电、数据传输的作用。

2. 启动基准站

(1)使用手簿上的工程之星连接基准站。

(2)操作:配置→仪器设置→基准站设置(主机必须是基准站模式)。

(3)对基站参数进行设置。一般的基站参数设置只需设置差分格式就可以,其他使用默认参数。

(4)保存好设置参数后,点击"启动基站"(一般来说基站都是任意架设的,发射坐标是不需要自己输的)。

注意:第一次启动基站成功后,以后作业如果不改变配置可直接打开基准站主机即可自动启动。

(5)设置电台通道。在外挂电台的面板上对电台通道进行设置,设置电台通道,共有8个频道可供选择。设置电台功率,作业距离不够远,干扰低时,选择低功率发射即可,电台成功发射了,其TX指示灯会按发射间隔闪烁。

3. 架设移动站

采用与基准站类似的方式,将主机设置为"移动站",主机数据链为"电台",并设置与基准站对应的电台通道。当移动站数据灯一秒一闪且达到固定解时,表明移动站正常工作。

4. 参数设置

(1)新建工程:固定解状态后,点击"工程"→"新建工程",输入工程名。

(2)天线高设置:点击"配置"→"工程设置",输入正确的天线高。

(3)坐标系统设置:点击"配置"→"坐标系统设置"→"增加",输入参数系统名(随意设置),椭球名称按需要选择,输入当地实际中央子午线,其他参数使用默认即可。

5. 求转换参数

(1)点击"测量"→"点测量",依次采集两个已知点 A_1、A_2 的坐标信息。

(2)点击"输入"→"求转换参数"→"增加",输入 A_1 点已知平面坐标,点击"确定"→"从坐标管理库选点",选中刚测量的 A_1 点,然后按同样的方法完成 A_2 点的录入,点击"保存",输入自定义文件名,查看水平和高程精度无误后点击"应用",即可将参数值赋给当前工程。

(3)转换完成后采集第三个已知点 A_3 的信息进行验证。

6. 单点校正

(1)基准站每次重新启动,移动站都要进行单点校正。

(2)点击"输入"→"校正向导"→"基准站架设在未知点",将移动站架设在已知控制点上,对应输入移动站已知平面坐标以及杆高,气泡居中后点击"校正"→"确定",即完成校正工作,校正完成以后,应在另一个已知控制点上进行检核。

7. 坐标测量

完成上述步骤以后即可进行点测量工作。

(二)RTK作业(网络模式)

1. 架设基准站

(1)插入SIM卡,装入电池,开机。

(2)手簿打开工程之星,通过“蓝牙管理器”,连接主机。

(3)利用“主机设置”,将主机设置为“基站”,主机数据链设置为“网络”。设置网络模式。点击“主机设置”→“网络设置”→“增加”→“名称”,自定义,“方式”选EAGLE,“连接”选GPRS/CDMA,“APN”填cmnet,输入IP地址和对应的端口,设置用户名与密码,接入点一般设为基准站主机机身号,方便识别,也可防止重复,设置完成后点击“确定”→“连接”,待GPGGA数据上发成功即可。

(4)在“基准站设置”中选择合适的数据格式(如RTCM32),获取基站坐标后点击“启动基站”,当数据灯一秒一闪时,表明基准站启动成功。

2. 架设移动站

采用与基准站类似的方式,将主机设置为“移动站”,主机数据链为“网络”,根据基准站设置,“方式”选择“NTRIP-UDS”,输入对应的IP地址、端口、用户名、密码及接入点,点击“确定”→“连接”,待GPGGA数据上发成功即可。当移动站数据灯一秒一闪且达到固定解时,表明移动站正常工作。

3. 参数设置

(1)新建工程。固定解状态后,点击“工程”→“新建工程”,输入工程名。

(2)天线高设置:点击“配置”→“工程设置”,输入正确的天线高。

(3)坐标系统设置:点击“配置”→“坐标系统设置”→“增加”,输入参数系统名(随意设置)。椭球名称按需要选择,输入当地实际中央子午线,其他参数使用默认即可。

4. 求转换参数

(1)点击“测量”→“点测量”,依次采集两个已知点A_1、A_2的坐标信息。

(2)点击“输入”→“求转换参数”→“增加”,输入A_1点已知平面坐标,点击“确定”→“从坐标管理库选点”,选中刚测量的A_1点,然后按同样的方法完成A_2点的录入,点击“保存”,输入自定义文件名,查看水平和高程精度无误后点击“应用”,即可将参数值赋给当前工程。

(3)转换完成后采集第三个已知点A_3的信息进行验证。

5. 单点校正

(1)基准站每次重新启动,移动站都要进行单点校正。

(2)点击“输入”→“校正向导”→“基准站架设在未知点”,将移动站架设在已知控制点上,对应输入移动站已知平面坐标及杆高,气泡居中后点击“校正”→“确定”,即完成校正工作,校正完成以后,应在另一个已知控制点上进行检核。

6. 坐标测量

完成上述步骤以后即可进行点测量工作。

实验十四 全站仪三要素测量

一、实验目的

(1)认识全站仪的构造,掌握全站仪各部操作螺旋的使用。

(2)掌握全站仪角度测量、距离测量和高差测量的按键操作。

二、实验器具

全站仪1台(套),反射棱镜2台(套),小钢卷尺1把,自备铅笔、计算器等。

三、实验要求

(1)学会全站仪的使用后才能开机操作。

(2)角度取位至1″,水平距离取位至0.001 m,高差取位至0.001 m。

四、实验步骤

(1)测站点上安置仪器,对中整平,量取仪器高i(精确至毫米)。

(2)待测点上安置反射棱镜,棱镜朝向全站仪,量取棱镜高(精确至毫米)。

(3)认识全站仪操作面板,学会全站仪各部操作螺旋的使用。

(4)全站仪开机(视不同型号的全站仪决定是否在水平方向和竖直方向转动),进入开机界面(一般设置为角度测量模式)。

(5)全站仪盘左照准左侧棱镜中心,在角度测量模式下置零,进入距离测量模式测距,记录水平距离和高差,回到测角模式。

(6)全站仪盘左照准右侧棱镜中心,记录水平度盘读数;进入距离测量模式测距,记录水平距离和高差,回到测角模式。

(7)全站仪盘右照准右侧棱镜中心,记录水平度盘读数;进入距离测量模式测距,记录水平距离和高差,回到测角模式。

(8)全站仪盘右照准左侧棱镜中心,记录水平度盘读数;进入距离测量模式测距,记录水平距离和高差,回到测角模式。

五、注意事项

(1)全站仪价格昂贵,一定要按规程操作,保证仪器安全。

(2)实验以外的功能不要操作,尤其不要改变全站仪的设置。

(3)量取仪器高和棱镜高时,直接从地面点量至相应的中心位置。

(4)每次照准都要瞄准棱镜中心。

六、练习题

(1)简述全站仪的组成。

(2)简述全站仪的测距原理。

七、记录表格

观测数据填入表1-22。

表 1-22 全站仪三要素测量记录手簿

日期________ 小组________ 仪器号________

测站	测点	盘位	度盘读数（° ′ ″）	半测回角（° ′ ″）	一测回角（° ′ ″）	仪器高（m） 棱镜高（m）	水平距离（m）	平均距离（m）	高差（m）	地面高差（m）	平均高差（m）
		左									
		右									
		左									
		右									
		左									
		右									
		左									
		右									

实验十五　经纬仪测绘法

一、实验目的

(1)掌握经纬仪测绘法测图的方法和步骤。

(2)掌握经纬仪测绘法测图的记录与计算方法,熟悉计算器的使用。

(3)掌握经纬仪测绘法测图展点与绘图方法。

二、实验器具

DJ_6 经纬仪1台,图板1块,展点工具1套(1.量角器、三棱尺、小针;2.坐标展点器),视距尺(水准尺)1根,小钢卷尺1把,自备铅笔、计算器等。

三、实验要求

(1)地面上若无已知控制点,采用假定的三维坐标系统。

(2)每观测完一点即刻进行计算并展点,边测边绘。

(3)水平距离、坐标增量、坐标取位至0.1 m,高差、高程取位至0.1 m(平地取位至0.01 m)。

四、实验步骤

(1)测站点上安置仪器,对中整平,量取仪器高 i(精确至厘米),假定测站点三维坐标。若采用坐标展点器展点,还须根据后视方向假定方位角。

(2)安置图板。

①量角器配合三棱尺展点。图板安置在测站点附近,在图板上确定测站点位置,画上起始方向线,将小针通过量角器的小孔钉在测站点上,使量角器能绕小针自由旋转。

②坐标展点器展点。图板安置在测站点附近,确定图廓西南角坐标,再确定每条格网线的坐标。

(3)定向点竖立觇标。

(4)经纬仪定向。

①量角器配合三棱尺展点。经纬仪盘左照准觇标底部,配盘,使水平度盘读数为0°00′00″。

②坐标展点器展点。经纬仪盘左照准觇标底部,配盘,使水平度盘读数为后视方向的方位角。

(5)待测的地形点上竖立视距尺,经纬仪照准视距尺,采用视距测量的任何一种方法进行观测,并读取水平度盘读数。

①任意法;②等仪器高法;③直读视距法;④平截法(经纬仪水准法)。

(6)计算。

①量角器配合三棱尺展点。根据不同的观测方法,按视距测量计算水平距离和高差,

再计算高程。

②坐标展点器展点。根据不同的观测方法,按视距测量计算水平距离和高差,再计算坐标增量、坐标和高程。水平度盘读数就是照准方向的方位角。

$$\Delta x = D\cos\alpha \quad , \quad \Delta y = D\sin\alpha$$

$$x_{碎} = x_{站} + \Delta x \quad , \quad y_{碎} = y_{站} + \Delta y , \quad H_{碎} = H_{站} + h$$

(7)展点。

①量角器配合三棱尺展点。根据水平距离和水平角(水平度盘读数),将碎部点展绘在图纸上,并在点位右侧注记高程。

②坐标展点器展点。首先确定碎部点所在方格西南角坐标,然后计算碎部点与它所在方格西南角坐标差,根据坐标差将碎部点展绘在图纸上,并在点位右侧注记高程。

(8)将地物点按地物形状连接起来,根据地貌点勾绘等高线。

五、注意事项

(1)经纬仪测绘法只用盘左观测,所以实验所用经纬仪应事先进行检验校正,使竖盘指标差不超过1′。

(2)根据不同的展点方法,选择不同的定向方法、观测方法、计算方法。

(3)边测边算边绘。

(4)每观测若干点后,进行定向检查,定向误差不超过4′。

六、练习题

(一)填空

(1)经纬仪安置在测站点上,需进行____________、____________、____________。

(2)地物特征点是指____________________________________。

(3)地貌特征点是指____________________________________。

(二)简答

(1)经纬仪测绘法测绘一个碎部点需要哪些观测数据?

(2)简述经纬仪测绘法的观测步骤。

七、记录表格

(1)量角器配合三棱尺展点(见表1-23)。

表1-23 经纬仪测绘法记录手簿

日期________ 小组________ 仪器号________

测站点________ 后视点________ 测站高程________ 仪器高________

测号	读数		视距(m)	中丝	水平度盘读数(° ′ ″)	竖盘读数(° ′ ″)	水平距离(m)	高差(m)	高程(m)
	上丝	下丝							

（2）坐标展点器展点（见表 1-24）。

表 1-24　经纬仪测绘法记录手簿

日期＿＿＿＿＿＿　小组＿＿＿＿＿＿　仪器号＿＿＿＿＿＿

测站点＿＿＿＿＿　后视点＿＿＿＿＿　后视方位角＿＿＿＿＿　仪器高＿＿＿＿＿

测站点纵坐标＿＿＿＿＿　测站点横坐标＿＿＿＿＿　测站点高程＿＿＿＿＿

测点	上丝	下丝	视距	中丝	水平度盘读数（° ′ ″）	竖盘读数（m）	水平距离（m）	高差（m）	坐标增量		坐标		高程（m）
									Δx	Δy	x	y	

实验十六　极坐标法测设点位

一、实验目的

(1)掌握数据的计算及测设方法和要求。
(2)掌握直线定向和钢尺量距。

二、实验仪器

经纬仪1套,钢卷尺1把,自备计算器、记录板等。

三、实验内容

(1)每组完成一个建筑物的测设。
(2)测设完成后做好检测工作,并符合要求。

四、方法与步骤

(一)计算测设数据

如图1-17所示,A、B为已知平面控制点,其坐标值分别为$A(x_A,y_A)$、$B(x_B,y_B)$,P点为建筑物的一个角点,其坐标为$P(x_P,y_P)$。现根据A、B两点,用极坐标法测设P点,其测设数据计算方法如下。

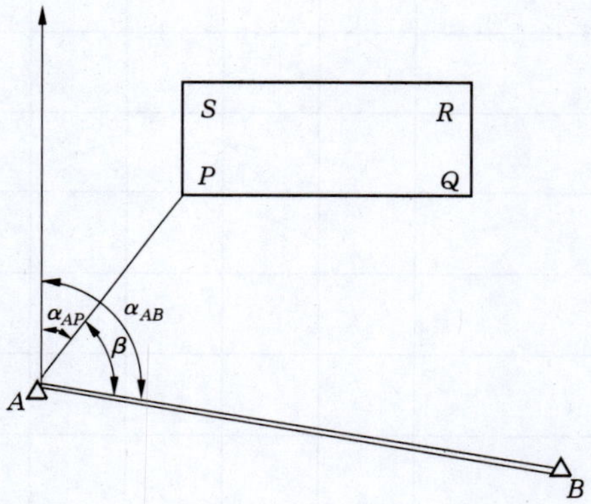

图1-17　坐标

(1)计算AB边的坐标方位角α_{AB}和AP边的坐标方位角α_{AP}。

$$\alpha_{AB}=\arctan\frac{\Delta y_{AB}}{\Delta x_{AB}},\quad \alpha_{AP}=\arctan\frac{\Delta x_{AP}}{\Delta y_{AP}}$$

注意:每条线段在计算坐标方位角时,判断该线段所属象限。
(2)计算AP与AB之间的夹角。

$$\beta=\alpha_{AB}-\alpha_{AP}$$

(3)计算A、P两点间的水平距离。

$$D_{AP}=\sqrt{(x_P-x_A)^2+(y_P-y_A)^2}=\sqrt{\Delta x_{AP}^2+\Delta y_{AP}^2}$$

(二)点位测设方法

(1)在 A 点安置经纬仪,瞄准 B 点,按逆时针方向测设 β 角,定出 AP 方向。

(2)沿 AP 方向自 A 点测设水平距离 D_{AP},定出 P 点,做出标志。

(3)用同样的方法测设 Q、R、S 点。

(三)检测

(1)实测四个内角,应为 90°,误差符合要求。

(2)实测四条边长,计算相对误差,应符合要求。

(3)实测对角线长,误差符合要求。

五、限差与规定

(1)经纬仪对中误差不能超过±2 mm。

(2)放样角度的误差不能超过±36″。

(3)放样距离的误差不能超过 1/3 000。

(4)在地面上标定 P、Q、R、S 点的误差不能超过±3 mm。

六、注意事项

(1)仔细校核已知点的坐标与实地和设计给定的数据是否相符。

(2)尽可能用不同的计算工具或计算方法进行两人对算,以便互相检核。

(3)用放样出的点进行相互检核。

极坐标法测设建筑物计算表见表 1-25,测设检测记录表见表 1-26。

(4)由指导老师选定 $A(x_A,y_A)$、$B(x_B,y_B)$、$P(x_P,y_P)$及长方形 D_{PQ}、D_{PS} 值。

表 1-25　极坐标法测设建筑物计算表

仪器________　日期________　观测者________　记录者________

点名	坐标值(m)		方向线	坐标差(m)		坐标方位角(° ′ ″)	应测设的水平角(° ′ ″)	应测设的水平距离(m)	备注
	x	y		Δx	Δy				

测设示意图：

表 1-26 测设检测记录表

仪器______ 日期______ 观测者______ 记录者______

角号	实测角值（° ′ ″）	理论值（° ′ ″）	误差（″）	线段	实测距离（m）	设计距离（m）	误差（mm）	相对误差

检测示意图：

实验十七　高程与坡度的测设

一、实验目的

(1)掌握高程测设数据及坡度线测设数据计算方法。

(2)掌握高程测设、坡度测设的方法。

二、实验仪器

DS_3 水准仪 1 台、水准尺 1 副、记录板 1 块。

三、实验内容

(1)根据已知点高程与待测设点的设计高程,计算高程测设数据,利用水准仪将已知高程测设于实地。

(2)根据待设坡度线起点、终点,以及起点高程和坡度 i,计算坡度线放样数据,利用水准仪完成已知坡度线的放样。

四、实验步骤

(一)高程测设

(1)如图 1-18 所示,在已知高程点 A 与待测点 P(可在墙面上,也可在给定位置钉大木桩上)距离适中位置架设水准仪,在 A 点上竖立水准尺。

(2)计算视线高(H_i):仪器整平后,瞄准 A 尺读取后视读数 a,则视线高

$$H_i=H_A+a$$

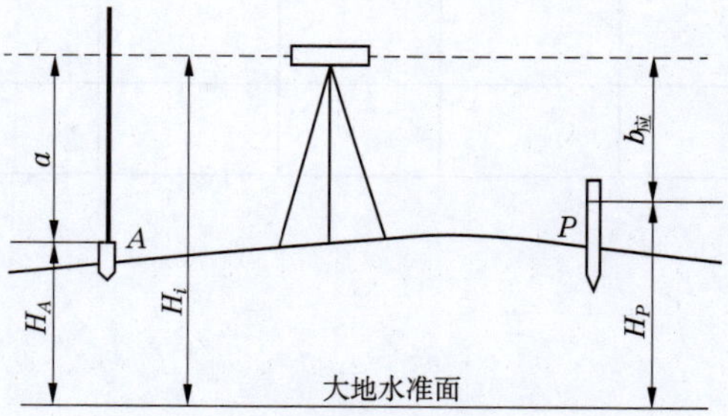

图 1-18　高程测定

(3)测设点水准尺读数应为

$$b_{应}=H_i-H_P=(H_A+a)-H_P$$

(4)测设:将水准尺紧贴 P 点木桩侧面,水准仪瞄准水准尺读数,上下移动调整水准尺,当水平中丝读数等于 $b_{应}$ 时,沿着尺底在木桩上画线,即为测设的高程 H_P 的位置。

(5)检查:将水准尺底面置于设计高程位置,再次做前后视观测,测得 P 点高程,与设计高程相比较,如果在±5 mm 以内,符合要求。

(二)坡度线测设

1. 水平视线法

如图 1-19 所示,A、B 为设计坡度线的两端点,A 点设计高程为 H_A。为了施工方便,每隔一定的距离 d 打入一木桩(坡度桩),要求在木桩上标出设计坡度为 i 的坡度线。施测步骤如下。

(1)如图 1-19 所示,沿 AB 方向,按规定间距 d 标定出中间 1,2,3,…,n 各点。

(2)计算各桩点设计高程:

$$H_{设}=H_{始}+iD$$

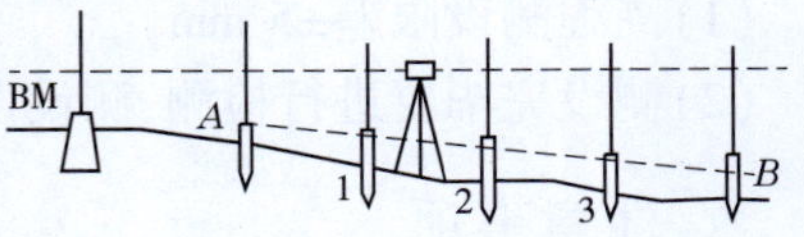

图 1-19　水平视线法

式中　$H_{设}$——测设点的设计高程;

$H_{始}$——坡度线的起始点高程;

i——设计的坡度;

D——测设点至起始点的水平距离。

(3)将水准仪安置在 A、B 两点中间的适当位置,后视水准点 BM,读取后视读数为 a,则视线高为 $H_i=H_{BM}+a$,根据视线高计算各桩的前视应读数,计算公式为

$$b_{应}=H_i-H_{设}$$

式中　H_i——视线高。

(4)在各桩处立水准尺,上下移动水准尺,当水准仪对准前视应有读数时,水准尺零端对应位置即为该点设计高程标志线。

(5)检核。重新安置仪器在 A、B 中间适当位置,后视另一水准点 S,读取后视读数,得视线高为 $H_i=H_s+a$,分别计算应读数,在各点上立尺,测出各点实读数,计算误差,当误差超限时根据应读数进行调整。

2. 倾斜视线法

如图 1-20 所示,坡度线测设过程如下。

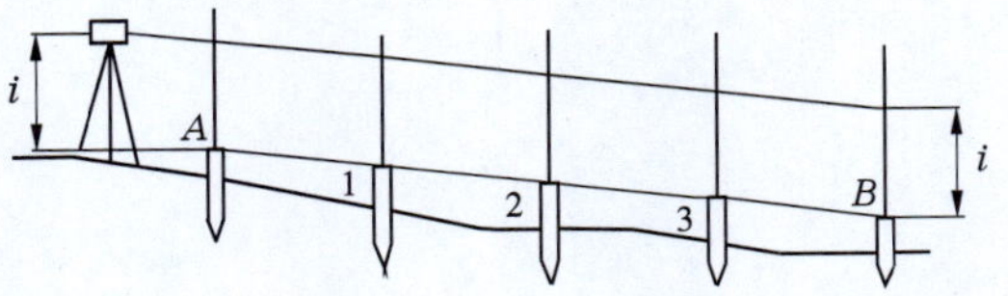

图 1-20　倾斜视线法

(1)根据给定已知点 A 的高程 H_A,设计的坡度 i,计算坡度终点 B 的高程。用钢卷尺量出 AB 之间的水平距离 D_{AB},根据公式 $H_B=H_A+iD_{AB}$,计算 B 点设计高程。

(2)先根据附近水准点,将设计坡度线两端 A、B 的设计高程 H_A、H_B 测设于实地,并打入木桩。

(3)将水准仪安置在 A 点,并量取仪器高 i(A 点设计高程到仪器中心的铅垂距离),安置时使一个脚螺旋在 AB 方向上,另两个脚螺旋的连线大致垂直于 AB 方向线。

(4)瞄准 B 点上的水准尺,旋转 AB 方向上的脚螺旋,使视线在 B 尺上的读数等于仪器高 i,此时水准仪的倾斜视线与设计坡度线平行,如图 1-20 所示。

(5)在 A、B 之间按一定间距打坡桩,当各桩点 1、2、3 上的水准尺读数都等于仪器高 i

时,停止打桩或在尺底画线,各桩顶的边线或各画线的边线即为所要测设的坡度线。

(6)检测。重新安置水准仪,量水准仪高度 i,依次瞄准 B、3、2、1 点桩顶水准尺并读数,根据仪器高与读数之差计算误差,当误差超限时,根据仪器高进行调整。

当坡度较大时,使用经纬仪进行测设,方法相同。

五、限差与规定

(1)高程测设限差±5 mm。

(2)测设完毕要进行检测,测设误差超限时应重测,并做好记录。

六、注意事项

(1)读数与计算时,要认真细致,相互校核,避免出错。

(2)当受到木桩长度的限制,无法标出测设的位置时,可定出与测设位置相差一定值的位置线,在线上标明差值。

将观测结果填入表 1-27 和表 1-28。

表 1-27　高程测设记录表

仪器________　　日期________　　观测者________　　记录者________

已知水准点		后视读数（m）	视线高 H_i（m）	待测设点		水准尺上应有读数（m）	检测	
点号	高程（m）			点号	设计高程（m）		实际读数（m）	误差（mm）

测设示意图：

表 1-28　坡度线测设记录表(水平视线法)

仪器________　　日期________　　观测者________　　记录者________

已知水准点		后视读数（m）	视线高 H_i（m）	待测设点		水准尺上应有读数（m）	检测	
点号	高程（m）			点号	设计高程（m）		实际读数（m）	误差（mm）

测设示意图：

实验十八　全站仪测设点位

一、实验目的

(1)掌握全站仪坐标测设的设置。

(2)熟练利用全站仪进行坐标放样。

二、实验仪器

全站仪 1 台、棱镜 1 个、对中杆 1 个、钢卷尺 1 把、铁钉、锤子、记录板。

三、实验内容

如图 1-21 所示,根据提供的控制点 A、B 和建筑物轴线点 1、2 的坐标,计算出建筑物轴线点 3、4 的坐标,然后在 A 点设测站,以 B 点为后视方向,用全站仪测设建筑物轴线点 1、2、3、4 各点。用钢卷尺检验边长与对角线的水平距离。

四、实验步骤

(1)计算出 3 点、4 点坐标,并记录。

(2)在 A 点(或 B 点)安置全站仪,进行对中、整平。

(3)设置测站点。设置测站点的方法有如下两种:①利用内存中坐标数据;②直接键入坐标数据。

(4)设置后视点。设置后视点的方法有如下三种:①利用内存中坐标数据;②直接键入坐标数据;③直接键入坐标方位角。

(5)进行放样。当 $d_{HR}=0$、$d_{HD}=0$ 时,则完成放样点的测设。

(6)测设完成后,用钢尺检验边长及对角线长度。

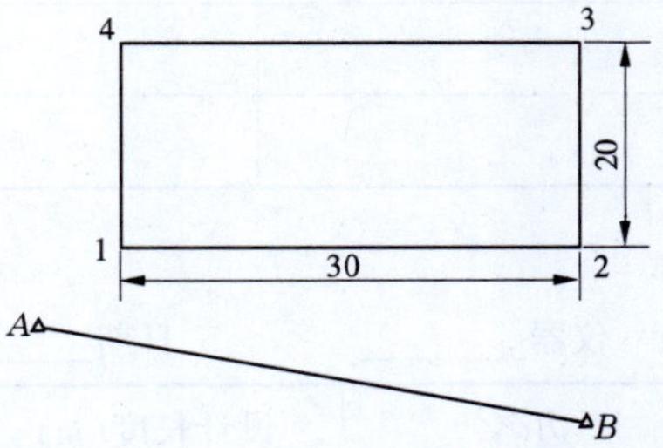

图 1-21　全站仪测设点位

五、限差与规定

对中误差不超过 3 mm,水准管气泡偏离不超过 1 格,距离检验限差不超过±3 cm。

六、注意事项

(1)安全操作仪器,正确进行初始设置。

(2)设置后视点时应做好测站检测。

(3)测设点位后,再次进行坐标测量,予以检测。

坐标计算填入表 1-29,水平距离检验填入表 1-30。

表1-29　坐标计算

仪器________　　日期________　　观测者________　　记录者________

点名	纵坐标 X(m)	横坐标 Y(m)	备注

表1-30　水平距离检验

仪器________　　日期________　　观测者________　　记录者________

边名	设计长度(m)	检核长度(m)	长度差值(m)	备注

第二部分 习 题

工程测量技术课程的习题部分是巩固所学各章节测量原理及方法的必要内容。工程测量技术的课程实践性强,而习题部分是对各章节的课堂教学、课堂实验知识的进一步巩固和提高。习题部分的水准测量、角度测量、距离测量和直线定向以及测量误差基本知识等是工程测量学的基本知识,必须熟练掌握基本操作技能和计算方法,而小区域的控制测量是进行地形图测绘和施工放样的基础,要求熟练掌握。施工测量、渠道测量等是工程测量在实践中的具体应用,要求有扎实的基础。

一、水准仪及水准测量

(一)水准仪的认识和使用

1. 填空

(1)安置仪器时,必须拧紧__________螺旋,以免仪器掉落地下。

(2)瞄准仪器时,眼睛通过__________和__________照准目标。

(3)脚螺旋的调节规律是顺时针__________,逆时针__________。

(4)圆水准器的气泡会随着__________拇指或__________食指移动。

(5)调节脚螺旋是为了__________仪器,调节微倾螺旋是为了__________仪器。

(6)有视差时,眼睛上下移动会使目标在__________上移动。

(7)大尺的红面起点读数是__________m,小尺则为__________m。

(8)水准仪的操作步骤为__________、__________、__________、__________。

(9)水准尺的尺常数分别为__________和__________。

2. 名词解释

(1)高程:

(2)水准面:

(3)大地水准面:

(4)绝对高程:

(5)相对高程:

(6)视线高:

(7)圆水准器轴:

(8)长水准器轴:

(9)视准轴:

3. 简答

(1)有视差时会对读数造成什么影响?如何消除视差?

(2)平地上是否能直接扛着仪器行走?如果不行,正确的做法是什么?

(3)什么是视差?产生视差的原因是什么?怎样消除视差?

(4)水准仪为什么要安装两种水准器?当圆水准器气泡居中时,符合水准管的气泡是否严密吻合?为什么?

(5)为什么提倡要养成在每次读数前必须看一下符合气泡观察窗的习惯?

(6)利用脚螺旋使圆水准器气泡居中的规律是什么?

(7)在一个测站的观测过程中，当读完后视读数，继续照准前视点读数时，发现圆水准器气泡偏离零点，如果转动脚螺旋使气泡居中，然后继续观测前视点读数，这对吗？为什么？

(8)什么叫测站？转点在水准路线测量中起什么作用？转点尺上应该有什么样的读数呢？转点在什么情况下应废弃？

(9)水准尺为什么要立在尺垫凸起的半球顶上？其作用是什么？

(二)普通水准测量

1. 填空

(1)如现场只有一个已知水准点，应优先考虑布设成____________路线，有两个已知水准点则可以考虑布设成__________________路线。

(2)如前尺读数大于后尺读数，则前视点比后视点要_________(填高或低)。

(3)视线高程等于_________加_________。

(4)转点的作用是______________。

(5)尺垫的作用是______________，在______________上必须放尺垫；水准点及待定点不能放尺垫。

(6)记录时通常字体大小不超过整个格子的______________。

2. 思考题

准备读前尺读数时发现圆水准器偏了，这时能否调节脚螺旋使之重新居中后再读前视？如果不能，应怎么操作？

3. 计算题

(1)调整如图2-1所示闭合水准路线普通水准测量成果，列表计算出各点高程(见表2-1)。

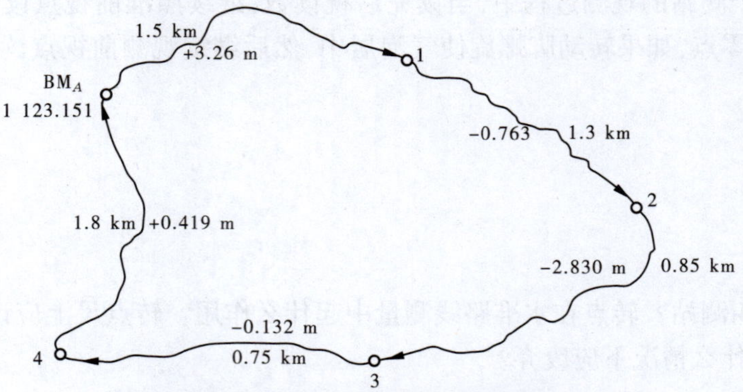

图 2-1　闭合水准普通水准测量成果

表 2-1　闭合水准路线普通水准观测成果

点名	测站数(个)或测距(km)	实测高差(m)	改正数(m)	改正后高差(m)	高程(m)
Σ					
计算步骤					

(2)调整如图 2-2 所示附合水准路线普通水准观测成果,列表计算各点高程(见表 2-2)。

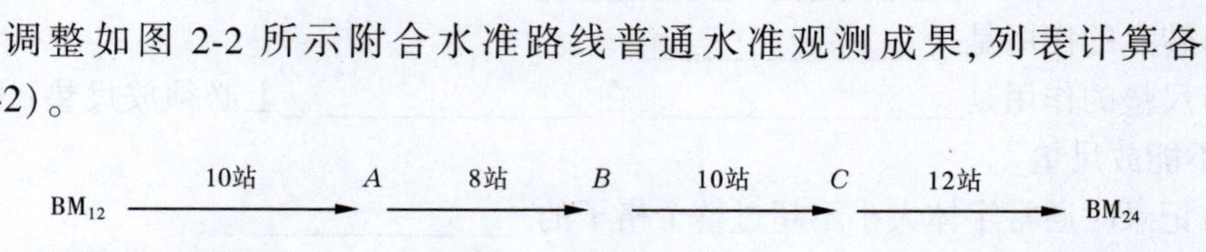

图 2-2　附合水准路线普通水准观测成果

(3)设 A、B 两点相距 80 m,仪器在 A、B 两点的中点测定 A 点尺上读数 $a=1.321$ m,B 点尺上读数 $b=1.117$ m,仪器在 B 点附近读 B 尺为 $b=1.468$ m,远尺 A 点尺上读数 $a=1.695$ m,试问正确高差值?仪器是否满足主要条件?i 角为何值?如何校正?

表 2-2　附合水准路线普通水准观测成果

点名	测站数(个)或测距(km)	实测高差(m)	改正数(m)	改正后高差(m)	高程(m)
∑					
计算步骤					

(三)四等水准测量

1. 填空

(1)四等水准测量要求 K+黑-红≤ __________ mm。

(2)某站黑面高差为+0.051 m,红面高差为-0.051 m,高差中数为__________ m。

(3)四等水准测量的测量顺序是 ________________________ 。

(4)现用一台望远镜成正像的水准仪测四等水准,应先读后尺的__________,再读__________,然后计算后距。

(5)某站后距为 30.0 m,前距为 27.3 m,前站的视距差累积为+8.1 m,能否继续测量?__________(能或者不能)

2. 思考题

(1)某测站后距为 26 m,前距为 20 m,前视点为转点,前视尺垫应如何做?如果前视点为一个待定点,又应如何做?

(2)某站后尺(大尺)黑面中丝读数为 1.389 m,红面中丝读数为 6.171 m,是否能直接读取前尺读数?如不能,应怎么做?

(四)四等水准路线测量

1. 填空

(1)四等水准中黑面高差和红面高差之差应控制在__________和__________之间。

(2)水准尺倾斜会使读数偏__________(大或小)。

(3)四等水准测量观测顺序能否有效消除仪器和水准尺的沉降误差?__________(能或不能)

(4)某站后尺黑面中丝读数为1.983 m,后尺红面中丝读数为6.671 m;前尺黑面中丝读数为1.931 m,前尺红面中丝读数为6.719 m,黑面高差为__________m,红面高差为__________m,高差中数为__________m。

(5)除采用双面尺法,还可采用__________进行测站检核。

(6)四等水准测量要求前后视距应≤__________m。

2. 思考题

(1)四等水准测量中如中途发现错误,是修改数据继续测量还是进行重测?为什么?

(2)四等水准测量中没完成测站校核时能否搬站?为什么?

二、经纬仪及角度测量

(1)什么叫水平角?若某测站与两个不同高度的目标点位于同一视线内,那么测站与两个目标构成的水平角是多少?两视线间的夹角是什么角?

(2)经纬仪由哪几部分组成?有哪些制动螺旋和微动螺旋?在什么情况下微动螺旋才有效?

(3)观测水平角时,对中和整平的目的是什么?瞄准目标时应瞄准什么位置?为什么?

(4)观测某个水平角 n 个测回,每个起始方向读数为什么要按 $180/n$ 值增加呢?盘左观测时按顺时针顺序观测而盘右又按逆时针顺序观测,这又是为了什么?

(5)完成表 2-3 全圆方向法观测成果的计算。

表 2-3　全圆方向法观测手簿

测站	测回	目标	水平度盘读数		2C=左-(右±180°)(″)	平均读数=1/2[左+(右±180°)](° ′ ″)	归零后的方向值(° ′ ″)	各测回归零方向平均值(° ′ ″)
			盘左(° ′ ″)	盘右(° ′ ″)				
1	2	3	4	5	6	7	8	9
O	1							
		A	0 02 18	180 02 12				
		B	60 23 30	240 23 24				
		C	107 19 24	287 19 18				
		D	171 00 00	350 59 54				
		A	0 02 24	180 02 18				
	2							
		A	90 03 36	270 03 30				
		B	150 24 48	330 24 48				
		C	197 20 42	17 20 36				
		D	261 01 18	81 01 12				
		A	90 03 36	270 03 36				

(6)什么叫竖直角？观测水平角和竖直角有哪些相同点和不同点？竖盘读数前为什么要使竖盘水准管的气泡居中，其目的是什么？竖直角的计算形式有哪几个？

(7)经纬仪应满足哪些几何条件？主要条件是什么？如何检验和校正？

(8)检验和校正视准轴误差时为什么要瞄准与仪器同高的一固定点？检验和校正横轴误差时为什么要瞄准一个高一点的固定点？

(9)角度测量时采用盘左盘右观测能消除或减弱哪些误差？能否消除照准部水准管略偏离(会造成什么样的情况？)而引起的水平角观测误差？为什么？

(10)按水平角测量的原理论述用盘左盘右观测水平角的道理。

(11)在地形起伏较大的地区观测水平角时要特别注意照准部水准管气泡居中，为什么？

三、距离测量和直线定向

(1)按表 2-4 所给数据进行视距测量计算。

表 2-4　视距测量

测站名称　O　　测站高程　62.562 m　　仪器高　1.52 m

测点	读数		视距 Kl (m)	中丝	竖盘读数 (° ′ ″)	水平距离 (m)	高差 (m)	高程 (m)
	上丝	下丝						
1	1.865	1.175		1.52	87 35 24			
2	1.753	1.287		1.52	93 35 30			
3	2.485	1.678		2.082	92 45 36			
4	1.564	1.173		1.368	88 26 06			
5	1.678	0.834		1.256	90 00 00			
6	1.497	0.933		1.215	90 00 00			
7	1.632	1.000		1.316	94 12 12			
8	2.458	2.000		2.229	86 52 42			

(2)什么是直线定向？什么是方位角？测量中有哪些标准方向？

(3)已知直线 AB 的方位角为 172°12′45″,按图 2-3 中所标注的数据(所有角皆为左角观测角),分别计算直线 BC、CD、DE、EF 的方位角。

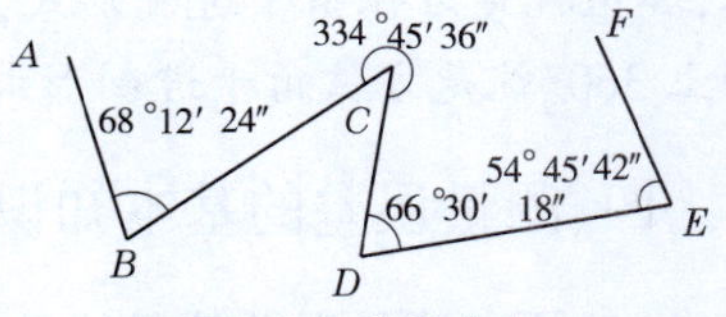

图 2-3　直线定向

(4)已知 A 点坐标为 $x_A = 623.45$ m, $y_A = 468.68$ m, AB 两点的距离为 $D_{AB} = 230.63$ m,直线 AB 的方位角为:(1)48°24′35″,(2)160°24′35″,(3)240°24′35″,(4)320°24′35″,分别计算 B 点坐标。

(5)已知 A 点坐标为 $x_A = 1\,645.321$ m，$y_A = 1\,438.742$ m，B 点坐标为 $x_B = 1\,979.654$ m，$y_B = 1\,786.467$ m，计算直线 AB 的水平距离和方位角(距离取位至毫米，方位角取位至秒)。

注：学生计算器的操作

一、带有 Rec 键的计算器

(一)坐标正算(极坐标变换成直角坐标)

在角度计算状态下(屏幕显示 D)，按第二功能键、Pol(键，屏幕显示 Rec(；输入水平距离，逗号，方位角，右括号键。按等号键，屏幕显示的就是 Δx，并自动存储在上档键为红色字体的 E 键中；按提取键 RCL，上档键为红色字体的 F 键，屏幕显示的就是 Δy。

(二)坐标反算(直角坐标变换成极坐标)

在角度计算状态下(屏幕显示 D)，按 Pol(键，屏幕显示 Pol(；输入 Δx，逗号，Δy，右括号键。按等号键，屏幕显示的就是水平距离，并自动存储在上档键为红色字体的 E 键中；按提取键 RCL，上档键为红色字体的 F 键，屏幕显示有两种情况：其一，屏幕显示的值为正，其值就是方位角，如为十进制形式，再将其转换成六十进制；其二，屏幕显示的值为负，将其加上 360°就是方位角，如为十进制形式，再将其转换成六十进制。

二、带有 a、b 键的计算器

(一)坐标正算(极坐标变换成直角坐标)

在角度计算状态下(屏幕显示 D)，输入水平距离，按 a 键；输入方位角(度后加点，按 DEG 键将其转换成十进制)，按 b 键；按第二功能键、b 键。屏幕显示的就是 Δx；再按 b 键，屏幕显示的就是 Δy。

(二)坐标反算(直角坐标变换成极坐标)

在角度计算状态下(屏幕显示 D)，输入 Δx，按 a 键；输入 Δy，按 b 键；按第二功能键、a 键。屏幕显示的就是水平距离；按 b 键，屏幕显示有两种情况：其一，屏幕显示的值为正，其值就是方位角十进制形式，再将其转换成六十进制；其二，屏幕显示的值为负，将其加上 360°就是方位角十进制形式，再将其转换成六十进制。

四、测量误差的基本知识

(1)研究测量误差的目的是什么？产生观测误差的原因有哪些？

(2)测量误差分哪些？在测量工作中如何消除或削弱？

(3)偶然误差和系统误差有什么区别？偶然误差有哪些特性？

(4)衡量精度的标准有哪些？在对同一量的一组等精度观测中，中误差与真误差有何区别？

(5)对某直线丈量了7次，观测结果分别为188.135、188.148、188.120、188.129、188.150、188.137、188.131，试计算其算术平均值、算术平均值的中误差和算术平均值的相对误差。

(6)设同精度观测了某水平角6个测回，观测值分别为66°32′12″、66°32′24″、66°32′06″、66°32′18″、66°32′36″、66°32′18″。试求观测一测回中误差、算术平均值及其中误差。

(7)在等精度观测中，对某角观测了4个测回，求得其算术平均值的中误差为±5″，若欲使算术平均值的中误差为±3″，至少应观测几个测回？

(8)有一长方体，其边长分别为(15±0.003)m、(20±0.004)m、(25±0.005)m。求该长方体的体积及其中误差。

五、小区域控制测量

(1)小区域控制测量中,导线的布设形式有哪几种?各适用于什么情况?

(2)选择导线点应注意哪些事项?导线的外业工作有哪几项?

(3)经纬仪交会法定点有哪几种形式?试分别简述之,并说明它们宜在什么情况下采用。

(4)叙述四等水准测量一个测站观测顺序,说明如何记录、如何计算,要满足哪些要求。

(5)GPS 定位系统由哪些部分组成?各部分的作用是什么?

(6)如图 2-4 所示,已知 AB 边的坐标方位角为 $\alpha_{AB}=149°40'00''$,又测得 $\angle 1=168°03'14''$、$\angle 2=145°20'38''$,BC 边长为 236.02 m,CD 边长为 189.11 m,且已知 B 点的坐标为($x_B=5\ 806.00$,$y_B=9\ 785.00$),求 C、D 两点的坐标。

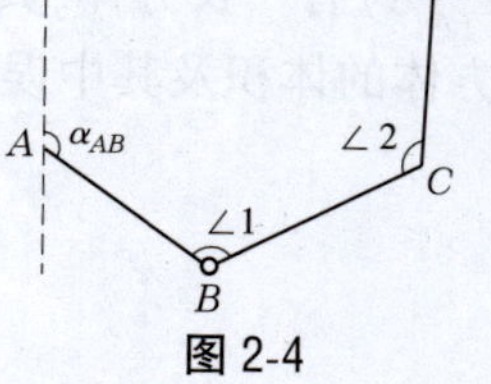

图 2-4

(7)如图 2-5 所示的闭合导线,已知 12 边的坐标方位角 $\alpha_{12}=46°57'02''$,1 点坐标为($x_1=540.38$ m,$y_1=1\ 236.70$ m),外业观测边长和角度如图 2-5 所示,计算闭合导线各点的坐标,填入表 2-5。

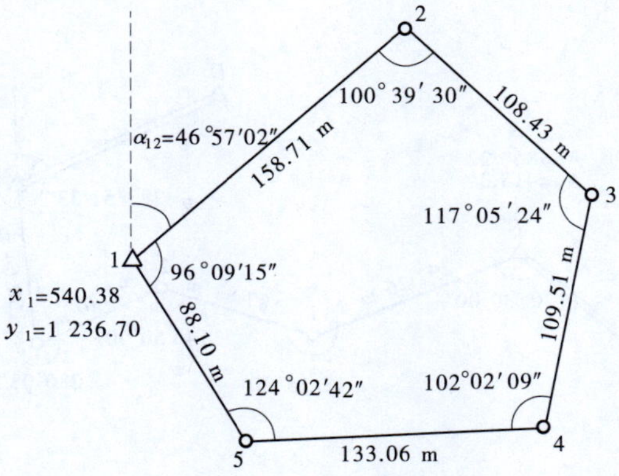

图 2-5　闭合导线测量

表 2-5　闭合导线测量计算表

点名	改正数 观测角值 (°　′　″)	改正后 角值 (°　′　″)	方位角 (°　′　″)	边长 (m)	改正数 增量计算值 (m)		坐标 (m)	
					Δx	Δy	x	y

辅助计算:$f_\beta=$　　　　$f_x=$　　　　$f_y=$

$f_{\beta允}=$　　　　$f_D=$　　　　$K_D=$

(8)如图 2-6 所示的附合导线,已知起、终边的坐标方位角 $\alpha_{AB}=45°00'00''$,$\alpha_{CD}=283°51'33''$,B、C 两点的坐标分别为($x_B=864.22$ m,$y_B=413.35$ m),($x_C=970.21$ m,$y_C=986.42$ m)。外业观测的边长和角度资料如图 2-4 所示,计算附合导线 1、2、3 点的坐标,填入表 2-6。

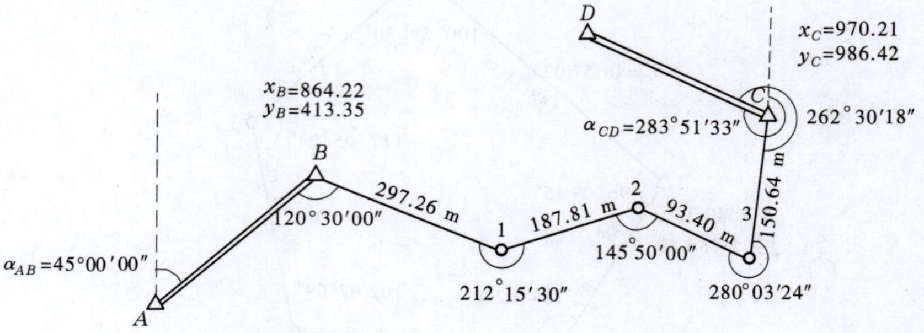

图 2-6 附合导线测量

表 2-6 附合导线坐标计算表

点名	改正数 观测角值 (° ′ ″)	改正后 角值 (° ′ ″)	方位角 (° ′ ″)	边长 (m)	改正数 增量计算值 (m) Δx	 Δy	坐标 (m) x	 y

辅助计算:$f_\beta=$　　　　$f_x=$　　　　$f_y=$

$f_{\beta允}=$　　　　$f_D=$　　　　$K_D=$

六、地形图基本知识及其应用

(1)什么是地形图？什么是平面图？二者有何区别？

(2)什么是比例尺？什么是比例尺精度？二者有何关系？

(3)试述正方形图幅的分幅与编号方法。

(4)什么是等高线？等高线有哪几种类型？如何区别？

(5)按形态而言，地貌可归纳为哪几种？其等高线有何特点？

(6)平整场地求挖、填土方量的计算过程是什么？

(7)在 1∶1 000 的地形图上量得某一块地的面积为 25 cm^2，则相应的实地面积为多少？

(8)在1:500地形图上,若等高距为1 m,现在设计一条坡度为5%的等坡度路线,路线上等高线间隔应为多少?

(9)在图2-7所示的比例尺为1:2 000的地形图上完成以下工作。

①确定A、D两点的坐标以及直线AD的水平距离和方位角。

②求A、B、C、D四点的高程。

③求A、C连线的平均坡度。

④画沿AD方向的断面图。

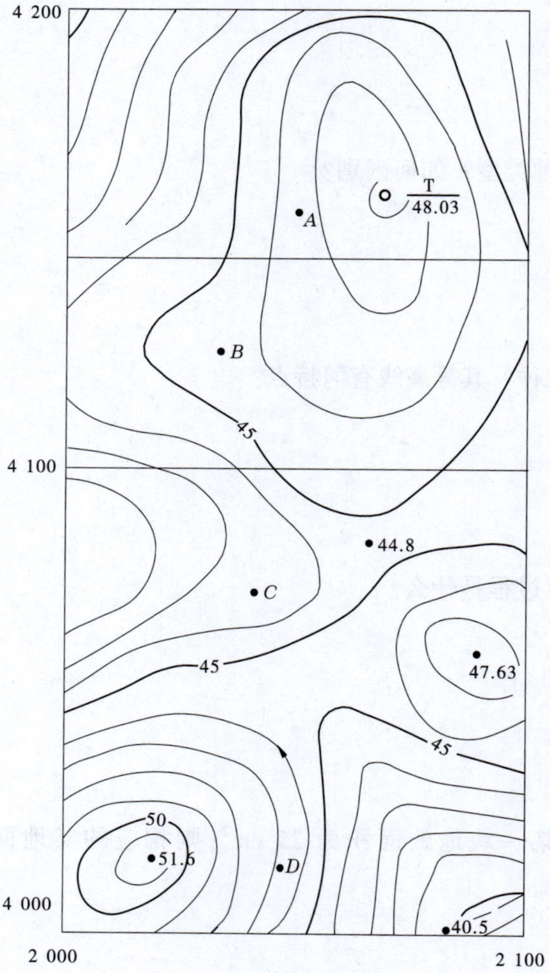

图2-7 1:2 000地形图

七、大比例尺地形图测绘

(1)测图前有哪些准备工作?

(2)如何有效合理地选择地物和地貌的特征点?

(3)简述经纬仪测绘法测地形图的主要步骤。

(4)如何进行地形图的检查、整饰和拼接?

(5)在图 2-8 中勾绘出等高线。基本等高距为 1 m。

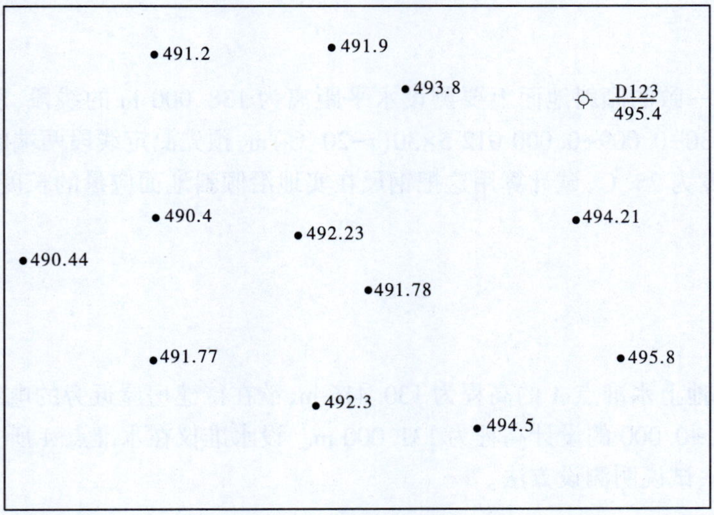

图 2-8 勾绘等高线

(6)坐标格网点的限差要求是什么？为什么要求那么高？

八、施工测量的基本工作

(1)测设的基本工作有哪几项？测设与测量有何不同？一般来说,测设和测量哪个要求精度更高一些？

(2)水平角测设的方法有哪些？各适用于什么情形？

(3)点的平面位置测设方法有哪几种？各适用于什么场合？各需要哪些测设数据？

(4)欲在地面上测设一个直角∠AOB,先按一般测设方法测设出该直角,经检测其角值为90°01′26″,若OB=150 m,为了获得正确的直角,试计算B点的调整量并绘图说明其调整方向。

(5)在坡度一致的倾斜地面上要测设水平距离为138.000 m的线段,所用钢尺的尺长方程式为$l_t=30-0.009+0.000\,012\,5\times30(t-20\ ℃)$ m,预先测定线段两端的高差为+3.6 m,测设时的温度为25 ℃,试计算用这把钢尺在实地沿倾斜地面应量的长度。

(6)建筑场地上水准点A的高程为130.416 m,欲在待建房屋近旁的电线杆上测设出±0.000的标高,±0.000的设计高程为131.000 m。设水准仪在水准点A所立水准尺上的读数为1.034 m,试说明测设方法。

(7)A、B 为建筑场地已有控制点，已知 $\alpha_{AB}=300°04'00''$，A 点的坐标为(114.22 m, 186.71 m)；待测设点 P 坐标为(142.34 m,185.00 m)，试用极坐标法计算从 A 点测设 P 点所需的测设数据，并说明测设步骤。

(8)已知线路转折点 JD 的桩号为 K6+183.56，转角 $\alpha=42°36'$，设计圆曲线半径 $R=150$ m，求曲线主点测设元素和主点桩号。若两个交点 JD_1、JD_2 的坐标分别为(1 922.821,1 030.091)、(1 967.128,1 118.784)，试计算各主点坐标。整桩距为 $l=20$ m，按偏角法测设，试计算详细测设数据。

(9)已知线路转折点 JD 的桩号为 K3+182.76，转角 $\alpha=25°48'$，设计圆曲线半径 $R=300$ m，求曲线主点测设元素和主点桩号。若分别在 ZY、YZ 点安置经纬仪，用偏角法详细测设圆曲线，计算各桩的偏角值和弦长，按整桩号设桩，整桩距 20 m。

(10)已知线路转折点 JD 的桩号为 K3+182.76，转角 $\alpha=25°48'10''$，设计圆曲线半径 $R=300$ m，ZY 点坐标($x=5\ 022.862$, $y=3\ 367.244$)，YZ 点坐标($x=5\ 028.015$, $y=3\ 501.109$)，JD 点坐标($x=5\ 040.770$, $y=3\ 433.586$)。若用全站仪测设，计算 ZY 点到 YZ 点各细部点的坐标，求曲线主点测设元素和主点桩号。若分别在 ZY、YZ 点安置经纬仪，用偏角法详细测设圆曲线，计算各桩的偏角值和弦长，按整桩号设桩，整桩距 20 m。

九、渠道测量

(1)渠道与河道的纵断面测量的目的是什么？有哪些工作内容？

(2)如何绘制纵断面图？

(3)渠道与河道的横断面测量方法通常有哪些？怎样进行？

(4)渠道与河道施工中,如何控制线路中线和高程？

(5)根据表2-7,按距离与高差1:400的比例,绘出中桩2+040及2+060处的两个横断面图。

表2-7 横断面测量记录

$\frac{相邻两点间高差}{至中线距离}$(左侧)	桩号	$\frac{相邻两点间高差}{至中线距离}$(右侧)
$\frac{-1.0}{15.0}$ $\frac{-1.5}{9.2}$ $\frac{-0.8}{3.1}$	2+040	$\frac{0.5}{5.2}$ $\frac{1.4}{10.6}$ $\frac{2.5}{15.0}$
$\frac{-1.6}{15.0}$ $\frac{-0.7}{10.5}$ $\frac{0.2}{3.4}$	2+060	$\frac{0.9}{2.7}$ $\frac{0.4}{8.9}$ $\frac{3.1}{15.0}$

第三部分 实 习

实习基本要求

测量实习是工程测量技术教学过程中不可缺少的环节,必须予以重视,通过这一综合实习可以加强理论与实践相结合,使学生巩固和深化在课堂上所学的基础理论知识,提高操作技能。测量实习具体要求如下。

一、测量实习的一般要求

(1)实习前,必须阅读《工程测量技术》的有关章节及《工程测量技术实训》的相应项目。实习时,必须携带《工程测量技术实训》,便于参照、记录有关数据和计算。

(2)实习分小组进行,组长负责办理所用仪器和工具的借领与归还手续,凭组长或组员的学生证借用仪器。借用仪器时,按本次实习的仪器工具清单当场清点,检查实物与清单是否相符,器件是否完好,然后领出。

(3)实习应在规定时间内进行,不得无故缺席或迟到、早退,应在指定的场地进行,不得擅自改变地点。

(4)必须遵守实验室的测量仪器工具的借用规定,听从教师的指导,严格按照实习要求认真、按时、独立地完成任务。

(5)测量记录应该用正楷书写文字及数字,不可潦草,并在规定表栏中填写,记录应该用 2H 或 3H 铅笔。

(6)记录者听取观测者报出仪器读数后,应向观测者回报读数,以免记错。

(7)记录数字中若发现度、分、米、分米部分有错误,不得涂改,也不得用橡皮擦拭,而应该用细横线画去错误数字,在原数字上方写出正确数字;秒及厘米、毫米部分有错,不得更改,须重测或将整个方向的读数画掉重记。整个记录手簿中,不得出现连环涂改现象。

(8)若一测回或整站观测成果不合格(观测误差超限),则用细斜线画去该栏记录数字,并在备注栏内说明原因。

(9)观测结果应当场做必要的计算,并进行必要的成果检验,以决定观测成果是否合格,是否需要进行重测。应该当场写的实习报告必须当场写好。

(10)实习结束时,应把观测记录和实习报告交指导教师审阅,经教师认可后,方可收拾仪器和工具,做必要的清洁工作后,向实验室归还仪器及工具。仪器及工具如有遗失或损坏,应写出书面报告说明情况,进行登记,并按有关规定赔偿。

二、爱护仪器

测量仪器属于比较贵重的设备,尤其是目前仪器向精密光学、机械化、电子化方向发展,其功能日益先进的同时,价格也更为昂贵,对测量仪的正确使用、精心爱护和科学保养是从事测量工作的人员必须具备的素质和应该掌握的技能,也是保证测量成果质量、提高测量工作效率,发挥仪器性能和延长其使用年限的必要条件。损坏或丢失仪器工具,不但给国家财产和个人经济造成不应有的损失,也将影响教学和测绘工作的正常进行,因此爱护测量仪器是每个学生必须具备的道德。

实习一 大比例尺地形图测绘

一、实习目的要求

(一)实习目的

教学实习是测量教学的重要组成部分,除验证课堂上讲授的理论知识外,也是巩固和深化所学课堂知识的环节,更是培养学生动手能力和训练严谨的科学态度的手段。通过实习,使学生掌握从地形控制测量到大比例尺地形绘图生产作业的全过程,使理论知识得到巩固和加强,并将理论知识和实际联系起来,将所学知识变成技巧、变成能力;通过实习,还可以加强学生的仪器操作技能,提高学生的动手能力,培养学生运用知识发现问题、分析问题、解决问题的能力,为从事大比例尺地形图测绘工作打下坚实的基础。

(二)实习要求

(1)熟悉、掌握水准仪、经纬仪的使用方法,掌握其检验方法;学会全站仪的基本使用方法。

(2)掌握水准测量、经纬仪导线测量的内外业工作。

(3)掌握地形平面控制测量的内外业工作,掌握地形高程控制测量的内外业工作,掌握控制点加密的内外业工作。

(4)掌握大比例尺地形图测绘的内外业工作,掌握地物和等高线的精度分析方法。

(5)培养学生具有热爱专业,关心集体,爱护仪器、工具,认真执行测量规范的良好职业道德;团结协作、艰苦奋斗的精神;认真负责、一丝不苟的工作态度;精益求精的工作作风;遵守纪律,保护群众利益的社会公德。

二、实习仪器和工具

实习各环节所需设备和工具如下:

高程控制:DS_3 水准仪、三脚架、水准尺、尺垫等。

平面控制:全站仪、棱镜、DJ_6 经纬仪、三脚架、测钎、钢尺等。

碎部测量:图板、聚酯薄膜绘图纸、坐标展点器或量角器、DJ_6 经纬仪、三脚架、测钎等。

记录计算:水准记录本、测回法记录本、碎部测量记录本、2H 铅笔等。

其他:《地形图图式》、实习报告纸等。

三、实习组织方式

实习按小组进行,每组 5~6 人,选组长 1 人,负责组内实习分工和仪器管理。组员在组长的统一安排下,分工协作,搞好实习。分配任务时,应使每项工作均由组员轮流担任,不要单纯追求进度。

四、实习主要内容

(一)实习前的准备工作

实习动员,准备实习资料,领取仪器工具、记录手簿和计算表格。

(二)水准仪、经纬仪的检验

(1)水准仪的检验。

(2)经纬仪的检验。

(三)地形控制网的布设

选点前应收集测区原有地形图和控制点等资料,根据测区范围、已知点分布和地形情况,拟定导线布设的初步方案,然后到实地确定导线点位置。

(四)选点

按照实际生产情况,图根平面控制通常选择闭合导线。选点时应该注意以下两点:

(1)导线点应选在通视良好,视野开阔,便于安置仪器,便于观测,便于保存的地方。

(2)导线点应分布均匀,有足够密度,相邻边长应大致相等。

导线的边长和密度应符合表 3-1 的规定。

表 3-1 图根导线边长及密度要求

测图比例尺	平均边长(m)	边长总和(m)	每平方千米图根点数(个)	每幅图图根点数(个)
1:500	75	900	120	8
1:1 000	110	1 800	40	10

若导线点为临时点,则只需在点位上打一个木桩,桩顶面钉一个小钉,小钉的几何中心即为点位;若点位在水泥路面,则在点位上钉一个水泥钉即可;需长期保存的点,应埋设混凝土标石,标石中心钢筋顶面应有十字线,十字交点即点位。

选点后,对所选点位统一编号并绘制点位略图。

(五)图根平面控制测量

1. 磁方位角或连接角测量

独立测区可采用磁方位角定向,采用罗盘仪测定导线起始边的磁方位角;如果测区附近有已知边,导线起始边与已知边采用支导线的形式连接,连接角采用测回法观测两个测回。

2. 转折角观测

采用测回法观测两个测回,沿逆时针方向观测导线前进方向的左角。

1)测回法观测步骤

(1)安置仪器于观测点,对中整平,将目标竖立在照准点(目标点)上。

(2)盘左照准左侧目标,配盘使水平度盘读数稍大于 0°00′,弹出配盘转轮,精确照准目标,读取起始读数并记入手簿;松开制动螺旋,顺时针转动照准部,照准右侧目标,读数并记入手簿,称为上半测回。上半测回角=右目标读数-左目标读数。

(3)倒转望远镜,盘右照准右侧目标,读数并记入手簿;松开制动螺旋,逆时针转动照准部,照准左侧目标,读数并记入手簿,称为下半测回。下半测回角=右目标读数-左目标读数。

(4)第一测回完成后,检查水准管气泡是否偏离;若气泡偏离值大于1分划格,需重新整平仪器再测第二测回。第二测回开始前,水平度盘读数设置稍大于90°00′,再重复第一测回的各步骤。

2)测回法限差要求

半测回差≤±36″,测回差≤±24″,对中限差≤3 mm,整平限差应保证水准管气泡不偏离1分划格。

3)注意事项

(1)DJ_6 经纬仪读数秒数应为6的倍数,分和秒必须记录两位数,如6″记录为06″。

(2)一测回只能配盘一次,并且是在上半测回开始之前,配完盘务必弹开配盘转轮。

(3)对中整平要到位,观测过程中出现气泡偏离1分划格以上,应在测回间重新整平。

(4)观测过程中一定要用十字丝交点瞄准测钎尖部,并且每次尽量瞄准目标同一位置。

3.边长测量

边长测量采用钢尺丈量的方法,也可用全站仪测量。

钢尺丈量可以采用单程两次丈量或往返丈量,相对误差≤1/2 000。单程两次丈量时,用不同的起始数据丈量两次,两次观测值互差≤3 mm。

全站仪测量方法见本书实验十四全站仪三要素测量。

4.图根导线内业数据处理

按导线计算方法计算每个导线点的坐标。

图根导线角度闭合差限差:$f_{\beta允}=\pm60''\sqrt{n}$($n$ 为闭合导线内角个数)。

图根导线全长相对闭合差限差:$K\leqslant1/2\ 000$。

(六)图根高程控制测量

1.高程控制网布设

按照测区实际情况选择高程控制网形式,通常选择单一水准路线,并且使水准点和导线点公用。

2.四等水准测量观测

1)测站观测顺序

测站观测顺序应采用"后—后—前—前"("黑—红—红—黑")。

2)四等水准测量测站技术要求

(1)最低视线(下丝)高度≥0.3 m,视线长度≤75 m。

(2)前、后视距差不得超过±3 m,累积视距差不得超过±10 m。

(3)同一把尺黑、红面读数差(K+黑-红)不得超过±3 mm。

(4)同一测站黑、红面高差之差不得超过±5 mm。

3)水准路线技术要求

水准路线技术要求见表 3-2。

表 3-2　水准路线技术要求

等级	每千米高差中误差(mm)	路线长度(m)	水准仪型号	水准尺	观测次数		往返较差，附合或环线闭合	
					与已知点联测	附合或环线	平地(mm)	山地(mm)
四等	10	≤16	DS_3	双面	往返各一次	往一次	$\pm 20\sqrt{L}$	$\pm 6\sqrt{n}$
等外	15	—	DS_3	双面	往返各一次	往一次	$\pm 40\sqrt{L}$	$\pm 12\sqrt{n}$

4)四等水准测量注意事项

(1)读数时应按观测顺序读取，记录员要复述，以避免读记错误。

(2)记录计算程序要清晰，区分清前、后尺尺常数。

(3)各站各项限差均符合要求后方可搬站，否则应重测。

(4)仪器未搬站时，后视尺不得移动；仪器搬站时，前视尺不得移动。

(5)记录要做到美观大方，字体规范，字迹清晰，严禁用橡皮擦拭，不得连环涂改。

(6)水准记录每个读数的前两位如有错记现象，则可用斜线画掉，在其上方填写正确数字，每个读数的后两位决不允许改动，否则被认为是篡改或伪造数据。

(7)记录字体的大小应为格宽的 2/3，字体应为正规手写体，应用 2H 铅笔填写。

5)四等水准路线计算

按水准路线计算方法，计算出所有水准点的高程。

(七)控制点加密

地形测图时，应充分利用图根控制点设站测绘碎部点，若因视距限制或通视影响，在图根点上不能完全测出周围的地物和地貌时，可以采用测边交会、测角交会等方法增设测站点。也可以采用经纬仪支距法增设测站点。这种方法简便易行，操作步骤为：

(1)将经纬仪安置在某一个控制点上，对中、整平、定向。

(2)测出已知方向与所选加密控制点方向之间的水平角 β 或照准方向的方位角，用视距法测出测站点与所选点位间的水平距离和高差，计算出加密控制点的坐标和高程。

(3)将此点作为图根点使用。

(八)碎部测量

1. 展绘控制点

(1)在毫米方格纸上按比例尺展绘出各控制点。

(2)划分图幅，确定出各图幅的西南角坐标。

(3)按《地形图图式》的要求将控制点展绘在聚酯薄膜绘图纸上。各控制点展绘好后，可用比例尺或坐标展点器在图上量取各相邻控制点之间的距离，和已知的边长相比较，其最大误差在图纸上不得超过 0.3 mm，否则应重新展绘。

2. 碎部测量

1) 碎部测量步骤

参照本书实验十五经纬仪测绘法。

2) 碎部测量注意事项

(1) 仪器对中误差≤0.05 mm图上距离。

(2) 在碎部测量过程中,每完成一测站后,应重新瞄准零方向,检查经纬仪定向有无错误,定向误差不超过4′。

(3) 采用经纬仪法测图时,碎部点的最大视距长度:1/500的测图不得超过75 m。

(4) 测图中,立尺点的多少,应根据测区内地物、地貌的情况而定。原则上,我们要求以最少数量(必需量)的确实起着控制地形作用的特征点,准确而精细地描绘地物、地貌。因此,立尺点应选在地物轮廓的起点、终点、弯曲点、交叉点、转折点上及地貌的山顶、山腰、鞍部、谷源、谷口、倾斜变换和方向变换的地方。一般图上每隔2 ~ 3 cm要有一个地形点,尽量布置均匀。

(5) 碎部点高程对于山地注记至0.1 m,对于平地注记至0.01 m。等高距的大小应按地形情况和用图需要来确定。

(6) 按要求测出测区内所有地物、地貌,并按《地形图图式》绘出。地形图上所有线画、符号和注记,均应在现场完成,并应严格遵循看不清不描绘的原则。

3. 精度评价

选一些明显的地物、地貌点,再次测得它到控制点的距离及其高程,计算较差,算出点位中误差和高程中误差,判断精度是否符合要求。

$$m_{点} = \pm\sqrt{\frac{[\Delta D\Delta D]}{2n}}, \qquad m_{高} = \pm\sqrt{\frac{[\Delta H\Delta H]}{2n}}$$

(九)图面整饰,图边拼接,检查验收

1. 检查

碎部测量完成之后,要进行检查工作,为保证成图精度,每个小组要进行室内和室外两部分检查。

1) 室内检查内容

图根点的密度是否满足要求,外、内业数据是否正确,原图上地物和地貌是否清晰、易读,地物符号是否正确等。

2) 室外检查

(1) 仪器检查。直接用仪器观察若干个碎部点,与原图进行比较。

(2) 巡视检查。携带图板与实际地形对照,主要检查地物、地貌有无遗漏,地物的注记是否正确等。

以上检查中发现的错误,应及时纠正,错误过多则需补测或者重测。

2. 整饰

整饰的一般顺序为:控制点、独立地物、次要地物、高程注记、等高线、植被、名称注记、外图廓注记等。要求达到真实、准确、清晰、美观。

3. 拼接

直接在聚酯薄膜上拼接。

4. 验收

验收工作由上一级有关人员(如教师)进行。

(十)技术总结

整理上交成果,写出技术总结或实习报告、个人小结,进行成绩考核。

五、实践成果

(一)每个实习小组应交下列成果

(1)经过严格检查的各种观测手册。

(2)整饰合格的地形图。

(二)每人应交下列成果

(1)控制网的选点草图。

(2)经纬仪导线计算成果。

(3)四等水准测量计算成果。

(4)控制点成果表。

(5)实习报告(技术总结、个人总结)。

六、成绩评定

实习成绩根据小组成绩和个人成绩综合评定。按优、良、中、及格、不及格等五级评定成绩。

(一)小组成绩的评定标准

(1)观测、记录、计算准确,图面整洁清晰,按时完成任务等。

(2)遵守纪律,爱护仪器,组内外团结协作。

(3)组内能展开讨论,及时发现问题、解决问题,并总结经验教训。

(二)个人成绩的评定标准

(1)能熟练按操作规程进行外业操作和内业计算。

(2)达到记录整洁、美观、规范。

(3)计算正确,结果不超限。

(4)遵守纪律,爱护仪器,劳动态度好。

(5)出勤好。缺勤一天不能得优,缺勤二天不能得良,缺勤三天不能得中,缺勤四天不及格。

(6)实习报告整洁清晰,项目齐全,成果正确。

(7)考试成绩:包括实际操作考试、理论计算考试。

(8)实习中发生吵架事件,损坏仪器、工具及其他公物,未交实习报告,伪造数据,丢失成果资料等,均作为不及格处理。

附:实习报告编写内容要求

一、封面
二、目录
三、前言
实习的目的、任务、要求及实习的基本情况。
四、实习内容
1. 平面控制测量
2. 高程控制测量
3. 内业计算及成果
五、实习体会
实习中遇到的技术问题及处理方法,对实习的意见和建议,实习收获。

实习二　工程测量

一、圆曲线测设

(一)实习目的

在各类线路工程弯道处施工,常常会遇到圆曲线的测设工作。目前,圆曲线测设的方法已有多种,如偏角法、切线支距法、弦线支距法等。然而,在实际工作中测设方法的选用要视现场条件、测设数据求算的繁简、测设工作量的大小,以及测设时仪器和工具情况等因素而定。本次实习的目的是,使学生掌握常用的圆曲线的测设基本方法和步骤。

(1)熟练掌握经纬仪、全站仪的使用。

(2)掌握圆曲线测设元素、圆曲线主点里程的计算。

(3)掌握圆曲线主点的经纬仪测设方法。

(4)掌握圆曲线主点的全站仪测设方法。

(二)仪器与工具

DJ_6 光学经纬仪、钢尺、全站仪、棱镜、对中杆、木桩和铁钉、锤子、记录板、铅笔、计算器等。

(三)实习内容与要求

本次实习方式按小组进行,各小组在实习指导老师的指导下,独立完成实习的各项任务。首先在指定的实习场地上设计圆曲线,选择圆曲线的起点 A、交点 JD、终点 B,打上木桩进行标定(线路长 200~300 m)。

要求:采用经纬仪和全站仪分别测设圆曲线。完成时间由指导老师根据实际情况统一安排。

(四)圆曲线主点测设元素计算

如图 3-1 所示,圆曲线主点的测设元素(又称为曲线元素)包括切线长 T(线路转折点至曲线起点或终点的距离)、曲线长 L 及外矢距 E(线路转折点至曲线中点的距离)。在 α 和 R 已确定的情况下,从图 3-1 中不难看出,主点测设元素的计算公式为

$$T = R \cdot \tan\frac{\alpha}{2} \tag{3-1}$$

$$L = \frac{\pi}{180°} R \cdot \alpha \tag{3-2}$$

$$E = R\left(\sec\frac{\alpha}{2} - 1\right) \tag{3-3}$$

两切线长与曲线长之差(即切曲差)为

$$D = 2T - L \tag{3-4}$$

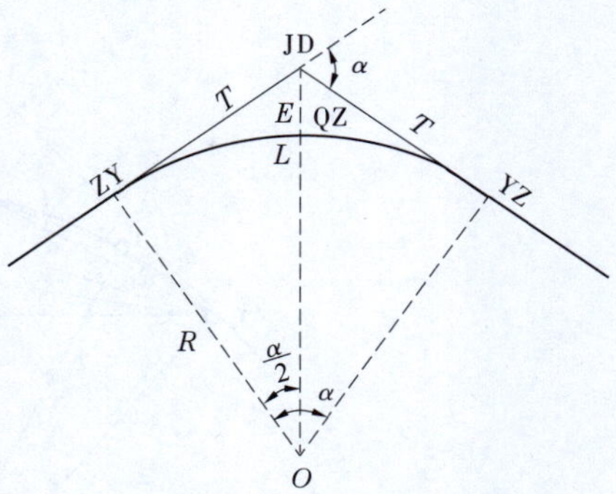

图 3-1　圆曲线主点及测设元素

线路测量中,路线上的点号通常用该点距线路起点的里程来表示,点号又称为里程桩号。线路起点的里程桩号为 0+000,"+"左面数字表示千米,"+"右面数字表示米。假设线路上某点至线路起点的距离为 3. 450 km,它的里程桩号便写成 3+450。

交点的桩号可由中线丈量得到,根据交点的桩号和曲线元素,可计算出各主点的桩号,由图 3-1 可以看出

$$\text{ZY 点桩号} = \text{JD 点桩号} - T \tag{3-5}$$

$$\text{QZ 点桩号} = \text{ZY 点桩号} + \frac{L}{2} \tag{3-6}$$

$$\text{YZ 点桩号} = \text{QZ 点桩号} + \frac{L}{2} \tag{3-7}$$

为了避免计算中的错误,可用式(3-8)进行计算检核

$$\text{JD 点桩号} = \text{YZ 点桩号} - T + D \tag{3-8}$$

(五)经纬仪测设圆曲线

1. 主点测设

如图 3-1 所示,在交点 JD 上安置经纬仪,照准相邻后交点方向,自测站起沿该方向量取切线长 T,得曲线起点 ZY,打一木桩,标明桩号;照准相邻前交点方向,自测站起沿该方向量取切线长 T,得曲线终点 YZ,打一木桩,标明桩号;然后仍照准前交点方向,配置水平度盘读数为 0°,顺时针转动照准部,使水平度盘读数为平分角值 $\beta = (180° - \alpha)/2$,沿此方向量取外矢距 E,得曲线中点 QZ,打一木桩,标明桩号。

2. 细部点测设

1)偏角法细部点测设元素的计算

如图 3-2 所示,设圆曲线上每隔弧长 l 测设一细部点,首尾两段弧长为 l_1、l_2。弧长 l_1、l_2、l 所对应的圆心角 φ_1、φ_2、φ 分别为

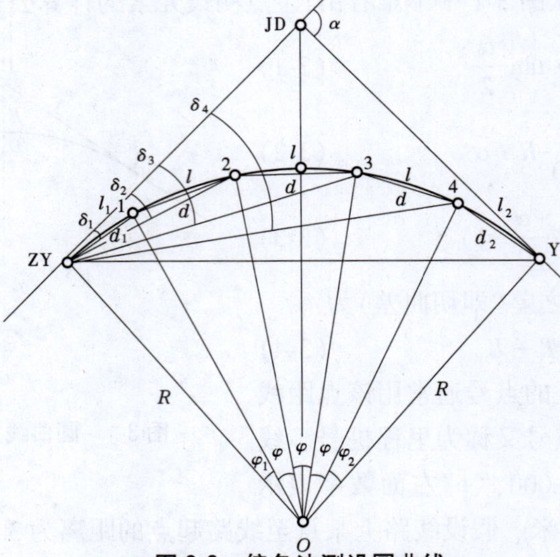

图 3-2　偏角法测设圆曲线

$$\left.\begin{aligned}\varphi_1 &= \frac{180°}{\pi R}l_1\\ \varphi_2 &= \frac{180°}{\pi R}l_2\\ \varphi &= \frac{180°}{\pi R}l\end{aligned}\right\}\tag{3-9}$$

弧长 l_1、l_2、l 所对应的弦长 d_1、d_2、d 分别为

$$\left.\begin{aligned}d_1 &= 2R\sin\frac{\varphi_1}{2}\\ d_2 &= 2R\sin\frac{\varphi_2}{2}\\ d &= 2R\sin\frac{\varphi}{2}\end{aligned}\right\}\tag{3-10}$$

曲线上各细部点对应的偏角(弦切角)为

$$\left.\begin{aligned}&\text{第 1 点} && \delta_1 = \frac{\varphi_1}{2}\\ &\text{第 2 点} && \delta_2 = \frac{\varphi_1}{2} + \frac{\varphi_2}{2}\\ &\vdots\\ &\text{第 } i \text{ 点} && \delta_i = \frac{\varphi_1}{2} + (i-1)\frac{\varphi}{2}\\ &\vdots\\ &\text{终点 YZ} && \delta_{YZ} = \frac{\alpha}{2}\end{aligned}\right\}\tag{3-11}$$

2)偏角法细部点测设步骤

(1)将经纬仪置于 ZY 点上，瞄准交点 JD 并将水平度盘配置为 0°00′00″。

(2)根据计算出的第一点偏角值 δ_1 转动照准部，使水平度盘读数为第一点的偏角度数，从 ZY 点沿此方向量取弦长 d_1，定出第一点桩。

(3)依次类推测设其他里程桩。比较详测和主点测设所得的 QZ、YZ 点，以此来检查测设的质量。

(4)在测设时也可以从 YZ 点开始，以同样的方法进行测设，但要注意偏角的拨转方向。

(5)当线路左转时，各细部点实际放样的偏角值应为 360°减去计算值。

(六)全站仪测设圆曲线

全站仪测设圆曲线的方法仍然是极坐标法。

1. 圆曲线坐标计算

1)主点元素的计算

如图 3-3 所示，设 JD_1、JD_2、JD_3 的坐标分别为 (x_1, y_1)、(x_2, y_2)、(x_3, y_3)，JD_2 至 JD_1、JD_3 及圆心 O 的方位角分别为 α_{2-1}、α_{2-3} 及 α_{2-O}，则

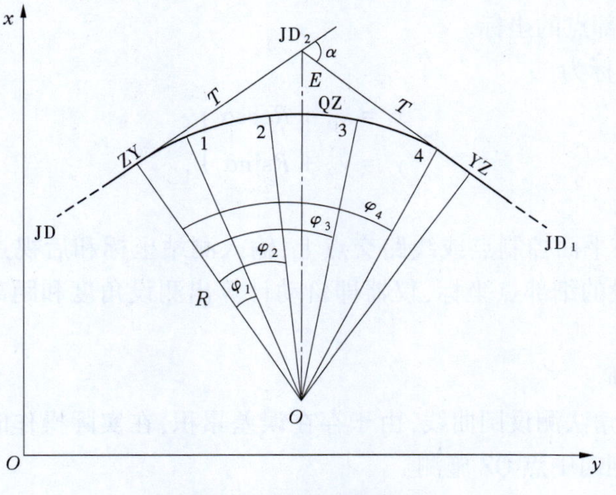

图 3-3　曲线点坐标计算

$$\alpha_{2-1} = \arctan\frac{y_1 - y_2}{x_1 - x_2} \tag{3-12}$$

$$\alpha_{2-3} = \arctan\frac{y_3 - y_2}{x_3 - x_2} \tag{3-13}$$

$$\alpha_{2-O} = \alpha_{2-1} \pm (180° - \alpha)/2$$

式中，α 为线路转折角，当线路左转时，"±"中取"+"号，右转时取"−"号。于是三主点的坐标为

$$\left.\begin{aligned} x_{ZY} &= x_2 + T\cos\alpha_{2-1} \\ y_{ZY} &= y_2 + T\sin\alpha_{2-1} \end{aligned}\right\} \tag{3-14}$$

$$\left.\begin{aligned} x_{YZ} &= x_2 + T\cos\alpha_{2-3} \\ y_{YZ} &= y_2 + T\sin\alpha_{2-3} \end{aligned}\right\} \tag{3-15}$$

$$\left.\begin{aligned} x_{QZ} &= x_2 + E\cos\alpha_{2-O} \\ y_{QZ} &= y_2 + E\sin\alpha_{2-O} \end{aligned}\right\} \tag{3-16}$$

2)细部点元素的计算

(1)计算圆心坐标。如图3-3所示,设圆曲线半径为R,则ZY点至圆心O方向的方位角为

$$\alpha_{ZY-O} = \alpha_{2-1} \pm 90° \tag{3-17}$$

式中,当线路左转时,"±"中取"+"号,右转时取"-"号。于是圆心坐标(x_O,y_O)为

$$\left.\begin{aligned} x_O &= x_{ZY} + R\cos\alpha_{ZY-O} \\ y_O &= y_{ZY} + R\sin\alpha_{ZY-O} \end{aligned}\right\} \tag{3-18}$$

(2)计算圆心至各细部点的方位角。

设ZY点至曲线上细部点i的弧长为l_i,其所对应的圆心角φ_i可按公式(3-19)计算,则圆心O至细部点i的方位角α_i为

$$\alpha_i = (\alpha_{ZY-O} + 180°) + \varphi_i \tag{3-19}$$

(3)计算各细部点的坐标。

细部点i的坐标为

$$\left.\begin{aligned} x_i &= x_O + R\cos\alpha_i \\ y_i &= y_O + R\sin\alpha_i \end{aligned}\right\} \tag{3-20}$$

2. 圆曲线测设

全站仪安置在平面控制点或线路交点上,输入测站坐标和后视点坐标(或后视方位角),再输入要测设的细部点坐标,仪器即自动计算出测设角度和距离,据此进行细部点现场定位。

(七)注意事项

(1)经纬仪偏角法测设圆曲线,由于存在误差累积,在实际操作时,应由曲线的起点ZY和终点YZ分别向中点QZ施测。

(2)偏角法测设圆曲线,也可以由全站仪代替经纬仪进行拨角,然后直接测距从而定出各测设桩,从而省去钢尺量距。

(3)注意偏角的拨转方向及水平度盘读数。

(4)测设时要认真细致,要及时校核,避免出错。

二、极坐标法测设点位

(一)实验目的

(1)掌握极坐标测设数据的计算及测设方法和要求。

(2)掌握直线定向和钢尺量距。

(二)实验仪器

经纬仪1套、钢卷尺1把、斧头1把、铁钉、计算器、记录板1块。

(三)实验内容

(1)每组完成一个矩形建筑物的测设(如图 3-4 所示)。

(2)测设完成后做好检测工作,并符合要求。

(四)方法与步骤

1. 计算测设数据

根据指导老师提供的点位,当选择好测站点后,计算出各边相应的坐标方位角 β 及水平距离 D。

2. 点位测设方法(以 A 为测站点,B 为定向点为例)

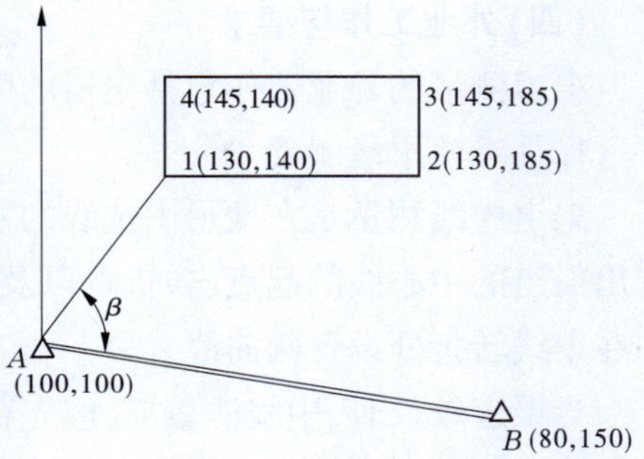

图 3-4　点位测设方法

(1)在 A 点安置经纬仪,瞄准 B 点,按逆时针方向测设 β 角,定出 $A1$ 方向。

(2)沿 $A1$ 方向自 A 点测设水平距离 D_{A1},定出 1 点,做出标志。

(3)用同样的方法测设 2、3、4 点。

3. 检测

实测四个内角、四条边长、对角线长。

(五)限差与规定

(1)经纬仪对中误差不能超过±2 mm。

(2)放样角度的误差不能超过±36″。

(3)放样距离的误差不能超过 1/3 000。

(4)在地面上标定 1、2、3、4 点的误差不能超过±3 mm。

(六)注意事项

(1)仔细校核已知点的坐标与实地和设计给定的数据是否相符。

(2)尽可能用不同的计算工具或计算方法进行两人对算,以便互相检核。

(3)用放样出的点进行相互检核。

三、纵横断面测量

以渠道测量为例讲解纵横断面测量。

(一)目的与要求

本实训内容的教学目的是,使学生掌握渠道测量的基本方法和步骤。要求学生具有组织、实施中小型渠道测量工作的能力。

(二)仪器与工具

DS_3 水准仪 1 台及水准标尺 1 副,50 m 皮尺 1 盘,花杆 2~3 根,斧头 1 把,木桩若干,红油漆、毛笔等,计算器,纵、横断面测量记录表格。

(三)实训内容与时间安排

在老师的指导下,从选定的渠首点开始,选取 1 km 左右的渠道长度,完成渠道的中线定线测量工作,纵、横断面测量,纵、横断面图的绘制。

工作任务和完成时间,由指导教师根据实际情况统一安排。

(四)外业工作与要求

渠道测量的外业工作包括渠道的中线定线测量和纵、横断面测量。

1. 渠道的中线测量

渠道中线测量是在地形图选线的基础上,通过渠道中线的定线测量工作,在地面上标定出渠道的中心线的起点、转折点以及终点的位置,测出渠道中线的长度和转折角度值,并在渠线转折处设置圆曲线。

当渠道较长时,中线测量前,应先在渠道沿线布测四等水准路线,作为中线测量和纵、横断面测量的高程控制点。

首先用木桩标定渠道起点位置,在桩侧面上用红漆标注里程桩号 0+000("+"号前为整千米数,"+"后为米数),此后沿着初选线路,用皮尺量距,每 50(或 100)m 的标准间隔设置一个里程桩,并标注桩号。如果在标准间隔内遇有重要地物或地形明显变化,应增设加桩,并标注桩号。当遇到转折点时,应用经纬仪测定转折角。

2. 渠道的纵断面测量

在渠道中线测定完毕后,以水准测量的方式,根据渠道沿线的四等水准点,分段组成附合水准路线,逐段测定每一个中线桩和加桩的桩顶高程及地面高程(也可以测桩顶高程,量取桩高)。当横断面间隔较小时,可以采用多个间视的方法测定桩顶高程。将观测数据依次填入表 3-3。

3. 渠道的横断面测量

横断面测量就是要测出各里程桩垂直于渠道中心线方向上,一定宽度范围(一般为 10~50 m)内的横向地面高低变化。横断面方向的确定,通常采用目估法或直角器法。常用的横断面测量方法有以下三种。

1)花杆皮尺法

如图 3-5 所示,从中线里程桩开始分别向左、向右在坡度变化点直立花杆,用拉平的皮尺量取花杆到里程桩的水平距离,并在花杆上读取两点之间的高差。逐点测量直至达到要求的横断面宽度为止。

2)水准仪法

如图 3-6 所示,在起伏不大的地区,将水准仪安置在两个横断面中间,可以一站测量两个横断面。测量时,将其中一个中桩作为后视,读数后计算出视线高程;而后分别向左、右逐点读取地面坡度变化点上水准尺的前视读数,并计算尺底高程;同时用皮尺拉平量取中桩到立尺点间的水平距离,应尽量使皮尺的零点位于中桩,量取从中桩开始的累积平距。如果要分段量取水平距离,应注意清除量距误差的积累。另外,应绘制草图,区分中桩左右点。

表 3-3　渠道纵断面测量记录手簿(视线高法)

_______年_______月_______日　　天气_______呈像_______测自_______至_______

观测者__________记录者__________检查者__________仪器型号__________

测站	点名	后视读数(mm)	视线高程(m)	前视读数(mm)	高程(m)

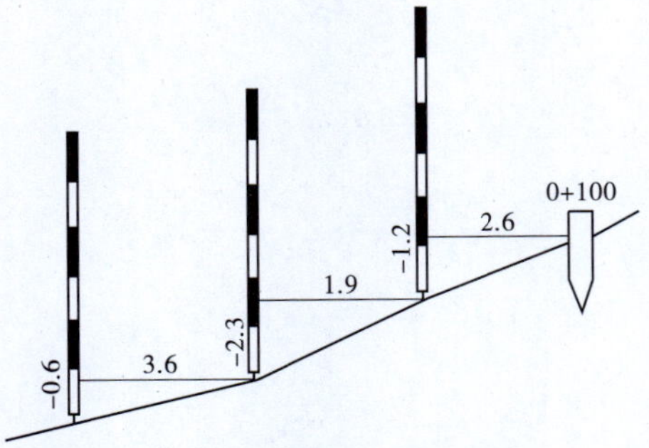

图 3-5　花杆皮尺法测量横断面

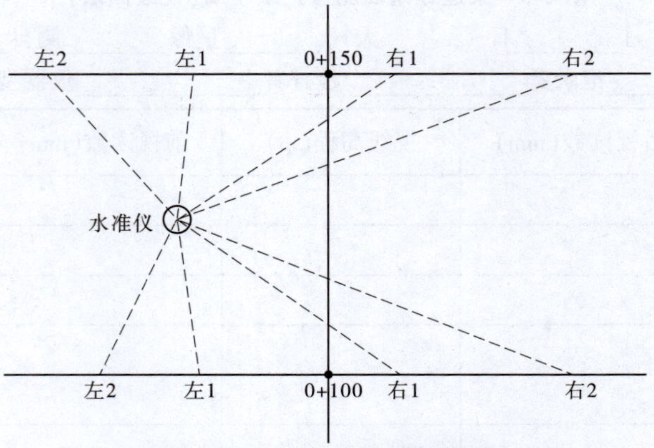

图 3-6　水准仪法测量横断面

3)经纬仪视距法

该法常用于地面起伏较大的地区。施测时,通常把经纬仪安在中桩上,用视距测量的方法测定立尺点的平距和高差。

(五)内业工作与要求

1. 纵断面图的绘制

纵断面图就是根据各个中线桩的地面高程及桩间的水平距离关系,按一定比例尺绘在方格纸上,相邻点以直线相连而成的图形。

常用的水平距离比例尺有 1∶500、1∶1 000、1∶2 000;高程比例尺 1∶100,特殊情况也可采用 1∶50、1∶200。

2. 横断面图的绘制

横断面图的绘制基本上与纵断面图相同。只是为了求解断面面积的方便,通常纵横比例尺均采用相同的数值,如均为 1∶100。原地面线(用实线)按照横断面测量成果绘出后,还应套绘本桩号的设计断面(用虚线),本断面的填挖图形立即就显现出来了。

参考文献

[1] 张茂林,张博. 工程测量技术实训[M]. 郑州:黄河水利出版社,2011.
[2] 覃辉,等. 测量学[M]. 北京:中国建筑工业出版社,2007.
[3] 杨中利,汪仁银. 工程测量[M]. 北京:中国水利水电出版社,2007.
[4] 靳祥升. 水利工程测量[M]. 郑州:黄河水利出版社,2008.